U0379741

建筑新史学丛书
Series of New Studies on Architectural History

陈薇　主编
Editor-in-chief　Chen Wei

经理运河

大运河管理制度及其建筑

Managing the Grand Canal

A Study on Management System
and Management Architectures of the Grand Canal

钟行明 著

Zhong Xingming

教育部人文社会科学研究青年基金项目（13YJCZH274）
国家自然科学基金青年科学基金项目（51308313）

东南大学出版社 南京

建筑新史学丛书总序

经理运河 | Managing the Grand Canal
A Study on Management System and Management Architectures of the Grand Canal

历史是一种思维方式。

这是我倡导研究建筑史的一种目标状态。从中国建筑史研究开展的历程来看，我们在相当长的阶段主要解决的是客观的认知问题，如汉代建筑成就如何？唐代建筑是怎样的？明清建筑相对宋代如何变化发展的？等等。这也是建立中国建筑史认知谱系的最重要的基础工作。进而，我们希求从建筑史中获得养分或者汲取经验，包括探索有无可能从历史建筑中提供技艺、语言、模式以及创作实践的源泉，抑或依此形成建筑理论，诸如园林空间的现代性问题。但是历史的车轮滚滚向前，隔着长远的或者一段的距离形成的建筑史的真实魅力何在？我理解：历史是一种思维方式。诸如建筑史，它帮助我们思考：曾经形成的过程、产生的结果、其间的原理和机制，或者转向的缘由和驱动力，在应对当时的经济、社会、文化、军事、政治和生活等种种需求时，是如何智慧地解决或者驾驭的？对于传统的传承是如何坚守和流变的？等等。因此，了解建筑历史经历的真实性十分重要。

建筑新史学要则乃贴近真实。

为此，剥离尘埃、拉开结果、显现过程、发见变与不变的实质所在，是我自己在问学及培养研究生时特别强调的。所谓"剥离尘埃"，即去掉经历时间进程后给历史罩上的朦胧，怎样直抵建筑出现的初心，如陵墓的本质不是纪念性建筑，埋葬是其基本功能；所谓"拉开结果"，就是能穿越时间维度将叠加成的最终建筑或城市或景观等形态进行分层分析，知晓变化的关联；其目的乃进而"显现过程"，深解"变与不变"的原因。不变的，往往是本质的、合理的、优质的、通则的、传承的；变的，必然是应对当时的社会环境、自然环境、生存环境、技术选择等，即赖以需求和发展的一种顺势。其时的顺势而为，在经过时间积淀后，我们可以反思它的价值或者消弭，无论是古代、还是近现代和当代的，都提供给我们一种思维方式，而对今天的发展有所判断和选择。

建筑新史学丛书将有所包涵。

人类历史那么长，建筑那么多，而这里所说的"建筑"还不是当今建筑学范畴的建筑，包括经过营建的城市、建筑与景观等，因此，非丛书而不能构成新史学。我希望通过主编丛书的方式，主要将我所培养的博士生的研究成果比较系统地展现出来，或者使有志加入这个平台和认可我的建筑历史观的年轻人的学术成果能够得以体现。进一步地，通过切磋和互动，发展建筑新史学。"新"在这里并不相对于"旧"——如继续注重一手资料获得的传统治学方式，如继续认知唐代建筑或者宋代建筑，继续探讨经久不衰的中国古典园林等，只是，如何心细如发之爬梳、力透纸背之用功、脑明眼慧之网络，是形成建筑新史学的基本功。唯此，贴合历史的真实，才可能步步靠近。

二零一五年岁末于金陵

经理运河

Managing the Grand Canal

A Study on Management System and Management Architectures of the Grand Canal

序一

　　钟行明博士完成的《经理运河：大运河管理制度及其建筑》，从选题、研究，到补充、完善，历经十个年头。探索不易、坚持不懈、向学不止，是我对行明的印象和欣赏之处，也是我对这个命题于他进行研究的回顾，以此为记作为其序，是对他治学的一段记录，也是正文之外的一份补充。

　　2007年春天，行明加入我的研究团队或者说开始读博，"探索不易"可以概括他求学阶段的转变。我对研究生一向要求很高，虽然他是跨学科从旅游管理转向建筑历史及其遗产保护专业的，但我从未为他另设板凳。一方面安排他积极参加科研活动，如在"全国重点文物保护单位扬州城址（隋—宋）保护规划"中，不仅要求他调研、考察，还必须绘图、规划，甚至在项目中安排他作为文本的总体负责人进行锻炼，又如在其他设计中让他用CAD软件绘制建筑图等；另一方面又希望他能够发挥自己的长项，做些中国古代管理制度的研究，记得在2008年地震波及南京成贤街的工作室时，确定了这个选题——既和管理有关，也和历史城市与建筑有关。他欣然地接受所有的工作安排，尽管过程中必须克服许多困难，包括建筑学在5年内当然掌握的一些应用软件、审美培养等，而于他则须在短期内得以加强和调整到位，这期间的纠结与挣扎、奋斗与艰辛，可以想见，但是他始终怀抱理想，"探索不易"是我对他跨学科加入我团队后工作状态的感受，也是对他选定这个题目毅力的肯定，因为《经理运河：大运河管理制度及其建筑》本身就包含制度研究和建筑研究两大部分，而作为一体研究，难度确实很大。

　　"坚持不懈"贯穿他完成这个研究课题的整个过程。首先在制度层面，他梳理了元明清大运河管理的制度演进；其次将制度运作有效转换到管理建筑的设置；然后在全线水道管理方面侧重在地势高差最大的山东段进行研究；在漕运管理方面加强淮安和济宁的城市和管理建筑研究；最后落实到管理建筑平面布局与管理实操的建筑研究——这是他这部书的整体架构，5章内容也是他长期研究的工作重点。其中，包括读博期间（2007—2012）他完成的博士学位论文的主要内容，也包括毕业后我希望他承担我等完成的著作《走在运河线上——大运河沿线历史城市与建筑研究》的部分内容（2012—2013），还包括他工作后申请的国家自然科学基金青年科学基金和教育部青年基金（2014—2017）的内容，可见这部书不是仓促草就之作，有严密的系统、有宏观到具象的内容、有关联性的由制度而城市而建筑的层次，是"坚持不懈"努力研究方基本达至完善。另一方面，想起他读博时有一次我在成贤街东南大学医院挂水，趁空闲时约见他讨论论文——是关于管理制度方面的讨论，我启发他说："大运河管理制度是二元的，河道管理相当于水利部，漕运管理相当于交通部。"但是他后来能将这样的思考深入下去，并落实到城市层面和建筑层面，是他长期坚持不懈发掘的结果。

　　"向学不止"是一个好的学者的基本态度和工作精神。行明毕业工作后回到了旅游专业，但是他一直向学不止，尤其对于大运河的持续研究没有放弃，除了积极参加相关的国际学术会议，还翻译相关的国外学者的研究成果，对于和大运河相关的旅游研究实践课题也在进行中。这种持续性，保证了他在完成这部书时，能够放弃掉一些原有的文献描述，而聚焦于中国大运河特有的品质和特点，进而展开在制度以及物质落实上的深度研究，从而使得全书结构清晰、重点突出、层次鲜明、虚实有度。相信这本书的出版，不仅是我主持的"建筑新史学"研究的一个范本，也将是推动大运河文化的保护与传承以及弘扬其历史价值的一部力作。

2018年12月26日于紫金山麓

序二

　　在中国，有三个东西很值得研究：一个是郡县制，一个是万里长城，还有一个就是京杭大运河。自从秦始皇统一天下废除封建制而推行郡县制度以来，2000多年延用不改，说明这个制度必有它的不朽的价值。长城本来是古代中国各诸侯国出于军事防御目的而修筑的边墙，到了明清时期，长城制度除继续作为国家防御外寇的屏障外，还被大规模用作州城、府城和县城等的城防设施。至于运河，所走的道路是先分后合，目的就是利用水道以畅运输。人们把元明清的大运河比喻为帝国的大动脉，是十分恰当的，因为郡县制度可以起到类似架网结构的木构建筑那种墙倒屋不塌的抗震作用，无论王朝怎么更迭，政权的基本架构不变，最高统治者皇帝通过控制军队、控制官吏来管理百姓。2000多年来，我们这块土地上王朝更替了十多次，至今还在实行郡县制就是明证。长城在冷兵器时代可以起到防御外寇入侵的屏障作用，但相对而言，她只是一堵静止的国家防火墙，而运河则是一条流动的物资运输线。

　　比较而言，运河的管理较之长城的管理更困难一些。因为长城只是单纯的军事设施，而运河存在水利和水害的博弈问题，存在水源和水需的协调问题，存在中央和地方的利益分割问题，存在管理机构行使职权和王公贵族破坏规则的对立冲突等问题。

　　本书是钟行明在其博士论文的基础上，在国家自然科学基金和教育部青年基金的支持下，进一步深化研究的成果，属于制度史研究的范畴。关于制度史，学者钱穆有个很形象的比喻，他说："历史学有两只脚：一只脚是历史地理，一只脚就是制度。中国历史内容丰富，讲的人常可各凭才智，自由发挥。只有制度和地理两门学问都很专门，而且具体，不能随便讲。"（严耕望.治史三书.增订版.上海人民出版社，2017：257）。钟行明选择的题目是一个很大的题目。就时间跨度来说，这个题目涉及元明清三朝650年的历史岁月。从空间跨度而言，这个题目涉及北起北京，南至杭州的广袤的空间，沿途涉及河北、山东、江苏、浙江等省份2000多公里的距离，而间接涉及的时空范围就更加广远。

　　通读这本运河管理制度及管理建筑研究的著作，我们发现，原来大运河管理制度从内容上分为漕运管理与河道管理两套体系，从管理层级上看是分为中央级管理与地方级管理两个层面，任职官员则分为文职与武职两个系统。他将这种管理制度名之曰二元结构，这是中国大运河管理制度的重要特色，也标志着元明清时期的大运河在管理方面已经达到很高的水平。河道管理与漕运管理作为运河管理最主要的两个方面，前者保证了运河河道的畅通，后者则保证了漕粮的正常运输。两者最初都由一人掌管，明万历年间开始形成两套管理体系，自此以后两者长期处于一种在组织上相互独立、具体操作上相互协作的关系。河道管理与漕运管理均有中央与地方两个层级的管理，地方层级的管理多与地方行政体系结合，使得大运河管理体系与地方行政体系之间有着千丝万缕的关联，因而大运河管理对地方经济社会也产生了重要影响，历史上地方官员的文集中多有关于漕运和河道方面的奏疏就是明证。由于过去交通条件的局限，长途运输唯有水路便捷。但帝国的粮食等物资，首先需要地方官员从农民那里征收，然后或陆路，或水路，转运到漕运大臣指定的仓储场所，再进入运河河道运往京师等地。因此缘故，运河管理、漕运管理都不是孤立的，它必须结合前面所说到的郡县制的体制，才能实现聚天下粮物运达京师的目的。

　　大运河的管理制度不是静止的、一成不变的，而是呈现出动态演进和与朝代更替错位发展的特点。

　　著者揭示：大运河管理制度的变化与沿袭虽与朝代更替有着密切关系，但其发展阶段并非与朝代周期相吻合，而是表现出与朝代更替错位的特征，大运河管理制度的演进表现出一种应对社会发展需求而超越朝代周期的动态性，这是中国大运河管理制度的另一个重要特征。元代以海运为主，运河管理制度在河道变迁过程中不断建立起来，明初仍实行海运，这段时间运河管理制度尚未建立，直到明永乐十三年至成化年间，运河管理制度才完全确立。可见帝国王朝的改朝换代并没有直接导致运河制度的变化，在运河管理上并不同于政权更迭上的一朝天子一朝臣的除旧布新，在运河管理上统治者比较充分地尊重了运河管理的特殊性。

著者还揭示了大运河程限管理和分段管理所体现的制度运作与管理建筑空间分布的对应关系。大运河虽然设有总摄全局的河道总督、漕运总督，具有了流域管理的性质。但在具体的管理运作过程中，则是体现出一种分段管理的特征。漕运的关键是使漕粮能按期到达京通仓，以保证京师供应，因而实行了程限管理。而运河南北地形复杂，河道情况各异，同时为了配合程限管理的实行，必然对河道和漕运进行分段管理，以追求效益最大化。大运河管理机构和官员的设置也呈现出分段管理的特征，其中地方管河官起了重要作用，他们既负责河道的管理也负责境内漕船的催趱。而在河道的关键之处，则多设有专官管理。程限管理和分段管理相互作用，相互保障，这构成了大运河管理的另一重要特征。

在大运河程限和分段管理的作用下，大运河管理制度与大运河管理建筑呈现出很强的关联性，管理建筑的空间分布与管理制度的运作相互对应。大运河管理建筑的分布多集中在长江以北运河沿线，并出现了密集分布的区段和城市，分别是山东段运河和淮安、济宁、通州三个城市，区段和节点城市正是运河管理制度运作的关键之处。同时在管理机构公署的内部，管理活动和公署的空间也有一种对应关系，管理活动密集之处往往也是整个公署的核心空间。

著者还重点分析了管理建筑重镇淮安和济宁两个城市，大运河管理建筑特别是中央级管理机构公署作为朝廷在地方的代表，对所在城市是一种自上而下的强势介入，对所在城市的城市功能分区、街衢等产生重要影响。同时一些地方性的运河管理机构公署也因运河管理的重要性而形成一种不自觉的政治优越感，对城市的影响也往往大于一般的公署。这些管理机构的首脑因官秩较高，且能通达中央，多数情况下其势力和影响是超过所在城市的最高地方行政长官的，他们在地方事务中扮演着重要角色，对当地的政治、经济和文化以及城市形态等方面都产生了重要影响。从统治者控制臣下而言，这种重点管理机构的设置，跟朝廷直接对话的权限，对于地方州县行政长官也是一种权力制衡。

大运河管理建筑是在郡县制的框架下发展的，因此它的建筑样式从主体上看，一般管理建筑和同时代的州县衙门区别不会很大，漕运总督公署的设计也不可能不参考朝廷吏户礼兵刑工六部建筑，因此因多创少是必然的。著者对大运河管理建筑的类型进行分类，重点研究了各种管理机构公署的平面规制，填补了中国建筑史关于该类型建筑研究的空白。

从旅游的角度看，大运河已然进入世界遗产名录。作为世界文化遗产，大运河同时也是高品质的旅游吸引物。游客感兴趣的不仅仅是漕运总督公署和一般衙门建筑，还必然会关心运河的日常运行管理。钟行明的这一研究成果，也可以视为运河旅游文化研究，对于运河遗产的相关活化应用，对于提升运河旅游的文化品位，是一种基础性的学术研究。

著者钟行明2003年秋天考入东南大学人文学院旅游管理专业攻读硕士学位，2006年获旅游管理硕士学位；2007年考入本校建筑学院攻读建筑遗产保护与管理专业，2012年获建筑学博士学位，同年供职于青岛大学旅游学院，从事旅游与遗产教学与科研工作。钟博士为人谦谨，待人诚信。进德修业，始终如一。在他人生第一本学术著作出版之际，我很愉快地写了上述文字。

喻学才

农历丁酉年中秋节，西元 2017年10月4日于楚雷宁雨轩

目 录

绪论

第一节 研究对象的界定

1.1 "大运河"的概念界定

本书研究的"大运河"指元代形成、明清局部调整的从杭州到北京的大运河。大运河北起北京，南至杭州，全长约 1794 公里，沟通海河、黄河、淮河、长江、钱塘江五大水系，流经现在的北京、天津两市和河北、山东、江苏、浙江四省，堪称中国历史上最为伟大的水利工程，为元明清时期南北经济、文化交流以及国家稳定发挥了重要作用。

1.2 研究时间跨度

本书研究的时间跨度为元明清三代，即从至元三十年（1293年）南北大运河形成并开始实行漕运起，直至光绪三十一年（1905年）运河漕运终结为止，共 600 多年的时间。

1.3 研究对象

本书的研究对象是元明清大运河管理制度及管理建筑，大运河管理制度包括漕运管理与河道管理两套相互关联的体系，对大运河管理制度与管理建筑的研究也是在这两大体系下进行。管理建筑从内容上可以分为漕运管理建筑与河道管理建筑，从类型上分为管理机构公署与执行具体管理职能的建筑，其中漕运、河道管理机构公署构成了大运河管理建筑的主体。本书着重研究这两套管理体系的演进、运作机制，并探讨管理制度与管理建筑、建筑设置与地理空间的关联性，分析大运河管理制度与管理建筑如何运作以保障运河正常运转，及其对运河城市产生的影响。

大运河的主要功能是漕运，除此之外还有盐运、兵防以及邮递等功能，本书仅研究与漕运功能直接相关的管理制度与管理建筑，盐运管理、邮驿管理以及兵防管理的相关内容不作为本书的研究对象。由于河道的畅通与否直接关系到漕运的成败，河道与漕运关系密切，正如清朝廷臣所指，"河道关系漕运，甚为紧要"，"漕运之事，莫先于运道"，因而运河河道的管理制度及管理建筑亦是本书研究的重要对象，与运河相关的军事管理机构主要是运丁以及护漕相关机构，书中不单独列出。

第二节　研究意义

首先，研究元明清时期大运河管理建筑可以弥补中国建筑史的部分空白，丰富大运河研究成果。元明清时期大运河目前尚存，且有的河段仍在发挥着航运作用。京杭大运河是重要的线性文化遗产，管理制度与管理建筑是大运河遗产的重要组成部分，而目前系统地对大运河的管理制度及管理建筑的研究很少，尤其是在管理建筑方面。

其次，对大运河管理制度与管理建筑的研究加强了大运河物质和非物质文化遗产结合，可以为大运河后"申遗"时代的运河遗产保护提供理论基础。

再次，弄清大运河管理制度的形成、演化轨迹及其运行机制，揭示其内在规律，可以为目前在用大运河的管理提供借鉴。

最后，把大运河管理建筑放在城市背景下进行研究，弄清大运河管理制度及管理建筑与所在城市发展之间的关系，可以为运河城市研究提供新的视角，扩大运河城市研究的视野和范围。

第三节　现有研究成果述评

3.1　国内研究成果现状

3.1.1　大运河历史研究

对大运河历史的研究属通史性质专著的，其中较有影响的有姚汉源的《京杭运河史》、史念海的《中国的运河》、陈璧显的《中国大运河史》等，这些专著全面地介绍了运河的历史，内容往往包括政治、经济、军事、文化等方面。这些专著为其他相关研究提供了重要的基础和丰富的研究视野。

3.1.2 大运河漕运研究

大运河的重要功能也可以说是主要功能是漕运，漕运在运河开通后的各个朝代都发挥了重要作用，对漕运的研究成果也颇多。古代较早系统研究漕运的是明朝杨宏、谢纯共同撰写的《漕运通志》，该书共十卷，分别详细地介绍了漕渠、漕职、漕船、漕议等方面的内容。李文治、江太新《清代漕运》以地主制经济论这一中心线索展开，详尽论述了清代漕运制度的演变，如漕粮税制、征收兑运和交仓、漕运官制、运河修浚和管理等，本书还研究了漕运与商品经济的关系。潘镛《隋唐时期的运河和漕运》一书论述了隋唐两代运河的开凿及漕运的发展、改革和衰落。黄仁宇的《明代的漕运》以漕粮运输为中心，简略地探讨了地形特征对大运河所产生的限制，并通过对制度的研究，概括了明代的漕运行政管理机构，在重点探讨了漕粮运输之后，还讨论了通过水路运输的其他宫廷用品，同时研究了与漕运管理相关的税收、商业、旅行和劳役。李治亭的《中国漕运史》以朝代顺序为纲，论述了各个历史阶段的漕运。吴琦所著的《漕运与中国社会》分析了漕运与中国政治、经济、军事、社会文化、社会制衡等方面的关系。彭云鹤的《明清漕运史》全面论述了明清及以前的漕运制度，并进一步分析了明清漕运发展的原因及其影响。鲍彦邦的《明代漕运研究》则重点论述了明代漕运制度及其影响。近几十年来，研究漕运的文章有：嵇果煌的《漕运春秋》（上、中、下）介绍了从秦汉到明清各个朝代漕运的发展情况及漕运的管理等。漕运在北宋获得长足发展，漕运管理体系不断健全，漕运方式更加完善，周建明的《北宋漕运发展原因初探》从农业的发展、自然地理条件、统治阶级的重视以及造船技术等方面论述了北京漕运发展的原因。周建明的另一篇文章《北宋漕运法规述略》总结了北宋漕运法规的主要内容，概况了其主要特征。王艳《北宋漕运管理机构考述》论述了北宋时期从中央到地方各级漕运管理机构。周建明《北宋漕运与水利》论述了北宋漕运与水利相互促进、相互制约的关系。周建明、李启明的《北宋漕运与治河》则概述了北宋治理黄河、汴河、蔡河、广济河曲折的历程及其宝贵经验，肯定了宋人治河的历史作用和地位。鲍彦邦的《明代漕粮折征的数额、用途及影响》《明代漕粮运费的派征及其重负》论述了明代漕粮的折征与运费问题。吴琦《中国历代漕运改革述论》廓清了中国历史上的漕运改革，并总结了历代漕运改革体现出的特征。王伟《明代漕军制的形成及演变》论述了明代漕军制的形成及其演变。此外，由于漕运的重要性，有关大运河的专著往往都会涉及漕运。

3.1.3　大运河文化研究

有关大运河文化的著作及文章很多，安作璋主编的《中国运河文化史》(上、中、下)可谓中国运河文化研究的集大成者，研究内容极其丰富，论述的内容从春秋到民国各个时期运河的发展、治理与管理，运河沿岸城市的发展，与运河相关的政治、经济以及建筑、宗教、文学艺术、教育等问题，这部巨著摆脱了长期以来就运河而研究运河的窠臼，将大运河置于更宏阔的历史背景和学术视野中进行审视。《济宁运河文化研究》是一本论文集，比较集中地论述了济宁运河文化。李泉、王云的《山东运河文化研究》选取其中最为突出的文化现象，进行了初步梳理和探究，包括山东运河河道变迁、工程管理以及漕运文化、运河城镇文化、商业文化、宗教民俗及文化交流等内容。

探讨大运河文化的文章有：梁白泉的《初论运河文化》对运河是不是文物、运河的价值、运河的生态现象以及运河的保护和利用等问题进行了探讨。运河文化课题组编写的《运河文化论纲》认为，大运河吸纳古今中外文化精华，融汇南北各地的风情民俗、饮食服饰、宗教信仰、官民礼仪等，形成了独特的运河风情和民俗文化。李宗新的《辉煌的京杭大运河文化》称京杭大运河是"一幅灿烂的文化画卷"，介绍了几个运河城市的文化。张盛忠的《运河文化的特质及其对当前经济社会发展的启示》认为运河文化属于带状型地域文化，其物质属商业文化。高建军的《运河民俗的文化蕴义及其对当代的影响》认为大运河民俗是一个包容百川的文化体系，其脊梁是工商业文化，且强有力地呈现出一种"人定胜天"的气格精神。它对流经地旧民俗不断冲击，渐而呈一种互补汇融的状态，最终达到相互交会共处的结果。卓凯、胡慧春的《论运河文化的历史功绩》一文从政治、经济、文化三个方面阐述了运河文化在中华民族发展史中的历史贡献。蔡勇的《济宁运河文化的形成及特点》界定了运河文化，并论述了济宁运河文化形成的过程及特点。刘玉平的《济宁运河文化论纲》则论述了济宁运河文化的内涵与特征、运河文化与当地文化的相互作用以及济宁运河文化对当今的启示等问题。陈桥驿的《南北大运河——兼论运河文化的研究和保护》简述了南北运河的概况，最后指出绍兴段运河文化的保护做法值得仿效，并以此提出保护运河文化遗产的重要性。陆家行、刘振龙的《运河南旺枢纽文化考》介绍了南旺枢纽工程的形成、历史功绩以及对后世的影响。

综之可见，研究运河文化的文章多是从运河文化的价值、特征以及如何利用和保护等方面展开论述。

3.1.4 大运河沿线城市研究

傅崇兰的《中国运河城市发展史》是较早对运河城市进行系统研究的成果，该书全面系统地介绍了若干运河城市的位置、环境、经济、人口、文化等相关问题。此外，还有许多文章对运河沿线城市、聚落、村镇等进行研究，这些研究主要讨论运河对沿线城镇、聚落的发展及变迁的影响，且这方面的研究有偏向于村镇研究的趋势。

李孝聪的《唐宋运河城市选址与城市形态的研究》以城市历史地理研究的方法和视角对唐宋运河沿线诸多城市的选址与形态进行了详细研究。陈薇的《元明时期京杭大运河沿线集散中心城市的兴起》以临清为例从漕运与建城、市衢与河渠、城市布局与建筑设置、特殊建筑、城市兴衰不由人力等五个方面剖析了运河对沿线城市发展的影响。尹钧科在《从漕运与北京的关系看淮安城的历史地位》一文中分析了漕运对北京的重要性，并从四个方面分析了淮安作为漕运之都的原因。王瑞成的《运河和中国古代城市的发展》论述了运河与早期城市的发展以及统一国家都城的关系，并进一步研究了运河在南北城市系统整合中的作用，最后论述了运河与运河转口贸易城市。赵明奇、韩秋红的《运河之都淮安及其历史地位的形成》认为淮安的核心功能是漕政，而基础功能则是经济调控中心，并从五个方面分析了运河之都淮安经济发展的原因。李琛的《京杭大运河沿岸聚落分布规律分析》阐述了在自然地理和国家政策的影响下，京杭大运河沿岸聚落的分布特征；介绍了在运河的重要作用下，沿岸聚落的逐渐形成和发展过程。王玏的《元明清时期运河经济下的城市——济宁》论述了在运河的影响下，济宁的农业、手工业、商业、服务业的发展情况。曹宁毅的《运河的变迁——论扬州古运河的功能变迁与综合开发》研究的主要内容是扬州古运河功能变迁的过程以及古运河与扬州城市之间的互动关系。通过对扬州古运河功能变迁的研究，运用城市形态学和城市地理学的分析方法，分析当前扬州古运河与滨河城市空间的互动关系，研究其出现的新变化新特征，探讨古运河综合开发的策略以及开发过程中的一些问题与不足，为当前古运河的进一步开发提供相应的理论支持。杨倩《京杭运河文化线路徐州城区段沿线文化遗产保护之城市设计基础研究》通过研究运河徐州段对徐州的影响，研究了徐州在运河文化线路中的特征定位，提出了"文化基础设施"的文化遗产保护战略，并选取了沿线遗产较为典型且复杂的节点——奎山东段，进行了地段级保护设计的探索。徐岩《历史时期运河对杭州城市发展的作用》一文主要利用历史地理文献分析和实地调查等方法，通过对历史时期杭州城内外运河的变迁情况、城市形态的变化、城市职能的演变等方面的分析，分成五个历史时期阐述运河对杭州城市的发展所起的作用。韩晓的《论明代山东运河城镇的发展与功能变迁》通过研究明代山东运河城镇的发展，认为在运河的带动下，明代山东运河城镇的政治功能、军事功能、经济辐射功能、文化功能都有了明显的增强，尤其是经济功能突出，在诸多功能中处于主导地位，改变了山东运河城镇以往政治功能占统治地位的格局。明代山东运河城镇功能的变迁，在一定程度上又促进了山东运河城镇的发展繁荣。王弢的《明清时期南北大运河山东段沿岸的城市》选择了今山东境内的德州、临清、聊城、张秋、济宁五个受惠于大运河的城市，探讨运河的兴衰对它们的影响，分析了这些城市兴起和衰落的原因。郭峰的《隋唐五代开封运河演变与城市发展互动关系研究》主要论述隋唐五代运河演变与城市发展的过程，并分析了汴州与运河互动关系演变的五个因素。

同济大学国家历史文化名城研究中心阮仪三教授主持对京杭大运河沿线历史城镇的运河遗产进行了调研，并形成了一系列的调研报告，是对运河城镇的现状与保护研究的重要成果。

3.1.5　大运河沿线相关建筑研究

刘捷的博士论文《元明清京杭大运河沿线若干建筑类型研究》是较系统研究运河沿线建筑的成果，论述了元明清京杭大运河沿线的转运仓、钞关、祠庙以及管理机构、水利工程等建筑类型，并分析了这些建筑与所在城市的关系，对漕运总督及河道总督进行了初步探讨。此外，沈旸的硕士论文《明清大运河城市与会馆研究》对大运河沿线的会馆建筑进行了研究。《大运河建筑历史遗存考察纪略》一文在实地调查的基础上，介绍了大运河沿线若干建筑历史遗存。沈旸、王卫清《大运河兴衰与清代淮安的会馆建筑》从城市的角度，探讨淮安会馆建设与发展和城市空间形态及功能布局的互动关系，旨在加深对清代淮安的进一步认识与了解，并为传统城市改造中如何合理利用和保护会馆，提供理论参考和依据。林仰石《明清漕、河总督署西花园——清晏园》介绍了清晏园的历史沿革，并提出了修复意象图。姚景洲、盛储彬《邳州市发现京杭大运河古船闸遗址》介绍了在邳州发现的京杭大运河古船闸遗址，对了解明末至清徐州的水利、漕运有一定的研究价值。王晓慧《山东运河沿岸卫所研究》研究了明代山东运河沿岸的卫所，确切的说是指德州至济宁这一段运河（即御河的一部分、会通河及济州河一段）沿岸卫所的分布特点、机构设置、职能任务等。

大运河水工建筑的研究则主要是水利学者从水利学或历史学的角度进行的。

总体来说，从建筑学、城市学角度研究运河沿线建筑的较少，对大运河管理建筑的研究更是寥若晨星。

3.1.6 大运河保护与"申遗"研究

大运河的保护利用和"申遗"近年来受到各方面的关注，研究这方面的文章也逐渐增多。这些研究大都围绕如何保护大运河以及如何"申遗"展开，讨论的问题主要有大运河保护、运河景观规划及环境整治、运河遗产廊道、"申遗"的建议及措施、运河的旅游开发等。这些研究主要是从宏观层面对大运河的现状保护及未来发展提出建议。

金建明的《关于加强大运河利用和保护的思考》从正确认识大运河的价值、调查历史文化资源、整治水环境及建立保护利用的长效机制四个方面论述了如何加强大运河的保护。陈薇等的《回归自然 发展城市 弘扬文化 创造生活——扬州古运河东岸风光带规划设计》论述了扬州古运河东岸风光带规划设计的研究过程，重点阐述了在历史文化名城运河沿线开发中的理念和思想，并介绍了以呼应古城肌理和结构特征的运河风光带规划特色。孙炜的《京杭大运河的保护和"申遗"》详尽叙述了京杭大运河历史上的兴盛与衰败、"申遗"的缘起，指出大运河"申遗"工作任重道远。舒乙的《重新了解大运河是保护和"申遗"的关键》概括了运河古城、古镇的五种模式，提出大运河保护的原则。李春波、朱强的《基于遗产分布的运河遗产廊道宽度研究——以天津段运河为例》一文以京杭大运河天津段为例，利用 GIS 作为分析工具，对大运河沿线历史文化遗产的分布状况进行了分析，总结了遗产分布与运河位置相对关系的规律性，即京杭大运河天津段遗产靠近运河分布比远离运河稍有密集的趋势，且与运河紧密相关的文化遗产此种趋势更加明显，并认为大运河遗产廊道的理想宽度应为单侧 2～2.5 公里。张磊的《论京杭大运河"申遗"的法律认识及其保护》从国际法角度，通过对京杭大运河申报《世界遗产名录》和《非物质文化遗产名录》两个热点问题的分析，介绍了国外遗产廊道和产权开发等遗产保护模式，以期对大运河的保护和"申遗"起到借鉴作用。束有春的《江苏省运河文化遗产保护与展望》论述了江苏段运河的自然与人文特点，总结了江苏段运河文化遗产的保护状况，并提出了进一步保护江苏段运河文化遗产的重点措施。李伟等的《遗产廊道与大运河整体保护的理论框架》以大运河为例，简要探讨了遗产廊道保护规划的理论和方法，提出了大运河整体保护研究的初步理论框架。刘枫在《运河是流动的文化——纵论京杭大运河的保护和申遗》一文中提出了大运河保护和"申遗"的建议。陈志友《运河文化保护利用与空间景观塑造——以扬州古运河城区段环境综合整治为例》针对扬州古运河城区段沿线文物古迹破损、环境较差等问题，着重阐述古运河文化保护利用的基本框架以及规划设计策略。俞孔坚、朱强等的《中国大运河工业遗产廊道构建：设想及原理（上、下篇）》首先对大运河工业遗产的类型与分布概况、遗产的价值进行分析，并提出了建立大运河工业遗产廊道的基本原理，即运河工业遗产与运河的三种关系："功能相关""空间相关"和"历史相关"，接着对大运河工业遗产廊道的基本范围与层次，以及规划设计的方法进行了论述。

在大运河的旅游开发方面有如下几篇文章：黄震方、李芸、王勋的《京杭大运河旅游产品体系的构建及其旅游开发———以京杭大运河江苏段为例》分析了京杭大运河旅游开发的现状和存在问题，论述了古运河旅游的市场定位与产品体系，提出了旅游开发的措施，同时强调，应将古运河发展成江苏外引海外（尤其是欧美）旅游市场，内连苏南、苏北景区的名牌旅游产品。汪芳、廉华《线型旅游空间研究——以京杭大运河为例》以京杭大运河为例，总结了其空间特征，并在此基础上提出了对大运河旅游规划的启示，同时，基于大运河的大尺度、跨区域性，提出建立相应机构加强协调管理，并进行流域联合营销和区域联合营销。

3.1.7 大运河管理研究

目前论述运河管理的专著还没有，只是在一些著作中提及部分内容。这些内容涉及漕运制度、机构设置、相关法规等，且多以漕运管理为研究重点，多关注管理沿革、管理制度，很少涉及管理建筑，研究的视角多是历史学。对运河管理制度问题的研究往往都是某一河段或某一时期，没有勾勒出运河管理的全景。

蔡蕃《北京古运河与城市供水研究》的第四章对通惠河的管理

进行了详细的论述，包括运河管理机构与维修制度、漕运管理机构与制度、历代漕仓的建置与管理等方面的内容。徐从法主编的《京杭运河志（苏北段）》有船闸的演变、流域水利、跨河设施以及运输等方面的内容，并用两章的内容分别介绍了古代运河管理机构的设置与管理。李泉、王云《山东运河文化研究》中对明清山东段运河治理及管理作了探讨。姚汉源《京杭运河史》第七编研究的内容为运河工程及漕运管理。蔡泰彬《明代漕河之整治与管理》研究了明代运河河道的整治与河道管理，对河道机构及其人员设置沿革、功能等进行了详细的论述。赵冕的《略论唐宋时期的运河管理》探讨了唐宋时期的运河管理。汪孔田的《济宁是京杭大运河的河都——从元明清三代派驻济宁司运机构看济宁的历史地位》根据大量丰富的历史文献资料，考证了有关元、明、清三代派驻济宁的运河管理机构情况。朱承山、武健《京杭运河防务考略》一文指出京杭运河自隋代通航以来，历代均设有管理机构，至明清时期尤为完备。这些管理机构包括治河、漕运、兵防三类。其机构因时代不同而有分有合，文章重点探讨河防沿革。刘广新的《清代济宁河道总督衙门》介绍了河道衙门的沿革、机构设置、职责以及建筑规模等方面的内容。王英华、谭徐明的《清代江南河道总督与相关官员间的关系演变》根据清代故宫档案、实录和文集等史料，研究清代江南河道总督地位的变化及其与相关官员间的关系演变，从而揭示其与清代河务的相关关系。钱克金、刘莉的《明代大运河的治理及其有关重要历史作用》就明运河的主要治理及其对农业的有关影响、漕运重任、商贸活动等具有代表性的问题作了初步探讨。封越健的《明代京杭运河的工程管理》论述明代运河工程管理制度，指出明代运河水源、闸坝、河道、堤防管理方面的法规相当周密完备，管理的水平很高，基本上保证了运河的畅通，漕运的顺利进行，这些法规制度为清代所继承。

3.2　国外研究成果现状

国外对大运河的研究较少，笔者目前查到的资料在早期多是游记性质的著作，记录了沿运河行进的所见所闻，虽然不是学术研究，但对了解当时运河及沿线城市有着重要的价值。如乾隆年间英国派使团访问中国，使团进京返程都经由运河，随团秘书斯当东回国后著有《英使谒见乾隆纪实》，而使团画师托马斯·阿罗姆则用绘画的方式记录了行程；朝鲜崔溥所著的《漂海录》中涉及很详细的运河沿线驿站、桥闸、城市等；此外《马可波罗行纪》《利玛窦中国札记》也记录了大运河的一些情况。日本学者星斌夫《大运河——中国的漕运》一书从清代的漕运机构入手，研究清代运军与水手的组成特性，并注意收缴漕粮的坐粮厅之实际运作。而在欧美史学界中，Hinton 所著的 *The Grain Tribute System of China* (1845-1911) 大概是最早介绍有关清代后期漕运的文章。Lyn Harrington 的 *The Grand Canal of China* 以大运河所连接的长江、黄河、淮河、海河为线索，追溯了中国大运河的历史，并分析了它是如何影响中国历史的。Leonard 的 *Controlling from Afar：The Daoguang Emperor's Management of the Grand Canal Crisis*，1824-1826 对清道光年间的漕运危机进行了详细研究。

3.3　现有研究成果述评

3.3.1　研究内容丰富，角度多样

综合以上分析，有关大运河的研究成果以国内居多，国外学者研究相对较少。就国内研究来看，研究内容非常丰富，主要有大运河历史、漕运、文化、沿线城市、沿线相关建筑、保护与申遗以及管理等七大方面，在这七方面内容中以历史、文化及漕运研究居多，而运河沿线城市、建筑、管理及"申遗"则是近年来运河研究的新重点，特别是随着大运河"申遗"成功，这些研究也得到越来越多的重视，大运河研究呈现出多学科、多角度、全面发展的趋势。

3.3.2　管理制度研究重漕运轻河道，多静态少动态

对大运河管理制度的研究成果较多，从研究内容来看，多集中在对漕运管理制度的研究，而鲜有涉及对河道管理、水工设施、重要工程等方面的管理制度问题，对大运河管理制度何时形成、如何形成以及如何运作等问题更是鲜见于文献；从研究时间上看，多是研究某一朝代或某一时段的管理制度，而没有动态地研究元明清时期大运河的管理制度及其沿袭、变化与发展。

3.3.3　管理建筑研究比较匮乏

管理建筑作为大运河沿线的一种重要建筑类型，与大运河的运作关系最为密切，但在目前的研究中，对管理建筑的研究较为稀少，更没有发现专门对运河管理建筑这一建筑类型进行深入系统研究的成果。

3.3.4 管理制度与管理建筑关联性研究空白

历史学家、社会学家关注运河的制度、相关人物以及重大事件等内容，而建筑学科的研究则更多地围绕建筑实体与空间。然而，大运河管理制度是一种关乎空间的制度，与管理建筑之间存在着密切的关系，管理建筑是管理制度的物质载体，是各种管理功能运作的空间场所，同时这些管理建筑与所在城市又产生千丝万缕的联系。目前将大运河的管理制度及其形成、运作机制进行动态的全面分析，探讨管理制度的运作与管理建筑关联性的研究还是空白，研究这一课题有着重要的学术价值和现实意义。

第四节　研究方法

4.1　查阅历史文献以梳理大运河管理制度与管理建筑的历史脉络

与大运河相关的历史文献可谓浩如烟海，本书根据研究对象从中筛选出有关大运河管理制度与管理建筑的文献资料，以梳理大运河管理制度与管理建筑的历史脉络。

本书参考的历史文献大致有以下几类：①史书类，包括各朝正史、纪事、实录，如《新唐书》《明史》《清史稿》《明实录》《清实录》等；②专书类，包括职官、河道、漕运相关书籍，如《钦定历代职官表》《北河纪》《山东运河备览》《山东全河备考》《南河志》《通漕类编》《漕运通志》《钦定户部漕运全书》等；③诏议类，指皇帝诏书、名臣奏章奏议，如《历代名臣奏议》等；④方志类，明清时期运河沿线城市地方志，如《万历兖州府志》《嘉靖德州志》《同治苏州府志》《乾隆淮安府志》等。

4.2　实地调查长江以北段运河以了解管理建筑分布重点地段

长江以南水网密布，水资源充足，运河管理相对较为简单，在元明清三代均不作为运河管理的重点，而长江以北段运河由于地势复杂、水源较少，再加上复杂的黄运关系，使得长江以北段的运河管理成为整个运河管理的重点和主要内容。笔者进行实地考察时亦以长江以北段运河为重点，考察现有管理建筑遗存情况、城市运河关系、重点水利工程等，对多数不存的管理建筑，则根据历史记载，对照现场可能的分布地点，考察其与运河以及周边环境的关系，以结合历史文献尽可能地构想和了解历史真相。

4.3 用多学科交叉的视野研究大运河管理制度及其建筑的关联性

本书研究大运河的管理制度及其建筑，直接跨越建筑学与管理学两大学科，同时涉及历史学、历史地理学、制度经济学等学科，需要多角度、多学科地研究该问题，分析两者的关联性，分析管理与建筑、制度与空间等的关联性，以对大运河管理制度与管理建筑进行系统研究。

4.4 用数据分析方法对管理建筑的空间分布态势等进行量化分析

本书运用数据分析的方法，对大运河管理建筑的空间分布态势、河道管理官员管理河道的长度等问题进行量化分析，考察管理制度运作与管理建筑在地理空间分布上的关联性。同时亦分析众多历史现象产生的原因以及所反映的问题，以科学的数据论证观点的正确性，为研究建筑历史、管理制度运作提供一种新的视角。

进行数据分析时会涉及长度单位，元明清三代长度单位与现代不同，三代长度单位与现代长度单位的换算关系，此处统一说明（见表 0-1）。书中保留文献中所记载的长度单位，不换算成现代长度单位（特殊说明者除外）。书中涉及的三代长度单位之间的关系为：1 尺 =10 寸 =100 分，1 里 =360 步 =180 丈 =1800 尺。

表 0-1 长度单位换算表

元明清长度单位（尺）	元 代	明 代	清 代
现代长度单位（厘米）	30.72	31.10	32.00

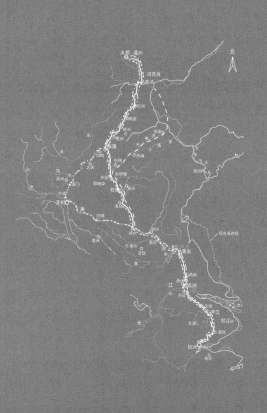

第一章 由简至繁，河漕交融：
元明清大运河管理制度演进轨迹

第一章 由简至繁，河漕交融：元明清大运河管理制度演进轨迹

　　中国的运河管理制度是一个随着河道长度和漕运范围变化而不断发展的体系，自春秋至元明清时期，运河河道长度和漕运范围都呈现一种增长的趋势。元明清时期，大运河无论在河道长度还是漕运范围上都远远超过前代，河道、漕运的复杂程度更是前代所不及。

　　元代所形成的大运河为南北走向，明清继承并进行局部调整，大运河北起北京，南至杭州，全长 1 794 公里，连接了海河、黄河、淮河、长江、钱塘江五大水系。明清时期大运河承担着南粮北运的重任，有漕省份有浙江、江西、江南、湖北、湖南、山东、河南等省，漕运范围相较前代大为扩大，在促进南北方经济文化交流、保障社稷稳定等方面作用巨大，是明清国家大政。随着大运河河道长度、范围的增加以及复杂度的加大，大运河的运转较以前变得更为复杂，这客观上对保证大运河正常运转的管理制度提出了更高的要求，正是在这种内驱力的推动下，大运河管理制度在明清时期变得更加完善。

第一节 从无到有：元代以前运河管理制度演进概述

　　为更好地了解元明清时期大运河管理制度的演进，必须简略描述一下元代以前运河管理制度的概况，以便更加清楚地知道元明清时期大运河管理制度在整个中国运河管理制度体系发展过程中的地位。

1.1 隋唐以前

1.1.1 春秋战国时期

春秋战国时期，诸侯国之间战事连绵，兼并不断，最终形成"战国七雄"的格局。该时期农业发展迅速，农村的余粮相当充足，各诸侯国多能于都城附近取得粮食[1]。公元前647年晋国遭遇饥荒，秦国利用天然河道运粮接济晋国，史称"泛舟之役"。但此次是利用自然河道，而非人工河道。公元前486年吴王夫差为北上攻齐运输军队与粮食而在扬州开凿邗沟，为我国运河漕运之始。春秋战国时期运河为区域性的运河，"无司转运之官"，"不以为经常之法"[2]。

1.1.2 秦汉至三国两晋南北朝时期

秦统一全国后，出于军事或经济的需求，开凿运河，开展漕运，"漕运实始于秦"[3]。杜佑《通典》记载"秦欲攻匈奴，运粮，使天下飞刍挽粟，起于黄、腄、琅琊负海之郡，转输北河，率三十钟而致一石。"[4] 早期的漕运主要用于军事目的，经济作用不明显。秦代设有"都水长丞"一职管理河渠，但秦代无漕运专官。

楚汉相争中，萧何将关中粮食转漕前线，对汉高祖夺得天下起了重要作用。在讨论建都地点时，张良等主张建都长安，认为"诸侯安定，河渭漕挽天下，西给京师，诸侯有变，顺流而下，足以委输"[5]。张良的这一构想使漕运开始与都城运作联系起来，赋予漕运以经济、政治的重任，不再局限于军事需要。汉高祖接受张良等人的建议，定都长安，并每年从关中漕运粮食至长安。汉初时"漕挽山东粟，以给中都官，岁不过数十万石"，到武帝时"山东漕益岁六百万石"[6]，呈现出增加的趋势。朝廷沿河设置甘泉、太仓等仓储藏粮食。漕运已开始成为一种经常性、制度性的活动。两汉除利用现有渠道外，更积极整治河渠或开凿运道，提高了漕运效能。如汉武帝听取大司农郑当的建议，"引渭穿渠"截弯取直，缩短了长安与华阴间2/3的运输距离[7]。东汉建都洛阳后，陆续开凿阳渠[8]、修治汴渠等多条运道[9]。

两汉时漕运尚未有专官掌运，与水利相关的各部门都参与漕运事务，其中以"大司农"最具影响力。东汉时在大司农下设有"太仓令"，"主受郡国传漕谷"[10]。西汉时设置的护漕都尉只负责防护，并不统领漕运[11]，东汉建都洛阳，漕运无过三门峡砥柱之险，光武帝裁撤"护漕都尉"[12]。在运道方面，西汉在太常、大司农（含郡国）、

1 赵冈.历代都城与漕运 [J].大陆杂志，84（6）：243.

2 （清）永瑢，纪昀等撰，《钦定历代职官表》卷60，《漕运各官表》。

3 （清）永瑢，纪昀等撰，《钦定历代职官表》卷60，《漕运各官表》。

4 （唐）杜佑撰，《通典》卷10，《食货志十·漕运》。

5 （西汉）司马迁撰，《史记》卷55，《留侯世家第二十五》。

6 （西汉）司马迁撰，《史记》卷30，《平准书第八》。

7 （西汉）司马迁撰，《史记》卷29，《河渠书第七》。

8 （南朝）范晔撰，《后汉书》卷35，《张曹郑列传第二五》。

9 （南朝）范晔撰，《后汉书》卷2，《明帝纪》。

10 （南朝）范晔撰，《后汉书》卷26，《百官三》。

11 （清）永瑢，纪昀等撰，《钦定历代职官表》卷60，《漕运各官表》。

12 （南朝）范晔撰，《后汉书》卷1下，《光武帝纪第一下》。

少府、水衡都尉、三辅皆设有都水官[13]，京师设有都水使者，"有河防重事则出而治之"[14]。东汉则将都水使者改为"河堤谒者"[15]。

三国两晋南北朝时，社会动荡，国家长期处于分裂状态，漕运制度在动乱中逐渐衰微。运河管理制度在这一时期也没有大的发展，但在漕运及河道官员的设置上有所进展（见表1-1）。

表1-1　三国两晋南北朝时期漕运、河道官员设置

<table>
<tr><th colspan="3">朝代</th><th>官员名称</th><th>职责</th></tr>
<tr><td rowspan="7">漕运官员设置</td><td>三国</td><td>魏</td><td>大夫</td><td>监督郡国自遣输送官</td></tr>
<tr><td rowspan="3">晋</td><td colspan="2"></td><td>都水使者</td><td>督运</td></tr>
<tr><td colspan="2"></td><td>监运太中大夫</td><td rowspan="2">监运</td></tr>
<tr><td>孝武帝</td><td>督运御史（监运大夫）</td></tr>
<tr><td colspan="2">宋齐梁陈</td><td>都水使者</td><td>掌舟航及运部</td></tr>
<tr><td colspan="2">北魏</td><td>都水使者</td><td></td></tr>
<tr><td colspan="2">北齐</td><td></td><td></td></tr>
<tr><td colspan="2">后周</td><td>司水中大夫</td><td></td></tr>
<tr><td rowspan="6">河道官员设置</td><td>三国</td><td>魏</td><td>河堤谒者</td><td></td></tr>
<tr><td colspan="2">晋</td><td>都水使者</td><td>掌河渠，兼漕运</td></tr>
<tr><td colspan="2">宋齐梁陈</td><td>都水使者，梁改为"大舟卿"</td><td>兼掌舟航河堤</td></tr>
<tr><td colspan="2">北魏</td><td>水衡都校、都水使者、河堤谒者</td><td></td></tr>
<tr><td colspan="2">北齐</td><td>都水使者，有丞及参事河堤谒者
录事船局都津尉丞典作津长等员</td><td></td></tr>
<tr><td colspan="2">后周</td><td>司水中大夫</td><td></td></tr>
</table>

1.2　隋唐

隋文帝开皇四年（584年），"命宇文恺率水工凿渠，引渭水，自大兴城东至潼关三百余里，名曰广通渠。转运通利，关内赖之。"[16] 开皇七年（587年）四月，"于扬州开山阳渎，以通漕运"[17]，沟通江、淮两大水系。

隋炀帝即位后，先后修凿了通济渠、邗沟、永济渠和江南运河。

大业元年（605年）三月，"发河南诸郡男女百余万，开通济渠，自西苑引谷、洛水达于河，自板渚引河通于淮"[18]。同年，"又发淮南民十徐万开邗沟，自山阳至扬子入江。渠广四十步，渠旁皆筑御道，树以柳"[19]。

大业四年（608年）正月，"诏发河北诸郡男女百余万开永济渠，引沁水，南达于河，北通涿郡"[20]。

大业六年（610年）隋炀帝敕凿江南运河，"自京口至余杭，八百余里，广十余丈，使可通龙舟，并置驿宫、草顿，欲东巡会稽"[21]。

隋代开凿的运河使运河由东—西方向转为东南—西北—东北方向，完成了南北大运河的创建，漕运空前发展，这对运河管理制度提出了客观需求。

13 （东汉）班固撰，《汉书》卷19上，《百官公卿表第七》。
14 （清）永瑢，纪昀等撰，《钦定历代职官表》卷59，《河道各官表》。
15 （清）永瑢，纪昀等撰，《钦定历代职官表》卷59，《河道各官表》，"东汉之河堤谒者即西汉之都水使者矣"。
16 （唐）魏征等撰，《隋书》卷24，《食货志》。
17 （唐）魏征等撰，《隋书》卷1，《高祖纪上》。
18 （唐）魏征等撰，《隋书》卷3，《炀帝纪上》。
19 （宋）司马光撰，《资治通鉴》卷180，《炀皇帝上之上》。
20 （唐）魏征等撰，《隋书》卷3，《炀帝纪上》。
21 （宋）司马光撰，《资治通鉴》卷181，《炀皇帝上之下》。

隋代漕运管理方面，漕运由都水监所属的舟楫署掌管，而在沿途的黎阳、洛口诸仓设有监官[22]。隋代沿运河设仓以利漕运，正如吴琦所评："这一方法对唐、明两代的漕运影响很大。唐代漕运采用递运法，在各河段分置漕仓，转相递运；明代则采用过支运法，以分置漕仓为漕粮的转运点。这些都是从隋代脱胎而来。"[23]

在河道管理方面，设都水台"使者及丞二人，参军三十人，河堤谒者六十人"[24]。《通典》载："隋开皇三年（583年），废都水台入司农。十三年（593年），复置。仁寿元年（601年），改台为监，更名使为监。炀帝又改为使者，寻又为监，加置少监，又改监及少监，并为令领舟楫河渠二署。"[25]可见隋代河道管理以"都水台"及后来的"都水监、都水少监"为最高机构，其下有舟楫、河渠二署，漕运与河道管理多有交叉，这与隋代以前没有实质性的改变。

唐代主要是在隋代运河基础上进行疏浚、修整和开凿，潘镛将南北大运河的主要工程归纳为：四疏汴渠、五浚山阳渎、三治江南运河[26]。

唐初"岁不过二十万石，故漕事简"[27]，漕事由度支掌管，没有设立漕运专官。后来随着漕运数量的增加，漕运管理制度逐渐形成[28]。《钦定历代职官表》中载有唐代漕运管理的设置，"唐初，以都水监领舟楫署，主公私漕运。至先天中，置水陆发运使，开元中置都转运使，于是舟楫署废而都水官始不领漕事矣。水陆发运使后又曰水陆运使，又曰水陆转运使"[29]。唐代设都转运使后，漕运和河道管理才正式分离，从严格意义上说，漕运专官始于此。清人则认为"唐之发运使、转运使比为今总漕之职任"[30]。何汝泉认为，随着唐朝官僚机构和贵族阶层的扩大，对漕运的需求越来越大，漕运数量的增加引发了管理漕运的官府与之不相适应的矛盾，设置专官则是为了解决这一矛盾。同时他认为首任转运使当为裴耀卿，而一般认为的李杰仅是地方性的发运使[31]。

裴耀卿与刘晏的漕运改革是唐代漕运管理制度发展过程中两次具有里程碑意义的事件。裴耀卿主张改变以前的长运法，沿运河设仓，实行"节级取便"之法，亦即分段运输法。他提出的漕运方法为："请置仓河口，以纳东租，然后官自雇载，分入河、洛，度三门，东西各筑敖仓，自东至者，东仓受之。三门迫险，则傍河凿山以开车道，运十数里，西仓受之。度宜徐运抵太原仓，趋河入渭，更无留阻，可减费钜万。"[32]此项建议得到了皇帝的采纳，在他的主持下漕运得到了巨大发展。"安史之乱"后，漕运体系受到严重破坏，为恢复漕运，确保京师供应，广德二年（764年）刘晏对漕运进行改革，"凡漕事皆决于晏"[33]，创纲运法，以10船为一纲，每纲

22 （清）永瑢，纪昀等撰，《钦定历代职官表》卷60，《漕运各官表》，《历代建置·隋》。

23 吴琦.漕运的历史演进与阶段特征[J].中国农史，1993，12（4）：21-26.

24 （唐）魏征等撰，《隋书》卷28，《百官志下》。

25 （唐）杜佑撰，《通典》卷27，《职官志九》。

26 潘镛著，《隋唐时期的运河和漕运》，三秦出版社，1986：52-62。

27 （宋）欧阳修、宋祁撰，《新唐书》卷53，《食货志三》。

28 潘镛依照漕运数量的变化，将唐代漕运分为三个阶段，唐高宗、太宗、中宗时期为第一阶段，每年不过一二十万石；唐玄宗时期为第二阶段，也是兴盛阶段，每年达230余万石；第三阶段是唐宪宗元和以后，下降至20万石，甚至10石。详见潘镛《隋唐时期的运河和漕运》，三秦出版社，1986：75。

29 （清）永瑢，纪昀等撰，《钦定历代职官表》卷60，《漕运各官表》。

30 （清）永瑢，纪昀等撰，《钦定历代职官表》卷60，《漕运各官表》，《历代建置·唐》。

31 何汝泉.唐代转运使的设置与裴耀卿[J].西南师范大学学报，1986（1）：72-79.

32 （明）杨士奇等撰，《历代名臣奏议》卷261，《漕运》，文渊阁四库全书本。

33 （宋）欧阳修、宋祁撰，《新唐书》卷53，《食货志三》。

300 人，篙工 50 人。在运输方法上继承了裴耀卿的分段法，确立了"江船不入汴，汴船不入河，河船不入渭" [34] 的原则，取得了巨大成效。

唐代设都水监"掌川泽津梁渠堰陂池之政，总河渠" [35]，另有河渠署，但此时仍无管理运河河道的专官。

随着隋代南北大运河的开凿和国家的统一，全国范围内的漕运进入发展阶段，产生了漕运专官，创立了分段运输的漕运方法，漕运制度开始趋于完善。

1.3　两宋

北宋定都汴京，并建立起以汴京为中心，以汴河、黄河、惠民河、广济河为干线的漕运网络，以运输不同地区的物资，而以与江南运河相沟通的汴河最为重要 [36]，"岁漕江淮湖浙米数百万石，及至东南之产，百物众宝，不可胜数。" [37] 北宋漕运极其发达，太平兴国六年（981 年）达 550 万石，以后基本维持这一数字，"非水旱蠲放民租，未尝不及其数"，至道年间，仅汴河就达 580 万石，大中祥符初，达 700 万石 [38]。如此巨额的漕运数量，元明清三代也不能与之相比。漕运如此发达，与北宋农业发达、地理位置优越、统治阶级重视以及造船业的发展等方面密切相关 [39]。如此发达的漕运必然要求完善严密的漕运管理制度与之相适应，北宋在管理机构设置、漕运法规制定以及运输方法等方面成就突出，从而建立起了一整套漕运管理制度。

其一，设立完备的管理机构。北宋从中央到地方，在漕运的征收、发送、运输、下卸、入仓等各个环节都设立了完备的管理机构。在中央由三司总揽漕政，具体事务则由其下设的度支使的"粮料案、发运案、斛斗案"负责 [40]。地方漕运管理机构则有发运司、转运司、催纲司、拨发司、排岸司、下卸司、仓场监官。发运司下设发运使、副使、判官，"掌经度山泽财货之源，漕淮、浙、江、湖六路储廥以输中都，而兼制茶盐、泉宝之政，及专举刺官吏之事。" [41] 主要负责淮浙江湖六路的漕运事宜。转运司又称"漕司"，最高长官为转运使，"掌经度一路财赋" [42]，"两省以上则为都转运使" [43]。漕船运输过程中的催纲、押纲主要由催纲司和拨发司负责。粮食运至京师以后，由排岸司和下卸司负责下卸进仓，而入仓之后则由仓场监官负责（图 1-1）。

其二，制定严格的漕运法规。北宋有关漕运的法令几乎涉及漕运过程的每一个环节和各个方面，从起运、监督、停留、迟到、中

34　（宋）欧阳修、宋祁撰，《新唐书》卷 53，《食货志三》。

35　（清）永瑢，纪昀等撰，《钦定历代职官表》卷 59，《河道各官表》，《历代建置·唐》。

36　（元）脱脱等撰，《宋史》卷 175，《食货志上三》，漕运，"宋都大梁，有四河以通漕运：曰汴河，曰黄河，曰惠民河，曰广济河，而汴河所漕为多"。

37　（元）脱脱等撰，《宋史》卷 93，《河渠志三·汴河》。

38　（元）脱脱等撰，《宋史》卷 175，《食货志上三·漕运》。

39　参见周建明. 北宋漕运发展原因初探 [J]. 华南理工大学学报（社会科学版），2001，3（2）：50-55.

40　（元）脱脱等撰，《宋史》卷 162，《职官志二》，三司，"三曰粮料案，掌三军粮料、诸州刍粟给受、诸军校口食、御河漕运、商人飞钱。五曰发运案，掌汴河广济蔡河漕运、桥梁、折斛、三税。斛斗案，掌两京仓廪廥积，计度东京粮料，百官禄，粟厨料。"

41　（元）脱脱等撰，《宋史》卷 167，《职官志七·发运使》。

42　（元）脱脱等撰，《宋史》卷 167，《职官志七·转运使》。

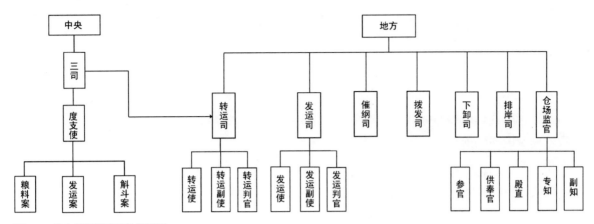

图1-1　北宋漕运管理机构设置图

途下卸转船，直到运至东京装进粮仓都有具体规定。对沿途可能遇到的各种问题，包括船工口粮的供给、灯火的管制、人员的任用、漕粮的干湿、停靠的时间、奖赏的格式、发运使每年进京奏报的次数，也都颁布了诏令，制订了有关的条款。对于漕运中经常遇到的偷盗、掺假、损漏等问题，更是三令五申，其法令之多，规定之细，已超过历代王朝[44]。这些法规保障了漕运的顺利高效运行。

宋室南迁临安以后，政治中心与经济中心合二为一，南宋王朝凭借南方便利的水运条件，建立了以临安为中心的漕运体系，每年漕运粮保持在 600 万石左右。南宋漕运的发达对后来元代在全国实行大规模漕运有重要的示范和启发作用。

都水监为河渠事务的最高管理机构，其初属三司下的河渠案，"嘉祐三年（1058 年），始专置监以领之"[45]。《钦定历代职官表》载："宋都水监之属有都提举八人，元祐时又令转运使副皆兼都水事，此即今日河道之职，都提举专司河务。"[46] 此外还设有河堤判官、河堤使专理河务。

综上所述，中国的漕运管理制度在漫长的发展过程中，管理制度的发展与运河的变化密切相关，到北宋时，运河管理制度已达到相当高的水平，尤其是在漕运管理制度方面，可以说是中国漕运管理制度史上的一个里程碑。历代虽然重视水利建设和管理，但针对运河河道的管理制度在宋以前一直没有形成，一直处于水利与漕运的交叉边缘，因此囊括漕运与运道管理的运河管理制度在宋以前一直没有形成。在接下来的元明清三代，漕运在全国范围内的大规模开展，运河河道格局发生了根本性的变化，由东南—西北—东北向转为南北向，运河管理体系与前代大有不同，河道管理与漕运管理都得到了进一步的发展。

43　（元）马端临撰，《文献通考》卷
61，《职官考十五·转运使》。
44　周建明，北宋漕运法规述略 [J].
学术论坛，2000（1）：125-128. 对各项法规的详细论述可参看本文。
45　（元）脱脱等撰，《宋史》卷 165，
《职官志五·都水监》。
46　（清）永瑢，纪昀等撰，《钦定历代职官表》卷 59，《河道各官表》，《历代建置·宋》。

第二节 承前启后：大运河管理制度的开创（至元十三年至永乐十二年，1276—1414年）

元代定都北京，运河南北贯通，运河的格局、路线、重要性等方面都异于前代，运河漕运开始进入全新时期，这种根本性的变化导致管理制度亦较前代有了明显不同。元代运河河道变化较多，这种变化对管理制度的影响较为明显。元代基本构建了大运河管理的初步框架，明清两代即是在此基础上的继承、完善从而达到成熟。

元代为大运河全线贯通阶段，但终元一代海运占主导地位，故而研究元代大运河管理制度时不可避免地涉及海运管理，而明初则继续元代的海运制度。

2.1 元代内河漕运路线的变迁与运河管理制度的演进

2.1.1 内河漕运管理制度

1. 内河漕运路线的变迁与漕运管理制度的完善

元代统一全国后，大行漕运，其漕运路线的变化大致可分为两个时期，即至元十三年（1276 年）到至元十九年（1282 年）的水陆联运时期以及至元二十年（1283 年）以后的河海并行时期，其中至元二十年（1283 年）到至元三十年（1293 年）期间，内河漕运与海运路线多有变化（图 1-2），至元三十年（1293 年）后，大运河全线贯通，海运路线也固定下来。在漕运路线变化的过程中，漕运管理制度也不断完善。

（1）至元十三年到至元十九年（1276—1282 年）：水陆联运

至元十三年（1276 年）以前，漕运仅限于北方地区，且多为满足军事需要。元初的漕运管理制度多沿袭金代，并没有形成相应的管理制度。世祖中统二年（1261 年），初立军储所，寻改漕运所。至元五年（1268 年），改漕运司，秩五品。十二年（1275 年），改都漕运司，秩四品。

至元十三年（1276 年）攻占临安，元军控制了长江中下游地区，开始了南粮北运的尝试。伯颜攻占临安后，看到水运发达，提议大力发展漕运。"江南城郭郊野，市井相属，川渠交通，凡物皆以舟载，比之车乘任重而力省。今南北混一，宜穿凿河渠，令四海之水相通。远方朝贡京师者皆由此致达，诚国家永久之利。上可其奏。"[47] 他的这一建言，无疑对元代实行漕运起了推动作用。至元十三年（1276 年）到至元十九年（1282 年）期间的漕运，以河运为

经理运河 大运河管理制度及其建筑

022

47 （元）苏天爵辑撰，姚景安点校，《元朝名臣事略》卷 2，《丞相淮安忠武王伯颜》，引《野斋李公文集》。

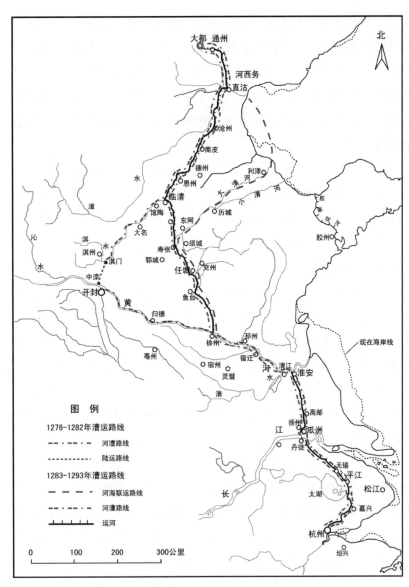

图1-2　元代内河漕运路线演进图

主，水陆联运。其路线为："江南的漕船到达淮安后，转入黄河（当时黄河由泗入淮，合并在淮河下游东流入海），逆流上行，直达中滦旱站（今河南封丘县西南），然后车载牛运，经陆路向北走九十公里而达御河（今卫河）南岸的淇门镇（今河南汲县东北），再入御河，由水路北上，经临清、直沽（今天津），由白河（今北运河）抵通州，再由通州陆运二十二公里以达大都。"[48] 但内河漕运"劳费不赀，而未见成效"[49]，至元十九年（1282 年），元官府开始尝试海运，但由于"风信失时"，"明年始至直沽"。"时朝廷未知其利，是年十二月立京畿、江淮都漕运司二，仍各置分司，以督纲运。"[50] 初次海运没有达到预期的成效，这促使朝廷更加重视内河漕运，但河运以前"虚废财力，终无成效"[51]，提高内河漕运的成效必然成为朝廷首要解决的问题。中书省勘查得出的原因是"措置乖方，用人不

48　王育民著，《中国历史地理概论》，人民教育出版社，1987：289。

49　（元）赵世延、揭傒斯等修纂，《大元海运记》卷上，《续修四库全书》史部第 835 册，413 页。

50　（明）宋濂等撰，《元史》卷 93，《食货志一·海运》。

51　（元）赵世延、揭傒斯等修纂，《大元海运记》卷上，《续修四库全书》史部第 835 册，414 页。

当"[52]，因而对管理机构进行调整就变得非常必要。京畿都漕运使司由四品升为正三品，可以说是位高权重。同时进一步明确了各运司的职责，"大都漕运司止管淇门运至通州河西务，其中滦至淇门、通州河西务至大都陆运车站，别设提举司，不隶漕运司管领。扬州漕运司止管江南运至瓜洲，至中滦水路纲运副之，押运人员不隶漕运司管领。"[53]

（2）至元二十年到至元三十年（1283—1293年）：河海并行

元代正式的漕粮海运始自至元二十年（1283年），至元二十年（1283年）以后，元代进入海运、河运并行时期。内河漕运路线尚未完全贯通，在此期间，广开新河，内河漕运路线多有变化，漕运管理机构变化亦较多。

济州河始开于至元十三年（1276年），完成于至元二十年（1283年）[54]。济州河自济州治任城县城（今济宁市）南开渠引汶水西北流，经150里至东平安山接济水（即清河）[55]。济州河开通以后，漕船可由泗入济州河，转入大清河至利津县入海，由海道入直沽。其后"因海口沙壅，又从东阿旱站运至临清，入御河"[56]。由东阿陆运至临清，艰险万状，且劳民以成弊，如元人杨文郁所言："自东阿至临清三百里，舍舟而陆，东输至御河，徙民一万三千二百七十户，除租庸调。道经茌平，其间苦地势卑下，遇夏秋霖潦，牛债鞅脱，难阻万状。或使驿旁午，贡献向望，负戴底滞，晦螟呼警，行居骚然，公私为病，为日久矣。"[57]为了改变这种状况，寿张县尹韩仲晖、太史院令史边源等建言引汶水达御，后在马之贞前期调查的基础上[58]，于至元二十六年（1289年）开通会通河。

"会通河，起东昌路须城县安山之西南，由寿张西北至东昌，又西北至于临清，以逾于御河。……诏出楮币一百五十万缗、米四万石、盐五万斤，以为佣直，备器用，征旁郡丁夫三万，驿遣断事官忙速儿、礼部尚书张孔孙、兵部尚书李处巽等董其役。首事于是年（至元二十六年，1289年）正月己亥，起于须城安山之西南，止于临清之御河，其长二百五十余里，中建闸三十有一，度高低，分远迩，以节蓄泄。六月辛亥成，凡役工二百五十一万七百四十有八，赐名曰会通河。"[59]开通以后，"江淮、湖广、四川、海外诸番土贡粮运，商旅懋迁，毕达于师"[60]。

会通河的开通大大缩短了运程，但此时通州至大都段仍为陆运，劳费甚大，"通州至大都陆运官粮，岁若干万石，方秋霖雨，驴畜死者，不可胜计"[61]，至元二十八年（1291年）世祖采纳郭守敬建言，欲开通州至大都河道，至元二十九年（1292年）春首事，完成于三十年（1293年）秋，赐名通惠河[62]。至此，大运河全线贯通，

52 （元）赵世延、揭傒斯等修纂，《大元海运记》卷上，《续修四库全书》史部第835册，414页。
53 （元）赵世延、揭傒斯等修纂，《大元海运记》卷上，《续修四库全书》史部第835册，414页。
54 高荣盛. 元初山东运河琐议 [J]. 南京大学学报专辑：元史及北方民族史研究集刊，1984（8）。
55 陈桥驿主编，《中国运河开发史》，中华书局，2008：123。
56 （明）宋濂等撰，《元史》卷93，《食货志一·海运》。
57 《山东通志》三十五之十九上，杨文郁《会通河记》，文渊阁四库全书电子版。
58 （明）宋濂等撰，《元史》卷64，《河渠志一·会通河》记载："至元二十六年，寿张县尹韩仲晖、太史院令史边源相继建言，开河置闸，引汶水达舟于御河，以便公私漕贩。省遣漕副马之贞与源等按视地势，商度工用，于是图上可开之状。"
59 （明）宋濂等撰，《元史》卷64，《河渠志一·会通河》。
60 （元）苏天爵辑撰，姚景安点校，《元朝名臣事略》卷2，《丞相淮安忠武王伯颜》，引《野斋李公文集》。
61 （明）宋濂等撰，《元史》卷164，《列传五十一·郭守敬》。
62 （明）宋濂等撰，《元史》卷64，《河渠志一·通惠河》。

63 （明）宋濂等撰，《元史》卷12，《世祖纪九》，"济州新开河成，立都漕运司"，据《元史·世祖纪十二》记载，"改济州漕运司为都漕运司"推测，初设时应为"济州漕运司"，而非"济州都漕运司"。
64 （明）宋濂等撰，《元史》卷85，《百官志一》。
65 （明）宋濂等撰，《元史》卷15，《世祖纪十二》。

将隋代始创的"之"字形运河路线拉直，缩短了航程，为明清漕运的繁荣奠定了基础。

该时期内，漕运管理机构设置多有变化，且多紧随漕运路线改变而变化：至元二十年（1283 年），新开济州河后，设立济州漕运司[63]。"至元二十四年（1287 年），内外分立两运司"[64]，于河务置司，临清设分司。至元二十五年（1288 年），"二月丁巳改济州漕运司为都漕运司"，减轻了京畿都漕运司的管理负担，其"惟治京畿"[65]。通惠河开通后的第二年（至元三十一年，1294 年）设置通惠河运粮千户所，设中千户一员，中副千户二员，掌管通惠河的运粮。

不难看出，该时期内漕运管理制度的完善与漕运路线的演变密切相关，漕运路线的变化往往带来管理机构的调整与制度的完善，漕运管理制度的变化虽然是多种因素综合作用的结果，但漕运路线的变化无疑是一个重要的诱发因素（图 1-3）。

表 1-2　元代内河漕运管理机构沿革及职责表

管理机构名称	沿革	主要职责	文献出处
京畿都漕运使司	世祖中统二年（1261年），初立军储所，寻改漕运所。至元五年（1268年），改漕运司，秩五品。十二年（1275年），改都漕运司，秩四品。十九年（1282年）改京畿都漕运使司，二十四年（1287年）分内外两司	领在京诸仓出纳粮斛及新运粮提举司站车攒运事宜。负责从中滦至大都的粮食运输。至元二十四年（1287年），内外分立两运司，而京畿都漕运司之职如旧。止领在京诸仓出纳粮斛，及新运粮提举司站车攒运公事。至元二十五年（1288年）济州漕运司改为都漕运司后，京畿都漕运惟治京畿	《元史·百官一》《元史·食货一·海运》《钦定历代职官表·漕运》
新运粮提举司	至元十六年（1279年）置，隶兵部，开设运粮壩河，改隶户部	管理战车二百五十辆	《元史·百官志一》
通惠河运粮千户所	至元三十一年（1294年）置	掌漕运之事	《元史·百官志一》
江淮都漕运使司	至元十九年（1282年）立（《元史·食货志一》）。至元二十八年（1291年）正月，"罢江淮漕运司，并于海船万户府，由海道漕运"	负责把江南粮食运至中滦	《元史》卷16，《世祖纪十三》
都漕运使司	至元二十四年（1287年），自京畿运司分立都漕运司	自济州东阿为头，并御河上下、直至直沽、河西务、李二寺、通州、壩河等处，水陆攒运，接运海道粮斛及各仓收支一切公事	《元史·百官志一》《钦定历代职官表·漕运》《大元海运记》
济州都漕运司	至元二十五年（1288年）二月丁巳，改济州漕运司为都漕运司	并领济之南北漕	《元史》卷15，《世祖纪十二》

注：此表不包括各仓。

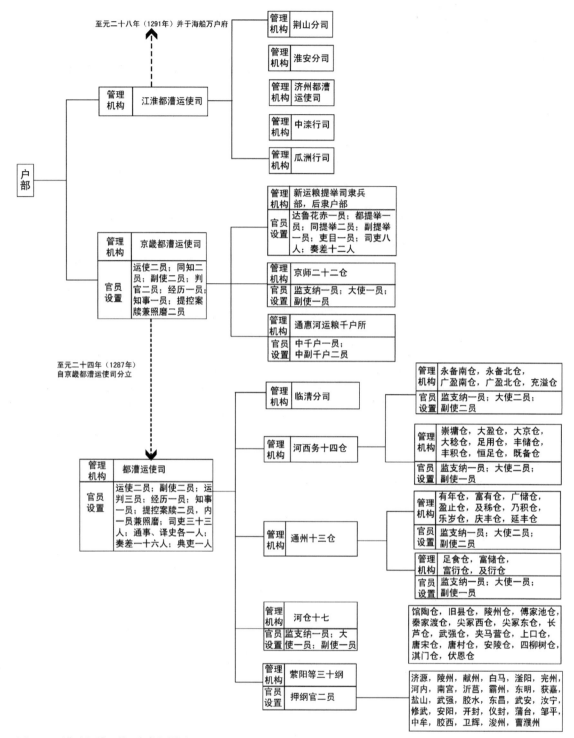

图1-3 元代内河漕运管理机构设置图

2. 实行分段管理

至元十九年（1282年）十二月成立京畿、江淮两个都漕运司来管理漕运，实行分段管理，江淮都漕运司负责运粮至中滦，而京畿都漕运司负责从中滦运至大都[66]。"至元二十年（1283年）八月，济州新开河成，立都漕运司"[67]，主管济州河道漕运，至元二十六年

66 （明）宋濂等撰，《元史》卷93，《食货一·海运》："是年十二月立京畿、江淮都漕运司二，仍各置分司，以督纲运。每岁令江淮漕运司运粮至中滦，京畿漕运自中滦运至大都。"
67 （明）宋濂等撰，《元史》卷12，《世祖纪九》。

（1289 年）九月"罢济州泗汶漕运使司"[68] 以后，归江淮都漕运司管辖[69]。会通河开通以后，由都漕运司管辖。

《大元海运记》中记述的漕运分司职责非常清晰地反映了分段管理的特点："淮安分司开闸将重船放入淮河，分为中滦、济州两路，随即差奏差二员，各随本纲催督前去。囗中滦粮船，淮安分司催到，临濠府已上系荆山分司各管催督。自淮安临濠府沿路，但有扰民事理，仰奏差人等并申荆山分司，等候粮船到彼，依上断治，奏差到临濠府回来还司。……中滦回纲空船，三五运差，奏差一员，押回直至荆山交割，荆山差人直到淮安分司交割，淮安差人直赴瓜洲交割。济州、利津粮船，淮安分司差委奏差一员，催督监押纲官钤束纲头船户，直到漕州漕运司交割。利津回来空船，利津分司差人押来济州交割，济州差人押来淮安交割，淮安分司差人前去瓜洲交割。济州漕运司交割，到上项粮纲，别差奏差，催督监视押纲官前去利津县行司交割。"[70] 这种"接力棒"式的分段运输和管理方式可以说是明代"支运"法的雏形。

元代的内河漕运实行分段管理，设专官分管不同河段的漕运，河段之间通过相互交割，实现责任的转换，明确各自的责任，确保漕运的畅通。究其原因，元代的内河漕运路线是逐步连接贯通的，经历了水陆联运、河海联运等阶段，不同运输路线之间的转接客观上为实行分段管理提供了现实的必要和可能。此外，内河漕运路线南北绵长也是重要的原因。

3. 建立了漕运官吏考核制度

户部每年十二月对漕运官吏进行考核，根据是否完成漕运额数分为二类，漕运数以"省仓足数抄凭"为据，完成额数者为"最"，完不成者为"殿"。若运司官一"最"则升一等，三年任满别行迁转；一"殿"则降一等，次年又"殿"则黜之[71]。

4. 严格的运输过程管理

（1）派遣专人催督运船。江淮都漕运司专门派一名奏差"乘坐站船，往来催督及监视有无扰民之事"[72]。奏差为负责催督运船、监视押运官军的专官。

（2）制定条例禁止运粮官军扰民。漕运过程中存在押运官军在扬州、淮安要路故意阻塞河道、欺压过往客船、侵扰岸边居民等弊端[73]，后采取一系列措施来杜绝此等弊端，如在头船与尾船上各插一面白旗，书写运官姓氏，以便于识认，官员惧连累而会有所警戒。对违反规定而扰民的行为制定了一系列的惩治条例，并追究相关官员的连带责任[74]。

68 （明）宋濂等撰，《元史》卷15，《世纪十二》。

69 （明）宋濂等撰，《元史》卷64，《河渠志一》，"至元二十七年四月，都漕运副使马之贞言：近去岁四月，江淮都漕运使司言……今济州漕司革罢，其河道拨属都漕运司管领。"

70 （元）赵世延、揭傒斯等修纂，《大元海运记》卷上，《续修四库全书》史部第835 册，431-433 页。

71 （元）赵世延、揭傒斯等修纂，《大元海运记》卷上，《续修四库全书》史部第835 册，415-416 页。

72 （元）赵世延、揭傒斯等修纂，《大元海运记》卷上，《续修四库全书》史部第835 册，423 页。

73 （元）赵世延、揭傒斯等修纂，《大元海运记》卷上，《续修四库全书》史部第835 册，418-419 页："切见漕运粮军人并纲运军人户，牵驾粮船于扬州、淮安运河要路，故意阻塞河道，将脚枝两边探出，不通客旅。往来间，有客船于粮船两边经过，或是船梢误冲，探出脚直囗，或客船桅篷高低牵绳长短，误相牵挽，不曾挠动分毫浮动物件，运粮军人分用篙，将客船捆打，或将客船篙樟卢苇橛绳等物抢夺，但去遮护，便将客人行打。及于两岸居住村坊店舍人家处，取要酒食，强打猪鸡，但有推阻，众人便将百姓殴打，百端骚扰。"

74 （元）赵世延、揭傒斯等修纂，《大元海运记》，《续修四库全书》史部第835 册，424-426 页。

2.1.2 内河河道管理制度

1. 中央设立最高水利管理机构，地方设派出机构

元代在中央设有都水监作为最高水利管理机构，统领全国水务，"掌治河渠并堤防、水利、桥梁、闸堰之事"[75]，具体事务有："凡河若壩填淤，则测以平而浚之。闸桥之木朽甃裂，则加理。闸置则，水至则则启，以制其涸溢。潭之冰共尚食。金水入大内，敢有浴者，澣衣者，弃土石瓴甋其中，驱马牛往饮者，皆执而笞之。屋于岸道，因以狭病牵舟者，则毁其屋。碾磑金水上游者，亦撤之。或言某水可渠、可塘、可捍以夺其地，或某水垫民田庐，则受命往视，而决其议、御其患。大率南至河，东至淮，西洎北尽燕晋朔漠，水之政皆归之"[76]。运河河道事宜属其管辖范围，都水监的下属机构有各处河道（渠）提举司，而都水监的派出机构则为都水分监（简称"分监"）与行都水监（简称"行监"）（图1-4）。

都水监设于至元元年（1264年），至元十三年（1276年）并入工部，皇庆元年（1312年）四月"以都水监隶大司农寺"[77]，延祐七年（1320年）二月"复以都水监隶中书"，三月，"复都水监秩"[78]。都水监由隶属工部到隶属中书省，反映了其在国家行政机构体系中地位的升高。

都水分监有山东都水分监与河南都水分监。山东分监成立于至元二十九年（1292年），"会通河成之四年，始建都水分监于东阿之景德镇，掌充河渠坝闸之政令以通朝贡，漕天下实京师"[79]。河南分监专管黄河水利，大德九年（1305年）设于汴梁。

75 （明）宋濂等撰，《元史》卷90，《百官志六》。

76 （元）宋本撰，《都水监纪事》，《全元文》第33册，221页。

77 （明）宋濂等撰，《元史》卷24，《仁宗纪一》。

78 （明）宋濂等撰，《元史》卷27，《英宗纪一》。

79 （元）揭傒斯《建都水分监记》，《全元文》第28册，415页。

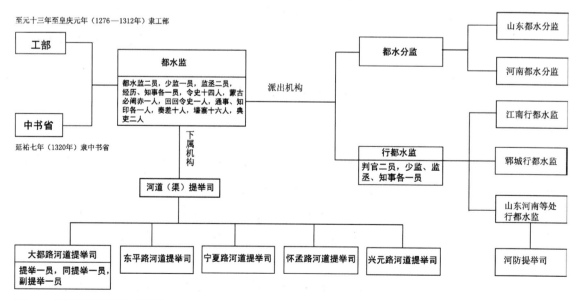

图1-4 元代河道管理机构设置图

行都水监有江南行都水监和河南山东行都水监。江南行都水监，主管江南水利，其治所或在平江或在松江，废置不常，这在一定程度上影响到江南水利。"大德二年（1298 年）始立浙西都水监庸田使司于平江路"[80]，八年（1304 年）五月中书省准许江浙行省"立行都水监，仍于平江路设置，直隶中书省"[81]，至大元年（1308 年）正月"从江浙行省请，罢行都水监，以其事付有司"[82]。泰定初年（1324 年）改庸田，迁松江[83]。其详细沿革可参见育菁《元江南行都水监建置考》〔北京师范大学学报（人文社会科学版），2001（1）：122〕一文。

河南行监，又称汴梁行监，泰定二年（1325 年）七月，"立河南行都水监"[84]。至正八年（1348 年）二月，"诏济宁郓城立行都水监，以贾鲁为都水"[85]，九年（1349 年）正月，"立山东河南等处行都水监，专治河患"[86]。河南、山东行都水监的主要任务是治理黄河水患。

2. 设置专官管理船闸，形成较为成熟的船闸管理制度

济州河、会通河、通惠河开通后，由于存在水位落差，为控制水量、克服水位落差以保证行船，故而在河道上建造船闸。《元史·河渠志》记会通河共有 26 闸，其中会源闸北至临清有 16 闸，南至沽头有 10 闸[87]，通惠河上建有 11 处共 24 闸[88]。宋时曾在汴河、蔡河等河上建闸，但"设官与否不可考"[89]。会通河成四年后（1292 年），"皆置吏以司其飞挽启闭之节，而听其狱讼焉"[90]，据此可知至迟在至元二十九年（1292 年）已设闸官对运河河道上的船闸进行管理。通惠河成后两年，即元贞元年（1295 年）设提领三员，专一巡护闸坝[91]，后设有 28 名闸官，每闸设闸户若干。为确保船闸的正常运转，元代形成了较为成熟的管理制度。

（1）严格限制行船的尺寸

会通河初开时，最大只允许行 150 料船。后因权势富商造三四百料或五百料船行于河中，致使"阻滞官民舟楫"。延祐元年（1314 年），中书省及都水监差官于南端沽头及北端临清各建一小石闸，使 200 料以上船不能进入河道[92]。

南北两小石闸仅限制了船的宽度，不能限定长度，仍不能达到完全限制行船尺寸的目的。泰定四年（1327 年）四月，"御史台臣言：'都水监元立南北隘闸，各阔九尺，二百料下船梁头八尺五寸，可以入闸。愚民嗜利无厌，为隘闸所限，改造减舱添仓长船至八九十尺，甚至百尺，皆五六百料，入至闸内，不能回转，动辄浅阁，阻碍余舟，盖缘隘闸之法，不能限其长短。今卑职至真州，问得造船作头，称过闸船梁八尺五寸，船该长六丈五尺，计二百料。由是参

80 （明）王鏊撰，《姑苏志》卷 12，《水利下》。
81 （明）王鏊撰，《姑苏志》卷 12，《水利下》。
82 （明）宋濂等撰，《元史》卷 22，《武宗纪一》。
83 （明）宋濂等撰，（元）杨维桢撰，《东维子集》卷 12，《新建行都水庸田使司记》。
84 （明）宋濂等撰，《元史》卷 29，《泰定帝纪一》。
85 （明）宋濂等撰，《元史》卷 41，《顺帝纪四》。
86 （明）宋濂等撰，《元史》卷 42，《顺帝纪五》。
87 （明）宋濂等撰，《元史》卷 64，《河渠志一·会通河》。
88 姚汉源著，《京杭运河史》，中国水利水电出版社，1998：90。
89 （清）永瑢，纪昀等撰，《钦定历代职官表》卷 59，《河道各官表》。
90 （元）揭傒斯，《建都水分监记》，《全元文》第 28 册，415 页。
91 （明）宋濂等撰，《元史》卷 64，《河渠志一·通惠河》。
92 （明）宋濂等撰，《元史》卷 64，《河渠志一·会通河》，"延祐元年二月二十日，省臣言：'江南行省起运诸物，皆由会通河以达于都，为其河浅涩，大船充塞于其中，阻碍余船不得来往。每岁省台差人巡视，其所差官言，始开河时，止许行百五十料船，近年权势之人，并富商大贾，贪嗜货利，造三四百料或五百料船，于此河行驾，以致阻滞官民舟楫，如于沽头置小石闸，止许行百五十料船便。臣等议，宜依所言，中书及都水监差官于沽头置小闸一，及于临清相视宜置闸处，亦置小闸一，禁约二百料之上船，不许入河行运。'从之。"

详，宜于隘闸下岸立石则，遇船入闸，必须验量，长不过则，然后放入，违者罪之。内旧有长船，立限遣出。'省下都水监，委濠寨官约会济宁路委官同历视议拟，隘闸下约八十步河北立二石则，中间相离六十五尺，如舟至彼，验量如式，方许入闸，有长者罪遣退之。又与东昌路官亲诣议拟，于元立隘闸西约一里，依已定丈尺，置石则验量行舟，有不依元料者罪之"[93]。通过设立石则的方式控制了行船的长度，从而进一步完善船闸管理制度。

（2）完善的启闭制度

各闸旁立水则测量水深，规定开闸深度。至大元年（1308年）五月十三日，颁布《河道船只诏》来禁止使臣权豪以及官船不候水则、不依定例过闸，禁止在河内临时筑土坝，禁止守闸之人不按时开闸。诏书如下[94]：

至大元年（1308年）五月十三日钦奉圣旨，中书省奏会道：河根脚里为行船底上头，薛禅皇帝用意动国家气力，交闲挑修理来。如今往来行的使臣每，下番去的使臣每，各枝儿斡脱每，权豪势要人等到问根底呵，不等候开放的时分，使气力行拷看闸的人每乛频频开闸。又运官报的船只水浅了呵，河内起筑土壤堰的水深，行船的上头坏了闸的缘故是。这的旨将那的每禁治行。圣旨麽道奏来。今后诸王、公主、驸马各枝儿，往来行的使臣每、斡脱每、权豪势要每、下番去的使臣人等，又运官粮船只至闸根底呵，依着在先立定来的体例，开闸的时分交行者。道来这般宣谕了，似前不待水则使气力打拷看闸人等交开闸，河内用土筑坝坏了闸的人每有呵，要罪过者。这般看闸的人每，倚着这般宣谕了也麽道。合开闸的时分不开，将船里行的使臣每、客旅每，交生受要肚皮行呵，他每不怕那监察廉访司官人每，常加体察者。圣旨，钦此。

天历三年（1330年）三月，又颁布类似诏书，诏谕中外，禁止大臣权势之人以及官船不候水则、不依定例启闭，禁止在河内临时筑土坝，禁止守闸之人故意迟延、欺要钱物[95]。

（3）滨河州县地方官吏兼管河道

除专门水利官员管理运河河道以外，因运河河道长且重要，滨河地方官员亦参与河道管理。至元三年（1266年）七月，"都水监言：'运河二千余里，漕公私货物，为利甚大，自兵兴以来失于修治……。'部议以滨河州县佐贰之官兼河防事，于各地分巡，如有阙破，即率众修治。都省准议"[96]。

需要指出的是，漕运管理机构与河道管理机构虽各司其职，但两者绝非截然分开，为保证漕运的正常运行，两者亦合作共事。如

93 （明）宋濂等撰，《元史》卷64，《河渠志一》。

94 《河道船只诏》，《全元文》第33册，153页。

95 （明）宋濂等撰，《元史》卷64，《河渠志一·会通河》，"命后诸王驸马各枝往来使臣，及斡脱权势之人、下番使臣等，并运官粮船，如到闸，依旧定例启闭，若似前不候水则，恃势捶拷守闸人等，勒令启闭，及河内用土筑坝坏闸之人，治其罪。如守闸之人，恃有圣旨，合启闸时，故意迟延，阻滞使臣客旅，欺要钱物，乃不畏常宪也。"

96 （明）宋濂等撰，《元史》卷64，《河渠志一·御河》。

后至元元年（1335年）都水监与漕司同督疏浚小直沽汉河口[97]；天历二年（1329年）四月，兵部员外郎邓衡、都水监丞阿里、漕使太不花等共同督工修浚白河旧河[98]。

2.2 元代海运管理制度的创行

2.2.1 海运的创行

元代以前无海运，元代始创海运[99]。"至元十九年（1282年），伯颜追忆海道载宋图籍之事，以为海运可行，于是请于朝廷，命上海总管罗璧、朱清、张瑄等，造平底海船六十艘，运粮四万六千余石，从海道至京师。"[100] 至元三十年（1293年）以后，虽然大运河河道全线贯通，但由于"河道初开，岸狭水浅，不能负重"[101]，内河漕运"每岁之运不过数十万石，非若海运之多也"[102]，漕粮北运以海运为主，内河为辅，河漕、海运长期并存。元朝的漕粮海运空前发达，有学者称"元时武功超轶前代，而海运之盛，亦亘古未有"[103]，每年运至大都的漕粮数量总体上呈上升趋势（图1-5），最多时达330多万石[104]。

元代的海运路线先后有三条，第一条航线由朱清、张瑄于至元十九年（1282年）所辟，"自平江刘家港（今江苏太港浏河）入海，经扬州路通州海门县黄连沙头、万里长滩开洋，沿山屿而行，抵淮安路盐城县，历西海州、海宁府东海县、密州、胶州界，放灵山洋投东北，路多浅沙，行月余始抵成山。计其水程，自上海至杨村马头，凡一万三千三百五十里"。因第一条航线险恶，至元二十九年（1292年），开辟第二条航线，"自刘家港开洋，至撑脚沙转沙嘴，

97 （明）宋濂等撰，《元史》卷64，《河渠志一·白河》。
98 （明）宋濂等撰，《元史》卷64，《河渠志一·白河》。
99 （元）程端学《海运千户所厅记》，《全元文》第32册，P200，"迨我皇元混平区宇，始创海运，取东南沿海积粟以实京畿"。
100 （明）宋濂等撰，《元史》卷93，《食货志一·海运》。
101 （清）傅泽洪撰，《行水金鉴》卷99，《运河水》。
102 （明）丘浚撰，《大学衍义补》卷34，《漕挽之宜下》。
103 张庆枬，《中国航业史略》，招商局档案：《本局恢复周年纪念刊稿卷》，二档馆藏号：468-799页。
104 （明）宋濂等撰，《元史》卷93，《食货一·海运·岁运之数》，"天历二年（1329年），至者三百三十四万三百六石"

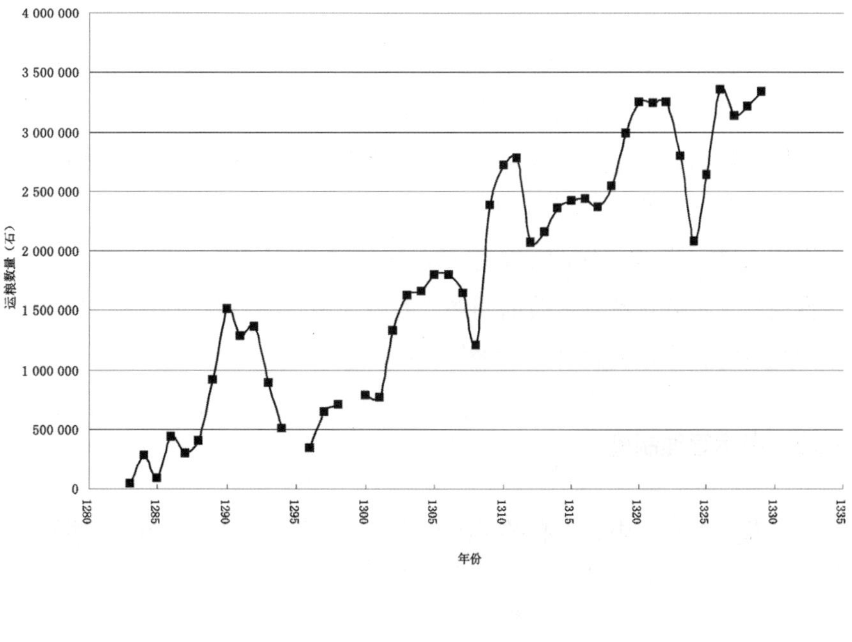

图1-5　元代各年海运漕粮图

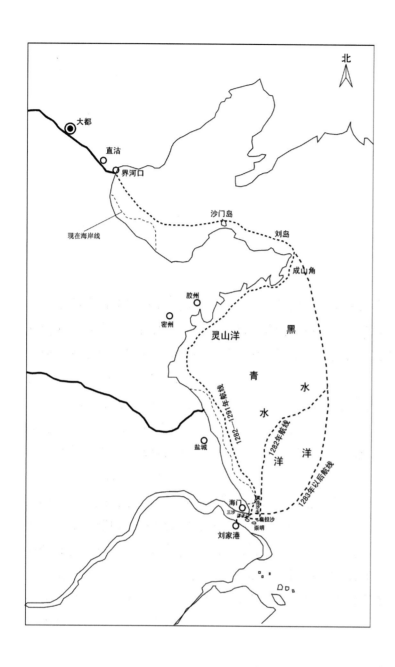

图1-6　元代海运路线图

至三沙、洋子江，过扁担沙、大洪，又过万里长滩，放大洋至青水洋，又经黑水洋至成山，过刘岛，至芝罘、沙门二岛，放莱州大洋，抵界河口，其道差为径直"。至元三十年（1293年），千户殷明略开辟第三条航线，"从刘家港入海，至崇明州三沙放洋，向东行，入黑水大洋，取成山转西至刘家岛，又至登州沙门岛，于莱州大洋入界河"[105]。第三条航线较前两条"为最便"，若"风信有时"，"自浙西至京师，不过旬日耳"[106]（图1-6）。

2.2.2　海运管理制度

元代"海漕之事，其有关于国计为甚重矣"[107]，对海运的管理亦为重要。

105　（明）宋濂等撰，《元史》卷93，《食货一·海运》。

106　（明）宋濂等撰，《元史》卷93，《食货一·海运》。

107　（元）柳贯，《元故海道都漕运副万户咬童公遗爱颂》，《全元文》第25册，318页。

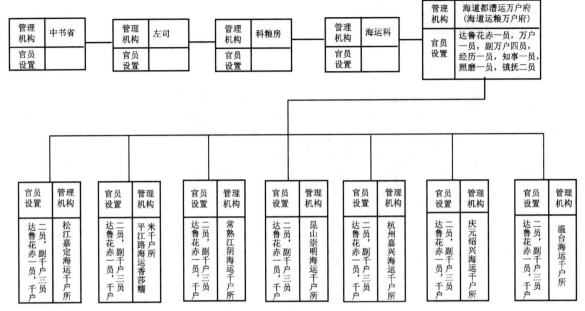

图1-7 元代海运管理机构设置图

108 （明）宋濂等撰，《元史》卷85，《百官志一》。

109 （明）宋濂等撰，《元史》卷93，《食货志一·海运》。

110 （明）宋濂等撰，《元史》卷91，《百官志七·海道运粮万户府》。

111 （元）赵世延、揭傒斯等修纂，《大元海运记》，《续四库全书》史部第835册，454页。

112 （元）杨维桢，《重建海道都漕运万户府碑》，《全元文》第42册，30页，"漕之署开三府于平江，置万夫长六员，僚属若干人。虎符金节，兼点军旅，秩数视他万夫长府，弗得俪其华且重焉。大德癸卯，并府归一，长贰及幕僚凡九员，隶属凡八所，粮鐀岁增至三百余万。"

113 （明）陈邦瞻撰，《元史纪事本末》卷14，《官制之定》，记载皇帝批准的赵天鳞裁汰冗官政策，"……万户千户所管不及数之类，可并者悉并之……"

114 初为十一处千户所，后并为七处，十一处分别为：常熟所、昆山所、温台所、崇明所、上海所、嘉兴所、松江所、杭州所、江阴所、嘉定所、平江香糯所。七所为：昆山崇明所、松江嘉定所、杭州嘉兴所、常熟江阴所、温台所、庆绍所、平江香糯所。见《大元海运记》462页。

115 （元）柳贯，《元故海道都漕运副万户咬童公遗爱颂》，《全元文》第25册，318页。

116 参见倪玉平著，《清代漕粮海运与社会变迁》，上海书店出版社，2005：24。

117 （元）郑元祐，《重建路漕天妃宫碑》，《全元文》第38册，740页。

118 （元）郑元祐，《重建路漕天妃宫碑》，《全元文》第38册，740页。

119 （元）郑元祐，《重建路漕天妃宫碑》，《全元文》第38册，740页，"当转漕之际，宰臣必躬漕臣守卫咸集祠下，卜吉于妃，既得吉卜，然后敢于港次发舟。"

　　元代海运的最高中央管理机构是"海运科"，其隶属于中书省"左司"下辖的"科粮房"[108]。海运管理分为南北两大系统，南方为"承运"系统，主要负责征收南方漕粮，并组织海运至直沽，其具体的操作机构初为"海道运粮万户府"。至元二十年（1283年）始立万户府二，二十四年（1287年），始立行泉府司，专掌海运，增置万户府二，总为四府。二十八年（1291年）并四府为都漕运万户府二[109]。其掌管"每岁海道运粮供给大都"[110]，后因"先行泉府司设衙四处运粮万户三十五员，千户百户五百余员，至甚冗滥"[111]，于大德七年（1303年）并为一府[112]，这也与至元三十（1293年）由赵天鳞倡导推行的裁汰冗官政策的大背景相关[113]。其下又设如温台、杭州嘉兴等七处海运千户所[114]，千户所下又有若干百户所。海运万户府的地位极其显赫，万户官秩三品，"金符银篆，出入驾王乘传，赋禄视外诸侯倍"[115]。

　　北方为"接运"系统，负责接收南方运到直沽的漕粮。设于直沽河西务的"都漕运使司"主要负责接收海运漕粮[116]（图1-7）。

　　由于海运凶险，常有遇风浪漂没的现象，故而祈天妃庇祐，"于江海之要建祠妥灵"[117]，海漕每年春夏两运，起于太仓刘家港，在港之要冲——路漕建有天妃宫，其"显敞华丽，寔甲它祠"[118]。每次起运之前，官员必亲率漕臣前往天妃宫祭祀、卜吉，得吉卜后方敢发舟[119]。祭祀天妃成了海运官员的一项重要活动，而修葺天妃宫也成为其重要的政绩和责任。这一活动已成为海运正常运转中不可或缺的一环，其重要性足可以把其作为元代海运管理内容的一部分。

2.3　元代海运与河运的交融

元代以海运为主，海运至大沽后，由河运至大都，实际上是河、海联运，大沽是河、海转换的关键节点，为保证漕运的顺利进行，朝廷专门设立了相应的管理制度和机构对其进行管理。"朝廷必选官按临监护，名曰'接运'"[120]，其隶属于河西务漕运使司[121]，而驻大都的京畿都漕运使司则主管从直沽向通州转运海运物资[122]。海运与河运管理在交叉的同时，也存在矛盾。如在"海运通利后，江淮、济州漕运司及胶莱万户府皆罢"[123]。

2.4　明初海运到河运的转变

朱元璋定都南京，使政治重心和经济重心合一，江南、湖广地区的贡赋可以方便地到达金陵，"江西、湖广之粟，江而至；两浙吴会之粟，浙河而至；凤泗之粟，淮而至；河南山东之粟，黄河而至"[124]。这使得南北大规模转运的作用大大降低。然而，明初为了巩固北方，军饷需求较大。由于运河初开，尚不能大规模运输，且在洪武二十四年（1391 年）黄河决口，会通河淤塞不通，因而北方军饷供给以海运为主。

明初实行的海运，有着明确的军事目的，主要是运输辽东粮饷。当然，元代所积累的航海经验无疑是明初海运的客观基础。洪武十五年（1382 年），太祖诏谕群臣议辽东屯田之法，洪武二十七年（1394 年），令辽东军卫自明年起"俱令屯田自食，以纾海运之劳"[125]，辽东屯田之法的实行虽然在一定程度上缓解了粮饷压力，但并没有完全解决辽饷问题，洪武二十九年（1396 年）还进行过大规模的海运[126]。洪武三十一年（1398 年）太祖诏罢海运，诏书内容如下[127]：

> 辽东海运连岁不绝，近闻彼处军饷颇有赢余，今后不须转运，止令本处军人屯田自给。其三十一年海运粮米可于太仓、镇海、苏州三卫仓收贮，仍令左军都督府移文辽东都司知之，其沙岭粮储发军，护守次第运至辽东城中海州卫仓储之。

由诏书看，停海运是因为辽东"军饷颇有赢余"，但综合分析并非如此。樊铧认为，停罢海运是因为太祖逐渐放弃了主动进攻性的海洋活动，转而走向内敛以及太祖治理天下当舒缓民力的治国理念[128]。

太祖这条停罢海运的诏书并没有持续发挥作用，在其接下来的

120　（元）柳贯，《接运海粮官王公董鲁公旧去思碑》,《全元文》第 25 册，363 页。
121　（明）宋濂等撰，《元史》卷 93,《食货志一·海运》,"（至元）二十五（1288）年，内外分置漕运司二。其在外者于河西务置司，领接运海道粮事。"
122　倪玉平著,《清代漕粮海运与社会变迁》，上海书店出版社，2005：24。
123　（清）永瑢，纪昀等撰,《钦定历代职官表》卷 60,《漕运各官表》。
124　（明）何乔远撰,《名山藏》,《河漕记》。
125　《明太祖实录》卷 233，洪武二十七年五月戊寅条。
126　《明太祖实录》卷 245，洪武二十九年四月戊戌条，"中军都督府都督佥事朱信言：比岁海运辽东粮六十万石，今海舟既多，宜增其数。上命增十万石，以苏州府嘉定县粮米输于太仓，俾转运之。"另,《明太祖实录》卷 246，洪武二十九年五月乙亥条，"是岁海运粮米凡八十万四千四百二十二石有奇"。
127　《明太祖实录》卷 255，洪武三十年十月戊子条。
128　樊铧著,《政治决策与明代海运》，社会科学文献出版社，2009：63。

朝代中仍然实行海运，或河陆兼运[129]。永乐十二年（1414年）"海运粮四十八万四千八百一十石于通州，又卫河赞运（本书统用"攒运"）粮四十五万二千七百七十六石于北京"[130]。直至永乐十三年（1415年）才停止海运，专行内河漕运，重建大运河南北转运体系，开启了运河漕运时代。关于为什么会在永乐十三年停止海运，樊铧的论述较为精当[131]，他驳斥了以往学者把永乐帝营建北京作为大运河疏通的直接动因的论点，进而把运河河道的畅通作为停罢海运的直接动因的观点，并通过充分的论据、透彻的分析，推理出停罢海运重建运河南北转运"固然是承接由上而下的压力而来，便朝廷殊少直接动议，更多的是来自地方对压力的响应；太祖和他的中央政府在这个过程中，大部分时间是被动的"，作者更强调了地方政府在运河体系重建过程中的作用。

第三节　建章立制：大运河管理制度的确立期（明永乐十三年至成化年间，1415—1487年）

大运河管理制度包括漕运方式、管理组织架构以及规章制度三个方面，只有当此三方面全面确立以后，大运河管理制度方是真正意义上的确立。

至明成化年间（1465—1487年），大运河管理组织架构、漕运方式、规章制度等各方面均已确立，标志着大运河管理制度的全面确立。对此，古人已有认识，也有当今学者认识到了这一时间节点，但并没有展开详细论述。明人何乔远认为，"成化中……自永乐至此，制乃大定"[132]。李治亭认为"明代的漕运组织，到宪宗成化年间（1465—1487年）已趋完善"[133]。黄仁宇认为，"在明廷1436年、1472年和1474年发布一系列上谕后，它的整个漕运体制深深地树立起来"[134]。

3.1　运法三变：支运、兑运、长运的更替

永乐十三年（1415年）朝廷决定通过大运河运输南方粮食供应北京，其后运法多有变更，"明漕运之法凡三变，初支运，次兑运、支运相参，至支运悉变为长运而制定"[135]。其变化的时间节点如下：宣德五年（1430年）以前为支运，宣德五年（1430年）为"兑运之渐"，宣德七年（1432年）始直兑运法，成化七年（1471年）兑运变为长运，成化十年（1474年）始立改兑法[136]。

129　《明太宗实录》卷21，永乐元年七月丙申条，户部尚书郁新等言："淮河至黄河多浅滩跌波，馈运艰阻，请至淮安，用船可载三百石以上者，运入淮河、沙河，至陈州颍岐口跌下，复以浅船可载二百石以上者运至跌波上，别以大船载入黄河，至八柳树等处，令河南军夫运赴卫河，转输北京。"从之。

130　（明）王圻撰，《续文献通考》卷37，《国用考·漕运上》。

131　樊铧著，《政治决策与明代海运》，"永乐十三年停罢海运考"，社会科学文献出版社，2009：63-83。

132　（明）何乔远撰，《名山藏》，《漕运记》，"成化中，所定十二总"，"时又定十二总焉。……"

133　李治亭著，《中国漕运史》，文津出版社，1997：232。

134　（美）黄仁宇著，张皓、张升译，《明代的漕运》，新星出版社，2005：79。

135　（清）嵇璜、刘墉撰，《钦定续通志》卷155，《食货略·漕运》。

136　（明）王圻撰《续文献通考》卷37，《国用考·漕运上》

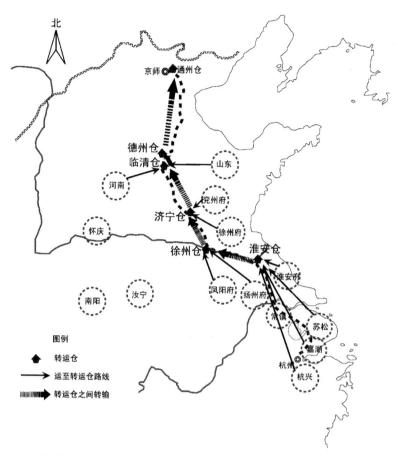

图1-8　支运法示意图

会通河修成后，运河全线贯通，为实行河运提供了条件。据明人王圻《续文献通考》记载："（永乐）十三年（1415年）时会通河成，遂令浙江嘉湖、杭兴，直隶苏松、常镇等秋粮除存留并起运南京供内府等项外，其余原坐太仓海运之数尽改拨运淮安仓交收；扬州、凤阳、淮安三府秋粮内岁定拨六十万石运至徐州仓交收；徐州并山东兖州府秋内每岁定拨三十万石俱令民运赴济宁仓交收；河南、山东税粮令民运至临清仓交收。仍令浅船于会通河以三千只支淮安粮运至济宁仓，以二千只支济宁粮运赴通州仓。每岁通运四次，所谓支运者是也。"[137] 又《大明会典》除记载以上内容外，另记"又令浙江都司并直隶卫分官军于淮安运粮至徐州置仓收囤，京卫官军于徐州运粮至德州置仓收囤，山东、河南都司官军于德州运粮至通州交收"[138]。简言之，支运法是指有漕省份将漕粮民运至运河沿线的淮安、济宁、临清、德州四仓，然后由各地方官军沿运河在各仓之间依次递运，最后交至京、通二仓（图1-8）。支运法是一种军民相互协作、分任其劳的运输方法，"民行其四，而军行其六"[139]。

支运法实行数年以后，因"官军多所调遣"，"遂复民运"[140]，但由于路途遥远，经常延期。宣德四年（1429年），在陈瑄与黄福的建议下又恢复了支运法[141]。支运法需民运至各仓，而江南各省运至诸仓，所费时间较多而误农业，正如陈瑄所言："江南民运粮诸仓，往返几一年，误农业。"[142] 在农业社会中，误农即为大弊，正是这一

137　（明）王圻撰，《续文献通考》卷37，《国用考·漕运上》

138　《明会典》卷25，《户部十·漕运》。文渊阁四库全书电子版。

139　（明）陈子龙等辑，《皇明经世文编》卷343，王宗沐《乞优恤运士以实漕政疏》。

140　（清）张廷玉等撰，《明史》卷79，《食货志三·漕运》。

141　（清）张廷玉等撰，《明史》卷79，《食货志三·漕运》，"宣德四年，瑄及尚书黄福建议复支运法。"

142　（清）张廷玉等撰，《明史》卷79，《食货志三·漕运》。

弊端促使朝廷改革。宣德五年（1430年），开始实行兑运法，"令江南民粮兑拨附近卫所，官军运载至京，量其远近给与路费耗米，此兑运之渐也"[143]。可见兑运法主要是针对江南有漕省份，该法的实施是为了保证江南农民不耽误农业生产，使"军民两便"。兑运法的实施并没有完全取代支运法，在相当长的时间内是"兑运、支运相参"，兑运为主，"如有兑运不尽，仍令民自运赴诸仓，不愿兑者，亦听其自运"[144]。正统初年，兑运占运粮总数的近2/3，淮、徐、临、德四仓支运者仅占三四成[145]。土木堡之变后，苏松诸府仍归民运，景泰六年（1455年）瓦剌入贡以后才恢复军运。兑运法的关键是根据道里远近付给运军路费耗米，使官军"皆乐从事"，为此朝廷专门制定"加耗条例"，并不断增加耗米，以调动运军的积极性，确保漕粮运输。

兑运法久行积弊，"军与民兑米，往往恃强勒索"[146]。天顺末年，"仓入觊耗馀，入庾率兑斛面，且求多索，军困甚"[147]。成化七年（1471年），总督苏松粮储都御史滕昭指出了江南粮船赴瓜、淮水次仓兑运的弊端："军船先后不齐，民人守候月日难论，未免将粮入仓或被人盗取，其该纳常盈仓之数，又被官攒刁蹬，筛晒亏折，要将。"[148]故滕昭"议罢瓜淮兑运，里河官军领江船于江南水次交兑，民加过江之费，浙江等处每正粮一石外加过江米一斗，南直隶等处每正粮一石外加米一斗三升，是谓兑运变而为长运也。"[149]"后数年，帝乃命淮、徐、临、德四仓支运七十万石之米，悉改水次交兑。由是悉变为改兑，而官军长运遂为定制。"[150]长运法是指由运军到各有漕省份的水次仓交兑，直接运至指定各仓。长运法由运军运粮，使得农民从漕粮运输中解脱出来，但白粮运输除外，仍由民运[151]，这使漕粮的运输进一步专业化，提高了效率。

兑运、支运、长运的演变是朝廷根据实效的原则，权衡民力与军队所进行的调整，这些运法"主要的差别在于民运与军运所承担的里程不同"[152]，在这一演变过程中民运逐渐减少，而军运渐增直至代替民运，从一个侧面反映了朝廷以民为本、爱惜民力的治国思想。

3.2 大运河管理组织架构的构建

3.2.1 大运河管理组织总体架构的演变：由总兵独揽到总漕、总兵、总河三分天下

1. 漕运总兵独揽漕运、河道

明永乐二年（1404年），"设总兵、副总兵，统领官军海运，后海运罢，专督漕运"[153]。河道亦由总兵官掌管，"永乐十五年（1417

143 （明）王圻撰，《续文献通考》卷37，《国用考·漕运上》。但《明史》卷79，《食货志三·漕运》记载兑运始于宣德六年（1431年）。

144 （清）张廷玉等撰，《明史》卷79，《食货志三·漕运》。

145 （清）张廷玉等撰，《明史》卷79，《食货志三·漕运》，"正统初，运粮之数四百五十万石，而兑运者二百八十万余石，淮、徐、临、德四仓支运者十之三四耳"。

146 （清）张廷玉等撰，《明史》卷79，《食货志三·漕运》。

147 （清）张廷玉等撰，《明史》卷79，《食货志三·漕运》。

148 （明）黄训编，《名臣经济录》卷22，滕昭《成化七年漕利例奏》。

149 《御定渊鉴类函》卷135，《政术部十四·漕运二》，文渊阁四库全书电子版。

150 （清）张廷玉等撰，《明史》卷79，《食货志三·漕运》。

151 （清）张廷玉等撰，《明史》卷79，《食货志三·漕运》，"自长运法行，粮皆军运，而白粮民运如故"。

152 樊铧著，《政治决策与明代海运》，社会科学文献出版社，2009：19。

153 （清）张廷玉等撰，《明史》卷76，《职官志五》。

年），命平江伯陈瑄充总兵官，掌漕运、河道之事"[154]。明初由武臣管理漕运事务，宣德时，"或遣侍郎、都御史等官督运"，但此时漕运官设置未成常态，"漕务实总于总兵"[155]。宣德十年（1435年）规定，"漕运总兵官八月赴京，会议次年运事"[156]。陈瑄任总兵官期间功绩突出，"身理漕河三十年，举无遗策"[157]，他对明代运河管理制度影响深远，"大抵河道及漕运制度多出瑄手"[158]。陈瑄卒后，其继任王瑜、正统三年（1438年）之武兴等皆以漕运总兵官之职兼理河道、漕运[159]。黄仁宇认为，明代初期，由于漕运管理尚处于初始阶段，问题并不复杂，在军队控制之下，故而该体系建立之初就被当作一项军事工程，在这段时间内，漕运管理体系中武官占主导地位[160]。除此之外，笔者认为陈瑄作为首任漕运总兵取得了巨大成就，得到了朝廷的认可，朝廷信任漕运总兵官独揽漕运与河道管理的组织方式，这使得其继任者得以受益，仍旧占据运河管理的主导地位。

2. 总督漕运都御史分权

景泰元年（1450年），因裁革漕运参将，设置总督漕运都御史与漕运总兵官同理漕务，漕运都御史开始取得河道管理权，"景泰元年（1450年），设淮安漕运都御史，兼理通州至仪真一带河道"[161]。之所以会在景泰元年（1450年）设置漕运都御史的重要原因是：土木堡之变后，朝廷深感南粮北运的重要性，在这一大背景下，景泰元年（1450年），都给事马显奏请推选朝中大臣协同南北漕运。马显奏云："供给京师粮储，动以百万计，其事至重。比者都督其事，惟都督金事徐恭，请推选廉能干济在廷大臣一员，协同攒运，事下户部，会推选都察院右金都御史王竑勘任其事，其把总都指挥等官，私役运粮军者，许即具奏执问。从之。"[162]设置漕运都御史后，漕运总兵官则专理漕运[163]，总兵官独揽漕运、河道管理的局面开始改变，但运河河道并没有完全由漕运都御史掌管，遇有重大工程仍遣重臣治理[164]。中间也有总兵官重新收回河道管理权的反复，如天顺元年（1457年）七月，徐恭上奏"今若令臣不得兼理河道，恐有误漕运。上从之如平江伯故事"[165]。天顺七年（1463年）又复设总督漕运都御史，由王竑出任，与总兵官同理漕务。漕运总督与漕运总兵官在设立之初，明廷会同时给两者下达圣旨，同样，上奏皇帝时，两者也同时署名，但漕运总兵的名字总是在漕运总督之前。但后来漕运总督的地位逐渐上升，到15世纪后，漕运总督的地位明显超过了漕运总兵官[166]。以致后来出现"总漕之权重，则总兵之任轻矣"的局面[167]。

154 （明）王琼撰，《漕河图志》卷3，《漕河职制》。

155 （清）永瑢，纪昀等撰，《钦定历代职官表》卷58，《参将、游击等官表》。

156 （明）申时行等修，赵用贤等纂，《大明会典》卷27，《会计三·漕运》。

157 （清）张廷玉等撰，《明史》卷153，《列传第四十一》。

158 姚汉源著，《京杭运河史》，中国水利水电出版社，1998：18。

159 《明英宗实录》卷58，正统四年八月乙未条，"命都督金事武兴佩印，充总兵官，管领漕运。时左副总兵督金事王瑜卒，故有是命。"卷103，正统八年四月辛丑条，"漕运总兵官都督武兴奏，南京水军左等卫官军，兑运粮七千二百六十余石，皆因风浪碎舟，漂流无存，请将原定京仓粮扣数改于通州输纳，存省耗费脚钱陪补漂流粮数。从之。"卷170，正统十三年九月戊戌条，"直隶沧州同知程畋言，漕运总兵官都督武兴、参将都指挥汤节，督粮经过本州，兴起夫八十人，节起一百人，牵挽私舟……"

160 （美）黄仁宇著，张皓、张升译，《明代的漕运》，43-44页。

161 （明）申时行等修，赵用贤等纂，《大明会典》卷27，《会计三·漕运》。

162 （明）谭希思撰，《明大正纂要》卷24，正统十四年九月至景泰元年。

163 《明英宗实录》卷277，天顺元年四月庚申条，漕运总兵官于天顺元年上奏争取管河权，"昔年平江伯陈瑄总漕运，且兼镇守淮安，督理河道。景泰间增设都御史巡抚，臣止督漕运，今都御史王竑已起回京，请敕臣如昔平江伯之事。上不允。"

164 如景泰二年（1451年）命工部尚书石朴治理黄河冲决寿张沙湾阻断会通河；景泰四年（1453年）命金都御史徐有贞治理沙湾决堤等。

165 《明英宗实录》卷280，天顺元年七月戊戌条。

166 （美）黄仁宇著，张皓、张升译，《明代的漕运》，新星出版社，2005：44-45。

167 （清）永瑢，纪昀等撰，《钦定历代职官表》卷60，《漕运各官表》。

3. 总兵、总漕、总河三分天下

成化七年（1471 年）以前，运河河道无专官管理，由总漕或总兵官兼理。成化七年（1471 年）十月，明宪宗因"近年以来，河道旧规，日以废弛，滩沙壅涩，不加挑洗，泉源漫伏，不加搜涤，湖泊占为田园，铺舍废为荒落，人夫虚设，树井皆枯，运船遇浅，动经旬日，转雇盘剥，财殚力耗，及至通州，雨水淫潦，傲车费力，出息称贷，劳苦万状，皆以河道阻碍所致，因循既久，日坏一日，殊非经国利便"[168]，主张派一员能臣总理运道事宜，"赐敕总理其事，凡河道事宜，根究本末，以次修复"[169]，任命王恕以刑部左侍郎总理河道[170]，王恕为首任总理河道官[171]。成化八年（1472 年）九月，"改总理河道、刑部左侍郎王恕为南京户部左侍郎"[172]，其总理河道之职任期不满两年。此后不再设总河，遇有重大工程，由朝廷派大臣与各省巡抚共同治理。明人姜璧对明代前期管理运河河道官员的设置有一简明扼要的叙述："查得治河之官，自永乐以至弘治百五十余年，原无河道都御史之设，故有以漕运兼理河渠，如景泰之王鋐（作者注：王鋐即王竑）者；有以总兵兼河道，如天顺之徐恭者。成化七年（1471 年），因漕河浅甚，粮运稽阻，特令刑部侍郎王恕出总其事。八年（1472 年），事竣改升，自后不复建设。凡遇河患，事连各省重大者，辄命大臣督同各省巡抚官治之，事竣还京。此祖宗成法也。"[173]

到成化七年（1471 年），随着总理河道的设置，明代大运河管理组织体系的总体构架已经确立，此时虽不成熟，总理河道也不常设，在以后的一段时期内也曾发生过变化，但我们不得不说成化七年（1471 年）是一个重要的时间节点，总理河道这一职位的出现，标志着运河管理总体架构得以确立，并初步形成总兵、总督、总河三分天下的局面。

3.2.2 大运河管理组织架构的确立

大运河管理组织总体架构在成化年间已经形成，漕运总督、漕运总兵官、总理河道及其下所设若干下属管理机构及管理人员，共同维护整个运河管理体系的运作。这些下属管理机构也多在成化以前设置，至成化末大运河管理组织架构已经形成（图 1-9）。

168 《明宪宗实录》卷 97，成化七年十月乙亥条。

169 《明宪宗实录》卷 97，成化七年十月乙亥条。

170 《明宪宗实录》卷 97，成化七年十月乙亥条，"改南京刑部左侍郎王恕为刑部左侍郎奉敕总理河道"。

171 （清）永瑢，纪昀等撰，《钦定历代职官表》卷 59，《河道各官表》，《历代建置·明》，"总理河道之设自成化七年王恕始。"

172 《明宪宗实录》卷 115，成化九年四月壬申条。

173 （明）潘季驯撰，《河防一览》卷 13，《条陈治安疏》，文渊阁四库全书本电子版。

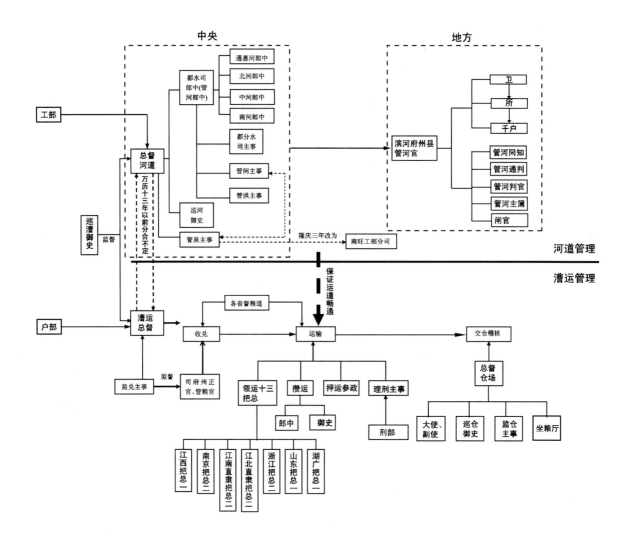

图 1-9 明代运河管理组织架构

表 1-3 明代成化前大运河管理机构设置

管理机构名称	设置沿革	文献出处
攒运御史	◆永乐十六年（1418年），令沿河坝闸，每三处并御史一员攒运 ◆永乐十七年（1419年），令侍郎都御史、并武职大臣各一员，催督粮运。各部郎中、员外分投整理 ◆宣德二年（1427年），差侍郎五员、都御史一员催督浙直等府民军粮运 ◆宣德四年（1429年）题准，差侍郎、都御史、少卿、郎中等官攒运	《大明会典》卷27，《会计三·漕运》
兑运官	◆景泰五年（1454年），令河南、山东布按二司官督理兑运	
督运参将	◆天顺元年（1457年），添设参将一员，协同督运	
漕运理刑主事	◆天顺二年（1458年）题准，设漕运理刑主事	
监兑主事	◆正统十一年（1446年）题准，差主事一员，往各司府等处提督交兑	
	◆成化二十一年（1485年）令，每年户部差官一员于山东、河南。南京户部差官四员，于浙江、江西、湖广、南直隶地方，督同各司府州县正官、并管粮官征兑	《续文献通考》卷37，《国用考·漕运上》
监仓户部主事	◆天顺二年（1458年），设监仓户部主事四员，分驻淮安、临清、徐州、德州	
管河工部郎中	◆天顺二年（1458年），始设管河工部郎中二员，分驻安平、高邮	
管洪工部主事	◆天顺二年（1458年），始设管洪工部主事二员，分驻徐州洪、吕梁洪	
管闸主事	◆成化二十年（1484年），始设管闸主事二员，分驻沽头闸、济宁	
管泉主事	◆成化二十年（1484年），始设管泉主事一员，驻宁阳	

管理机构名称	设置沿革	文献出处
巡河御史	◆应设于景泰以前，《明会典》载：景泰三年（1452年），令巡河御史兼理两淮盐法裁省巡盐御史	《明会典》卷36，《户部二十一·盐法二》
府州县管河官	◆正统三年（1438年）五月，在兖州府城始设漕河通判	《明英宗实录》卷42，正统三年五月庚寅条
各省督粮道	◆明代各省设一员督粮道，清沿用明制	《户部漕运全书》卷22，《分省漕司》
总督仓场	◆宣德五年（1430年），始命李昶为户部尚书，专督其事，遂为定制	《明史》卷72，《职官志一》
坐粮厅	◆成化十一年（1475年），令京、通二仓各委户部员外郎一员，定厂坐拨粮米	《太仓考》卷一之四
巡仓御史	◆宣德九年（1434年），差御史一员，巡视在京仓。一员，巡视通州仓	《大明会典》卷210，《巡仓》
十二把总	◆成化中，所定十二总。这十二把总分别是：南京把总二，各领卫十三；江南直隶把总二，领卫所十九；江北直隶把总二，领卫所十五；中都把总一，领卫所十一；浙江把总二，领卫所十三；山东把总一，领卫所十九；湖广把总一，领卫所十；江西把总一，领卫所十一	《名山藏》，《漕运记》；《大明会典》卷27，《会计三·漕运》

比较图表，可明显地看到，到成化末年，明代运河管理机构大部分已设立，形成了较为完备的运河管理组织架构。"其制总漕巡扬州，经理瓜淮过闸。总兵驻徐、邳，督过洪入闸，同理漕参政管押赴京。攒运则有御史、郎中。押运则有参政、监兑。理刑、管洪、管厂、管闸、管泉、监仓则有主事，清江、卫河有提举。兑毕过淮、过洪，巡抚、漕司、河道各以职掌奏报。又有把总留守皆专督运。故理漕之官，明代最多云"[174]。

3.3　大运河管理规章制度的制定

大运河管理制度确立的另一项重要内容即为管理规章制度的制定，它规定了大运河管理的具体细节与执行规范，是运河管理体系正常运转的重要保证，这些规章制度主要是相关的禁约、条例等。

《漕河图志》成书于弘治九年（1496年），其中的漕河禁例一项，记载成化年间（1465—1487年）及以前各皇帝的圣旨，并记有管理条文，表明成化年间（1465—1487年）规章制度已经基本确立，后代虽有变化，但"大致亦不出其范围"[175]。姚汉源将管理条文总结为17条：①进鲜（向宫廷运送新鲜物品）船只（船数、物品数、人数都有规定）到闸即放行；其余船只则需闸内积水已满且下闸已闭，方能开放；②漕河事由专职官负责，其他官吏不得干涉；③漕河所征物料银钱，不得挪用、停免；④州县添设管河专官，不许担任其他事务；⑤巡河御史负责处分有关河务官员；⑥闸夫、溜夫不许顶替空名；⑦河南省盗决河案犯，按情节轻重定罪；⑧私决山东湖堤及阻塞泉水者，判罪；⑨侵占纤路的房屋撤毁，人判罪；⑩河内

174 《钦定续通志》卷155，《食货略·漕运》。
175 姚汉源著，《中国水利史纲要》，水利电力出版社，1987：437。

浮尸，浅铺负责掩埋；⑪过德官员不得合闸、坝、洪、浅各夫拉船；⑫马快等船回空时许带货物三百斤，超过者治罪；⑬一般船只不许鸣锣鼓等响器；⑭南京差人因公乘船，不许带货；⑮漕运军士许带土产换买柴盐，不能超过十石；⑯南京马快船入京需有兵部等凭证；⑰运粮、马快、商贾等船所过津渡需有查验凭证。这些管理条文可总结为闸坝管理、漕河官员管理、河堤管理、湖泉水源管理、夫役管理、夹带货物等方面，基本涵盖了运河管理规章制度的主要方面。

此外，还有一系列的上谕及奏议，则进一步表明管理规章制度的确立。《明会典》中以时间为序，记载了永乐元年（1403年）至成化二十三年（1487年）所颁布的有关漕运规章制度的上谕及奏议[176]，包括各种规定以及奖惩措施等等，几乎囊括了漕运管理的各个方面。这些上谕及奏议的内容多是对运河管理规章制度的进一步细化规定，增加了可操作性，从而表明了规章制度的最终确立。

3.3.1 制定漕运程限

在这些规章制度中，漕运程限是非常重要的方面，这一时期制定了交兑与完粮程限，它的制定和实施为漕粮运抵京通提供了保障，并成为贯穿明清运河管理的一项重要制度。

1. 交兑程限

正统元年（1436）奏准，兑运粮务，二月以里兑完[177]。

正统九年（1444年），"令江南漕粮，于九江水次交兑。成化七年（1471年），令□淮水次兑运官军，下年俱过江，就各处水次兑运。成化二十一年（1485年），令各司府州县正官并守巡管粮等官，将原会兑军粮米征完，俱限十二月以里运赴原定水次仓交兑。不完者，各管粮官住俸。次年正月不完者，革去冠带。经该官吏、管粮委官俱拏问，管兑官亦照例革去冠带住俸。若民粮已到，领兑官军来迟或刁蹬者，领兑官一体候兑完日参问"[178]。

2. 完粮程限

成化八年（1472年），"令运粮至京仓，北直隶并河南、山东卫所，限五月初一日；南直隶并凤阳等卫所，限七月初一日；若过江支兑者，限八月初一日；浙江、江西、湖广都司卫所，限九月初一日。其把总、都指挥及领运千百户等官，违限二十日以上，住俸，戴罪攒运；若连三年违限者，递降一级；二年不违限者，量加奖异；三年不违限者，量加旌擢，俱奏请定夺"[179]。

其后的漕程限多是在此基础上根据实际情况进行微整，并没有发生大的变化。

176 《明会典》卷25,《户部十·漕运》。
177 《明会典》卷25,《户部十·漕运》。
178 （明）申时行等修，赵用贤等纂，《大明会典》卷27,《会计三·漕运》,《漕规》。
179 《明会典》卷25,《户部十·漕运》。文渊阁四库全书电子版。

3.3.2 确立漕船之制

漕船作为漕运工具，反映了漕运的规模，与漕船相关的制度有漕船数量、修理方式、样式等。

"洪武、永乐间，河、海运船未有定式，亦无定数。景泰中，河船数比今多三之一。国初用南京、南直隶、浙江、福建等处各卫所官军海运，后改漕运，所谓河船，即今之浅船也……当时，船数、船式未经定议，每年会议粮运合用船只，临时派造，以为增减。天顺（1457—1464年）以后，始定天下船数，为一万一千七百七十五艘。"[180]

天顺二年（1458年）规定了不同材料船只的修理年限："松木二年小修、三年大修、五年改造。杉木三年小修、六年大修、十年改造。小修者，军士自备修理。大修及改造者，拨支木料，于各卫运粮官军数内摘留在厂，同清江、卫河二提举司官匠修造"[181]。

成化二十三年（1487年）议准，"该造遮洋运船，照依浅船里河木料，一例打造"[182]，说明在此之前，漕船已经有了固定样式。

3.3.3 始定脚耗轻赍

明朝初年实行民运时无脚耗等项，成化改为兑运后，才给予运军路费、耗米，耗米除随船给运外，其余折为银两，称为轻赍。[183] 脚耗轻赍关系到运军的切身利益，确定脚耗轻赍的数量是运军进一步专业化的重要体现。

脚耗轻赍的多少取决于路程的远近，宣德六年（1431年），"令兑运官军，量其远近，给与路费耗米"，八年（1433年），则规定了不同省份脚耗数量，"每石湖广八斗、江浙七斗、南直隶六斗、江北淮扬凤阳五斗、徐州四斗、北直隶河南山东三斗，若民自运至□淮兑者四斗"[184]。湖广最远，故而其脚耗最多，北直隶、河南、山东则因距离最近，故而所得脚耗最少。此后，各省的脚耗数量又有增减，《大明会典》中记载了宣德十年（1435年）、正统元年（1436年）、景泰元年（1450年）、成化七年（1471年）、成化十年（1474年）、成化十三年（1477年）以及其后至万历年间（1573—1620年）各省脚耗的变化，虽然变化较多，但这些变化都是在宣德六年（1431年）、八年（1433年）所确定的原则和数量的基础上的调整[185]。

180 （明）席书撰，《漕船志》卷3，《船纪》。
181 （明）申时行等修，赵用贤等纂，《大明会典》卷27，《会计三·漕运》，《漕船》。
182 （明）申时行等修，赵用贤等纂，《大明会典》卷27，《会计三·漕运》，《漕船》。
183 （明）申时行等修，赵用贤等纂，《大明会典》卷27，《会计三·漕运》，《脚耗轻赍》："国初民运，无脚耗等项。至宣德间，令民粮耗与军运。成化间，将徐、淮、临、德四仓支运，亦改兑军。皆给路费，各各有耗米、兑运米，俱一平一尖收受，故有尖米、耗尖米。除随船给运外，余折银，谓之轻赍。"
184 （明）申时行等修，赵用贤等纂，《大明会典》卷27，《会计三·漕运》，《脚耗轻赍》。
185 （明）申时行等修，赵用贤等纂，《大明会典》卷27，《会计三·漕运》，《脚耗轻赍》。

3.3.4 规定岁运漕额

成化八年（1472年）规定了漕运的一项重要指标，即规定岁运漕额为400万石，"定岁运米四百万石，岁额至是始定"[186]。每年漕运数量的制度化表明了整个漕运制度的成熟以及在整个国家中的地位。这一定额不仅在明代适用，到清代也仍然保持每年400万的定额，顺治二年（1645年），"户部奏定，每岁额征漕粮四百万石"[187]，可谓影响深远。那么400万石的岁额是如何确定的呢？

186 （明）申时行等修，赵用贤等纂，《大明会典》卷27，《会计三·漕运》。《皇明世法录》卷5，《漕政》，"成化八年，题准定额，本色米四百万石，岁额至是始定。"
187 （民国）赵尔巽等撰，《清史稿》卷122，《食货志三·漕运》。

表1-4　明永乐十四年至弘治十八年岁运漕粮数

年份	岁运漕粮（石）	文献出处	年份	岁运漕粮（石）	文献出处
永乐十四年（1416年）	2 813 462	《明太宗实录》卷103	天顺五年（1461年）	4 350 000	《明英宗实录》卷335
永乐十五年（1417年）	5 088 544	《明太宗实录》卷108	天顺六年（1462年）	4 350 000	《明英宗实录》卷347
永乐十六年（1418年）	4 646 530	《明太宗实录》卷112	天顺七年（1463年）	4 000 000	《明英宗实录》卷360
永乐十七年（1419年）	2 079 700	《明太宗实录》卷115	天顺八年（1464年）	3 350 000	《明宪宗实录》卷12
永乐十八年（1420年）	607 328	《明太宗实录》卷118	成化元年（1465年）	3 350 000	《明宪宗实录》卷24
永乐十九年（1421年）	3 543 194	《明太宗实录》卷122	成化二年（1466年）	3 350 000	《明宪宗实录》卷37
永乐二十年（1422年）	3 251 723	《明太宗实录》卷124	成化三年（1467年）	3 350 000	《明宪宗实录》卷49
永乐二十一年（1423年）	2 573 583	《明太宗实录》卷127	成化四年（1468年）	3 350 000	《明宪宗实录》卷61
永乐二十二年（1424年）	2 573 583	《明仁宗实录》卷9	成化五年（1469年）	3 350 000	《明宪宗实录》卷74
洪熙元年（1425年）	2 309 150	《明仁宗实录》卷12	成化六年（1470年）	3 700 000	《明宪宗实录》卷86
宣德元年（1426年）	2 399 997	《明宣宗实录》卷22	成化七年（1471年）	3 350 000	《明宪宗实录》卷99
宣德二年（1427年）	3 683 436	《明宣宗实录》卷34	成化八年（1472年）	3 700 000	《明宪宗实录》卷111
宣德三年（1428年）	5 488 800	《明宣宗实录》卷49	成化九年（1473年）	3 700 000	《明宪宗实录》卷123
宣德四年（1429年）	3 858 824	《明宣宗实录》卷60	成化十年（1474年）	3 700 000	《明宪宗实录》卷136
宣德五年（1430年）	5 453 710	《明宣宗实录》卷74	成化十一年（1475年）	3 700 000	《明宪宗实录》卷148
宣德六年（1431年）	5 488 800	《明宣宗实录》卷85	成化十二年（1476年）	3 700 000	《明宪宗实录》卷160
宣德七年（1432年）	6 742 854	《明宣宗实录》卷97	成化十三年（1477年）	3 700 000	《明宪宗实录》卷173
宣德八年（1433年）	5 530 181	《明宣宗实录》卷107	成化十四年（1478年）	3 700 000	《明宪宗实录》卷185
宣德九年（1434年）	5 213 330	《明宣宗实录》卷115	成化十五年（1479年）	3 700 000	《明宪宗实录》卷198
宣德十年（1435年）	4 500 000	《明英宗实录》卷12	成化十六年（1480年）	3 700 000	《明宪宗实录》卷201
正统元年（1436年）	4 500 000	《明英宗实录》卷25	成化十七年（1481年）	3 700 000	《明宪宗实录》卷222
正统二年（1437年）	4 500 000	《明英宗实录》卷37	成化十八年（1482年）	3 700 000	《明宪宗实录》卷235
正统三年（1438年）	4 500 000	《明英宗实录》卷49	成化十九年（1483年）	3 700 000	《明宪宗实录》卷247
正统四年（1439年）	4 200 000	《明英宗实录》卷62	成化二十年（1484年）	3 700 000	《明宪宗实录》卷259
正统五年（1440年）	4 500 000	《明英宗实录》卷74	成化二十一年（1485年）	3 700 000	《明宪宗实录》卷273
正统六年（1441年）	4 200 000	《明英宗实录》卷87	成化二十二年（1486年）	3 700 000	《明宪宗实录》卷285
正统七年（1442年）	4 500 000	《明英宗实录》卷99	成化二十三年（1487年）	4 000 000	《明孝宗实录》卷8

年份	岁运漕粮（石）	文献出处	年份	岁运漕粮（石）	文献出处
正统八年（1443年）	4 500 000	《明英宗实录》卷111	弘治元年（1488年）	4 000 000	《明孝宗实录》卷21
正统九年（1444年）	4 465 000	《明英宗实录》卷124	弘治二年（1489年）	4 000 000	《明孝宗实录》卷33
正统十年（1445年）	4 645 000	《明英宗实录》卷136	弘治三年（1490年）	4 000 000	《明孝宗实录》卷46
正统十一年（1446年）	4 300 000	《明英宗实录》卷148	弘治四年（1491年）	4 000 000	《明孝宗实录》卷58
正统十二年（1447年）	4 300 000	《明英宗实录》卷162	弘治五年（1492年）	4 000 000	《明孝宗实录》卷70
正统十三年（1448年）	4 000 000	《明英宗实录》卷173	弘治六年（1493年）	4 000 000	《明孝宗实录》卷83
正统十四年（1449年）	4 305 000	《明英宗实录》卷186	弘治七年（1494年）	4 000 000	《明孝宗实录》卷95
景泰元年（1450年）	4 305 000	《明英宗实录》景泰附录卷17	弘治八年（1495年）	4 000 000	《明孝宗实录》卷107
景泰二年（1451年）	4 235 000	《明英宗实录》景泰附录卷29	弘治九年（1496年）	4 000 000	《明孝宗实录》卷120
景泰三年（1452年）	4 235 000	《明英宗实录》景泰附录卷42	弘治十年（1497年）	4 000 000	《明孝宗实录》卷132
景泰四年（1453年）	4 255 000	《明英宗实录》景泰附录卷54	弘治十一年（1498年）	4 000 000	《明孝宗实录》卷145
景泰五年（1454年）	4 255 000	《明英宗实录》景泰附录卷66	弘治十二年（1499年）	4 000 000	《明孝宗实录》卷157
景泰六年（1455年）	4 384 000	《明英宗实录》景泰附录卷79	弘治十三年（1500年）	4 000 000	《明孝宗实录》卷167
景泰七年（1456年）	4 437 000	《明英宗实录》景泰附录卷91	弘治十四年（1501年）	4 000 000	《明孝宗实录》卷182
天顺元年（1457年）	4 350 000	《明英宗实录》卷285	弘治十五年（1502年）	4 000 000	《明孝宗实录》卷194
天顺二年（1458年）	4 350 000	《明英宗实录》卷298	弘治十六年（1503年）	4 000 000	《明孝宗实录》卷206
天顺三年（1459年）	4 350 000	《明英宗实录》卷310	弘治十七年（1504年）	4 000 000	《明孝宗实录》卷219
天顺四年（1460年）	4 350 000	《明英宗实录》卷323	弘治十八年（1505年）	4 000 000	《明武宗实录》卷8

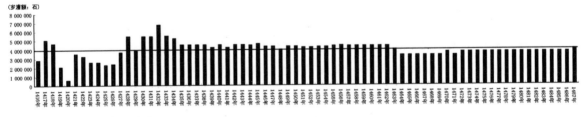

图1-10 永乐十四年至成化二十三年岁漕数

对明永乐十四年至成化二十三年（1416—1487年）每年的漕运量进行统计分析（表1-4，图1-10），我们发现一个比较有趣的现象，永乐至宣德前期，每年的漕运量多在400万石以下，宣德五年（1430年）至天顺七年（1463年）每年的漕运额都在400万石以上。虽然成化八年（1472年）规定了漕运岁额为400万石，但成化八年（1472年）至成化二十二年（1486年）期间，每年的漕运额均在400万百以下，只有370万石，直到成化二十三年（1487年）才达到所定的岁额。为什么会把每年的漕运额定为400万石？而制定后的15

年内为什么一直没有达到定额？我们可以从当时大的历史背景中找到一些答案。

正统十四年（1449 年）"土木堡之变"，明英宗被俘，明王朝陷入困境，运军被征调，漕运又恢复为民运[188]。景帝即位后，决意不迁都南京，仍都北京，在于谦等大臣的努力下，国家逐渐转危为安。景泰六年（1455 年），战事平息，"瓦剌入贡，仍复军运"[189]。在这期间，虽然漕粮民运，朝廷积极维护运道畅通，岁额仍在 400 万石以上，可见民运发挥了重要作用，这对维护北京乃至整个国家有着重要意义。经过这次浩劫以后，北京作为政治中心的地位更加重要，同时朝廷对南粮北运也有了更为深刻的认识，认识到运河漕运连接南北经济、政治中心不可替代的作用以及保证漕粮供应的必要性。

明成化时代，边患严重，套寇侵犯，致使边境所需军量增加，成化年间定"河淮以北八百万石供边境"[190]，作为政治、军事重心的北京，在战争时代必然要求仓廪充实，使得对江南漕粮供给数量的制度化要求也更为迫切，这是在成化八年（1472 年）确定岁额 400 万石的一个客观原因。

宣德五年至天顺七年（1430—1463 年）30 多年时间内，每年的漕运额都在 400 万石以上，主要集中在 400～450 万石，且实际证明在国家动荡、战事不断的年代该漕运额能保证京都的需求，这为成化八年（1472 年）把岁额定为 400 万石提供了参考和可行性。可以想见，正是在成功先例的示范下，朝廷才把岁额定在既有可能完成，又足够京师之用的 400 万石。此外，成化七年（1471 年）长运法实施后，由运军专门从事运输，使漕运更专业化，也是促使制定岁额的一个原因和条件。

而成化初年国家的动荡，加上成化七年（1471 年）漕运方式由兑运改为长运，运船需沿运河进行全线范围的运输，运输过程相较兑运法变得更为复杂、艰难，新运法的实施需要适应和完善的时间，这可能是造成该段时间内岁额不足 400 万石的重要原因。

所定岁额 400 万石，对后世影响极大，自弘治元年（1488 年）后各朝都采用各种方法达到该额，从《明实录》记载的数字来看，自弘治元年至正德十五年（1488—1520 年）每年漕运额均为 400 万石。嘉靖朝实行漕粮折银，《明实录》中每十年记载一次漕运额，从所记载的数字来看，漕粮折银数与实运数之和仍为 400 万石。

188 （清）张廷玉等撰，《明史》卷79，《食货志三·漕运》，"土木之变，复尽留山东、直隶军操备，苏松诸府运粮乃属民。"
189 （清）张廷玉等撰，《明史》卷79，《食货志三·漕运》。
190 （明）何乔远撰，《名山藏》，《漕运记》。

第四节　臻于至善：大运河管理制度的完善与成熟（明弘治至清乾隆，1488—1795年）

明弘治至清乾隆（1488—1795年）300多年的时间内，虽经历了王朝的更替，统治阶层和社会制度发生了改变，但明清两代一直以运河作为连接南北政治与经济重心的通道，对运河的重视前后相承，一如既往。在这段时间内，运河河道本身发生了变化，尤其在黄、淮、运交汇之处，黄运关系在刘大夏、徐有贞、李化龙、潘季驯、靳辅等治河能臣的整治下得到了改善，尤其是开通迦河和中河以后，黄运分离，运道大通，运道的改善为运河管理制度的完善与成熟提供了条件。虽然在明朝后期大运河管理制度尤其是漕运管理方面出现弊端层出的现象，但这并不影响整个管理体系向前发展的趋势。同样，明朝的灭亡虽然给运河河道带来了破坏，漕运也曾一度中断，但其确立的管理制度却并没有因此而消失，而是在清初被继承，继续发挥作用，保障漕运有序进行。清康熙、雍正、乾隆朝时期，在明代确立的大运河管理制度基础上，不断剔除弊端、完善细节、制定新规，最终达到了成熟。在这一成熟管理制度的保障下，整个漕运则达到了鼎盛，"自京城之东，远延通州，仓廒连百，高檣栉比，运夫相属，肩背比接。其自通州，至于江淮，通以运河，迢递数千里，闸官闸夫相望，高檣大舸相继，运船以数千计，船丁运夫以数万计，设卫所官数百以守之，各省置粮道坐粮厅以司之，南置漕运总督，北置仓场总督两大臣以统之。其漕米则民纳于县，县上于粮道，乃船通于运河，而后连檣续进，循闸而上，累时费月，乃达通州，搬丁二万人，背置仓中，然后次第运至京师"[191]。

大运河管理制度作为国家的一项重要政治制度，其发展与大的历史背景紧密相关，在该段时间内先后出现过的明代"弘治中兴"与清代"康乾盛世"，为大运河管理制度的成熟提供了保障。

4.1　大运河管理组织体系的完善

上文已阐明，到成化年间（1465—1487年），大运河管理组织架构已经确立，以后各朝多是在此基础上进一步完善，包括对原有官员设置的调整、部分管理机构新增以及管理机构职责与分工的进一步细化等，使得该组织体系更加完备。

191　汤志钧编，《康有为政论集》（上），中华书局，1981：354。

4.1.1 总漕、总河、总督仓场三足鼎立的形成

1. 总河常设与河漕分合

前文已论及总理河道初设于成化七年（1471年），但直到正德四年（1509年）以后总理河道才成为定职[192]。此后，河、漕二臣时合时分。如嘉靖二十二年（1543年）二洪阻运，总督把责任尽推于河道，管河官受到处置，河、漕分而为二，关系曾一度紧张，"竟以漕为米，不知为河矣，而且彼此水火，漕法始乱"[193]。又如万历五年（1577年），河臣傅希挚与漕臣吴桂芳在治黄保运上意见不合，为平息争执，朝廷命吴桂芳兼理河漕[194]。蔡泰彬对明代河、漕二臣的分合过程以及原因进行了详细的分析总结[195]。直到万历三十年（1602年），分设河漕二臣后，"自是以讫明终，河漕之务不复合矣"[196]。至此，总河、总漕分工更加明确。清代雍正时，河道总督由一名发展为三名，分别是山东河南河道总督、江南河道总督、直隶河道总督，乾隆三年（1738年）又裁去直隶河道总督[197]。

2. 总兵、总河、总督仓场地位的升降

（1）总兵地位的下降

在正德四年（1509年）总河成为常设之前，其在运河管理体系中的地位并不重要，整个漕运事务由总漕、总兵及参将三人负责，"臣昔在漕司，见漕之为政，有河渠、有舟楫、有卒伍，而支兑转输，统领稽查，赏罚黜陟，行乎其间，其多至于亿万人，其远至于数千里。而总督都御史提督、总兵协同参将三人者，实领其事"[198]。弘治七年（1494年）所颁布的《命平江伯陈锐等同刘大夏治河敕》也表明此时总兵地位尚高于总河，该敕书原文如下：

天下之水，黄河为大，国家之计，漕运为重。张秋有妨运道，元命都御史刘大夏往治功。兹特命尔等前去总督修理，尔等至彼，相与讲究，次第施行，仍会各该巡抚、巡按，自河南上流及山东、直隶河患所经之处踏勘，从长计议何处应疏导以杀其势，何以防其决，何处应筑塞以制其横溃，何处收其泛滥。或多为之，委使水力分散以泻；或疏塞并举，使挽河入淮以复其故道。虽然事有缓急，而施行之际必以当急为先。今河既中决，运渠干浅，京储不继，事莫急焉。尔等必须多方设法使粮运通行，不致过期以亏岁额，斯尔之能。然此乃国家大事，或敕内该载不尽事理，尔等有所见闻，听尔便宜而行。其一应合用竹水麻铁等料、应役军民、夫匠、人力，如原先料派，起集不敷，方计量添，不可轻信人言，过为料差，恒念此时濒河军民方困，饥疫不幸，值此大役，甚不聊生，万一功有不成，物为徒费，或生他变，悔之。仍及各该司府州县等衙门委任

192 （清）张廷玉等撰，《明史》卷73，《职官二》。

193 （清）孙承泽著，王剑英点校，《春明梦余录》卷37，《户部三·总漕》，"嘉靖二十二年二洪浅阻，运粮不通，总漕乃具疏尽推之河道，奉旨切责，自管河都御史而下俱戴罪料理。自此，总河、总漕分而为二，竟以漕为米，不知为河矣。而且彼此水火，漕法始乱。"

194 （清）张廷玉等撰，《明史》卷223，《吴桂芳传》，"希挚议塞崔镇决口，束水归漕；而桂芳欲刷成河，以为老黄河入海之道。廷议以二人意见不合，改希挚抚陕西，以李世达代。未几，又改世达他任，命桂芳兼理河漕。"

195 蔡泰彬撰，《明代漕河之整治与管理》，台湾商务印书馆，1992：310-313。

196 《钦定历代职官表》卷59，《河道各官表》，《历代建置·明》。

197 （清）杨锡绂撰，《漕运则例纂》卷5，《督运职掌》，《监临官制·河道总督》。

198 （明）邵宝撰，《容春堂集续集》卷6，《建言漕事状》。邵宝于正德四年任漕运总督。

集办并借用顺带夫料等项，不许推调、稽违误事，有应奏来处置，其见用官属非不胜任者，不必改委。职官敢有误事作弊者，轻则听尔量情责职，五品以下拿送问刑衙门理，四品以军职参奏究治。尔等受兹重任，必思廉以建功，广询博访，事不必专于一己，深谋远出于万全。仍禁戢下人，使不敢恃势作威以掠，爱惜物用，使不至假公营私以浪费冒支。夫尤宜用心抚恤，必使劳逸均平，不至失所，不徒兴而大功可成矣。不然则劳民力于之地，弃民财于不测之渊，咎将谁归？尔等其钦承朕命，毋怠毋忽[199]。

敕书行文之间流露出皇帝对总兵的期重，"特命尔等前去总督修理"，且"敕内该载不尽事理，尔等有所见闻，听尔便宜而行"等则充分表明了总兵在此次治河中的统帅地位，地位明显高于总河。

漕运总兵官、漕运总督以及总理河道共同参与大运河的管理，在很长一段时间内三者共存，直至天启元年（1621年）漕运总兵官被裁去。实际上由于15世纪以后总兵官地位的下降，其在整个运河管理体系中的权力越来越小，大运河的管理主要由总漕与总河两者主导。同漕运总督相比，漕运总兵官所担任的角色并不重要，他虽然享有多种头衔，但多是名誉性的，并没有实权，同时因为漕军在漕河上护漕的流动性，使得总兵官也不能有效地控制漕军。在17世纪，即使是琐碎的问题，也越过漕运总兵直接向漕运总督报告。这些都表明漕运总兵官在整个大运河管理体系中地位的下降[200]。天启元年（1621年），大臣屡有奏言，建议裁漕运总兵官，"然质之众论，酌之漕规，终无如一去之为全利也"[201]，大学士刘一燝等奏言，"总兵一官，在国初时原为海运而设，嗣后运河既开，漕河两督臣并置经理，各有司存，即使总兵得人亦属冗赘，乃其种种弊蠹，如盘查需勒、稽延不前，不惟有病军民，亦且无裨国计"[202]，漕运总兵官最终被裁去。

（2）总河地位的上升

漕运总兵官在大运河管理体系中地位下降的过程则是总河地位上升的过程，总河在整个大运河管理组织体系中成为定制的时间最晚，它设置后必然面临与已设立的漕运总督及漕运总兵争权的情况。

总河成为常设以后，朝廷赋予其较大的权力，其职权是跨地区、跨部门的，我们从万历十六年（1588年）的两则史料中可以看出。其一为巡按御史乔璧星奏疏："正德四年（1509年），乃议专设宪臣为总理，河南之开封、归德，山东之曹、濮、临、沂，北直之大名、天津，南直之淮、扬、徐、颍咸属节制，建牙如督抚。"[203]另一则是任命潘季驯为总河之敕谕："命尔前去总理河道，驻扎济

199 （清）林芃修，马之骦纂，《张秋志》卷9，《艺文志一·河政敕书》。
200 本段文字参考（美）黄仁宇著，《明代的漕运》，新星出版社，2005：52-54。
201 《明熹宗实录》卷6，天启元年二月戊申条。
202 《明熹宗实录》卷6，天启元年二月戊申条。
203 《明神宗实录》卷197，万历十六年四月甲寅条。

宁，督率原设管河、管洪、管泉、管闸郎中、主事及各该三司、军卫、有司、掌印、管河、兵备、守巡等官。将各该地方新、旧漕河，并淮、扬、苏、松、常、镇、浙江等处河道及河南、山东等处上源，着实用心往来经理。"[204] 总理河道虽以治河为本职，但在正德、嘉靖、隆庆以至明末，运河沿线多有流贼，为保护漕船，维护纵贯南北的运河防线，总理河道亦兼带提督军务，遇有盗贼流劫，则漕河沿岸各兵备道、军卫皆听总河节制[205]。提督军务本为漕运总兵官之责，而归于总河，则进一步表明在明晚期总兵地位的下降与总河地位的上升。樊铧则通过分析陈瑄与宋礼身后际遇的对比以及宋礼如何变成治河官员偶像的过程，认为其反映了河道官员对自身职务合理性和重要性的不断构建过程[206]。这其实也从侧面证实了总理河道地位的上升。

然而，笔者认为总理河道在整个大运河管理体系中地位上升的重要原因则是因为明后期黄河经常泛滥，河事繁多，而"京都百亿万口，抱空腹以待饱于江淮灌输之粟"，"国家紧关命脉，全在转运"[207]，朝廷为保证京师的供应，必然想方设法维护运河的安流，其必然导致负责治河的总理河道更易引起当局注意和重视，这为总河巩固和提高自己的地位提供了机会和可能，虽然有一些河臣因治河不力而受到处罚。

弘治六年（1493年）黄河决口，冲决张秋运河东堤，刘大夏奉命治河，筑黄陵冈上流，使黄河南下，运道恢复。同年，白昂在高邮开康济月河，"漕河无大患者，二十余年"[208]。正德四年（1509年）十月，"河决沛县飞云桥入运"[209]，在此河患多事之时，十二月崔岩以"工部左侍郎兼都察院右副都御史修理黄河"[210]，总理河道自此成为常设，这一总理河道成为常设的历史拐点正是因为河患而发生。刘大夏治河以后，黄河南流合淮入海，为保张秋一带运河，决不能让黄河北流，而为保凤、泗一带祖陵，又不能使黄河南流，因此，必须保证黄河不南不北合淮入海。然而，黄河并不是一条安分的河流，后来又不断北徙冲决，致使明代后期河事不断，如"世宗之初，河数坏漕"[211]。历次治黄保运工程中，总河都发挥了重要作用，在这一过程中，总河也不断提升并巩固了自己的地位。

204 （清）傅泽洪撰，《行水金鉴》卷32，《河水》。

205 蔡泰彬撰，《明代漕河之整治与管理》，台湾商务印书馆，1992：316。

206 樊铧著，《政治决策与明代海运》，社会科学文献出版社，2009：195-210。

207 （明）王在晋撰，《通漕类编》，《序》。

208 （清）张廷玉等撰，《明史》卷85，《河渠志三·运河上》。

209 （清）张廷玉等撰，《明史》卷85，《河渠志三·运河上》。

210 《明武宗实录》卷58，正德四年十二月丙辰条。

211 （清）张廷玉等撰，《明史》卷85，《河渠志三·运河上》。

表 1-5 明代正德以后总河在治黄保运中的作用

时间	黄运决口事件	总河治河保运事迹
嘉靖六年（1527年）		帝命总河章拯议湖改运道事
嘉靖七年（1528年）		总河盛应期请于昭阳湖东凿新河；是年冬，总河潘希会加筑济、沛间东西两堤，以拒黄河

时间	黄运决口事件	总河治河保运事迹
嘉靖十九年（1540年）	河决野鸡冈	督理河漕王以旗请浚山东诸泉以济运，且筑长堤聚水
嘉靖四十四年（1565年）七月	河大决沛县，漫昭阳湖，由沙河至二洪，浩渺无际，运道淤塞百余里	督理河漕尚书朱衡循览盛应期所凿新河遗迹，请开南阳、留城上下。总河都御史潘季驯不可 诏留衡与季驯详议开上源、筑长堤之便
隆庆元年（1567年）正月		朱衡请罢上源议，惟开广秦沟，坚筑南长堤。五月，新河成，西去旧河三十里 总河翁大立，奏请由回回墓开通以达鸿沟，令谷亭、湖陵之水皆入昭阳湖，即浚鸿沟废渠，引昭阳湖水沿渠东出鲗城；宜凿邵家岭，令水由地浜沟出境山以入漕河，则湖地可耕，河堤不溃。更于马家桥建减水闸，视旱涝为启闭，乃通漕长策也。上并从之
隆庆三年（1569年）七月	河决沛县，茶城淤塞，粮艘二千余皆阻邳州	上命翁大立开泇河
隆庆四年（1570年）六月		翁大立请开新庄闸，以通回船，兼浚古睢河，泄二洪水，且分河自鱼沟下草湾，保南北运道。帝命新任总河都御史潘季驯区画
隆庆五年（1571年）四月	河复决邳州王家口，自双沟而下，南北决口十余，损漕船运军千计，没粮四十万余石，而匙头湾以下八十里皆淤	潘季驯奏邳河功成
隆庆六年（1572年）		从朱衡言，缮丰、沛大黄堤
万历元年（1573年）		总河万恭请复淮南平水诸闸；请建天妃闸
万历三年（1575年）二月	河决崔镇	总河都御史傅希挚请开泇河以避黄险，不果行。希挚又请浚梁山以下，与茶城互用，淤旧则通新而挑旧，淤新则通旧而挑新，筑坝断流，常通其一以备不虞。诏从所请
万历四年（1576年）		河漕吴桂芳奏请遵弘治间王恕之议，就老堤为月河，但修东西二堤
万历六年（1578年）		总理河漕都御史潘季驯筑高家堰，及清江浦柳浦湾以东加筑礼、智二坝，修宝应、黄清等八浅堤，高、宝减水闸四，又拆新庄闸而改建通济闸于甘罗城南
万历十九年（1591年）		潘季驯请易高家堰土堤为石，筑满家闸西拦水坝，使汶、泗尽归新河。设减水闸于李家口，以泄沛县积水。从之
万历二十一年（1593年）五月		总河尚书舒应龙议：筑堼城坝，遏汶水之南，开马踏湖月河口，导汶水之北。开通济闸，放月河土坝以杀汹涌之势。从其奏。总河杨一魁力主分黄导淮
万历二十六年（1598年）		总河刘东星复开赵家圈以接黄，开泇河以济运。赵家圈旋淤，泇河未复，而东星卒
万历三十二年（1604年）		总河侍郎李化龙始大开泇河，自直河至李家港二百六十余里，尽避黄河之险。化龙忧去，总河侍郎曹时聘终其事
天启元年（1621年）	淮、黄涨溢，决里河王公祠	
天启三年（1623年）		总河都御史刘士忠尝开坝以济运，已复塞。而淮安正河三十年未浚。故议先挑新河，通运船回空，乃浚正河，自许家闸至惠济祠长千四百余丈，复建通济月河小闸，运船皆由正河，新河复闭
天启六年（1626年）		总河侍郎李从心开陈沟地十里，以竟前工
崇祯五年（1632年）		总河尚书朱光祚浚骆马湖，避河险十三处，名顺济河
崇祯八年（1635年）		骆马湖淤阻，荣嗣开河徐、宿，引注黄水，被劾，得重罪。侍郎周鼎继之，乃专力于泇河，浚麦河支河，筑王母山前后坝、胜阳山东堤、马蹄匡十字河拦水坝，挑良城闸抵徐塘口六千余丈

明末清初战乱频仍，运河失修。清顺治初为了恢复漕运，首先设立河道总督总管黄运事宜。同时清初黄河的频繁决口也促使朝廷更加重视河道总督，"从顺治十八年（1661年）中，到康熙十五年（1676年），共计三十三年（原文计算有误，应为十五年），黄河大小决口就有三十二次，几乎年年决口。其决口多集中在洪泽湖以东，黄河、淮河、运河交汇处"[212]。而黄河则直接关系到漕运，"漕之通塞视乎河，河安则漕安，河变则漕危，重漕故重河"[213]。自顺治至康熙中期，总河杨方兴、朱之锡、王光裕、靳辅等屡请加重河臣职权及改革体制，朝廷多从其议[214]。朝廷对总河一职倍加重视，多加以重要头衔，亦表明此时河道总督在大运河管理体系中的地位之高。如顺治十四年（1657年）上谕吏部："总河事务重大，必得其人方能胜任。吏部右侍郎朱之锡，气度端醇、才品勤敏，着升兵部尚书兼都察院右副都御史，总督河道提督军务，写敕与他。特谕。"[215]

朱之锡上奏数十疏关于黄运治理之事，均获批准，"凡夫役工程、钱粮职守及诸利弊因革损益之宜，一一条上，几数十疏，俱复议报可，于是运艘无阻，而近河之民得免"[216]。如顺治十六年（1659年），总河朱之锡疏言两河利害条奏十事："一陈明南河夫役；一酌定淮工夫役；一查议通惠河工；一特议建设柳围；一严剔河工弊端；一厘核旷尽银两；一慎重河工职守；一申明河官专责；一申明激劝大典；一酌议拨补夫食。疏入，从之。"[217]

清代河臣中靳辅是贡献最大的一位，他对黄、运治理以及相关制度的改革贡献颇大。雍正帝在其死后曾对其追封，"上谕内阁，朕览治河方略，见原任河道总督靳辅昔年修理河工，劳绩茂著，欲加恩泽，以奖勋庸。据该部查奏，靳辅于康熙四十六年（1707年），已蒙圣祖仁皇帝加赠宫保，给与世职，今着追赠工部尚书衔，予祭一次，以示朕笃念前劳至意"[218]。靳辅所著《文襄奏疏》《治河奏绩书》较为详细地记载了其治河保运的思想和做法。

（3）总督仓场地位的上升

总督仓场设于京师，但大部时间驻扎通州，负责漕粮入仓相关事宜。总督仓场下设京、通二坐粮厅。总督仓场设立之初在大运河管理体系中的地位并不高，其职责只是"掌督在京及通州等处仓场粮储"[219]。后来其在漕运体系中的地位不断升高，到清康熙时已与总漕、总河形成三足鼎立的局面。这可以从乾隆年间杨锡绂所引的康熙朝时期"议单旧本"对总督仓场的职责规定反映出来：

总督仓场额设户部满汉侍郎各一员，顺治初年附部理事。顺治十五年（1658年），崇文门外建设仓场衙门，出巡通州驻扎，公署坐

212 李治亭著，《中国漕运史》，文津出版社，1997：272。
213 《皇朝文献通考》卷232，《经籍考》，文渊阁四库全书电子版。
214 姚汉源著，《京杭运河史》，中国水利水电出版社，1997：675。
215 （清）傅泽洪撰，《行水金鉴》卷46，《河水》。
216 （清）嵇曾筠等修，（清）沈翼机等纂《浙江通志》卷161，《人物·名臣》，朱之锡条。
217 《皇朝通典》卷96，《食货略·河工》。
218 《世宗宪皇帝圣训》卷33，《笃勋旧》。
219 （清）张廷玉等撰，《明史》卷72，《职官志一》。

落新城南门内，一切漕仓事务专责料理，其漕运总督各该督抚沿河文武衙门，凡有关系漕运，应报文册，俱照报部式样，分报仓场，应举劾者，照例举劾，各项应行事宜，仓场衙门径行造册报部查核。

每年春间出巡查看五闸河道，点验石土两坝经纪车户剥船，督令坐粮厅催置布袋以备新运，粮到坝起运。

漕白粮船抵津，督率沿河文武官弁往来催儹（本书统用"催趱"），并查验北河浅阻，令坐粮厅督夫挑挖深通，毋致粮艘阻滞[220]。

此时，总督仓场不仅总揽一切漕仓事务，而且每逢漕白粮抵通以后，其有督率沿河文武官弁往来催趱的职责，其职能还扩展至河道管理方面，在天津至通州段运河管理中处于核心地位。更能反映其地位的则是，凡是报往户部的有关漕运文册，俱照报户部式样同时报总督仓场，其地位足以和总漕及总河相抗衡。

漕运总兵官地位不断下降，总河、总督仓场的地位却不断上升，并最终与总漕构成了大运河管理组织体系中总漕、总河、总督仓场三足鼎立的局面。三者地位并非从开始即如此，它们的设立以及持续的时间和职责各有不同，即使在共存时期，三者也不能等量齐观，而是一种此消彼长、共存但又相互冲突的状态。

4.1.2　大运河管理机构官员设置的调整

前文已述及在成化年间（1465—1487年），大运河管理机构已确立，官员设置较明前期更为固定，接下来的时间内，在运河管理的实际运作过程中，朝廷对管理机构及官员设置进行框架内的局部调整，同时进一步细化各部门的职责，至明末时已经形成了较为完备的管理体系，清初则沿用了这一套管理体系，康熙朝靳辅对明代运河管理体系进行了较大调整，遂为一代制度。

漕运过程的各个阶段均有官员管理，"前明漕运设旗甲以挽运之，设运总以统领之，设漕道粮道以督押之，设总漕、巡漕以提衡巡察之，逮于国朝循用不改"[221]。各管理机构之间职责明确，分工清晰。运河管理涉及部门众多，部门之间的职责有部分重合，各部门在相互协作的同时，为了防止相互推诿，管理机构官员之间的职责呈现出逐渐细化的趋势，在明代最终形成了职责明确的一套运行机制。"兑毕过淮过洪，巡抚、漕司、河道各以职掌奏报，有司米不备，军卫船不备，过淮误期者，责在巡抚。米具船备，不即验放，非河梗而压帮停泊，过洪误期，因而漂冻者，责在漕司。船粮依限，河渠淤浅，疏浚无法，闸坐启闭失时，不得过洪抵湾者，责在河道"[222]。

220 （清）杨锡绂撰，《漕运则例纂》卷19，《京通粮储·仓场职掌》。
221 《钦定历代职官表》卷60，《漕运各官表》。
222 （清）张廷玉等撰，《明史》卷79，《食货三·漕运》。

该段时间内管理机构官员设置的调整表现在官员由不常设到常设以及官员官职大小、数量的变化等方面，以下举例说明几种管理机构官员的调整：

（1）监兑官出任官员的多变

漕粮交兑是整个漕运环节的第一步，明代实行官民交兑，由纳粮户直接交兑运军，官民之间的势力不均衡导致兑运官经常恃强凌弱，需索克扣、挑斥米色等弊端层出，朝廷派监兑官监督以杜弊。监兑官在弘治至万历（1488—1620 年）这段时间内，出任官员屡有变化。

弘治三年（1490 年），取回各处监兑主事等官，止令各该管粮官监兑。弘治七年（1494 年），令两京户部仍差主事等官于湖广、江西、浙江、山东、河南及南直隶各府，催督监兑民粮。正德七年（1512 年）题准，改委户部属官四员，分往南直隶、浙江、江西、湖广地方监兑。嘉靖四十四年（1565 年）题准，南直隶、浙江、江西、湖广等处监兑官，各给关防一颗。隆庆三年（1569 年）题准，两浙巡盐御史兼督浙江杭、嘉、湖三府，直隶苏、松、常、镇四府漕务，革监兑官。万历五年（1577 年）题准，仍差主事一员，往苏、松、常、镇监兑。万历九年（1581 年），复差主事一员往浙江监兑[223]。

监兑官的出任人员有户部主事，有管粮官，还有巡盐御史兼任等，官职多有变化，从数量来看，也有变化。至清顺治九年（1652年），为预防交兑过程中的弊病，改为“官收官兑”。监兑官在康熙六年（1667 年）发生了变化，“推官尽裁，题改同知、通判，一切事宜悉照推官监兑例”[224]，由记载来看，一府设置一名同知或通判负责该府监兑事务，各省详细设置情况后文将有论述。可以看出，监兑官这一管理官员除在隆庆三年（1569 年）被革外，发生变化的仅是出任官员的官职以及数量，且这些变化是在实际运作过程中为了克服弊端而进行的一种趋向优化的调整。

（2）运军由十二总到十三总

明代由十二把总负责运输漕粮，十二把总下领各若干卫所，是一种军事性质的组织，由漕运总督管理，但其人事仍隶属于兵部，考察把总时也是由户部、兵部共同进行[225]。清朝沿明旧制，有漕各省卫军继续挽运漕粮，但官员名称发生了变化，指挥官改名守备，千户、百户改名为千总、百总，卫军改名为旗丁[226]。明代十二总，清代十三运总，各自所领卫所也不相同[227]。清代沿用了明代以军运粮的方式，虽然在具体的运总设置及官员名称上不同于明代，但从本质上来说没有变化，只是在质变范围内的一种调整。

223 （明）申时行等修，赵用贤等纂，《大明会典》卷 27，《会计三·漕运》。
224 （清）杨锡绂撰，《漕运则例纂》卷 5，《督运职掌·监兑粮官》。文中记有山东、河南、江南、浙江、江西、湖北、湖南等有漕各省所辖府的监兑官。
225 （明）申时行等修，赵用贤等纂，《大明会典》卷 27，《会计三·漕运》，“弘治十二年，令户部会同兵部及漕运都御史等官，考察运粮各卫所指挥千百户。正德十四年题准，运粮把总卫所总等官，每三年一次，户兵二部会同考察，分别去留等第”。
226 李文治、江太新著，《清代漕运》（修订版），社会科学文献出版社，2008：168。
227 明代十二总及下属卫所可参见《大明会典》卷 27，《会计三·漕运·运粮官军》。清代十三总及下属卫所可参见《漕运则例纂》卷 5，《督运职掌·十三运总》。

（3）押运、攒运官的变化

明代以粮道押运漕船至通州，清初沿用明制。顺治十八年（1661年）进行改革，改由各通判押运，后因通判官职小而又有反复，至康熙三十五年（1696年）复令各省通判押运[228]。各省押运通判分别是：山东押运通判一员，河南押运通判一员，山东、河南轮押蓟粮通判一员（乾隆三年裁），江安押运通判三员，江苏押运通判五员，浙江押运通判三员，江西押运通判二员，湖北押运通判一员，湖南押运通判一员[229]。

攒运官负责沿途催趱漕粮，使漕船能按时抵通。明代虽有攒运之官，但不是常设，多是每年从不同部门选派，"弘治二年（1489年）议准，每岁于户部郎中、员外郎、主事内推选一员，领敕催趱运船。正德六年（1511年）题准，照例于左右侍郎内差一员攒运。隆庆五年（1571年）题准，差御史攒运。隆庆六年（1572年）又题准，给攒运郎中关防。万历六年（1578年）停差攒运郎中"[230]。可见明代攒运官员设置多有变化，"明时攒运，或遣卿贰，或遣部曹，或遣御史。至万历时，始定差御史"[231]。漕运过程时间久，路程远，其间易发生弊病，而设催趱官可以最大限度地杜绝弊端，最重要的是保证漕船按时抵通回次，以防冻阻。攒运官的设置在清康熙年间得到改观，除了在关键之处设置专官催趱外，还逐渐形成了运河全线各省文武官员全员催趱的局面。康熙元年（1662年），"下令淮北、淮南沿河各镇道将领等官，均有催空之责。船入境，各按汛地立即驱行"。康熙二十六年（1687年）题准，江南瓜洲、京口渡江相对之处，由镇江道率地方文武官催趱重运，并与京口总兵官一起护催渡江。雍正七年（1729年）奏准，在寿张、东昌等处派专员驻扎按汛催趱，而临清砖、板二闸令临清副将催趱[232]。这是朝廷在紧要之处设置专官催趱，而同样在雍正七年（1729年），攒运官员又发生了重要变化，延伸为漕船从受兑开帮到抵通，再到回空南返抵次期间，漕运总督、各粮道、巡抚、河道总督、仓场总督及沿河州县官均有催趱之责，"粮船回空到省未经开兑之先，责成本省巡抚及粮道等官；开兑出境之后，责成漕运总督及沿途该管地方文武等官；到天津以后，即责成仓场侍郎、坐粮厅并天津总兵、通州副将、天津通州等官，各按该地方严行稽察"[233]。催趱时，催趱人员乘坐快船，往来河上，沿途催行。

（4）巡漕御史数量的增加

巡漕御史沿途巡视漕运，有权巡察漕运、河道各相关官员。巡漕御史在明代为一员，清初为两员，至乾隆二年（1737年）改为四员，分设于通州、天津、济宁、淮安四处，分段巡视运河[234]，其

228 （清）杨锡绂撰，《漕运则例纂》卷5，《督运职掌·押运丞倅》，"顺治十八年题准，山东河南路近照旧遵行，其在南各省粮道止令督押到淮盘验后，即回本任。总漕各该抚于通省通判中每赔钱遴委一员，专司督押，约束官丁，严加防范，以杜盗卖侵盗捽和等弊。康熙三十四年，以通判官小不能弹压，复令各省粮道轮流押运。康熙三十五年停止各省粮道押运，仍令通判管押。"

229 （清）杨锡绂撰，《漕运则例纂》卷5，《督运职掌·押运丞倅》。

230 （明）申时行等修，赵用贤等纂，《大明会典》卷27，《会计三·漕运》。

231 《钦定历代职官表》卷60，《漕运各官表》，《历代建置·明》。

232 （清）昆冈等修，刘启端等纂，《钦定大清会典事例》卷204，《户部五十三·漕运》，《催趱》。

233 （清）昆冈等修，刘启端等纂，《钦定大清会典事例》卷204，《户部五十三·漕运》，《催趱》。

234 （清）杨锡绂撰，《漕运则例纂》卷5，《督运职掌》，《监临官制·巡漕御史》。

变化沿革详见后文论述。巡漕御史数量增加，对应地其巡视范围缩小，从一个侧面反映了漕运事务的不断增加。

（5）河道管理官员的调整

河道官员的设置会随着河道的变化而发生，主要表现在管理机构的分合增裁、管辖范围的变化以及官员名称的改变等方面。从弘治至清乾隆年间运河河道一直处于变化之中，如通惠河、迦河、中河的开通，吕梁二洪的治理，山东段泉、闸、湖、坝的整治等等。明代总河之下设管河郎中分段管理运河，而到清代前期则改为分司。康熙年间又裁北河、南旺、夏镇、中河等分司，设运河道管理，如南旺分司归济宁道、中河分司分归淮扬、淮徐道。山东段管泉主事、管闸主事也时有裁并[235]。清代在河道管理方面也形成了自己的体系，即道—厅—汛三级管理模式。厅相当于明代府州管河同知、通判，而汛则是类似于明代的州县管河官。每级设有文武两套系统，道的武职有河标副将、参将等，厅设守备，汛设千总。

4.2　大运河管理规章制度的细化和完善

大运河管理体系运作过程中弊端也逐渐显现，但此时运河漕运仍占据绝对主导地位，且事关国家命脉。为了克服这些弊端，朝廷对此进行了体制内的制度细化和完善，以规范该体系的运行。该时期内虽然发生了朝代更替，但清代对明代的运河管理制度并没有否定，而是在继承的基础上进一步完善，大运河管理规章制度的变化多是在大臣奏疏及皇帝上谕的推动下发生的，是一种体制内的诱发性制度变革。

大运河管理规章制度的细化和完善更多地表现在漕运管理方面，清代漕运法规款项浩繁，条目众多，官员难于详记，康熙初年曾汇编为《漕运议单》一书，备官吏翻查检索。雍正十二年（1734年）经御史夏之芳奏准，纂成《漕运全书》一部，为漕运法规集大成者，并规定每十年续增编辑一次之例，添新录旧。此后，《漕运全书》即成为清代一切漕运事务所遵行的法律准则[236]。从漕运法规的完备可以想见大运河管理规章制度之完善。

4.2.1　漕运程限的精确化

漕运程限在明武宗时有了更为精确的规定，用"水程图格"规定了每日程限，后来又不断调整，"武宗列水程图格，按日次填止站地，违限之米，顿德州诸仓，曰寄囤。世宗定过淮程限，江北十二月者，江南正月，湖广、浙江、江西三月，神宗时改为二月。

235　参见姚汉源著，《京杭运河史》，中国水利水电出版社，1997：673-675对明末至康熙时期的管河官员变化的记载，此处不赘述。

236　张晋藩主编，《清朝法制史》，中华书局，1998：332。

又改至京限，五月者，缩一月，七八九月者，递缩两月。后又通缩一月。神宗初，定十月开仓，十一月兑竣，大县限船到十日，小县五日。十二月开帮，二月过淮，三月过洪入闸。皆先期以样米呈户部，运粮到日，比验相同乃收"[237]。除了以前规定的交兑和完粮程限外，更是增加了开帮、过淮、过洪等程限。万历四年（1576 年）还议准样米送至总督衙门的程限："山东、河南限正月，江北直隶限二月，江南直隶限三月，浙江、湖广限四月，各分头帮解送总督衙门收。"[238] 至清康熙年间，对漕运程限的管理则更为精确，由朝廷发给限单，并根据顺逆流及重空的不同规定漕船每日所行里程，可以说已经相当完备，后文"漕运程限管理"中将对此详加讨论。

4.2.2　官员考核制度的细化

为了杜绝漕运弊端，朝廷在进一步改革制度的同时，也加强了对违例官员的处罚，为防止处罚过度而伤害积极性，或处罚过轻而难以落实漕规，朝廷考核官员的制度不断细化，经历了由性质层面规定到数量层面规定的细化过程，这一细化主要体现在奖励与处罚两方面。至清乾隆时，从《漕运则例纂》中可以看出规定之细。我们通过对同一事例前后的规定来看这一细化过程。

1. 漕粮漂流

成化十二年（1476 年），规定漂流损失粮米，除脚价米外，俱要当年补足，若延至下半年，则管运卫所官员，通行住俸，管运官旗，虽经补完，仍要送法司问罪[239]。此时的处罚只是一种质的规定，没有具体到量的层面。到了弘治三年（1490 年）则开始有了数量上的规定，并细化出多种不同情况："漂流粮米万石以上，都御史、总兵官、俱听科道纠劾，户部具奏定夺。千石以上，提问把总官。千石以下，提问本管官旗。各该巡抚，遇本境漂失数多者，照漕司事例参究。"[240] 至隆庆六年（1572 年），"把总等官，原运粮二万石漂去一千石以上，或二千石漂去一百石以上，降一级。如原运粮一万石漂去一千石以上，或二千石漂去一百石以上，降二级。俱于祖职上实降，不得复职。若能自补完，不费别军处补者，免罪"[241]。万历十二年（1584 年），"议准，漂流粮米三千石以上，提问把总官。不及数者，止提问本管官旗。又议准，漕运把总、指挥、千百户等官，如有漂流数多，把总三千石，指挥及千户等官全帮领运者一千石，千户五百石，百户、镇抚二百五十石，俱问罪。于见在职级上降一级，有能自备钱两，不费别军羡余，当年处补完足者，免其问降。若愿随下年粮运补完，亦准复职，止完一半，准

237 （清）张廷玉等撰，《明史》卷79，《食货志三·漕运》。
238 （明）王圻撰，《续文献通考》卷37，《国用考·漕运上》。
239 （明）申时行等修，赵用贤等纂，《大明会典》卷27，《会计三·漕运》。
240 （明）申时行等修，赵用贤等纂，《大明会典》卷27，《会计三·漕运》。
241 （明）申时行等修，赵用贤等纂，《大明会典》卷27，《会计三·漕运》。

复一级。三年内尽数补完，亦准复原职"[242]。此时对违例官员的处罚更加细化，并允许其有更多的补救机会。

2. 漕粮挂欠

漕粮挂欠即漕粮交仓时比原定额有所短缺，这也是漕运的重要弊病之一。《大明会典》中记有明正德朝后的挂欠处罚：[243]

正德十四年（1519年）题准，把总官挂欠粮一万石以上，或银二千两以上，于违限上各递降一级。每粮一万石，或银二千两，各加一等。指挥以下，挂欠粮一千石以上，或银五百两以上，亦俱于违限上各递降一级。每粮一千石，或银五百两，各加一等。把总、指挥、千户降至总旗而止，百户降至小旗而止。挂欠不及数者，照常论罪。候下次能补完，许复原职。以十分为率，完能五分以上者，准复原降一级。三年内全完者，亦准复原职。若延至三年外，全不完者，终身不准。后子孙亦止于降级上承袭。

隆庆六年（1572年）题准，运官欠粮千石以上、旗甲百石以上，参送法司。不及数者，严限比并，完有次第，押发漕司追并。其在逃者，运官四百石以上、旗甲五十石以上，严提来京，送法司监追问拟。若旗甲欠不及数，辄弃在逃，许令运官，实时呈部。行漕司提问。

万历十二年（1584年）议准，运粮官旗，挂欠数多，把总名下三千石、或银一千五百两以上，指挥名下及千户等官全帮领运者一千石、银五百两以上，千户五百石、银二百五十两以上，百户镇抚等官二百五十石、银一百二十两以上，各递降一级。每一倍加一等。有能当年补完者，通免降级。如下年补完及三年内全完者，准奏复原职。其一应提问官旗。

可见对挂欠的处罚规定相当详细，区分了不同管理官员、不同挂欠数量，对应的处罚力度也不相同。同样对于无挂欠的实行奖励，至乾隆二十三年（1758年）规定已极为详备："各省押支同知、通判抵通无欠，除江浙、江广等省仍照旧例，一次无欠者加一级，二次无欠者加二级，三次无欠者，不论俸满即升外。其河南、山东二省改为四年之限，初次无欠者，纪录二次，二次无欠者纪录三次，三次无欠者加一级，四次无欠者，准其即升，分别远近，以均劳逸。"[244]

《漕运则例纂》则对清乾隆朝以前的挂欠处罚记载较详细，且形成了"挂欠事例"，与以前最大的区别是把挂欠之数划为十分，按完成之分数区别惩罚力度，实际上是引入了比例的概念，因为各帮所运漕粮总体数量不同，因而这一做法比单纯地规定具体的数量更为

242 （明）申时行等修，赵用贤等纂，《大明会典》卷27，《会计三·漕运》。
243 （明）申时行等修，赵用贤等纂，《大明会典》卷27，《会计三·漕运》。
244 （清）杨锡绂撰，《漕运则例纂》卷5，《督运职掌·押运丞倅》。

科学、公平。如"如有挂欠一分、二分、三分者，发总漕追比；四分、五分者，送刑部监追，仍行本处将本弁家产变完充赔；六分、七分者，送刑部监追，仍行本处将家产妻孥变完；八分、九分者，将家产妻孥变完赔补，本官立行正法"[245]。在追赔上，更注重赔偿的实际效用，如可变买其家产及妻孥等。

3. 交兑、完粮违限

交兑违限事例：成化二十一年（1485年）规定，"不完者，各管粮官住俸。次年正月不完者，革去冠带。经该官吏、管粮委官，俱孥问。管兑官亦照例革去冠带住俸。若民粮已到，领兑官军来迟，或刁蹬者，领兑官一体候兑完日参问"[246]。此时对交兑违限的处罚规定还是粗线条的。隆庆四年（1570年）题准，"漕粮定限十月开仓，十二月终兑完开帮。如十二月终，有司无粮，军卫无船，粮道与府州县掌印、管粮官及领运把总、指挥、千百户，住俸半年。违正月终限者，各住俸一年。违二月终限者，各降二级，布政司掌印官降一级"[247]。可以看出，此时对交兑违限的处罚已有几个层次，区分了不同情况。

完粮违限事例：成化八年（1472年）规定，"其把总、都指挥及千百户等官违二十日以上，住俸待罪攒运。若连三年违限者，递降一级。二年不违限者奖励，三年者旌擢。正德十四年（1519年），令自把总以下通提到官，查系限外三个月上完粮者，问罪住俸半年。五个月上完粮者，问罪住俸一年，各照旧领运。若至次年二月终不完，及一年以上不赴运者，俱问罪降二级，回籍闲住"[248]。

4.2.3 漕弊改革推动制度的完善

弘治（1488—1505年）至正德（1506—1521年）时期，宦官专权，对漕运侵害日甚，引发了诸多弊端。"弘治中，言者极言内官剥削之害，请量裁罢之，上方优容未发也。至正德中，冗食冒支益甚。盖弘治之末，仓场月支米二十八万，至正德初年，至三十三万矣。是时监督内官强预收放，收则贿赂公行，放则半入泥沙。世宗朝始尽罢革矣"[249]。正德时，漕运弊端产生的另一渊薮为漕运轻赍，"迫于正德，京师权要，始有官债，虚立文约，逼夺轻赍，而弊从此生矣。时各总运官，多出其门，牵引为害，借公物为私赂，以希宠庇。于是始有鞘封，过淮赴漕运衙门呈验重封，仍委官至湾，过发之，盖以革逼夺之弊"[250]。后把总聂钦又贪缘验封，其弊仍存，后王佐为封验参将，令漕运旗甲主验封，一时漕军以为便。然旗甲又因人狡懦高下其手，或作虚数相欺，运军又困[251]。

245 （清）杨锡绂撰，《漕运则例纂》卷14，《风火挂欠·挂欠事例》。
246 （明）申时行等修，赵用贤等纂，《大明会典》卷27，《会计三·漕运》。
247 （明）申时行等修，赵用贤等纂，《大明会典》卷27，《会计三·漕运》。
248 （明）申时行等修，赵用贤等纂，《大明会典》卷27，《会计三·漕运》。
249 （明）何乔远撰，《名山藏》，《漕运记》。
250 （明）朱健撰，《古今治平略》卷8，《国朝漕运》。

这些弊端至嘉靖时多有改革，"世宗初政，诸弊多厘革，然漂流、违限二弊日以滋甚"[252]，此后，嘉靖、隆庆、万历三朝大臣多围绕漕运弊端上疏改革，皇帝也不断综合臣子意见颁布改革上谕，这些奏疏和上谕涉及运军行粮月粮、脚耗轻赍、漕运漂没、优恤官军、挂欠、官员考核等等，吴缉华对嘉靖朝时期的改革进行了详细梳理，对廷臣的上疏也有引论[253]。而明人王圻《续文献通考》记有隆庆、万历朝有关漕运改革的代表性奏疏及上谕，如隆庆二年（1568年）蒋机条陈四事，四年（1570年）二月御史杨家相陈三事、九月御史唐錬条上漕运事宜、十一月户部在漕司条陈四事，五年（1571年）六月巡仓御史唐錬条奏漕运事宜六事、九月漕运都御史陈炌等会议漕政事宜八事，六年（1572年）户部尚书张守直等条列漕政事宜四事，万历二十七年（1599年）九月直隶巡按李光辉上漕政五事，二十八年（1600年）八月巡漕侟祺陈漕政五事，这些奏议均得到允许，"上命如议行"、"诏允行"[254]。再如隆庆二年（1568年）御史蒙诏曾条上漕运十事[255]，奏疏的内容涉及漕运方方面面乃至河道修治等，囿于篇幅限制，不一一摘录，仅选两例以证：

隆庆五年（1571年）九月，漕运都御史陈炌等会议漕政事宜：一疏浚常、镇、宁国及浙江海宁、崇德等处河道，仍开复练湖水以济运河之用。一给各省督粮道关防，久任责成。一查复江北扬州等三处耗米本色，以抵军士行粮，其山东观城等四县于小滩镇交兑者，每石折耗米三升，以充盘剥之费。一清补每船缺军，务足原额十名之数，凡行月二粮及钞赏等项俱使得蒙实惠，以安其心。一见寄通库羡余银两及五年以后系二分给军之数，凡运奏到漂流及上年挂欠者，准与折算补纳，不足则行原籍征补。一禁戢各处土豪抑困兑军者，有司不能治，以罢软论；一严督浅夫日伺河下，助挽漕舟，以免运军雇募之苦。一广德州旧于水阳地方设仓，军民便之，宜复其旧，湖州府县地僻山阻，宜徙置各仓于府城。报可。

隆庆六年（1572年）二月，礼科雒遵条饬漕规五事：一正运本。言漕运大计，统于都御史及总兵官，今不能正身率下，而欲法度必行、漕政肃清，不可得也。宜前清漕库，令御史每岁稽查，使出入明而物□□。一励运官。言近运官贤否，采访不真，赏罚不当。宜令漕司虚心询访，从公甄别，先至者给赏升擢，迟阻者尽法究治。一抚运军。言领运旗军行粮、月粮既不以时发，而轻赍、羡余往往不沾实惠，以故迫于贫困，展转为奸，直录其勤劳，绳以奸狡漂没者，厚加抚恤。一足运船。言运船之弊，大率敢于干没者缺而不补，巧于侵渔者补而不坚，漂损之原实由于此。宜暂雇船只装载新粮，仍发银督造以足原额，并增给修船银两，岁一清查，即不如数

251 （明）何乔远撰，《名山藏》，《漕运记》，"正德中，嬖钦为湖广把总，善胲军媚事权贵人，每轻赍银至，辄与为赝券夺去，漕抚患之。令函封以往验算而给，而钦复赏缘验封，故载军费厚献美为功。钦罢，王佐为验封参将，旗甲主之，一时军欢然谓便。而旗甲因人狡懦高下其手，又无名诸费势不可减，或作虚数欺，因括所费籍之。既至，仓人按籍征，如奉明例责故物，而军又因矣"。
252 （清）张廷玉等撰，《明史》卷79，《食货志三·漕运》。
253 吴缉华，《明代海运及运河的研究》，台北："中央"研究院历史语言研究所，1997：182-199。
254 （明）王圻撰，《续文献通考》卷38，《国用考·漕运中》。
255 《明穆宗实录》卷23，隆庆二年八月丁亥条。

及有他弊者并置之法。一严运期。言迩来漕规废坏，人心玩愒，督责之法未备。宜令督粮道押送入闸，方许回任；各兵备沿途催趱，严立程限；御史、郎中等沿河上下往来督发。其冻阻迟误及妄称漂流者，各别分议处，毋令得生奸议。诏允行之[256]。

这些奏疏直言时弊，发现制度运行过程中的漏洞，并提出措施使之不断完善，正是这种来自体制内部的改革促使其克服不断产生的弊端，趋于完善。此外，《皇明世法录》中亦记载了大量题准的有关规章制度的奏疏，直接反映了漕运管理的运行机制，涉及漕船、漂流挂欠、官军粮钞、选补官军、官军犯罪等方面[257]。

清初经过康熙（1662—1722 年）、雍正（1723—1735 年），特别是雍正的连续整肃，沿袭自明末以来的漕弊基本廓清[258]。雍正帝在改革漕弊方面的功绩屡有人论及，如道光元年（1821 年）江西道监察御史王家相奏报：自雍正七年（1729 年）江苏抚臣尹继善奏革江苏漕弊，"每米一石加津贴银六分，半归旗丁，半归州县，令纳户行概，官吏不得颗粒浮收，自此漕弊悉除，官民便利者五十余年"[259]。

关于清乾隆朝（1736—1795 年）时大运河管理制度的完善我们可以从《漕运则例纂》记载的内容得知，其内容主要包括漕运原额（有正兑、改兑、改折等），漕船的数量、样式、修造则例等，白粮事例，轻赍则例，运河官员职掌，运丁卫帮的选补、职掌、逃丁事例，征纳兑运，官丁行月粮，漕运河道考证，漕运河道管理事例（包括河闸禁例、挑浚事例、北河挑浚、卫河挑浚），粮运程限（包括过淮签盘、重空定限、淮通例限、回空事例、沿途催趱等），风火挂欠，通漕禁令，蠲缓改折，截留拨运，京通仓官员职掌、漕粮收放等方面。该书对清乾隆以前的大运河管理相关事宜进行总结，尤其详细地记载了相关的规章制度，亦表明至乾隆时期大运河管理制度已经相当完善，各项制度相互配合，使大运河管理体系能得以顺畅运行。同时考察道光朝《钦定户部漕运全书》之体例，与该书基本相同，从一个侧面说明了此时运河管理制度的完善以及对后世之影响，"漕运为国家重务，设官分职，大小相维，立法极为周备"[260]。

256 （明）王圻撰，《续文献通考》卷 38，《国用考·漕运中》。
257 （明）陈仁锡撰，《皇明世法录》卷 55，《漕政》。
258 彭云鹤著，《明清漕运史》，首都师范大学出版社，1995：176。
259 《清档》，道光元年六月十日，江西道监察御史王家相奏。转引自：李文治、江太新著，《清代漕运》（修订版），社会科学文献出版社，2008：229。
260 《清宣宗实录》卷 282，道光十六年四月戊辰条。

第五节 积重难返：大运河管理制度的衰败（清嘉庆朝至光绪三十一年，1796—1905年）

"清朝漕运危机，始于嘉庆年间，至道光初，则成溃败状态，咸丰时，即成瓦解之势[261]，咸丰十年（1860年）六月，裁南河总督及所属官兵[262]，光绪二十七年（1901年），河东河道总督锡良主动请裁："河臣仅司堤岸，抚臣足可兼顾"[263]，清廷遂下谕："该河道身亲目击，自属确实可凭，所有河东河道总督一缺，著即裁撤。"[264] 这样河道总督及其相关的河道管理体系就基本退出了历史舞台。光绪二十七年（1901年）七月二日，谕称："自本年始，直省河运海运，一律改征折色，责成各省大吏清厘整顿，节省局费运费，并查明各州县征收浮费，勒令缴出归公，以期汇成巨款。"[265] 该圣谕明确指出不再征收漕粮实物，而改征折色银，实际上就是宣布废除漕运。光绪二十八年（1902年）又裁撤"各卫所运官弁及运河道、厅、汛、闸各官"，山东的东河河道总督也被裁撤。光绪三十一年（1905年）又将漕运总督一职撤去，至此整个运河管理体系完全解体。运河管理体系的终结并非偶然现象，而是多种因素综合作用的结果。

5.1 大运河管理制度衰败的外部诱因

5.1.1 政府吏治腐败与清末社会剧变

清末政府吏治腐败，漕政的日趋败坏与当时政府弊政直接相关，可谓是一个缩影，"漕运危机是这个世纪最初几十年公共职能普遍崩溃的一个方面"[266]。

嘉庆年间，用兵川、楚白莲教十余年，已经耗尽了国库储积，国力大衰，史家多以用兵白莲教为清运衰竭的转折点。黄河在"安澜顺轨百有余年"[267] 后，下游河道已变得淤塞不堪，滩槽高低几平，雨水稍大就溃决堤坝，给运河漕运造成重大威胁[268]。1840年鸦片战争后，清政府签订了一系列不平等条约并大量赔款，开放通商口岸，中国沦为半殖民地半封建社会，西方势力侵入中国，对当时政治、经济、科技等产生了重要影响。战争失败后，为支付赔款，清政府加大了对农民的盘剥，社会矛盾空前激化，导致了一系列的农民起义，其中影响最大的是洪秀全领导的太平天国起义。太平天国起义爆发于咸丰元年（1851年），历时14年，波及18省，对漕运造成巨大打击，"军兴以来，仓廒、船只焚毁折变净尽"[269]。自广西至湖南岳州，当地"粮仓与运船俱废"[270]，太平军占领武昌以后，控制了长江中游运道，然后顺流东下，占领南京、

261 李治亭著，《中国漕运史》，文津出版社，1997：309。

262 （清）王先谦撰，《东华录续录》（咸丰朝）卷63。

263 《政务处会议裁撤河督事宜折》，邓宝辑，《政艺丛书·光绪壬寅》，《政书通辑》卷2。

264 《光绪宣统两上谕档》，光绪二十八年正月十七日。

265 （民国）赵尔巽等撰，《清史稿》卷122，《食货志三·漕运》。

266 （美）费正清编，《剑桥中国晚清史1800－1911年》，中国社会科学出版社，1985：134。

267 （清）孙云锦修，吴昆田、高延第纂，《光绪淮安府志》卷27，《仕迹》。

268 李治亭著，《中国漕运史》，文津出版社，1997：296。

269 （清）刘坤一撰，《刘坤一遗集》。

270 《湖南地方志中的太平天国史料》，岳麓书社，1983。转引自：李治亭著，《中国漕运史》，文津出版社，1997：309。

镇江、扬州等地，切断了南北漕运之道，运河漕运陷入瘫痪，以致"湖南、湖北漕船停运一年，江西、江安漕粮全部截留，合计四省粮米颗粒不能抵通"[271]。这给京师造成了沉重的打击，京城粮食短缺，使得清廷不得不暂时改变漕运政策，这为大运河管理体系的终结埋下了伏笔。

5.1.2 海运兴起与漕运废弃

嘉庆年间黄河屡次决口，运道淤塞，遂有海运之议。嘉庆十五年（1810年），嘉庆帝"不得作万一之想"，下旨江浙两省巡抚调查海运，不防先行实验。江苏巡抚章煦上奏认为"此时竟可无庸试办"。嘉庆十六年（1811年），下谕曰"见在黄水高于清水五尺有余，而下游将近海口之大淤尖地方，又形浅滞，即使本年粮运尚可勉强通行，日久终恐贻误"，因而重提海运，但因两江总督勒保等奏不可行十二事，而未实行[272]。终嘉庆之世，无人再提海运之事。

道光四年（1824年），清江浦高家堰大堤溃决，冲毁运道，高宝至清江浦一带运道浅阻，漕运艰难，道光帝为不妨碍明年漕运，遂于道光五年（1825年）颁布上谕批准江浙漕粮改行海运[273]。

议行海运之时曾遭到反对，但在英和及陶澍等人的支持下，终获实行。后又遭到反对，仅实行了一年后又改为河运，但道光二十八年（1848年）又实行海运，咸丰三年（1853年）由于太平军占领镇江、扬州，占据了运河要冲，清廷不得不实行海运，后来河运、海运不断反复，但海运逐渐占据上风[274]。

实行海运以后，清廷改变了"治河保运"的思想，对黄河及运河河道的治理也置之不闻，客观上加速了运河河道的淤积。"海运行，河运废，河漕大官相继裁撤，职无专司，运河淤垫，水小易涸，水大易溢"[275]。黄河不断决口，冲决运河。咸丰五年（1855年）黄河决口铜瓦厢，由张秋入大清河，运河河道被冲，河道淤阻[276]。这次黄河改道对运河造成致命性的打击，黄河横流运河，不断而来的泥沙经常造成运道的淤塞。据统计，自同治二年至光绪三十年（1863—1904年）的42年间，山东境内黄河共决口49次[277]，而清政府用于治河的款项却"不及道光之什一"[278]。

5.1.3 新交通运输方式的出现

鸦片战争前后，西方有关铁路的信息开始传入中国，并引起了时人的注意。如林则徐主持编译的《四洲志》、魏源撰的《海国图志》、徐继畲编著的《瀛环志略》等都介绍了铁路与火车的相关科学知识[279]。中国有火车始于同治三年（1864年），由英国人首议，次

271 《军机录副》之《财政》，孙瑞珍奏，转引自：李治亭著，《中国漕运史》，文津出版社，1997：309。
272 （清）刘锦藻撰，《皇朝续文献通考》卷77，《国用考十五·海运》。
273 《清宣宗实录》卷79，道光五年二月癸亥条。"上年江南高堰漫口，清水宣浅过多，高宝至清江浦一带，河道节节浅阻，于本年重运漕船，大有妨碍。屡经谕令钦差尚书文孚等会同两江总督及河漕诸臣妥商筹办，均以清水来源本竭，一时难期畅注，而重运瞬即前进，未便停待……朕思江苏之苏、松、常、镇，浙江之杭、嘉、湖等府属，濒临大海，商船装载货物，驶至北洋，在山东直隶奉天各口岸卸运售卖，一岁中乘风开放，每每往来数次，似海道尚非必不可行。朕意若将各该府属应纳漕米，照常征兑，改雇大号沙船，分起装运，严饬舵水人等小心管驾，伊等熟悉水性，定能履险如夷，一切风涛之警，盗贼之事，亦可无虑。惟事系创始，办理不易，然不可畏难坐视，漠不相关，著魏元煜、颜检、张师诚、黄鸣杰各就所属地方情形，广咨博采，通盘经画，悉心会议，勿存成见。务将如何津贴沙船，旗丁不至苦累，雇用船只，有无骚扰间阎，抑或随船均须派委员弁，照料护押，及各该届由何处水次兑运开行，抵北时湾泊何所，据实具奏，候朕裁酌施行。至江广帮船，应否同江浙漕粮一体转运海口，俟江浙等帮海运著有成效，再行归并筹办"。
274 倪玉平著，《清代漕粮海运与社会变迁》，上海书店出版社，2005：45-373详细论述了清代漕粮海运的变化过程。
275 （民国）邱沅、王元章修，段朝端等纂，《民国续纂山阳县志》卷1，《疆域》。
276 （民国）赵尔巽等撰，《清史稿》卷122，《食货志三·漕运》。
277 岑仲勉著，《黄河变迁史》，人民出版社，1957：582-586。
278 （民国）赵尔巽等撰，《清史稿》卷125，《食货志六·征榷会计》。

年，在北京宣武门外铺设铁路，虽仅长里余，但其标志着中国铁路交通方式的诞生。铁路之始，受到国人抵制。但铁路仍以其先进的技术影响着当时的有识之士，光绪六年（1880 年）刘铭传上奏请建铁路："练兵造器，固宜次第举行，其机括则在铁路，铁路之利，不可殚述，于用兵尤为急不可缓。中国幅员辽阔，防不胜防，铁路一开，南北呼吸相通，无征调仓皇之虑，无转输艰阻之虞……"[280] 历史评论刘铭传对中国铁路的贡献为："中国铁路之兴，实自铭传发之"[281]。光绪十五年（1889 年）张之洞在主张修芦汉铁路（芦沟桥至汉口）时论述铁路与漕运的关系："东南漕米百余万石，由镇江轮船溯江而上，三日而抵汉口，又二日而抵京城。由芦沟桥赴京仓，道里与通县相通，足以备江海之不虞，辟飞挽之坦道，而又省挑河剥运之浮糜。"[282] 清廷最终认识到铁路的优点并在全国兴建铁路[283]，其中以 1897—1900 年建成的北京到天津的京津铁路以及 1908—1912 年建成的天津至南京浦口的津浦铁路与运河走向及经过地区基本一致，对漕运影响巨大。

此外，1873 年李鸿章成立招商局，利用外国的轮船开始海运漕粮，轮船运输量大、安全，对传统的河运造成巨大的挑战。

5.2 运河管理制度衰败的内因

5.2.1 漕运体制内部矛盾的加剧：漕务官吏的贪索贿赂[284]

清末随着政治体制的衰败，漕运体制的内部矛盾亦愈加突出，漕弊重重。清代虽然制定了严密的漕运制度，但至清末已使经漕之人感到执行起来极为困难，造成了"人人以为大，人人以为难"[285] 的局面。漕例繁多，朝廷试图以设例克服漕运中的问题的做法已成效甚微，如陈宏谋言曰："迩来漕政，半由于例之太多，偶有未善，即设一例，究竟法立弊生，所除者一二人之弊，而所苦者多矣。"[286] 清朝中后期漕政的败坏，主要体现在各级漕务官吏的贪索，并形成了两大舞弊网络，一为以州县为中心的营私舞弊网络，二是以运丁为勒索对象的作弊网络[287]。正如包世臣所言，"漕为天下之大政，又为官吏之利薮"[288]。

1. 州县征兑漕粮弊端重重

州县征兑漕粮时，各种杂派名目繁多，有"兑漕之苦，不在正赋之难完，而在杂费之名多"[289] 之说，为漕弊产生的根源之一。乾隆中叶以后，弊病益重。工科给事中于可托奏："江右漕粮杂费之苦，较正项而倍甚。开仓有派，修仓有派，余米有派，耗米有

279 董文虎等著，《京杭大运河的历史与未来》，社会科学文献出版社，2008：274。
280 （民国）赵尔巽等撰，《清史稿》卷 416，《刘铭传列传》。
281 （民国）赵尔巽等撰，《清史稿》卷 416，《刘铭传列传》。
282 转引自：李治亭著，《中国漕运史》，文津出版社，1997：315～316。
283 白寿彝著，《中国交通史》，团结出版社，2006：226-230，记载了当时修建的铁路的详细情况。
284 本节多参用李文治、江太新著，《清代漕运》（修订版），社会科学文献出版社，2008：第九章"清中叶后吏治腐败与漕运体制内部矛盾的加剧"研究成果。
285 （清）包世臣撰，《中衢一勺》卷 1，《自序》。
286 （清）陈宏谋，《论漕船余米书》，（清）贺长龄辑，《皇朝经世文编》卷 46，《户政二十一·漕运上》。
287 吴琦著，《漕运与中国社会》，华中师范大学出版社，1999：63-68。
288 （清）包世臣，《剔漕弊》，（清）贺长龄辑，《皇朝经世文编》卷 46，《户政二十一·漕运上》。
289 乾隆《漕运全书》卷 12，《征漕兑运·历年成案》。

派。每年征米，或委县佐，或差本官，仆役经承俱有常例，名曰漕费。"[290] 同样，福建道御史胡文学奏："过淮监兑有派，修船使费有派，官役规例有派，他如踢斛、淋尖、垫仓、扬簸种种名色，以致截头、水脚使用，多寡不等，故应纳粮一石，必须用数石，应折银一两必需数两。"[291] 除了杂费以外，州县收粮官吏因畏惧上级官吏的弹劾而不断进行贿赂，这些费用最终也转嫁到粮户身上。征兑过程中的贪索贿赂成了一种不成文的常态，如嘉庆朝漕运总督许兆椿奏报："州县对上级派来的漕粮监兑官、催漕官，对本省巡抚、布政各衙门，对诸上司有关官吏、书役、家人等，都须行贿打点。"[292] 州县官各上级官吏的贪索在道光之后日益加剧，银额日益增多。

州县官吏为了应付上司的贪索，同时也为了搜刮钱财，与漕务书吏一起，想方设法向粮户需索。对此弊病，当时有不少大臣进行揭露，如道光二十六年（1846 年）山西道监察御史朱昌颐奏："若收漕、兑漕皆靠托书吏，如江浙大县书吏，一官到任，数千百金俱其垫用，开仓时累万用度先由借垫，本官入其彀中，一切惟命是听。于是串通劣衿，包揽短折，懦弱良民，百般鱼肉。又与旗丁一气，恐下争闹，从中调停，总使利归于己，怨归于官。"[293] 同时州县官吏的营私舞弊，给地方豪强以可乘之机，不断侵蚀漕赋[294]。

2. 漕运沿途对运丁的贪索

各省漕粮由运丁从有漕各州县运至京通仓，在漫长的路途中，运河沿途有关卡闸坝，有淮安之盘验，至京通交仓又有仓场衙门和坐粮厅，各处官吏胥役对运丁百般贪索各种费用。运丁遭受各处漕务官员的层层盘剥，如领运官、押运官克扣漕项银两及屯田津贴银等，沿途催趱官及闸坝官向运丁索要钱物，漕运总督衙门盘验规费以及仓场衙门和坐粮厅的胥役差役、经纪等对运丁也进行贪索。对运丁的贪索名目繁多，不能一一而足。道光年间，孙鼎臣的《论漕》较为全面而深刻地揭露了各类漕运官吏向运丁勒索的情况。

辖运军者，有各卫各帮之守备、千总，有押运之帮官，有总运之同知、通判，有督运之粮储道，有漕运之总督，有仓场之总督，有坐粮厅之监督。自开帮以至回空，又有漕督、河督及所在之督抚所遣迎提催趱盘验之官。官多而费益广，计扬州卫二、三两帮计之，领运千总规费银八百两，空运千总损四之三，卫守备损三之一。坐粮厅验米之费二百有八十，仓场经纪之费一千五百有奇，其它不与焉。欲运军之不罢，其可得与[295]。

面对这些弊端，清政府也试图进行改革，但因弊端重重，积重难返，再加上整个政治体制的衰败，漕运体制在这些内部矛盾的激

290 乾隆《漕运全书》卷 12，《征纳兑运·历年成例》。
291 乾隆《漕运全书》卷 12，《征纳兑运·历年成例》。
292 （清）董醇辑，《议漕折钞》卷 2，《漕督许兆椿查议复奏折》。
293 《清档》，道光二十六年九月初九日，山西道监察御史朱昌颐奏。转引自：李文治、江太新著，《清代漕运》（修订版），社会科学文献出版社，2008：233。
294 吴琦著，《漕运与中国社会》，华中师范大学出版社，1999：66—67。
295 （清）孙鼎臣，《论漕一》，见（清）盛康辑，《皇朝经世文续编》卷 47，《户政十九·漕运上》。

化下最终走向衰亡。

5.2.2 河政体系的衰败：河政官员的玩忽职守

道光朝时东河河道总督增至 15 厅，南河河道总督增至 22 厅，而在康熙初年两河分别只有 4 厅、6 厅，"文武数百员，河兵万数千，皆数倍其旧"[296]。但其时河政废弛，河员玩忽职守，河员原应定地驻扎，往来巡查工地，但实际上并非如此，而是擅离职守，习尚奢华，对河漕形势多茫然不知。道光朝每年河费高达五、六百万两，河臣多中饱私囊，挥霍奢糜，"传说南部河道总督当局三天一巡的宴饮和无休歇的戏剧演出表明，每年拨给它的六百万两银子，只有十分之一是作了正经用途"[297]。对此，朝廷也有所觉察，如嘉庆帝曾责问，"河工连年妄用帑银三千余万两，谓无弊窦，其谁信之"[298]，但对长期以来形成的庞大河臣腐败网络也无可奈何。河费不断增加，"乾隆四十七年（1782 年）以后之河费，既数倍于国初；而嘉庆十一年（1806 年）之河费，又大倍乾隆"[299]，使得管河机构不断膨大，官员役吏不断增加，道光朝时河道机构竟成为了失业官僚的避难所[300]。由于对黄河决口整治不力，致使阻碍运道，运河危机不断加深，以致朝野上下，"无一日不言治河，亦无一年不虞误运"[301]，这种形势也是清政府最后放弃河运而转行海运的重要原因。

本章小结

元代南北大运河的贯通，改变了运河的方向和规模，对运河管理制度的发展提出了新的需求。虽然元代以海运为主，漕运并不太发达，各项管理制度尚未成熟，但却成后来明清大运河管理制度的蓝本，其制度主要包括漕运与河道两套管理体系，两者相互独立又相互协调。本章讨论了元明清三代大运河管理制度的发展演进轨迹，寻找制度发生变化的时间转折点及原因，从而厘清并界定了三代运河管理制度发展的分期：元代至明初为大运河管理制度的开创期。明永乐十三年至成化年间（1415—1487 年）为大运河管理制度的确立期，组织框架以及规章制度在此期间确立。明弘治至清乾隆朝（1488—1795 年）为大运河管理制度的完善与成熟期，主要针对一些弊端进行了一系列的体制改革，从而使大运河管理制度至乾隆时达到完备的程度。而自嘉庆朝开始大运河管理制度则进入衰败期，特别是在应对清末外敌入侵、农民起义、黄河冲毁运道、实行海运等条件改变时，大运河管理制度本身弊端层出，难以应对，

296 （清）魏源撰，《魏源集·筹河篇上》，367 页。
297 （美）费正清编，《剑桥中国晚清史 1800－1911 年》，中国社会科学出版社，1985：134-135。
298 （清）王先谦撰，《东华续录》卷 10。
299 （清）魏源撰，《魏源集·筹河篇上》，365 页。
300 （美）费正清编，《剑桥中国晚清史 1800－1911 年》，中国社会科学出版社，1985：135。
301 （清）刘锦藻撰，《皇朝续文献通考》卷 77，《国用考十五·海运》。

从而积重难返。大运河管理制度的动态演进呈现出与朝代更替相错位的特征，其过程充分体现出大运河管理制度是应对社会发展需求而动态变化的，是前后相继的连续制度。而漕运与河道、中央与地方、文官与武官所构成的管理体系，表现出大运河管理制度的二元结构特征，标志着中国元明清大运河在管理方面的独特成就已达到很高水平。

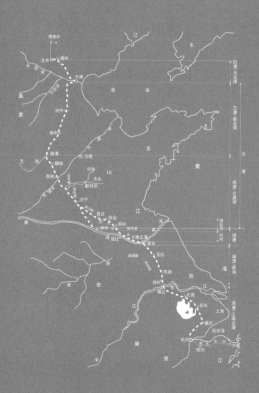

第二章 统分相益，因制设署：

元明清大运河管理制度运作与管理建筑的空间分布

第二章 统分相益，因制设署：元明清大运河管理制度运作与管理建筑的空间分布

大运河南北绵延 1 794 公里，连接东西向五大水系，沿途经过若干城镇，是一条异常复杂的运道，明清两朝制定的严密运河管理制度保证了漕运的畅通，沿途设置的大量管理建筑则是该制度运作的载体。

在运河管理的实际运作中，漕运与河道是运河管理的一体两面，而相关管理建筑在空间分布上除了各自的特性以外，更多表现出两者为保证管理制度运作的协作性。

第一节 河海有别：河漕与海运管理制度运作与管理建筑空间分布

元代处于主导地位的海运建立了完善的管理制度，运河管理机构也陆续设置。

1.1 元代运河及海运管理建筑分布概况

表 2-1 元代运河及海运管理建筑分布表

类型	管理机构名称	治所	类型	管理机构名称	治所
内河漕运管理	京畿都漕运使司	大都	海运管理	海道都漕运万户府	平江闻德坊
	都漕运使司	河西务		昆山崇明海运千户所	平江万户府后乔司空巷
	江淮都漕运使司	瓜洲		杭州嘉兴海运千户所	
	新运粮提举司	大都		常熟江阴海运千户所	
	通惠河运粮千户所	大都		松江嘉定海运千户所	
	临清分司	临清		平江香莎糯米海运千户所	
	济州漕运司	济宁	河道管理	都水监	大都积水潭侧
	淮安分司	淮安		大都路河道提举司	大都
	荆山分司	荆山		山东都水分监	东阿景德镇
	瓜洲行司	瓜洲		河南都水分监	汴梁
	京师二十二仓	大都		江南行都水监	平江/松江
	河西务十四仓	河西务		济宁、郓城行都水监	济宁、郓城
	通州十三仓	通州		河南行都水监	汴梁
	河仓十七	—			

1.2 元代河漕及海运管理制度运作与管理建筑空间分布特征

1.2.1 河漕管理建筑

元代河漕管理建筑分布在长江以北段运河沿线，形成大都、瓜洲两个漕运管理中心，且都位于河道交汇或漕运路线转换的关键节点处，仓库则主要分布在大都、通州两地（图2-1）。最高管理机构公署设在大都。之所以呈现这些特点，其原因有：

其一，长江以北段漕运路线在至元三十年（1293年）以前多有变动，河道水源不足、地势存在高差等技术难点要求通过合理有效的管理来克服，同时为配合陆运、河运、海运的交接与相互转换，势必在相应节点设置管理机构。而长江以南河道在元代以前就形

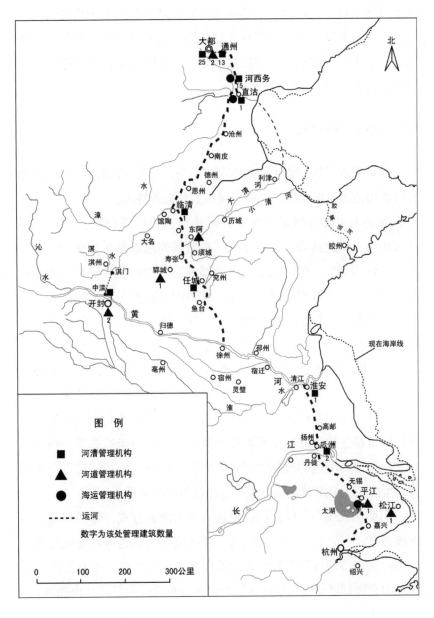

图2-1 元代运河、海运管理建筑空间分布

成，水源充足，河道运输条件好，漕运相对容易。大都作为漕运的终点需要大量仓廒存储运来的漕粮，而作为京畿重地的通州是重要的漕运中转站，又加上其距离大都较近，此处多有仓廒也就在情理之中。

其二，河漕最高管理机构公署设在大都，从一个侧面说明了元代河漕压力并不大，元代以海运为主，河漕只是补充，把最高管理机构设在漕运的末端仍可以统帅距离如此之长的运河漕运，这与明清两代有着明显的区别。

1.2.2　河道管理建筑

河道管理建筑多分布于河道关键节点，如河道交汇处、地势存在高差之处等，地理位置往往是其选址的决定性因素，以方便官员就近督理河道。这就造成了其等级与所在地行政区划级别经常出现明显的非对等性，如山东都水分监作为二级河道管理机构却设在东阿镇，这主要是由东阿镇的位置决定的，东阿镇是水道要途，大清河与运河在此相汇。

1.2.3　海运管理建筑

海运管理建筑则集中分布在平江（今苏州），在直沽、河西务则有负责接运的管理建筑，呈现出端点型分布的特点。

海运的主要过程是在海上，无法沿途设管理建筑，故而集中在入海与上岸这两端。元代先后三条航线的起点都在太仓刘家港，各处漕粮需到此处起运入海。海道都漕运万户府及各千户所均设在平江城内。海道都漕运万户府在闻德坊内，而各千户所俱在万户府后乔司空巷[1]。太仓在平江路辖区之内，且平江为平江路的首府所在地。元代曾有人提议在太仓建仓廒，移万户府于太仓置司，但因"濒靠大海，中间恐有不测，况兼运粮已久，似难更张"[2]，而被否决。

河漕与海运管理建筑在空间分布上的差异，表明管理建筑的设置与保证漕运的有效运作有着莫大关联，同时与运道本身的特性亦有关。河漕与海运的最高管理机构公署一在终点，一在起点，在某种程度反映了这两种运输方式在运作过程中的侧重点不同。

明清两代没有延续元代以海运为主的漕运方式，转而弃海运而发展河漕，与之相适应，大运河管理制度在明清也得以发展完善。大运河沿线管理建筑相较元代无论在类型还是数量上都有所增加，大运河管理制度运作与管理建筑的空间分布之间的关联性也加强。

1　（清）李铭皖、谭钧培修，冯桂芬纂，《同治苏州府志》卷21，《公署》。
2　（元）赵世延、揭傒斯等修纂，《大元海运记》，《续修四库全书》史部第835册，482–483页。

第二节 聚散由制：明清大运河管理制度运作与管理建筑

　　漕粮从有漕省份经大运河运至京通仓存储，在这一个完整的过程中包括三个互相衔接的环节，即漕粮征兑、漕粮运输、漕粮交仓。大运河管理制度也是基于这三个环节运作，其中最为重要也是最为复杂的则是漕粮的运输阶段。河道管理是漕运的重要保障，其最终目的是为了使漕船能沿运河正常行驶，从而完成每年的漕运任务。本节在讨论运河管理制度运作时，不再独立地谈运河河道管理与漕运管理，而是以大运河管理制度运作的三个环节为线索，以几个典型的大运河管理制度的运作为切入点，把漕运管理、河道管理等诸方面结合起来，更多地关注大运河管理制度的运作过程、运作中漕运管理与河道管理的相互关系以及制度运作与管理建筑空间分布的关联等问题。

2.1　漕粮征兑

2.1.1　明代漕运方式的变革与运河沿线转运仓的兴衰

　　明人王在晋对明代漕运方式的变迁有一精准的概述："迄今运事几经更变矣，海运变而海陆之兼运，再变而支运、兑运，兑运变而为改兑，今且为长运矣。"[3] 其详细变化过程前文已有论述，此处不再赘述。

　　明初采用支运法，具有中转性质的转运仓发展迅速，但后来随着漕运方式的改变，最后由长运代替支运，并成为定制，中转仓逐渐衰败。

　　明初实行海运，太仓作为海运的起点，在太仓设有仓库，如太仓军储仓有 50 间，镇海军储仓有 61 间[4]。永乐十三年（1415 年），会通河成后实行支运法，设有淮安、徐州、临清、德州及天津五个水次仓，依次递运[5]。据《始罢海运从会通河攒运》[6] 载，会通河成后，明成祖将原交往太仓的粮都运赴淮安仓，且行在户部更议将浙江布政司所属嘉、湖、杭三府及直隶苏、松、常、镇等府粮食运往淮安仓，很明显，支运法使南粮北运的起点北移到了淮安。这些水次仓由于因漕运需要而设，多位于漕运枢纽之地：淮安仓位于淮水与运河交汇之处；临清仓设于会通河与御河交汇之处；天津仓则地处海运与河运转运之地。

　　宣德五年（1430 年）兑运开始实行，增设了瓜洲水次仓，江南

3　（明）王在晋撰，《通漕类编》，《序》。
4　（明）李端修，桑悦纂，《弘治太仓州志》卷 2，《仓场》两仓分别建于洪武二十年（1387 年）、洪武三十年（1397 年）。
5　（清）张廷玉等撰，《明史》卷 55，《食货志三·仓库》，"迨会通河成，始设仓于徐州、淮安、德州，而临清因洪武之旧，并天津仓凡五，谓之水次仓，以资转运"。《续文献通考》载"徐州并山东兖州府秋内每岁定拨三十万石，俱令民运赴济宁仓交收。"
6　（明）王琼撰，《漕河图志》卷 4，《奏议》。

粮食可运至瓜洲或淮安水次仓。兑运法实施后，湖广、江西、浙江、南直隶各府州以及山东、河南诸处百姓，不必再运粮赴原指定粮仓纳粮，只需在附近水次将税粮兑与专门运粮的漕军，另加耗米若干，然后由漕军负责运输和缴纳进仓。淮、徐、临、德四仓中转作用逐渐丧失，储粮开始减少，正统（1436—1449 年）以前，四水次仓"各仓所积多至百万余石，少亦不下五六十万"。正统十年（1445 年）四月，"命拆临清、德州、河西务三仓三分之一，改为通州及在京仓。时各仓闲，而通州、京仓皆不足故也"[7]。但由于支运法没有废除，转运仓仍起作用。据《明英宗实录》记载，正统二年（1437 年），共运粮 450 万石，其中兑运 280 多万石，而淮安仓支运55 万余石，徐州仓支运近 35 万石，临清仓支运 30 万石，德州仓支运 50 万石[8]。景泰五年（1454 年）亦有"筑淮安月城以护常盈仓，广徐州东城以护广运仓"[9]的记载。成化七年（1471 年）改兑法规定淮、徐、临、德四仓之米改为水次交兑，军运直抵京、通二仓，漕运方式的这一变化势必造成该四仓的衰落。如徐州广运仓在宣德五年（1430 年）时有一千间，到嘉靖四年（1525 年）《漕运通志》写成时只有"五百一十间"[10]，减少了近一半。明神宗时，"淮、徐二仓粒米"[11]，可见长运法对转运仓的影响之大。淮安仓，"自漕用军运，直达京通仓而此仓止贮"[12]，到明末谈迁过淮安时，已是"常盈仓圮甚，仅存数楹"[13]。

表 2-2 支运法转运仓纳粮范围表

转运仓	仓廒	收纳漕粮范围
淮安仓	常盈仓，永乐十三年（1415年）建，在清江浦河南岸，廒八十座，共八百间	浙江嘉、湖、杭、兴，直隶苏、松、常、镇；江西、湖广
徐州仓	广运仓，宣德五年（1430年）增，在城南一里，建置上同，廒一百座，共一千间，今存五十一座，共五百一十间	扬州、凤阳、淮安三府
临清仓	广积仓，在今城内，建置上同，廒七十二座，共七百二十间。先是永乐四年（1406年）于广积仓分廒十座，共一百间，高仓曰临清，今复修	山东、河南
德州仓	德州仓，在旧城北门外，建置上同，正统移置城内，东西分为二，东仓廒二十九座，共二百六十三间；西仓廒十二座，一百一十七间	—

长运实施以后，运军直接到各州县水次仓交兑[14]，由粮长向运军交兑，如在苏、松、常，"下令置水次仓，秋粮不许粮长私家收受，一切诣仓抵石，输官起运"[15]。

7 《明英宗实录》卷128，正统十年四月甲寅条。
8 《明英宗实录》卷22，"正统二年，运粮四百五十万石，内兑运二百八十万一千七百三十五石，淮安仓支运十五万二百六十五石，徐州仓支运三十四万八千石，临清仓支运三十万石，德州仓支运五十万石"。
9 （清）夏燮撰，王日根、李一平、李珽、李秉乾等校点，《明通鉴》卷26，761 页。
10 （明）杨宏、谢纯撰，《漕运通志》卷6，《漕仓》。
11 （清）张廷玉撰，《明史》卷79，《食货志三》，《漕运·仓库》。
12 （明）马麟撰，（清）杜琳等重修，《淮安三关统志》卷2，《建置》，清康熙二十五年（1686 年）刻本。
13 （清）谈迁撰，《北游录》，《纪程》，八月乙丑。
14 （清）张廷玉等撰，《明史》卷79，《食货志三》，《漕运·仓库》。正德二年，漕运官请疏通水次仓储，言："往时民运至淮、徐、临、德四仓，以待卫军支运，后改附近州县水次兑。"
15 夏时正，《二卿祠堂记》，见（明）钱谷撰，《吴都文粹续集》卷16，《祠庙》。

2.1.2 清代漕粮征兑与水次仓空间分布

1.清代有漕各省水次仓及监兑官设置

清初用明旧制，运丁至有漕州县，由粮户直接向运丁交兑，但交兑之时，运丁往往恃强勒索，弊病丛生。为防止弊病，顺治九年（1652年）改为"官收官兑"[16]，各州县设置仓廒，粮户先交粮入仓，然后等运船到时，由州县官负责向运丁交兑。有漕各州县仓廒在此背景下产生，为便于运输，多设于水边或码头，"水次仓所以收漕兑运也"[17]，"水次"意为水边或码头。水次仓是漕运的起点，也是漕运网络的末端触点，它的空间分布对整个运河管理体系的运作有着重要影响。

清代征收漕粮省份有山东、河南、江南、浙江、江西、湖北、湖南七省，每年由各卫所漕船赴各州县水次仓兑运。漕船派兑水次在清初沿用明朝旧制，有两种分配帮船办法："有派定不更者，有六年一轮转者"[18]，顺治十二年（1655年），"总督蔡士英题定，各省漕粮先就本地卫所就近派兑，如船不足方派隔属卫所拨兑"[19]，各帮船至某州县水次兑运漕粮遂有定制，《钦定户部漕运全书》卷10详细记载了各帮船派定州县水次兑运分配情况，以清代方志为基础，考察部分有漕州县水次仓的位置（表2-3）。

表2-3　部分有漕各州县水次仓表

省	州县	水次仓名称	位置	资料出处
山东省	夏津县		在卫河南岸，距县治四十里	《乾隆夏津县志》卷2
	武城县		县治东北	《乾隆馆陶县志》卷3
	临清州		在中洲马市东	《乾隆临清直隶州志》卷3
	平原县		县治东	《乾隆平原县志》卷2
江西省	泰和县		省次仓，在新城门外河泊所巷	《江西通志》卷19
	安福县		舟湖水次仓在治南六十里	《江西通志》卷19
	万安县		在省会	《江西通志》卷19
	临川县		兑仓在省城抚州门外	《江西通志》卷19
	金溪县		在许湾	《江西通志》卷19
	泸溪县		北水次仓在大港，西水次仓在察院，会城水次仓在进贤门外	《江西通志》卷19
	崇仁县		在县治南岸	《江西通志》卷19
	赣州府		水次仓在西门外	《江西通志》卷20

16 （民国）赵尔巽等纂，《清史稿》卷122，《食货志三》，《漕运》。
17 （清）张度、邓希曾修，朱镜纂，《乾隆临清直隶州志》卷3《田赋志·仓廒》。
18 （清）载龄等修，福趾等纂，《钦定户部漕运全书》卷10，《兑运事例》，《水次派兑》。
19 （清）载龄等修，福趾等纂，《钦定户部漕运全书》卷10，《兑运事例》，《水次派兑》。

省	州县	水次仓名称	位置	资料出处
浙江省	钱塘县	便民仓	在调露乡北新桥南河西水次	《浙江通志》卷82
	仁和县	便民仓	在墅河旧码头	《浙江通志》卷82
	海宁县	便民仓	初建于长安运河之东关，后徙于运河之西岸	《浙江通志》卷82
	富阳县	便民仓	在北关苏橹桥	《浙江通志》卷82
	余杭县	便民仓	在余杭县东门	《浙江通志》卷82
	临安县	便民仓	初在会城湖墅金鱼池头，后徙建于余杭水次	《浙江通志》卷82
	于潜县	便民仓	在墅河新马头	《浙江通志》卷82
	新城县	便民仓	在墅河新马头	《浙江通志》卷82
	昌化县	便民仓	在墅河新马头	《浙江通志》卷82
	嘉兴县	便民仓	旧在澄海门外鸳鸯湖旁，后迁入城内凤池坊	《浙江通志》卷82
	秀水县	便民仓	在县东北望吴门内	《浙江通志》卷82
	嘉善县	便民仓	在县西南一里许	《浙江通志》卷82
	海盐县	便民仓	初设县郊外后移于西门内	《浙江通志》卷82
	石门县	便民仓	初建南门外，后迁于城内学河之南	《浙江通志》卷82
	平湖县	便民仓	旧在县西一里临水次，后改建于北城之内	《浙江通志》卷82
	桐乡县	便民仓	初在皂林镇运河之南，后移建于古接待院之址	《浙江通志》卷82
	乌程县	便民仓	在定安门内西岸	《浙江通志》卷82
	归安县	便民仓	在定安门内东岸	《浙江通志》卷82
	长兴县	便民仓	在县城外东南水次旧教场基	《浙江通志》卷82
	德清县	便民仓	在峻明门二里外	《浙江通志》卷82
	武康县	便民仓	初在县东北一十五里，后移置县东北一里临后溪	《浙江通志》卷82
	安吉州	便民仓	在梅溪渎口	《浙江通志》卷82

由表2-3可知，有漕州县用于兑运漕粮的仓廒名称不一，或称"某县仓"，或称"便民仓"，或称"漕仓"等等，我们可通称为水次仓，为方便运丁驾船兑运，多设于水边，如归安、乌程县水次仓（图2-2），然后通过水路到达运河主线。由此可以看出，漕运河道是以大运河为主线，以连接各水次仓与大运河的河道为支线的河道网。在这一河道网中，水次仓是其末端的节点，决定了其延伸的范围。同时有漕各府则是该网络的骨架性节点，决定了其脉络。

为减少漕粮兑运过程中的弊病，保证漕粮的质量，设置监兑

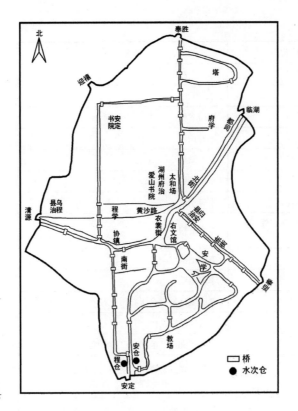

图2-2 湖州府乌程、归安两县
水次

官至水次监督兑运。监兑官的前身为推官，康熙六年（1667年）推官全部裁撤，改为监兑官，其职责与原来推官无异，"凡米色之美恶、兑运之迟速及旗丁横肆苛求、衙役需索、仓棍包揽挽和等弊，俱责令监兑官严禁，具结投报督抚查核"[20]。每年漕粮开仓收兑之时，监兑官要亲赴水次仓，坐守水次仓专管漕务，兑完后亲自督船到淮听总督盘验[21]。各省监兑官从各省府一级的同知、通判中选拔任用[22]，多为一名监兑官负责一府的漕粮征兑（表2-4）。

表2-4　有漕各省监兑官设置表

省	监兑官	监兑范围
山东省	济南府通判	本府漕粮
	武定府同知	本府漕粮
	兖州府通判	本府漕粮
	泰安府通判	本府漕粮
	东昌府通判	本府漕粮
	曹州府通判	本府漕粮
河南省	归德府通判	开封、归德二府漕粮
	卫辉府通判	彰德、卫辉二府漕粮
	怀庆府通判	河南、怀庆二府漕粮
江南省	江宁府管粮同知	本府漕粮
	安庆府管粮通判	本府漕粮
	池州府管粮通判	本府漕粮
	太平府管粮通判	本府漕粮

20（清）杨锡绂撰，《漕运则例纂》卷5，《督运职掌》，《监兑粮官》。
21（清）杨锡绂撰，《漕运则例纂》卷5，《督运职掌》，《监兑粮官》。
22（清）载龄等修，福趾等纂，《钦定户部漕运全书》卷21，《监兑粮官》。

省	监兑官	监兑范围
江南省	庐州府管粮通判	本府漕粮
	凤阳府同知	本府漕粮
	淮安府军捕通判	本府漕粮
	扬州府管粮通判	本府漕粮
	徐州府粮捕通判	本府漕粮
	苏州府督粮同知	本府漕粮
	苏州府管粮通判	本府漕粮
	松江府董漕通判、松江府粮捕通判	本府漕粮
	常州府管粮通判	本府漕粮
	镇江府粮捕通判	本府漕粮
浙江省	杭州府局粮通判	该府属并嘉兴府属石门县漕粮
	嘉兴府通判	该府属漕白二粮
	湖州府同知	该府属漕白二粮并安吉州漕粮
江西省	南昌府通判	南昌、瑞州、临江、吉安、广信、建昌、抚州、南康八府漕粮
	吉安府通判	
	临江府通判	饶州府属漕粮
湖北省	武昌府通判	本府漕粮
	汉阳府通判	本府漕粮
	黄州府通判	本府漕粮
	安陆府通判	本府漕粮
	德安府通判	本府漕粮
	荆州府通判	本府漕粮
湖南省	长沙府通判	本府漕粮
	衡州府通判	本府漕粮
	岳州府通判	本府漕粮

2. 以浙江省为例考察水次仓的空间分布与监兑官活动的关系

浙江省作为重要的漕粮供给省份，在南粮北运中作用重大，其水次仓的分布与监兑官活动之间的关系具有代表性。

浙江省的杭州、嘉兴、湖州三府交纳漕粮，下辖 22 个州县，分别是杭州府的钱塘县、仁和县、余杭县、海宁县、富阳县、临安县、于潜县、新城县、昌化县，湖州府的乌程县、归安县、长兴县、德清县、武康县、安吉州，嘉兴府的嘉兴县、秀水县、嘉善县、海盐县、石门县、平湖县、桐乡县。由表 2-3 可知这 22 个州县均有水次仓，称便民仓，"其收贮民粟以出兑于军者，惟仓厫为重，故便民有仓，诚输挽之所系"[23]，几乎全部设于河边，且多在城外，这些河流可与运河连通，运粮船由此进入运河（图 2-2）。钱塘、仁和、嘉兴、秀水等县位于运河主线上，海宁县漕船"由庄婆

23 （清）嵇曾筠等修，（清）沈翼机等纂《浙江通志》卷82，《漕运下》。

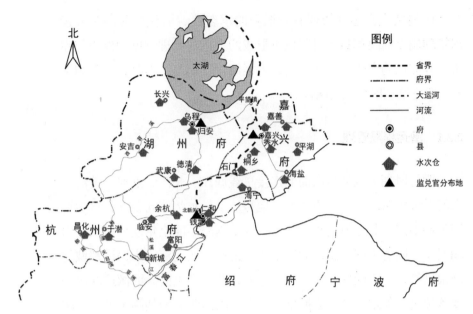

图2-3 浙江有漕州县水次仓分
布与监兑官分布图

堰北达石门县以会于运河"，"嘉善、海盐、平湖三县漕船俱会于府
城，北达大河"，"德清县漕船由乌镇经烂溪出平望以合于运河"，
"长兴武康二县、安吉一州漕船，俱会于平望镇，以达于运河"[24]。
浙江三府各设监兑官一名，每年开兑之前两个月，由浙江省丞倅中
遴选三员，命其自带衙役数名，分赴浙北三府监兑[25]。监兑官的活
动空间构成有三个中心，即杭州、嘉兴府与湖州府，因规定监兑官
必须亲自坐守水次监兑，而每府只设一名监兑官，推测监兑官当轮
流坐守各州县水次仓，监兑官的空间分布表现出一种流动性，这种
流动性以水次仓为方向。在漕粮监兑制度作用下，监兑官的空间分
布与水次仓的分布表现出很强的相关性（图2-3）。

2.2　漕粮转输

在完成漕粮兑运以后，漕船从各个方向进入大运河主线，漕粮
进入运输阶段，直至抵通交仓，期间都属于运输过程。为使漕粮按
时抵通并及时回空以免耽误明年漕运，朝廷制定了一系列的管理制
度，对应设立从中央到地方的运河管理机构，主要包括两套管理体
系：其一是河道管理，如河道的疏浚整治，水源、水柜的管理，黄
淮运关系等；其二是漕运管理，如漕船的组织、运输人员的管理、
沿河催趱等等，可以说大运河管理制度的大部分内容都是围绕该过
程制定和不断完善的。而沿线的管理建筑则是这些管理制度运作的
空间载体，管理建筑的设置无不与制度运作息息相关，其所表现出
来的空间分布特征与变化则反映了大运河管理制度的运作及发展。

24 （清）嵇曾筠等修，（清）沈翼机
等纂《浙江通志》卷82，《漕运下》。
25 （清）嵇曾筠等修，（清）沈翼机
等纂《浙江通志》卷82，《漕运下》。

明清两代大运河管理有着很强的承袭性，清代中后期对大运河管理制度的改革也是对明代所形成的大运河管理制度的修正与完善，并非质的变化。因此在探讨大运河管理制度运作时，在时间上并不着意强调区分明清两代。

2.2.1 漕运程限管理

明清时期大运河自南而北连接了钱塘江、长江、淮河、黄河、海河五大水系以及众多的湖泊，地势复杂，水势流向各异，自然地理条件不同，北方河道冬季结冰，致使漕船不能全年候地运抵北京和通州。明清定都北京，仰给东南，全赖一线运河。为保证都城的漕粮供给，明清朝廷可谓倾一国之力，劳万众之民。而漕运的第一要务莫过于如期将漕粮运抵京通二仓，因而明清两朝制定了至水次的征兑日期、开帮起运日期、重运过淮过洪日期、抵通交兑日期、回空离通日期、回空过淮过洪日期等漕运程限，这些时间节点互为因果，一个环节若迟误，则波及其他，引发"多米诺骨牌效应"，正如清代漕运总督林起龙所言："少有稽阻，到通必迟，到通迟则回空必迟，回空迟则归卫必迟，归卫迟则修舱必迟，修舱迟则赴次必迟，赴次迟则受兑必迟，受兑迟则开帮必迟。"[26] 相应地在运河沿线产生了淮安、徐吕二洪、通州等关键节点，这些关键之地也是运河管理的关键之处。除此之外，清代还规定了漕船经过沿运各县的时日。把总、攒运官、押运官、巡漕御史、有漕省份督粮道，以及沿河管河官、地方官员等不断往来催督前行，对于催趱不力，以致超过程限的官员，指名参究；而对于能使漕船如期到达指定节点的官员，则分别题呈荐举。

1. 重运回空程限

所谓"重运"是指漕船自南而北载运漕粮；而"回空"则指交兑完漕粮以后，自北而南返回各水次仓。

（1）全程逐日程限

明代实行长运以前，采用分段转运的支运法，因每段运输的路程相对较短，没有规定重、空程限。实行长运以后，漕船自各水次仓兑运结束后，就进入运河北上，直至通州，距离长而河道变化复杂。而漕船须如期抵通交仓，否则会出现"无以实京邑、充国费而明朝廷"[27] 的尴尬局面，因而对漕船的行进程限进行了较为严格的过程控制。明正德五年（1510年）就有了"水程图格"，"令漕运衙门以漕运水程日数列为图格，给与各帮官员收掌，逐日将行止地方填注一格"[28]。嘉靖元年（1522年），"都御史邵宝题准事例"详细地

26 （清）林起龙，《请宽粮船盘诘疏》，见（清）贺长龄辑，《皇朝经世文编》卷46，《户政二十一·漕运上》。

27 （明）何乔远撰，《名山藏》卷50，《漕运记》。

28 （明）申时行等修，赵用贤等纂，《大明会典》卷27，《会计三·漕运》。

规定了水程图格的操作方式："每年派粮之际，漕运衙门将水程日数列为图格，给与各帮官员收掌，令其自到水次投文、开仓、较斛、验米、晒扬、交兑。兑完起程，过淮到京，起粮及中途守风等项，行止地方，日填一格，同原帮帖赴部查考，事完赍回漕运衙门，查究销缴。"[29] 据《治水筌蹄》记载，明后期采用漕运格单，以千文编号，以月为纲，以日为目，每月有 30 个方格，内填每日船行里数及停泊地点，若遇有大风、剥浅、挨帮等事而受阻者，在格内注明。重运至瓜洲、仪征时由主事发给格单，到济宁稽查；回空时由通惠河郎中发给格单，具体操作与重运相同[30]。

清代与明代做法类似，且更加完备。清代采用"限单"，江西、湖南、湖北各帮船，在各水次发给各帮一张限单，江安、江苏、浙江三处由巡抚逐船发给一张限单，后因嫌其太过繁冗，于乾隆二十年（1755 年）改为每帮发一张限单，至淮安后交漕运总督查验，同时由漕运总督发给每帮一张限单，至通州呈缴。回空时，总督仓场发给每帮一张限单至淮呈缴总漕，查验后发给各帮限单一张至各水次查验[31]。也就是重运及回空每帮各有两张限单。《户部漕运全书》中记载了康熙五十一年（1712 年）规定的回空限单内容及操作方法："回空漕船仓场给发限单，将经过州县界址照原定限日刊入单内，令沿河州县注明出境入境时日，至淮申缴总漕察验，另给抵次限单，亦令沿河州县注明入境出境时日，各船抵次之限不得出十一月，终将限单缴巡抚查察。"[32] 可见对重、空漕船的程限实现了完整的过程管理，其中有三处重要节点即淮安、通州与各水次。对重、空漕船的行进程限以县为单位，详细规定了自淮安至通州行经各县的程限，同时还考虑了漕船顺流和逆流的差别，回空程限多参照重运实行，但亦有不同之处。

表 2-5　清康熙十七年（1678 年）以前重、空程限表

州县名	运河里数（里）	程限（日）	平均日行里程（里）
山阳县	110	8	13.75
清河县	48	5	9.60
桃源县	90（黄河）	5	18.00
宿迁县	黄运共150	黄河内5日，骆马湖口内运河限3日	18.75
邳州	120	4	30.00
峄县	110	4	27.50
滕县	50	2	25.00
沛县	48	1	48.00

29 （明）杨宏，谢纯撰，《漕运通志》卷 8，《漕例》。
30 "攒运之法，莫善于格单。舟入瓜、仪，每帮于瓜、仪主事给一纸，以千文编号，以月为纲，以日为目，每月之下，系以方寸三十格，填云：几十里至某处湾泊，如属阻风、剥浅、挨帮事故，则实注格内。舟过济宁，按目稽查，一览可见。回空，则从通惠河郎中改给，亦如之。"见（明）万恭原著，朱更翎整编，《治水筌蹄》，119 页。
31 （清）载龄等修，福趾等纂，《钦定户部漕运全书》卷 14，《沿途攒运》。
32 （清）载龄等修，福趾等纂，《钦定户部漕运全书》卷 13，《回空例限》。

州县名	运河里数（里）	程限（日）	平均日行里程（里）
鱼台县	85	2	42.50
济宁州	75	3.5	21.43
济宁卫	18	0.5	36.00
钜野县	25	1	25.00
嘉祥县	16	1	16.00
汶上县	56.5	2	28.25
东平州	60	2	30.00
寿张县	20	1	20.00
东阿县	13	1	13.00
阳谷县	60	2	30.00
聊城县	63	2.5	25.20
堂邑县	17.5	0.5	35.00
博平县	17.5	0.5	35.00
清平县	39	1	39.00
临清州	40	3	13.33
清河县	20	0.5	40.00
夏津县	20	0.5	40.00
武城县	150	3	50.00
恩县	70	1.5	46.67
天津道（自故城县郑家口至天津卫）	521	12	43.42

　　对表 2-5 中数据进行分析可知，漕船每日在不同河段所行驶的里程并不一样，从 9.6 里至 50 里不等，主要是考虑不同河段的具体情况，清河县内每日平均仅行 9.6 里，山阳县也不足 14 里，该处运河、淮河、黄河三河交汇，并设有闸坝，河道极为复杂，故而每日所行里程较少。山东境内各县多在每日 25 里以下，这与该段内船闸较多有很大关系。而出山东境进入河北后直至天津卫段则平均日行 40 里以上，这是因为该段河道为卫河，水运条件较好，且少设船闸，行进较为通畅。

　　清康熙十七年（1678 年）以前，重、空程限是一样的，没有区别对待。康熙十七年（1678 年）总河靳辅对天津卫至山阳县的回空程限进行了修改，明确提出顺、逆流以及有无闸坝的区别[33]：天津卫至汶上县为逆流，设有闸坝之处程限仍按重运程限；无闸坝之处，原限十二日的改为九日，原限四日的改为三日，原限三日改为二

33　（清）杨锡绂撰，《漕运则例纂》卷 13，《粮运限期·重空定限》。

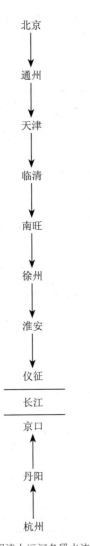

北京
↓
通州
↓
天津
↓
临清
↓
南旺
↓
徐州
↓
淮安
↓
仪征
———
长江
———
京口
↑
丹阳
↑
杭州

图2-4 明清大运河各段水流方向图

34 （清）杨锡绂撰，《漕运则例纂》卷13，《粮运限期·重空定限》。
35 （清）昆冈等修，吴树梅等纂，《钦定大清会典》卷13，《户部·漕运》。
36 （清）昆冈等修，刘启端等纂，《钦定大清会典事例》卷205，《户部·漕运·沿途程限》。
37 （清）杨锡绂撰，《漕运则例纂》卷13，《粮运限期·重空定限》。
38 （明）郭尚友撰，《漕抚奏疏》卷2，《报粮船过淮疏》。
39 （明）郭尚友撰，《漕抚奏疏》卷1，《回空粮船过洪淮疏》。
40 （清）杨锡绂撰，《漕运则例纂》卷13，《粮运限期·淮通例限》，"漕白二粮过淮定例，总漕将船数目陆续具题。康熙三十四年题定，每年过淮漕粮总数，总漕缮造黄册，另疏题报"。

日，原限一日半改为一日。嘉祥县至山阳县为顺流，有闸坝之处亦照该处重运定限，而无闸坝之处，原限半日改为限三时，原限一日改限半日，原限四日改限二日，原限五日改限二日半。可见对嘉祥以南的顺流河段回空限期进行了大幅度削减，均缩短为原来的一半（图2-4）。

康熙十七年（1678）以前，只是规定从山阳县黄铺至天津卫共2350余里的程限，而对山阳以南至浙江、天津以北至通州程限并没有做出如此细致的规定。康熙十八年（1679年）根据顺、逆流不同对天津以北、山阳以南重运、回空限期分别做了规定：天津以北至通州重运逆流，每二十里限一日，回空顺流，每五十里限一日；山阳以南至浙江顺逆流不一，重运顺流每四十里限一日，逆流每二十里限一日；回空顺流每五十里限一日，逆流每三十里限一日[34]。可见顺流重运为每日行40里，逆流行20里；而顺流回空每日行50里，逆流30里。《钦定大清会典》中的规定与此相同："重运北上，顺流日行四十里，逆流日行二十里。……空船南下，顺流日行五十里，逆流日行三十里。"[35]

江西、湖广、江南等处从长江至仪征的漕船，在长江之上借风而行，故而"难以逐程立限"，只是令沿途地方官催督[36]。

重、空运的程限总体上是以运河里数为根据，考虑顺、逆流因素，并以州县为管理单元，因此当某县所管辖河道范围发生变化时，程限也往往随之而变。乾隆八年（1743年），总漕顾琮因山东德州等各州县所管卫河另行划分归并，而对重空粮船出入境程限进行了修改，如夏津县原管河道二十七里，原限六时，今分管河道四十三里，应限一日七时[37]。

明清两代所规定的漕船程限中，有几个关键的时间节点，即过淮、过洪以及抵通日期。

（2）过淮、过洪程限

① 重运过淮、过洪程限的规定

明代规定漕船重、空过淮、过洪日期，清代仅规定过淮日期。由相关衙门向朝廷报知重、空过淮、过洪数目、日期是运河管理的一项重要制度，明代"旧例每年重运粮船过淮毕日，总漕与巡漕御史会疏题知。万历二十八年（1600年）内准户部咨以后运船过淮过洪数目、日期，总河、总漕、巡漕等衙门俱据实奏报"[38]，"每年空船过洪、过淮毕日，备将数目、日期例应具报会题"[39]。清代则多由漕运总督奏报漕船过淮日期、数目[40]，如康熙五十三年（1714年）二月二十八日的"漕运总督郎廷极奏报漕船过淮数目并淮城雨水米价折"、康熙五十三年（1714年）五月十六日的"漕运总督郎廷极奏报全漕过淮日期折"、康熙五十三年（1714 年）十一月十六日的"漕运总督郎廷极奏报回空漕船尽数过淮折"等等 [41]。

41 周焰等编纂，《清代中央档案中的淮安》，中国书籍出版社，2008：11。

表 2-6 明清重运过淮、过洪程限表

朝代	时间	规定程限	参考文献
明代	正德十六年（1521年）以前	查得先年定立过淮完粮期限……江北官军十二月以里过淮，限七月初一日完；南京江南正月以里过淮，八月初一日完；湖广、浙江、江西三月以里完，九月初一日完	《漕运通志》卷8，《漕例略》
	嘉靖八年（1529年）	江北官军兑本府州县粮者，限十二月里过淮。南京、江南直隶官军兑应天等府县粮者，限正月以里过淮。湖广、浙江、江西三总官军兑本省粮者，限三月以里过淮	《大明会典》卷27，《会计三·漕运》
		世宗定过淮程限，江北十二月者，江南正月，湖广、浙江、江西三月，神宗时改为二月	《明史》卷79，《食货志三》，《漕运·仓库》
	隆庆六年（1572年）	定十月开仓，十一月兑竣，大县限船到十日，小县限五日，十二月开帮，二月过淮，三月过洪入闸，从尚书朱衡议也	《古今图书集成》，《经济汇编·食货典》卷176，《漕运部》
	万历元年（1573年）	官军兑粮江北各府州县，限十二月内过淮，应天、苏、松等府县限正月内过淮，湖广、江西、浙江限二月过淮，山东、河南正月尽数开帮，如有违限，分别久近治罪	《明会要》卷56，《食货四》，《漕运·河运》；《通漕类编》卷3，《征兑运纳》
	万历八年（1580年）	庚辰定漕运程限，每岁十月开仓，十一月兑完，十二月开帮，二月过淮，三月过洪入闸，四月到湾，永为定例	《行水金鉴》卷119，《运河水》
	万历二十四年（1596年）	过淮在二月，过洪在三月，例限甚严	《漕抚疏草》卷10，《新运届期河道浅涩疏》，转引自《明代漕河之整治与管理》，台湾商务印书馆，1992：98
	万历四十年（1612年）	每年漕运事，俱限十月开仓，十二月报完，粮船限期三月终过淮，四月终过洪	《天下郡国利病书》，《陈继儒查收税事宜》
清代		过淮定限，江北各州县限十二月以内，江南、江宁、苏、松等府限正月以内，浙江、江西、湖南、湖北限二月以内，山东、河南限正月内尽数开行	《漕运则例纂》卷13，《粮运限期·淮通例限》
	康熙四十一年（1702年）	江北改限正月以内，江南改限二月以内，江西、浙江、湖广改限三月以内	《漕运则例纂》卷13，《粮运限期·淮通例限》
	康熙五十一年（1712年）	江南漕船仍限正月以内过淮	《漕运则例纂》卷13，《粮运限期·淮通例限》
	康熙五十七年（1718年）	江北仍限十二月以内过淮，浙江、江西、湖广仍限二月以内过淮	《漕运则例纂》卷13，《粮运限期·淮通例限》
	乾隆元年（1736年）	将松江府及江西、湖南等处漕船于原限之外各宽限十日过淮	《漕运则例纂》卷13，《粮运限期·淮通例限》
	乾隆三年（1738年）	重运展限于三月，以淮河开坝之日起限江南江北船帮一月内过淮，浙江、江西、湖南、湖北帮船再限一个月过淮	《漕运则例纂》卷13，《粮运限期·淮通例限》
	乾隆四年（1739年）	因江南大挑河道，丹阳、仪征两处筑坝，粮船阻滞，将苏、松、常、镇、太五府州各帮船展淮限一月，江西、湖广帮船各展淮限半月	《漕运则例纂》卷13，《粮运限期·淮通例限》
	乾隆十九年（1754年）	展限一月过淮	《漕运则例纂》卷13，《粮运限期·淮通例限》

分析表 2-6，在正德十六年（1521 年）以前，已有漕粮过淮程限的规定，抑或更早，但目前尚无显例证明。由此看来，蔡泰彬认为"有明文规定粮船过淮水入二洪之程限，始订于嘉靖八年（1529年）"[42] 的观点值得商榷。对于过洪程限的规定，已知最早有明文规定的是在隆庆六年（1572 年），规定"三月过洪入闸"。

明清两代均根据漕船行驶距离的远近制定过淮程限，大部分时间均为江北各州县十二月以前过淮，南京、江南等府限正月以前过淮，而浙江、江西、湖广则是二月以前过淮。但期间也有一些变化，尤其是清代会根据河道等实际情况适时地对程限做出调整，如东南下江的松江府与浙江道路虽然相等，但松江粮船必须经过蕈泖、澱山等湖，湖南漕船要经过洞庭湖，江西则必由鄱阳湖，以致漕船"不能遄行前进"，乾隆九年（1744 年）题准，将江南松江府及江西、湖南帮船的过淮日期宽限十日[43]。若遇重大事件，亦可调整，如乾隆十六年（1751 年）规定，圣驾南巡时，规定漕船应当回避，以致不能按期过淮的，可以注明免除题参[44]。

而过洪程限则几无变化，多在三月，仅万历四十年（1612 年）规定四月过洪，过洪日期的推迟，很大程度上与万历三十二年（1604 年）泇河的开通有关[45]，泇河开通后可以避开二洪。虽然清人杨锡绂认为泇河开通后，各省漕船不过二洪，仅徐、寿二卫经过二洪[46]；但实际上泇河开通后至天启年间（1621—1627 年），过洪的漕船应不止徐、寿二卫船只，明万历四十年（1612 年）规定漕船四月过洪，又据郭尚友奏疏知，天启七年（1627 年）过洪船共 7578 只[47]，这说明并非仅徐、寿二卫漕船过洪。泇河开通后，因水源不丰，不少人仍主行黄或两河并重[48]。而清代则无过洪程限的规定，这是因为清代经过对运河河道的不断整治，开凿中运河、皂河等，漕船可以避开二洪。

②回空过洪、过淮程限

不仅重运有过淮、过洪程限，回空亦如此，"漕粮关系天庾，不特重运宜速，即回空船只亦必依限抵次，方免冻阻之虞"[49]。漕船抵通后需在规定时间内离通回空，并依限过洪过淮，抵达各水次仓准备兑运，开始下一轮漕运。

对回空过淮、过洪的程限没有像重运那样明确单独的规定，但我们可以从明清漕运总督的奏报中找到线索，如明郭尚友《漕抚奏疏》载："自天启六年（1626 年）八月二十二日起，至天启七年（1627年）四月十九日止，共回空过洪粮船六千二百零三只；自天启六年（1626 年）八月二十六日起，至天启七年（1627 年）四月二十日止，共回空过淮粮船六千零一十六只"[50]，"自天启七年（1627 年）

42 蔡泰彬撰，《明代漕河之整治与管理》，台湾商务印书馆，1992：95。
43 （清）昆冈等修，（清）刘启端等纂，《钦定大清会典事例》卷 205，《户部·漕运·淮通例限》。
44 （清）载龄等修，福趾等纂，《钦定户部漕运全书》卷 13，《兑运事例·淮通例限》。"圣驾南巡之年，二进、三进船只应于金湾六闸及高桥望亭等处回避，不能依限过淮者，于过淮册内声明报部，免其查议"。
45 （明）王在晋撰《通漕类编》卷 7，《黄河》。"粮艘过洪约在春尽，盖畏河涨之为害耳。运入泇河而安流，逆浪早幕无防，过洪之禁可弛，参罚之累可免，即运军不至以赶帮失事，所全多矣哉"。
46 （清）杨锡绂撰，《漕运则例纂》卷 11，《漕运河道·徐吕二洪》。"追泇河开，各省粮船俱不过洪，惟徐、寿二卫由之。"
47 （明）郭尚友撰，《漕抚奏疏》卷 2，《报粮船过洪疏》。
48 姚汉源著，《京杭运河史》，中国水利水电出版社，1997：265。
49 （清）杨锡绂撰，《漕运则例纂》卷 13，《粮运限期·回空事例》。
50 （明）郭尚友撰，《漕抚奏疏》卷 1，《回空粮船过洪淮疏》。

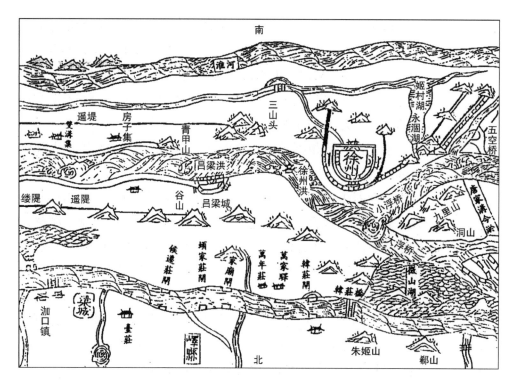

图2-5　明代徐、吕二洪图

八月十六日起，至崇祯元年（1628年）四月初四日止，共回空过洪粮船六千三百零二只；自天启七年（1627年）八月二十九日起，至崇祯元年（1628年）四月初六日止，共回空过淮粮船六千二百八十九只。"[51]可见回空过洪、过淮日期在八月至来年四月这段时期内。清康熙五十三年（1714年）回空于十一月十五日尽数过淮，比去年早一个多月，雍正二年（1724年）十月二十六日以前，过淮回空漕船2400多只；雍正九年（1731年）各省回空粮船于十一月初一日全数过淮[52]。清代回空过淮日期明显比明代要早，清代最迟于十一月全部过淮，而明代则延至来年四月份。

（3）规定过淮、过洪程限的原因

在如此之长的运河线路中，为何唯独规定过淮与过洪之程限？其主要原因有二：其一，最主要是为了避黄河之险；其二，需要过淮盘验，以肃漕弊。

徐、吕二洪（图2-5）经常浅涸，因而需引黄水济二洪，正德三年（1508年）至嘉靖十二年（1533年）以及嘉靖二十五年（1546年）以后（万历二十五年间除外）黄河正流或全流皆经行二洪[53]。漕船经二洪北上，面临被黄水漂溺之虞，"淮、洪相距，盈盈一衣带水耳，然过淮之后，黄流湍激，惊涛骇浪，如山如雷，如怒吼驰电，稍不戒于阳侯而旗船与波俱逝矣"[54]，为避黄河汛期，以免漕船遭遇漂溺之险，漕船须在黄河汛期到来之前过二洪。"夫黄水之发也，地

51　（明）郭尚友撰，《漕抚奏疏》卷4，《回空粮船过洪过淮疏》。

52　周焰等编纂，《清代中央档案中的淮安》，中国书籍出版社，2008：12，"漕运总督郎廷极奏报回空漕船尽数过淮折"；P17，"漕运总督张大有奏报回空粮船过淮数目折"；P30，"漕运总督性桂奏报重行运通帮船回空过淮日期折"。

53　蔡泰彬撰，《明代漕河之整治与管理》，台湾商务印书馆：1992：94。

54　（明）郭尚友撰，《漕抚奏疏》卷2，《报粮船过洪疏》。

55 （明）陈子龙等辑，《皇明经世文编》卷 351，万恭《酌议漕河合一事宜疏》，《四库禁毁书丛刊》集部第 29 册。

56 （清）傅泽洪，《行水金鉴》卷 116，《运河水》，连镳上疏曰："北河张秋济宁地高而水易涸，患在春月，故启泉门以济之。南河自徐州小浮桥引菁河以济之，而清淮一带横决浩荡，犯之尤难，必春夏未盛之前可徐也。运早过淮则南河免泛滥之忧，北河当顺利之势。识者皆以为确论。"

57 （明）王圻撰，《续文献通考》卷 37，《国用考·漕运上》"万历二年题准，旧例湖广、江西、浙江三省总限三月过淮者，多与黄水相值，今定限二月过淮"。

58 明清有关漕运的条例对此多有描述，如：（明）王在晋撰，《通漕类编》卷 3，《征兑运纳》，"万历十九年（1591 年）又题准，重运粮船到淮，总漕衙门委官勘验米色，如有插和，官旗从重惩戒"。（清）杨锡绂撰，《漕运则例纂》卷 13，《粮运限期·过淮签盘》，"粮船到淮，漕运总督面同押官、通判逐船盘验，如有短少，勒令领运官丁当时实补足数"；"漕船开行之后，仍令监兑官亲押赴淮，则总漕盘验，如粮数不足米色不纯，该督即将监兑职名题参"。"漕粮到淮之时总漕严加盘查，如有掺和，即行题参"；"漕粮过淮应将正米、搭米盘验足数，方许开行北上"；"漕船过淮，总漕按数查验北上……"；"粮船过淮，运官造具通帮各船船口、正耗、行月各项米石并席竹、土宜、钱粮各册，投送漕衙门核验"；"漕船过淮时总漕眼同开丁逐船比对米色，更用探筒至舱底，如果米皆纯洁，上下一色方准过淮。……"

59 （清）杨锡绂撰，《漕运则例纂》卷 13，《粮运限期·过淮签盘》，"各省重运粮船例带土宜一百二十六石，向因各项货物粗细不同，按石计算漫无一定。乾隆四年题准，分别货物粗细，酌量捆束大小，定数作石于过淮盘粮厅右，立榜晓谕，如有违例装载以及书办人等延捎需索，严加究处"。

60 （清）载龄等修，福趾等纂，《钦定户部漕运全书》卷 13，《兑运事例·回空例限》，"漕船回空到淮，总漕将各船照重运过淮例，令押空官先期投验限单，查明各帮应过淮船只，如有缺少，按律治罪"。

61 （清）杨锡绂撰，《漕运则例纂》卷 13，《粮运限期·重空定限》。

62 （明）申时行等修，赵用贤等纂，《大明会典》卷 27，《会计三·漕运》。（明）王圻撰，《续文献通考》卷 37，《国用考·漕运上》也有相同记载。

63 （明）申时行等修，赵用贤等纂，《大明会典》卷 27，《会计三·漕运》。

64 （明）申时行等修，赵用贤等纂，《大明会典》卷 27，《会计三·漕运》。"上仓期限比旧例俱移前一月。四月初者，限三月。五月初者，限四月。六月初者，限五月。七月初者，限六月"。

气使之然也。与潮信同，三月清明水数尺耳，不害运；四月麦黄水数尺耳，不害运；惟五月至于秋九月为伏秋水，多者四次，少者三次。高者丈五余，下者丈余，此运船之所必避也。若使每年四月以前，尽数过徐州洪，而闸河肃以待之，令勿与怒河斗，即万万年不害运也"[55]。黄河汛期在五月至九月之间，每年十月至来年四月则水势平稳，因而只要保证在四月之前使漕船全部过洪就不会对漕运造成危害。

淮水与二洪相距较近，规定过淮日期，从一个方面来讲为过洪日期做了提前保障，清代漕船虽不再经过二洪，但由于淮安地处淮河、黄河、运河交汇之处，同样面临如何躲避黄河之险的问题，这已成为时人的共识[56]，从明清规定的过淮时间来看，也都处于黄河的非汛期。明万历二年（1574 年）为避开黄河汛期，而把湖广、江西、浙江三省的过淮时间由原来的三月改为二月[57]。规定过淮日期的另一个重要原因是，明清两代漕运管理的中枢——漕运总督衙门均设于淮安，至于漕运总督衙门缘何设于淮安，后文将有论述。总漕在淮安对重运、回空船只进行盘验，以杜绝漕弊。过淮盘验是指漕运总督对经过淮安的重运及回空船只进行盘查、检验。对于重运漕船主要查验漕粮的成色以及是否符合规定的数量，此外还要查验各帮的正耗、行月以及所带土宜等项[58]，乾隆四年（1739 年）曾把允许重运漕船携带的土宜种类和数量刻石立于盘粮厅旁[59]。回空时则重点盘验各帮漕船的限单以及夹带的货物是否符合规定[60]。

2. 抵通程限

"漕粮关系国储，理应早登仓庾"[61]，规定过淮、过洪程限的最终目的是为保证漕船早日抵通入仓，明清均规定了漕船的抵通日期。

成化八年（1472 年）规定，运粮至京仓，北直隶并河南、山东卫所限五月初一日；南直隶并凤阳等卫所限七月初一日；若过江支兑者，限八月初一日；浙江、江西、湖广等司卫所限九月初一日[62]。嘉靖八年（1529 年）规定的抵通日期相较成化八年（1472 年）提前一个月或两个月，"山东、北直隶所属卫所，限四月初一日完；江北直隶、凤阳等处并遮洋总所属卫所，限五月初一日完；南京、江南直隶所属卫所，限六月初一日完；浙江、江西、湖广卫所，限七月初一日完"[63]。嘉靖三十七年（1558 年）在此基础上又提前一个月[64]。而万恭则认为各省漕船远近不一，所经河道难易不同，不加区别地规定抵通日期并不合理，而应区别对待，"即如各省兑运之船，有不过闸河者，有过闸河者，有过闸河而又过黄河者，至今犹然也。若江南之船，则过闸河又过黄河，而又过大江矣。此不一一分别，而概论到湾迟速之期，非法之中也。臣以为宜酌远近之差，别劳逸之等。其不过闸河者，限二月到湾。过闸河者，限三月。过闸而又过黄河者，限四月。其过闸河、过黄河而又过江者，限五月"[65]。

康熙十一年（1672年）题准，"山东、河南限三月初一日到通，江北限四月初一日到通，江南限五月初一日到通，江西、浙江、湖广限六月初一日到通。各省粮船到通均限三月内完粮"[66]。这一抵通日期是清代的定例[67]。

在实际运作中，漕船并非全能依期抵通，如乾隆四十四年（1779年），江西在后各帮八月二十日以后方可抵通[68]，比规定日期延迟近三个月。乾隆五十四年（1789年），山东、河南漕船比原定期限晚了一个多月。乾隆五十八年（1793年）、五十九年（1794年），各省漕船在白露前后才到达通州。嘉庆十八年（1813年），江广尾帮于八月下旬始抵杨村，逾期两个月以上。咸丰年间，漕船迟滞更加严重，经常到冬季才能运抵天津[69]。

为保证漕运程限的实施，明清朝廷都采取了一系列措施，其中最为重要的是沿途催趱，并以漕船是否按期抵达作为漕运与河道官员的考核标准。沿途催趱使得漕运官员、河道官员相互合作，同时使得大运河的管理呈现出分段管理以及漕运、河道管理相互交融的特点。

2.2.2 大运河分段管理

大运河"自京师历直沽、山东，下达扬子江口，南北二千余里，又自京口抵杭州，首尾八百余里"[70]，自杭州至北京，自然地理条件不一，水流方向有异，加之明成化以后至清末又实行长运，虽有把总、督粮道、押运官等一路随从催督，但沿途催趱必须加以分段进行方能发挥最大效用，明清漕运管理与河道管理均呈现出分段管理的特征。明清运河的分段划分以行政单位为基本参照，同时参考河道的特征。运河河道是漕运的基础，同时也是分段管理的重要依据，为探讨明清大运河的分段管理，我们有必要首先考察一下明清运河河道的分段划分以及各段河道的特征。

1. 运河河道分段

运河河道各段名称不一，明代时自通州至杭州分为七段，"曰白漕、卫漕、闸漕、河漕、湖漕、江漕、浙漕。因地为号，流俗所通称也"[71]，通州至北京段运河称为通惠河，故确切地说大运河共分为八段。清代除河漕外几无变化，康熙时靳辅开通中河以避黄河之险，河漕遂废弃不用[72]。此外，对大运河河道还有不同的分段方法

65 （明）陈子龙等辑，《皇明经世文编》卷351，万恭《酌议漕河合一事宜疏》。

66 （清）昆冈等修，刘启端等纂，《钦定大清会典事例》卷205，《户部·漕运·淮通例限》。

67 （清）杨锡绂撰，《漕运则例纂》卷13，《粮运限期·淮通例限》。"漕粮抵通定例：山东、河南限三月初一日，江北限四月初一日，江南限五月初一日，浙江、江西、湖南、湖北限六月初一日。"

68 （清）载龄等修，福趾等纂，《钦定户部漕运全书》卷13，《兑运事例·淮通例限》，"据鄂宝奏，江西在后各帮，八月二十日外始能抵通"。

69 李文治、江太新著，《清代漕运》（修订版），社会科学文献出版社，2008：130。

70 （民国）赵尔巽等纂，《清史稿》卷127，《河渠志二·运河》。

71 （清）张廷玉等撰，《明史》卷85，《河渠志三·运河上》。（明）王在晋撰，《通漕类编》卷5，《漕运河道》中也有类似记载，只是没有把江漕包括在内，故分为六段："……有六漕，为白漕、为卫漕、为闸漕、为河漕、为湖漕、为浙漕，大抵河势迁异而治法亦各有缓急之殊，六漕之中，唯河漕、湖漕最急，河漕为有源之水，而迁决靡定，湖漕为无源之水，而冲啮可虞。"

72 （民国）赵尔巽等纂，《清史稿》卷127，《河渠志二·运河》，"清自康熙中靳辅开中河，避黄流之险，粮艘经由黄河不过数里，即入中河，于是百八十里之河漕遂废。若白漕之藉资白河，卫漕之导引卫水，闸漕、湖漕之分受山东、江南诸湖，与明代无异"。

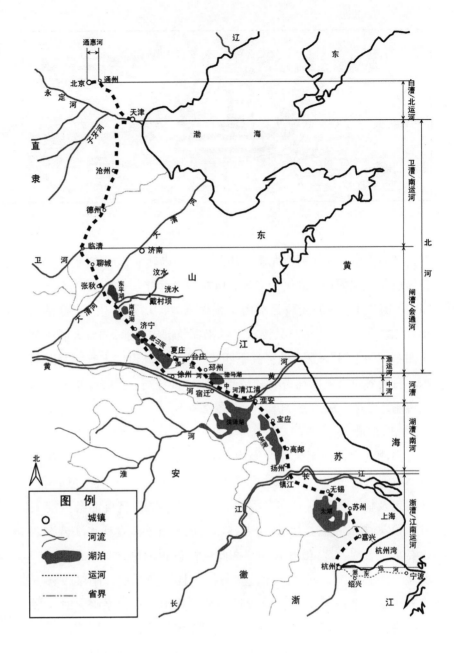

图2-6 明清运河分段示意图

与称谓，如闸河又称会通河；"淮、扬至京口以南之河，通谓之转运河；而由瓜、仪达淮安者，又谓之南河；由黄河达丰、沛，曰中河；由山东达天津，曰北河；由天津达张家湾，曰通济河"[73]（图2-6）。以下将以常见的七段划分法以及通惠河、明后期的迦河及清代中运河进行讨论。

（1）通惠河

通惠河为北京至通州段运河，即元郭守敬所修通惠河故道。通惠河属大通河下游河道，大通河又名潞河，发源于昌平州白浮村神山泉，过榆河会一亩、马眼诸泉，汇为七里泺，东贯都城，由大通桥而东五十里至通州高丽庄入白河，长约160余里（80余千米）[74]。明初永乐间，"积水潭在禁城内，漕舟既集不便停泊，又分流入大

73 （清）张廷玉等撰，《明史》卷85，《河渠志三·运河上》。

74 （明）王圻撰，《续文献通考》卷38，《国运考·漕运中》。《漕运则例纂》卷11，《漕运河道·大通河考》中记载大通河长一百六十四里一百四步。

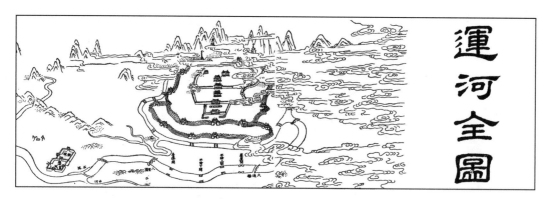

图2-7　通惠河

内，然后南出，启闭蓄泄尤多未便"[75]，"不以转漕，河流渐淤"[76]，曾先后于成化丙申（成化十二年，1476年）命平江伯陈锐、正德丁卯（正德二年，1507年）命郝海、梁垒修浚，均无果[77]。至嘉靖六年（1527年），派漕运总兵锦衣卫都指挥及御史浚通，"自大通桥至通州石坝四十里"，因"地势高下四丈"[78]，"中间设庆丰等六闸以蓄水，每闸各设官夫以司蓄泄。又造剥船分置各闸，责经纪承领，递相转输，以达于京，至今仍之"[79]（图2-7）。

（2）白漕

白漕为自通州至天津段运河，亦称北运河，长223里，属白河下游河道。白河"源出塞地，经密云县雾灵山……南流经通州，合通惠及榆、浑诸河，亦名潞河。三百六十里，至直沽会卫河入海，赖以通漕。杨村以北，势若建瓴，底多淤沙。夏秋水涨苦潦，冬春水微苦涩"[80]。虽有人建议在此河段设置船闸，然由于"河广水盛，涨必他决，底且淤沙，必易损，且河徒无定，闸难改移，盖未达水土之宜"[81]，因而此段运河从未建闸。夏秋暴涨之时，最易冲决，"自永乐至成化初年，凡八决，辄发民夫筑堤"[82]。正统三年（1438年），"命官相视地势，自河西务经二十里改凿顺下，河遂安流。每淤浅处，设铺舍置夫甲专管挑浚，舟过则招呼使避浅而行"[83]。万历三十一年（1603年），"从工部议，挑通州至天津白河，深四尺五寸，所挑沙土即筑堤两岸"[84]。清代在明代基础上又做了进一步的修治，康熙三十九年（1700年），康熙亲临阅视，在武清县筐儿港建减水石坝，开凿引河，两侧筑长堤而注入塌河淀，由贾家沽入海。使得杨村上下百余里运河安流，堤坝坚固。康熙五十年（1711年），开河西务东至三里屯河，长四百余丈。雍正四年（1726年），加宽筐儿港旧坝至六十丈，并拓宽引河。七年（1729年），疏浚贾家沽河道，坝门以下河水安流。但河西务一带距坝稍远，水暴至又发生漫溢。雍正帝亲授方略，于河西务上流青龙湾处建坝四十丈，并开引河，注入七里海。又开宁车沽河导七里

75　（清）载龄等修，福趾等纂，《钦定户部漕运全书》卷40，《漕运河道·大通河考》。

76　（明）王圻撰，《续文献通考》卷38，《国运考·漕运中》。

77　（明）吴仲撰，《通惠河志》卷上，《通惠河考略》。

78　（明）王圻撰，《续文献通考》卷38，《国运考·漕运中》。

79　（清）杨锡绂撰，《漕运则例纂》卷11，《漕运河道·大通河考》。另，《续文献通考》中记载设有五闸，而（明）吴仲撰，《通惠河图》亦画有六闸，分别是庆丰闸、庆丰上闸、平津上闸、平津中闸、平津下闸、通济闸。

80　（清）张廷玉等撰，《明史》卷86，《河渠志四·运河下》。

81　（明）刘天和撰，《问水集》卷1，《白河》。

82　（清）张廷玉等撰，《明史》卷86，《河渠志四·运河下》。

83　（明）王在晋撰，《通漕类编》卷5，《河渠·白河》。

84　（清）张廷玉等撰，《明史》卷86，《河渠志四·运河下》。

河之水，河道安谧[85]（图 2-8）。

（3）卫漕

卫漕为自天津至临清段运河，又名南运河，全长 950 余里，属卫河下游。卫河，旧名御河，"源出河南辉县之苏门山，东北流会淇漳诸水，过临漳，分为二。其一北出，经大名，至武邑，以入滹沱。其一东流，经大名东北，出临清，至直沽会白河入海，长二千余里，今为运河。此河自德州而下渐与海近，河狭地卑，易于冲决，每决辄发丁夫修治。嘉靖十三年（1534 年）议准，恩县、东光、沧州、兴济四处，各建减水闸一座，以泄涨溢之水"[86]。清代，卫河由浚县经大名府东北流，与屯氏河相接应，在东昌府馆陶县与漳河合。又东北流至临清州西，与会通河相接，自此处始为运道。由临清板闸至德州柘园长三百五十里，由柘园入直隶境内，经吴桥、东光、交河、南皮、沧州、青县、静海到达天津，长六百多里[87]。为防止卫河泛滥，明弘治时开两条减水河，一在沧州南十五里绝堤，一在故兴济县。久而湮塞，雍正三年（1725 年），因卫河溢决，开二减水河，各建滚水石坝一座，使卫河水分达海港，水势消泄，卫河无复泛溢之虞[88]（图 2-9）。

（4）闸漕

闸漕为临清至茶城段运河，即会通河。"北至临清，与卫河会，南出茶城口，与黄河会，资汶、洸、泗水及山东泉源"[89]。元代先后开凿济州河、会通河，会通河自开凿以来所指范围不断变化。元时会通河指自安山至临清板闸。明初宋礼重开会通河，济州河之名不著，至明代遂合二河通称会通河，其范围遂扩大至临清至济宁南 60 里许的鲁桥段[90]。明后期又对会通河进行了改道，为避免黄河对闸漕南段河道的冲阻，在鱼台县之南阳至沛县之留城之间开凿南阳新河（图 2-10），长 141 里 88 步。嘉靖六年（1527 年），因黄河决口，命官开浚，"垂成而止"。嘉靖四十四年（1565 年），黄河又决，乃因旧迹疏凿，八个月修成。隆庆元年（1567 年），山水冲决复淤新河之三河口，因而又对新河进行整治，至隆庆三年（1569 年），先后修建石坝、石堤、减水闸等[91]。由于夏镇以南河道逼近黄河，易受黄河之灌。明后期开通泇河，清又开凿中河，清代作为运道的仅为南阳至夏镇[92]。本书所讨论的闸漕范围指从临清至茶城段运河，包括南阳新河。会通河地势变化较大，以南旺为最高点，被称为大运河的水脊，地势的巨大高差使得该段运河难以蓄水，除在运河上设置大量船闸外，还需要采取措施解决水源问题，补充水量，主要有引河济运、引泉济运及设置水柜三个方面，后文将详细论述这三个方面。

85 （清）载龄等修，福趾等纂，《钦定户部漕运全书》卷 40，《漕运河道·白河考》。
86 （明）申时行等修，赵用贤等纂，《大明会典》卷 196，《河渠一·运道一》。
87 （清）载龄等修，福趾等纂，《钦定户部漕运全书》卷 40，《漕运河道·卫河考》。
88 （清）杨锡绂撰，《漕运则例纂》，卷 11，《漕运河道·卫河》。
89 （清）张廷玉等撰，《明史》卷 85，《河渠志三·运道上》。
90 姚汉源著，《京杭运河史》，中国水利水电出版社，1997：144。
91 （明）王圻撰，《续文献通考》卷 38，《国用考·漕运中·南阳新河》。
92 （清）载龄等修，福趾等纂，《钦定户部漕运全书》卷 40，《漕运河道·新河考》，"然夏镇以南，地通于黄，不胜黄水之灌，于是李化龙等复议开泇河以导之，故至今用为运道者，惟自南阳迄夏镇焉"。

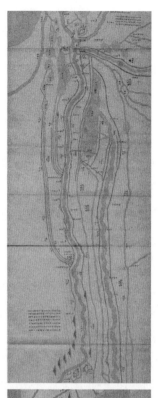

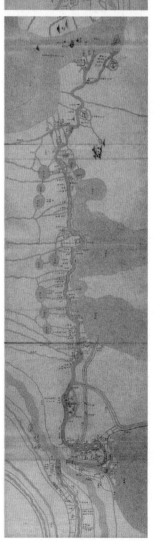

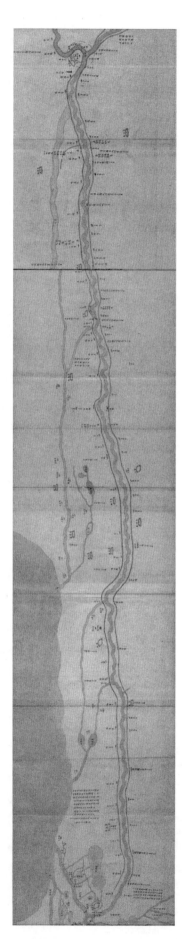

图2-8 白漕（左上）

图2-9 卫漕（右）

图2-12 湖漕（左下）

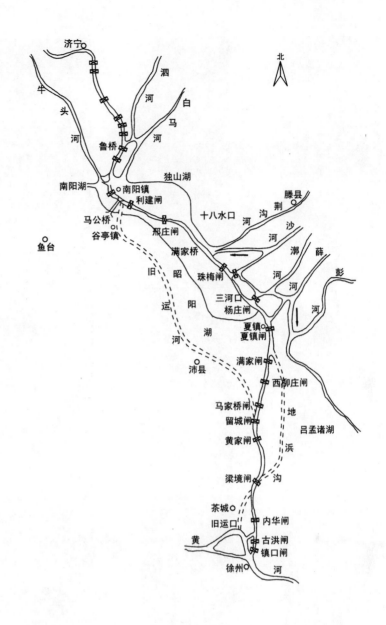

图2-10　南阳新河示意图

（5）河漕

河漕指徐州茶城至淮安清口段运河，长605里，原属泗河下游河道。此河道有徐州、吕梁二洪，极其危险，为克服徐、吕二洪之险，使此河道能通重载，必须引其他水源接济。明弘治朝（1488—1505年）以前，引黄河的一个分支东行徐州会泗河，正德朝（1506—1521年）以后，黄河正流始长期东行，方称此道为河漕[93]（图2-11）。

（6）湖漕（图2-12）

湖漕自淮安抵扬州，长370余里，至扬州湾东分为二支，一支由仪真入长江，湖广、江西漕船由此入运河；一支由瓜洲入江，江南、浙江漕船由此入运。此段运河"本非河道，专取诸湖之水"，因此称为"湖漕"[94]，亦称为"南河"[95]。该段运河极为重要，如明人徐标所言，"淮扬南河，百谷交汇，巨湖为壑，黄淮于此归墟，江海

93　蔡泰彬撰，《明代漕河之整治与管理》，台湾商务印书馆，1992：32。
94　（清）张廷玉等撰，《明史》卷85，《河渠志三·运河上》。
95　（清）顾祖禹撰，《读史方舆纪要》卷129，《川渎六·漕河》，"漕河自扬州府以达于淮安，所谓南河也。"

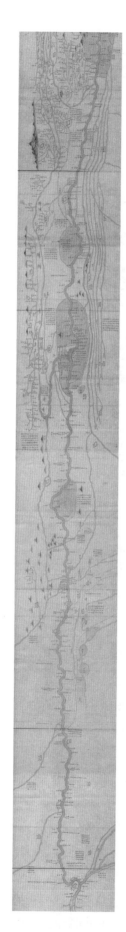 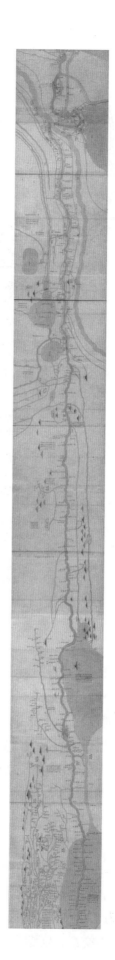 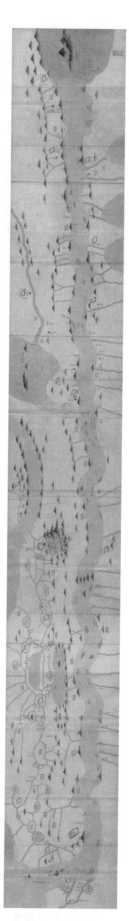

图2-11 临清至淮安段运河（包含闸漕、河漕、泇河、中河）（左、中）

图2-13 浙漕、江漕（右）

于此受注，漕运于此终始"[96]。此河道除南段的仪真河、瓜洲河以及北端的清江浦河为人工挑浚而成外，其余河道在明初为南北相连的湖泊，湖泊自北而南为：宝应的白马湖、清水湖、氾光湖（即宝应湖）、界首湖（即津湖），高邮的张良湖、七里湖、新开湖、甓社湖，江都的邵伯湖。粮艘行于湖中，每逢西北风大作，湖水起浪，常有覆溺之患[97]。为避湖险，乃逐渐开凿月河（越河），修筑堤坝，使运道逐渐渠化，不再行于湖中。弘治二年（1489年），"户部侍郎白昂以运舟入新开湖多覆溺，奏开复河于高邮堤东，名康济河，亘四十余里"[98]。万历十三年（1585年），采纳总漕都御史李世达建议，开凿宝应月河，完工后赐名"弘济河"。万历二十六年（1598年），总河刘东星"开邵伯月河，长十八里，阔十八丈有奇，以避湖险。又开界首月河，长千八百余丈"[99]。自此，河道与湖泊相分离。清代在此基础上进行进一步的完善与修浚，如康熙十六年（1677年），在高邮湖中绕迴开河一道，改筑东西堤，名"永安河"[100]。

（7）江漕

江漕指长江段河道，"江漕者，湖广漕舟由汉、沔下浔阳，江西漕舟出章江、鄱阳而会于湖口，暨南直隶宁、太、池、安、江宁、广德之舟，同浮大江，入仪真通江闸，以溯淮、扬入闸河"[101]。

（8）浙漕

长江以南至杭州段运河称为浙漕，亦称江南运河。除苏州府一带临近太湖，有湖水补给外，苏州以北达江河道，主要有丹阳的金坛河，武进的白鹤溪、九里河，无锡的梁溪[102]，以及引江潮内灌。镇江河道地处大小夹冈，为此段运河之最高点，以致河水易走泄，故需丹阳练湖蓄水以济运。苏州以南至杭州段河道，地势平衍，河水充沛[103]（图2-13）。

（9）伽河、中河

为避黄河之险，使黄运分离，从明末至清初进行了一系列尝试，其中最有成效的当属开凿伽河及中河，使得漕船过淮以后可以不再经行黄河，亦避免了徐州、吕梁二洪的危险。

伽河以东西两伽水得名，东伽发源于费县箕山，经沂州下庄而南；西伽出峄县抱犊山东南流，至三合村与东伽合，又南合武河至邳州入泗，谓之伽口。伽河的开凿最早由总河翁大立提出，总河李化龙开通。隆庆初翁大立屡请开伽河，自马家桥至邳州以避二洪之险，因经费难筹而停止。万历二十一年（1593年），因汶泗泛溢，堤毁运阻，因而挑韩庄中心沟通彭河水道入黄，始开伽口。万历二十五年（1597年）黄河决口致使二洪涸，命河臣刘东星寻韩庄故道凿良城候迁闸及挑万庄，由黄泥湾至宿迁董家口，伽脉始通。

96 （明）朱国盛纂，徐标续纂，《南河志》，徐标之序。
97 蔡泰彬撰，《明代漕河之整治与管理》，台湾商务印书馆，1992：33。
98 （清）杨宜仑、夏之蓉、沈之本，《乾隆高邮州志》卷2，《河渠志·运河》。
99 （清）张廷玉等撰，《明史》卷85，《河渠志三·运河上》。
100 （清）载龄等修，福趾等纂，《钦定户部漕运全书》卷41，《漕运河道·高宝运河考》。
101 （清）张廷玉等撰，《明史》卷86，《河渠志四·运河下》。（清）傅泽洪撰，《行水金鉴》卷79，《江水》，"扬州以南瓜仪并通漕，江西、湖广上江之舟并由大江入黄泥滩，过仪真通江闸，以溯扬淮，所谓江漕也"。
102 （清）顾祖禹撰，《读史方舆纪要》卷25，《南直隶七》。
103 蔡泰彬撰，《明代漕河之整治与管理》，台湾商务印书馆，1992：36。

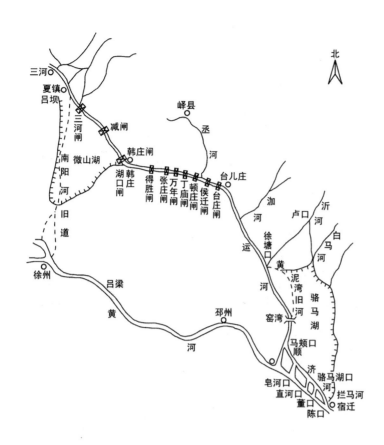

北

图2-14 明代泇河示意图

万历三十年（1602年）黄河决沛县，由昭阳湖穿过夏镇横冲运道。万历三十二年（1604年）正月，工部覆李化龙奏疏，李化龙在奏疏中认为开泇河有"六善"、"二不必疑"："泇河开，而运不借河，有水无水听之，善一。以二百六十里之泇河，避三百三十里之黄河，善二。运不借河，则我为政得以熟察机宜而治之，善三。估费二十万金开二百六十里，比朱尚书新河事半功倍，善四。开河必行召募，春荒役兴，麦熟人散，富民不苦赔，穷民不苦养，善五。粮舡过洪，实约春尽，以畏河涨，运入泇河，朝暮无妨，善六。有此六善，为陵捍患，为民御灾，无疑者一。徐州城向苦洪水暴至，泇河既开，徐民之为鱼亦少，无疑者二。"[104] 得到明神宗允许而开泇河，泇河起自夏镇，迄于董口，长260里，以避黄河360里之险。万历三十二年（1604年）开通，后杨一鹏避湾取直，使粮艘遄行更为便捷，曹时聘加以展拓建坝修堤，乾隆二十三年（1758年）建滚水石坝[105]。泇河开通后，使运河避免了黄河在徐邳丰一带的冲决，运道大通，是明代运河治理的一件大事（图2-14）。

中河开通以前，运道自清口达张庄，历黄河险溜200里，每遇风涛多淹滞。康熙二十六年（1687年），总河靳辅奉命于黄河北岸遥、缕二堤之内加挑中河一道，上接张庄运口及骆马湖之清水，下历桃、清、山、安以达于海，而在清口对岸之清河县西仲庄建石闸一座，漕船出清口即截流迳渡，由仲家庄闸进入中河北上入闸漕。

104 《明神宗实录》卷392，万历三十二年正月乙丑条。
105 （清）载龄等修，福趾等纂，《钦定户部漕运全书》卷40，《漕运河道·泇河考》。另姚汉源著，《京杭运河史》中国水利水电出版社，1997：258－266详细阐述了泇河的开凿过程以及善后和维修管理。

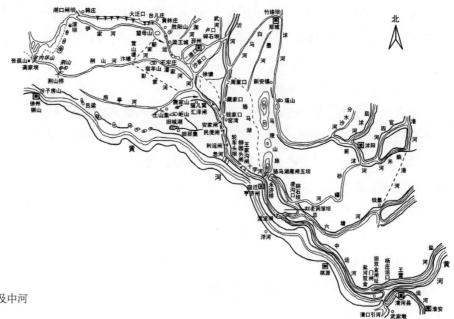

图2-15 清中期邳宿运河及中河
（乾隆中形势图）

又开凿一道河用于暴涨时泄水，该河起于清河县，自安东潮河入海。康熙三十八年（1699年）总河于化龙因中河南岸洼下，子堤不能坚久，而自桃源盛家道口起至清河开新中河，改北岸为南岸，另新筑北堤。后因新中河河头弯曲，三义坝以迤上河身浅窄，又筑一拦河堤，改旧中河入新中河，合而为一。康熙四十二年（1703年），康熙巡视南河，因仲家庄闸口与清口相直，仲庄水势冲激逼溜难行，清口水不得畅出。总河张鹏翮改建运口于杨家庄，起黄河岸至中河盐坝挑引河一道，筑南北堤岸，建御示闸及花家庄盐坝。自此以后，清水畅流，粮艘逶行无阻[106]。康熙六十一年（1722年）又自徐家口迤上接彭家口开越河一道行运。雍正二年（1724年）于建徐家口、胜羊山、大王庙三处建河清、河定、河成三座石坝，五年（1727年）建骆马湖侧之王家沟五孔石坝，十年（1732年），修骆马湖竹络坝[107]（图2-15）。

以上较为简略地叙述了大运河各段的情况，《清史稿》中对各段运河治理的难易有精准的概括："夫黄河南行，淮先受病，淮病则运亦病。由是治河、导淮、济运三策，群萃于淮安、清口一隅，施式之勤，糜帑之钜，人民田庐之频岁受灾，未有甚于此者。盖清口一隅，意在蓄清敌黄。然淮强固可刷黄，而过盛则运堤莫保，淮弱末由济运，黄流又有倒灌之虞，非若白漕、卫漕仅从事疏淤塞决，闸漕、湖漕但期蓄泄得宜而已。至江漕、浙漕，号称易治。江漕自湖广、江西沿汉、沔、鄱阳而下，同入仪河，溯流上驶。京口以南，运河惟徒、阳、阳武等邑时劳疏浚，无锡而下，直抵苏州，与嘉、

106 （清）杨锡绂撰，《漕运则例纂》，卷11，《漕运河道·中河考》。
107 （清）载龄等修，福趾等纂，《钦定户部漕运全书》卷40，《漕运河道·中河皂河考》。

杭之运河，固皆清流顺轨，不烦人力。"[108] 长江以南运河治理所费人力不多，古人讨论运河的整治与管理时，关注的较少，往往不纳入话语之中。在许多古文献中，运河则仅指长江以北段运河。

2. 分段管理运作与管理建筑分布

在大运河管理方面，漕运与河道均分为中央级与地方级两部分：中央级管理活动以全线为范围，而地方级管理活动比较局限，以府、州、县为单位，最小一级为县级。在分段管理中，河道管理与漕运管理联系密切。

（1）中央级管理

中央派出的河道管理机构主要有总河、郎中、主事等，由总河统领运河全线河道，工部派出的管河郎中及其所属的主事则分段管理。漕运管理主要为漕运总督、巡漕御史以及总督仓场等，由漕运总督总理漕运事务，而由巡漕御史分段巡视。据蔡泰彬研究，漕河的划分依据有三：一是按行政区划，即北直隶、山东、南直隶（因江北漕河流经此三省）；二是根据河段，分为通惠河、白漕、卫漕、闸漕、河漕、湖漕；三是根据距离，以济宁为中心分为南北两段，到明代晚期，在实际运作上，则是三者参互运用[109]。

① 管河郎中分段管理

永乐朝时，以济宁为分界点，把大运河分为南北两段，以左右通政少卿或都水司管理[110]。正统四年（1439年），因漕运总兵官王瑜建言："自通州至仪真三千余里，河水盈缩不时，洪闸疏治功多，而漕舟二万余艘及官民客商往来，舟楫不可胜计。永乐间督理运河者，至百二十余人，后渐裁省。宣德间犹有十余人，今若止令二人巡视，恐非所能办。事下行在工部覆奏请仍遣郎中孙昇等六人分督。……从之。"[111] 遂由原来的两人增为六人，但仍以济宁为分界点，济宁以南由侍郎管理，济宁以北归都御史管理[112]。

天顺七年（1463年），"始分河道为三节，北至通州至德州属郎中一员"[113]。在两段法的基础上，可推知通州至德州为一段，德州至济宁为一段，济宁以南为一段。

明成化七年（1471年），采纳总督漕运兼巡抚淮扬等处右副都御史陈濂的建言，将运河河道分为三段进行管理，通州至德州为北段，德州至沛县为中段，沛县至仪真、瓜洲为南段[114]。成化十三年（1477年），又恢复了两段法，分为南北两段[115]。

弘治七年（1494年）十二月，刘大夏又主张把大运河分为三段管理，"今自济宁直抵通州，相去一千八百余里，而天津北上，逆水尤难，若止责与一人提调，恐致误事。乞敕该部依臣等前奏，仍分而为三，南北各该工部郎中一员，中间增设通政一员提调。"[116] 这

108 （民国）赵尔巽等纂，《清史稿》卷127，《河渠志二·运河》。

109 蔡泰彬撰，《明代漕河之整治与管理》，台湾商务印书馆，1992：343。此处的漕河仅指长江以北段运河。

110 （明）谢肇淛撰，《北河纪》卷5，《河臣纪》，"国朝或以工部尚书侍郎侯伯都督提督运河，自济宁分南北界，或差左右通政少卿，或都水司属"。

111 《明英宗实录》卷50，正统四年正月戊戌条。

112 （明）申时行等修，赵用贤等纂，《大明会典》卷198，《河渠三·运道三》。"正统四年（1439年），定巡视河道部属官六员。提督侍郎、都御史各一员。以济宁为界，其南属侍郎，其北属都御史"。

113 （明）周之翰撰，《通粮厅志》卷12，《备考志·通州工部管河考》。

114 （清）傅泽洪撰，《行水金鉴》卷110，《运河水》，成化七年陈濂奏："自通州至仪真瓜洲二三千里，往来修治，非一二人能办，况首尾不接，岁月不常，时无统制，功难责成。今宜进升郎中专理沛县至仪真瓜洲一带，善副使专理山东地方，见管通州河道郎中陆铺专理通州至德州一带。……从之。"（清）张廷玉撰，《明史》卷85，《河渠志三·运河上》亦记载："成化七年，又因廷议，分漕河沛县以南、德州以北及山东为三道，各委曹郎及监司专理。"

115 《明宪宗实录》卷162，成化十三年二月癸酉条，"陈善虽职风宪终是外官且所管地方止于山东其南北直隶则非所属宜循旧例以南北河道分委郭昇杨恭。"

一建议得到采纳，"下工部采纳俱从之"[117]，弘治七年（1494年）十二月"升山东布政司左参政张缙为通政司右通政，提调沙河至德州"[118]，可知当时由北河郎中管理通州至德州段（此时通惠河尚未开通），南河郎中管理沙河（沛县北）至仪真、瓜洲段，而通政司右通政则管理沙河至德州段。

正德六年（1511年）则又分为两段，"南北河道请推重臣二员分理，且督有司疏浚"[119]，仍以济宁为分界点，"正德六年（1511年）改工部都水司郎中，专治济宁以北河道"[120]。

至嘉靖七年（1528年）六月通惠河浚通以后，设置通惠河郎中管理通惠河，驻扎通州，并兼管天津一带河道[121]。使得原来的两段法发生了变化，并使北河郎中的管辖范围缩短为天津至济宁。

隆庆元年（1567年），朱衡开通南阳新河，该河自鱼台之南阳至沛县之留城，从行政区划上跨越南直隶与山东两地，为界分南河郎中、北河郎中之职掌，以宋家口为分界点，"自宋家口以南至白洋浅，属南河郎中督理，自宋家口以北属北河郎中督理"[122]。万历五年（1577年）闰八月，"徐州河淤淀，宿、邳、清、桃两岸多决，淮水为河所迫徙而南，高宝湖堤大坏"，南河郎中任务由此加重。在此情形下，工部都给事中刘铉建议："南河郎中不便顾理淮北，请添郎中一员，于淮徐适中处，专治淮黄一带河道，其徐吕二洪主事，可并一员。……从之。"[123]万历五年（1577年），"添设中河郎中一员，驻札吕梁，兼管洪事"[124]。中河郎中的管辖范围，在其设立时仅为吕梁洪以东至清江浦道口间五百里之二洪运道[125]。万历六年（1578年），"革徐州洪主事，并属中河郎中兼管"[126]，中河郎中的管辖范围较之以前有所扩大，"自梁境至天妃闸六百余里"[127]。万历十六年（1588年），常居敬认为中河郎中管辖范围辽远，不能周全，特别是伏秋时节，黄河涨水，中河郎中需时时料理徐、邳沿河堤坝，同时也要疏浚漕渠，势必难以顾全。因而建议将梁境至首闸之河道归夏镇主事管理，中河郎中则专理黄河。这一建议得以采纳[128]。南阳新河开通以后，大运河被分成四段加以管理，通惠河郎中管理北京至天津段；北河郎中管理天津至济宁段；中河郎中万历六年（1578年）管理梁境至天妃闸，万历十六年（1588年）以后专管河漕；南河郎中则管理清江口至瓜洲、仪真段。

万历三十二年（1604年），泇河开通后，其管理权分为两段，北段自沛县夏镇南至峄县王闸间157里，归夏镇主事提调；南段自峄县梁王闸至邳州直河口间100余里，命中河郎中督理。可见，泇河开通后，夏镇主事管辖范围有所增加，责任相较中河郎中更大。万历三十五年（1607年）四月，总河曹时聘疏言将夏镇主事升为夏镇

116 （明）陈子龙等辑，《皇明经世文编》卷79，《刘忠宣集·河防粮运疏》。
117 《明孝宗实录》卷105，弘治八年十月丙寅条，"内官监太监李兴平江伯陈锐都御史刘大夏奏河防粮运六事……今自济宁直抵通州，相去一千八百余里，而天津北上，逆水尤难，若止责与一人提调，恐致误事。乞敕该部依臣等前奏，仍分其地为三，南北各设工部郎中一员，中间增设通政一员提调。下工部覆奏俱从之。"
118 《明孝宗实录》卷95，弘治七年十二月壬申条。
119 《明武宗实录》卷80，正德六年十月辛丑条。
120 （明）焦竑辑，《国朝献征录》卷101，《广西按察司副使廖公纪墓志铭》。
121 （明）周之翰撰，《通粮厅志》卷12，《备考志·通州工部管河考》，"嘉靖七年，修浚大通河成，设郎中一员驻扎通州，往来督理，兼管天津一带河道"。
122 （清）傅泽洪撰，《行水金鉴》卷117，《运河水》，"甲子总理河道尚书朱衡条议新河应举事宜"。
123 （清）傅泽洪撰，《行水金鉴》卷29，《河水》。
124 （清）傅泽洪撰，《行水金鉴》卷165，《官司》。（明）申时行等修，赵用贤等纂，《大明会典》卷198，《河渠三·运道三》亦有相同记载。
125 蔡泰彬撰，《明代漕河之整治与管理》，台湾商务印书馆，1992：347。
126 （清）傅泽洪撰，《行水金鉴》卷165，《官司》。
127 （明）潘季驯撰，《河防一览》卷14，《钦奉勅谕查理河漕疏》。
128 （明）潘季驯撰，《河防一览》卷14，《钦奉勅谕查理河漕疏》，"道里辽远，则耳目有所难周，闸河兼司，则事体有所未便。当伏秋河涨，徐邳沿河堤坝俱当时时料理，乃复欲遡流而上，浚漕渠而防淤阻，其将能乎？似应将梁境至首闸，尽属夏镇主事管理，中河郎中专管黄河。"

郎中:"夏镇分司原管闸河上自珠梅下抵黄家运渠地方,不过百里。自梁境以下,俱属中河,故责任差轻。自万历十六年(1588年)黄河盛涨倒灌镇口,遂议将梁境镇口并丁家集缕堤尽属夏镇,责任已倍矣,然此不过百五十里之河耳。今洳河既开,自李家巷至刘昌庄则系沛县,自刘昌下抵黄林则入滕峄之境,延长一百六十余里,悉系漕艘。使官仍主事,则品秩未崇,敕谕未颁,则事权不重,宜将夏镇主事改为郎中,颁给敕书,照中河事例,庶事权重而臂指相联,漕渠永赖矣。"[129]

至此,大运河的分段管理格局已变成五段,通惠河郎中管理北京至天津;北河郎中管理天津至南阳;夏镇工部郎中管理沛县珠梅闸至徐州镇口闸,及沛县夏镇至峄县梁王城之洳河;中河郎中则管理徐州镇口闸至淮安之清江浦运口,以及峄县梁王至宿迁直河口之洳河;南河郎中管理淮安之清江浦运口至瓜洲、仪真[130]。

明代管河郎中管辖范围的演变(图2-16,见文后彩图部分)概括如下:管河郎中作为中央派出的专管运河河道大臣,其在总河的统领下分段管理北京至长江段大运河。明永乐朝至嘉靖七年(1528年)以前100多年时间里,通州至长江段大运河分为两段或三段,变化不定,但仅有两名管河郎中;嘉靖七年(1528年),随着通惠河的开通,增加了通惠河郎中,使得漕河变为三段,这种情况一直持续到隆庆元年(1567年)南阳新河开通;隆庆、万历年间南阳新河、洳河先后开通,山东与南直隶交界地带的运河格局发生了变化,先后增加了中河郎中、夏镇郎中,至万历三十五年(1607年)大运河分段管理最终变为五段,分别由五名郎中掌管。其管理范围呈现出逐渐缩短的特征,分析其原因主要是因为随着河道变化及漕运发展,河道管理事务增加,同时由于对管河官员的严格考核,使得必须明确责任。黄河的夺淮入海以及不断决堤,使得山东南部闸河、黄河、运河、淮河关系复杂,避黄河之险而开凿南阳新河、中河、洳河,山东、南直隶交界之地变为河事繁杂之处,这客观上促成了大运河分段的细化和缩短,中河郎中、夏镇郎中的产生是最直接的表现。

江南运河则无管河郎中,运河事宜归水利部门一并管理,明万历元年(1573年),"题准苏、常、镇三府运河,责之苏松兵备副使,浙西运河,责之浙江水利佥事,照所辖地方时加疏浚"[131]。

清代顺治时期管河郎中管辖河道范围与明末大致相同(图2-17,见文后彩图部分),据《两河清汇》载亦分为五段:通惠河分司(郎中)驻通州,所辖自昌平州入内府,由大通桥至通州,又会白河至天津卫入运河,共360里;北河分司(郎中)驻张秋,管辖范围

129 《明神宗实录》卷432,万历三十五年四月戊申条。
130 蔡泰彬撰,《明代漕河之整治与管理》,台湾商务印书馆,1992:348。
131 (清)傅泽洪撰,《行水金鉴》卷165,《官司》。

是北自静海县稍直口起，南至山东兖州府鱼台县邢庄闸止，长 1820里 180 步；夏镇分司（郎中）驻夏镇，所属除黄河外，运河珈河自山东鱼台县王家口起，为直隶蒲县河道，至山东滕县刘昌庄为山东峄县界吴家桥，又自吴家桥起至江南邳州界黄庄止，共 208 里；中河分司（郎中）驻吕梁，所辖除黄河外，运河即珈河，自江南邳州黄林庄起至骆马湖口止，长 190 里；南河分司（郎中）驻高邮，所管运河北自清口，南至瓜洲[132]。康熙年间，分司多裁撤，设管河道，相当于管河郎中之职。原管河郎中所管之河道，多归并于管河道。康熙十五年（1676 年）裁夏镇分司，滕、峄两县归东兖道，沛县归淮徐道，十七年（1678 年）滕、峄改归济宁道；康熙十七年（1678 年）裁北河分司，归并济宁、天津两道；同年裁中河分司，分归淮扬、淮徐两道；裁南河分司，亦分归淮扬、淮徐两道[133]。

明清两代均由工部派出的管河郎中（或分司）对运河实行分段管理，管河郎中是介于总河与地方管河官之间的关键，专理河务，不得兼理其他杂事，"往来提督所属军卫、有司，掌印、管河并闸、坝等项官员人等及时挑浚淤浅，导引泉源，修筑堤岸"[134]，以保证河道畅通，确保漕运的顺利进行。明代两段法或三段法在划分时综合考虑了行政区划与距离，明代两段法分界点为济宁，因"济宁居运道之中"[135]，据《漕河图志》所记漕河水程计算，漕河自通州合和驿至仪真驿全长 2900 里，自通州合和驿至济宁州南城驿共 1630 里，基本处于中间位置。三段法则以德州、济宁（或沛县）为界，通州合和驿至德州最北边的良店驿长 850 里，良店驿至济宁南城驿长 780里，济宁南城驿至仪真驿长 1270 里（图 2-18）。良店驿至沛县泗亭驿长 960 里，泗亭驿至仪真驿长 1090 里，可见以德州、沛县为分界点更接近于三等分。通惠河开通以后至清代，分段管理多是突破行政区划（特别是省级），更多地是考虑了不同河段的特征来加以划分。如北河郎中跨越山东与北直隶两省，而在山东与南直隶相接地带，黄、淮、运关系复杂，因而设立中河、夏镇管河郎中管理。

明清时期，管河郎中驻扎之处相同，通惠河郎中驻通州，北河郎中驻张秋镇，中河郎中驻吕梁，夏镇郎中驻夏镇，南河郎中驻高邮。驻扎之处的选择首先是出于管理运作方便之需，该处多为大运河的重要节点，而行政区划级别基本不作为考虑因素。以北河郎中驻扎地张秋为例分析其原因。

张秋自元代即为会通河重地，元代开会通河后，在景德镇（即张秋）设有都水分监，"饬渠闸之政令，而张秋始称咽喉重地"[136]。一直到清代，张秋的这一地位仍如此，"自东阿北界六十里至官窑口铺接东昌府聊城县南界，有六闸，曰荆门上、曰荆门下、曰阿城

132 （清）薛凤祚撰，《两河清汇》卷 2，《运河·运河总部职官》。

133 （清）傅泽洪撰，《行水金鉴》卷 174，《河道钱粮》。

134 （明）谢肇淛撰，《北河纪》卷 5，《河臣纪》。

135 （明）王在晋撰，《通漕类编》卷 5，《漕河总论》。

136 （清）林芃修，马之骦纂，《张秋志》卷 3，《河渠志一·漕河》。

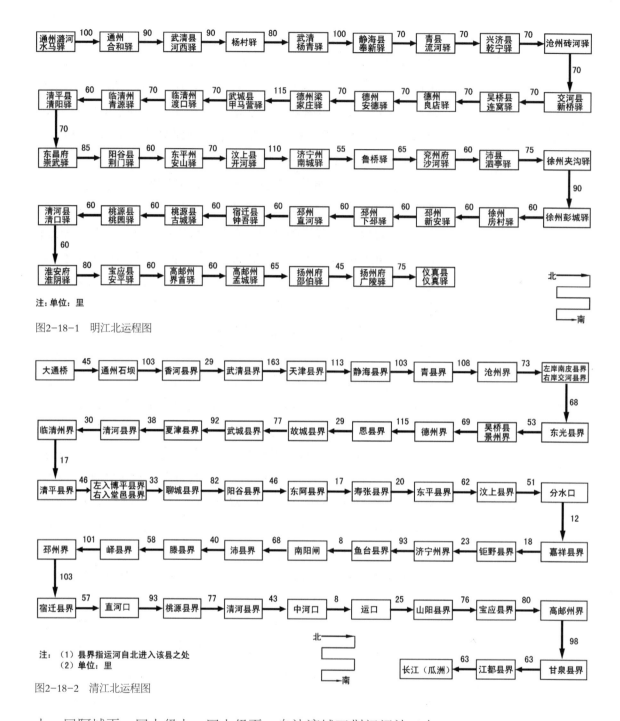

注：单位：里

图2-18-1　明江北运程图

注：（1）县界指运河自北进入该县之处
　　（2）单位：里

图2-18-2　清江北运程图

上、曰阿城下、曰七级上、曰七级下，自沙湾铺至荆门闸计二十里，张秋镇在焉，运道咽喉，是为张秋河"[137]。宣德十年（1435年）朝廷就注意到沙湾张秋段运河因引黄河支流而造成河道壅塞，皇帝同意进行疏凿[138]。在正统元年（1436年）就有人建议工部委官一员"巡视提督"张秋段运河，"遇有淤塞，会同河南三司鸠工疏浚之"，建议得到采纳[139]。黄河于正统十三年（1448年）在荥阳决口，大水冲至张秋，冲溃沙湾大堤。这是张秋段运河第一次遭到黄河的大破坏。事后，朝廷先后派王永和、石璞前往治理，均未取得成功，"再塞再决"。《天下郡国利病书》载："正统十三年（1448年）七

137　（清）傅泽洪撰，《行水金鉴》卷155，《运河水》。
138　（清）林芃修，马之骦纂，《张秋志》卷3，《河渠志一·漕河》，"（宣德）十年九月，廷臣议漕运事宜言，沙湾张秋运河旧引黄河支流，今岁久河聚，河水壅塞，而运河几绝，宜加疏凿。从之"。
139　（清）林芃修，马之骦纂，《张秋志》卷3，《河渠志二·河工》。

月，河决荥阳，从开封北经曹濮，冲张秋，溃沙湾之东堤，以达于海。事闻上，命工部右侍郎王永和往理其事。"[140] 在明正统年间黄河冲决张秋沙湾以后，张秋成为处理黄运关系的关键节点，也成为河道管理重地，"张秋河政，其利在汶而其要害在黄河"[141]。虽然明清两代张秋仅为镇一级行政区划，但因为是处理黄运关系的重要节点，故而一直设管河郎中于此。

② 巡漕御史分段巡察

隆庆元年（1567年），因当时漕政日益废驰，弊病百出，以致漕运经常失期，有的延迟四个月之久。鉴于此，户科给事中何起鸣建议于南直隶及浙江杭、嘉、湖增设御史，专理漕运。得到允许，增设江浙巡漕御史[142]。从其职责来看也是分段管理，且管理漕运的同时，也兼管部分河道，"其济宁以南河道、旧属两淮巡盐御史管带者，并以委之。监兑时则巡历淮安以南，水盛时则巡历徐州以北"[143]。

清"顺治初沿明制遣御史巡漕"[144]，分别设有巡视南漕御史一员，驻扎镇江，料理漕务，催督漕船抵通交卸，新任则督押回南；巡视北漕御史一员，驻扎通州，兼理一切仓粮事务。南视巡漕御史责任更大，可以说一人负责了镇江至通州沿途重运、回空的催趱、巡察任务。顺治十四年（1657年）裁巡视南漕御史，康熙七年（1668年）裁巡视北漕御史[145]。雍正七年（1729年）因"粮船过淮抵通，多有陋规"，"分遣御史二人往淮安稽察，二人往通州稽察"[146]。巡漕御史增加至四员，淮安两员巡漕御史的职责是："稽察官吏人等向旗丁需索及旗丁夹带私盐并违禁等物，严查淮安与白洋河东八闸等处地方光棍勾通催漕，弁丁勒添、统夫加价、分肥累丁等弊，俟漕船过淮出临清之后，随漕直抵天津，沿路查看，如遇运河石块木椿，该管官起除不净，以致抵触漕船及官弁需索稽留，俱令查参。"[147] 乾隆二年（1737年）定制设四员巡漕巡史，并规定了各自的巡察范围，"一员驻扎淮安，巡察江南江口起至山东境交界止；一员驻扎通州，巡察至天津止；一员驻扎济宁，巡察山东台庄起至北直交境止；一员驻扎天津，巡察至山东交境止"[148]。御史巡察各自管辖范围，催趱运船，事毕后回京，"南漕御史催过台庄回京，东漕御史催过德州之柘园回京，天津御史通漕尾帮全过天津关回京，通州御史各省漕粮兑竣回京"[149]。山东台庄、德州之柘园（即桑园）以及天津为四员巡漕御史巡视范围之分界点。此后，该四员巡漕御史的管辖范围又因漕运事务之实情而发生变化。

通州巡漕御史的变化与天津巡漕御史关联较大，故一并讨论。乾隆十七年（1752年），因"通仓积弊甚多"，钦点四员前往通州巡视。乾隆二十三年（1758年）奏准，"通州巡漕御史四员，以一员

140 （清）顾炎武著，《天下郡国利病书》，《山东备录》。
141 （清）林芃修，马之骦纂，《张秋志》卷3，《河渠志一·漕河》。
142 （清）张廷玉等撰，《御定资治通鉴纲目三编》卷25，"时漕政废弛，有司急缓，军卫迁延，重以运官科求，旗甲侵费，弊端百出，以致漕运失期。旧制江北粮米当十二月以内过淮，远者不过次年之三月，时有迟至次年六七月者；山东粮米当四月运完，远者不过七月，时有迟至十一月者。至是户科给事中何起鸣，请于南直隶、浙江杭嘉湖增设御史一员，令专理漕运，其济宁以南河道旧属两淮巡盐御史带管者，并委之。监兑时则巡历淮安以南，水盛时则巡历徐州以北，庶河道漕运可兼摄而并举。从之。"
143 《明穆宗实录》卷3，隆庆元年正月辛未条。
144 （清）《皇朝通典》卷33，《职官十一·漕运各官》。
145 （清）载龄等修，福趾等纂，《钦定户部漕运全书》卷21，《督运职掌·监临官制》。
146 （清）《皇朝通典》卷33，《职官十一·漕运各官》。
147 （清）杨锡绂纂，《漕运则例纂》卷5，《督运职掌》，《监临官制·巡漕御史》。
148 （清）载龄等修，福趾等纂，《钦定户部漕运全书》卷21，《督运职掌·监临官制》。此外，（清）《皇朝通典》卷33，《职官十一·漕运各官》；《钦定大清会典则例》卷148，《都察院四》；（清）杨锡绂纂，《漕运则例纂》卷5，《督运职掌》，《监临官制·巡漕御史》都有相同记载。
149 （清）杨锡绂纂，《漕运则例纂》卷5，《督运职掌》，《监临官制·巡漕御史》。

轮驻杨村，是年又奏准于通州巡漕四员内分派满汉各一员，专驻杨村，料理剥船、稽查挑浚，以专责成，不必轮替"[150]，并裁汰天津巡漕御史。乾隆二十四年（1759年），奉上谕停止杨村巡漕御史驻扎，天津以南至德州归东漕御史管理，粮船入津后，由通州巡漕御史管理[151]。乾隆二十六年（1761年）奏准，因临清以北至天津以南有一千多里，山东巡漕御史驻扎济宁，难免鞭长莫及，将通州二员巡漕御史派驻天津一员，巡察至直隶山东交界之柘园地方止，通州只留一员[152]。

乾隆二十三年（1758年）奏准，因淮安巡漕御史盘验粮数、督催船行之责已由同驻淮安的漕运总督负责，"淮安巡漕御史移驻瓜洲、仪征之间弹压催趱"[153]。同时，该南巡漕御史在徒阳挑挖运河时，须过江查勘，但不能至苏州一带迎提漕船。但实际中南巡漕御史往往以迎提漕船为名，过江远行，造成诸多骚扰。嘉庆十三年（1808年），下旨不准其远涉，江苏、浙江一带漕船由江苏巡抚就近催趱[154]。

清初顺治朝时，巡漕御史的设置沿袭明制。顺治末康熙初裁撤巡漕御史，雍正七年（1729年）复设，至乾隆二年（1737年）基本定制，以后变化较小。从清初至乾隆朝从人数设置上表现出增加的趋势，管辖范围上则是缩短，且范围划分上表现出以省级或府级行政区划为范围的特征。

明清两代管河郎中与巡漕御史均采用分段管理的方式，充分体现了大运河分段管理的特征。两者的设置均呈现出人数逐渐增加、管理范围不断缩减的特征，同时两者所管辖的范围具有很大的重叠性，这反映了明清大运河管理中河漕事务不断增加，管理人员职责更加明晰的特点，同时也是漕运管理与河道管理相互合作的表现，反映了明清大运河管理的两套管理体系相互关联、互相交融的特征，两者共同构成了大运河管理的主要内容。同时，大运河分段管理与管理建筑的空间分布呈现出很强的关联性，分段管理的分界点多是设置管理建筑之处。

（2）地方管河官一身二职：管理河道与催趱漕船

明清濒临大运河的府、州、县均设有管理河道的专官，其在行政关系上隶属于地方，但服务于大运河管理体系，受其节制管理考核，这一点从任命谢肇淛为北河郎中的敕书对其职权的界定可以看出，"其各该掌印管河文武官员贤否，尔备送工部，转送吏兵二部黜陟"[155]。"府、州、县之濒漕河者，增置通判、判官、主簿各一员，以司河防之务，因事繁简，废置不常"[156]。《行水金鉴》中记载了明嘉靖朝以前沿河州县管河专官的废立情况，实为废立不常[157]。然而至明晚期，大运河沿岸各州、县、卫、所都已设立河官[158]。地方管

150 （清）杨锡绂纂，《漕运则例纂》卷5，《督运职掌》，《监临官制·巡漕御史》。

151 （清）杨锡绂纂，《漕运则例纂》卷5，《督运职掌》，《监临官制·巡漕御史》。

152 （清）载龄等修，福趾等纂，《钦定户部漕运全书》卷21，《督运职掌·监临官制》。

153 （清）载龄等修，福趾等纂，《钦定户部漕运全书》卷21，《督运职掌·监临官制》。

154 （清）载龄等修，福趾等纂，《钦定户部漕运全书》卷15，《兑运事例·沿途攒运》，"上谕给事中严烺条奏漕运事宜一折，朕阅所奏各款，内如淮安盘验宜加迅速一款，向来南漕御史俱在瓜、仪一带督催漕船，此外，遇徒阳挑挖运河间，须过江查勘，并无须该御史往苏州一带迎提漕船之例。近年来，该御史等往往以迎提漕船为名，越境远行，实多骚扰，嗣后著照定例毋许远涉，所有江苏及浙江各帮，责成江苏巡抚就近严催。其南漕御史应于帮船到淮之时，会同漕运总督迅速盘验，以免渡黄稽缓"。

155 （明）谢肇淛撰，《北河纪》卷5，《河臣纪》。

156 （明）王琼撰，《漕河图志》卷3，《漕河职制》。《北河纪》卷6，《河政纪》亦有类似记载："凡府州县添设通判、判官、主簿与门坝官专理河防，不许别委于办他事防废正事，违者罪之。"

157 （清）傅泽洪撰，《行水金鉴》卷165，《官》。

158 蔡泰彬撰，《明代漕河之整治与管理》，台湾商务印书馆，1992：380。

河官员主要有府、州县两级，对应设立专门管河官员，府有同知、通判，州县则为主簿、县丞等，管河官员除负责该管理范围内的河道疏浚清淤，保证畅通外，重、空漕船过境时还负责催趱，务必使漕船按期出境，"空重漕船，一入境汛，文武印河各官，率领兵役亲往催趱出境"[159]。地方管河官可谓一身二职，是河道、漕运管理相互交融的显例。明清地方管河官员多以府州县行政区划来划分所管辖的河道，《北河纪》中记载了明代北河沿线地方管河官的设置与管辖范围情况（表2-7），虽尚未找到完整的明代沿大运河各州县管理河道情况的数据，但从北河沿线情况可窥一斑。而清代对沿大运河各州县管河官（尤其是长江以北）的设置与管辖范围则有完整的记载（表2-8）。

159 （清）载龄等修，福趾等纂，《钦定户部漕运全书》卷14,《兑运事例·沿途攒运》。

表2-7　明代北河地方管河官设置及管辖范围表

行政区划	管河官员	所管河道起止	所管河道长度（里）
府	兖州府运河同知	鱼台以北至于汶上河道隶之，兼管泉源	—
	兖州府捕河通判	东平以北至于阳谷河道隶之，兼管张秋城池	—
	东昌府管河通判	聊城以北至于德州河道隶之兼管直隶之清河县	—
	河间府管河通判	景州以北至于天津河道隶之	—
州县	鱼台县管河主簿	南接沛县珠梅闸起，北接济宁南阳闸止	80
	济宁州管河判官	南接鱼台界牌浅起，北接济宁卫五里浅止，内东岸南自鲁桥，北至师庄三里，属邹县	68
	济宁卫管河指挥	南接济宁五里浅起，北接巨野火头湾止	25
	巨野县管河主簿	带管嘉祥县河道，南接济宁火头湾起，北接嘉祥大长沟止，共二十五里，又自大长沟起北接汶上界首止，共十八里属嘉祥	43
	汶上县管河主簿	南接嘉祥界首起，北接东平靳家口止	72
	东平州管河判官	南接汶上靳家口起，北接寿张戴家庙止	30
	东平守御千户所管河百户	南接东平冯家庄起，北接东平安山铺止	7
	寿张县管河主簿	带管东阿县河道，南接东平戴家庙起，北接东阿沙湾止，共二十里；又自沙湾起，北接阳谷荆门上闸止，共二十里属东阿	40
	阳谷县管河主簿	南接东阿荆门上闸起，北接聊城官窑口止	40
	聊城县管河主簿	东岸南自本县皮家寨起，北接博平梭堤止，共六十里，西岸南接阳谷官窑口起，北接堂邑梁家卿止，共六十五里	65
	平山卫管河经历	止西岸一面，南接聊城龙湾铺起，北接东昌冷铺止，共三里，其东昌卫河道南自真武庙起，北至粮厂止，共九十一丈，并无铺舍	3里91丈
	堂邑县管河主簿	南接聊城吕家湾起，北接清平魏家止	35
	博平县管河典史	东岸南接聊城梭堤起，北接清平减水闸止，共二十七里，西岸南接清平魏家湾起，北接清平丁家口止，共四十里	40
	清平县管河主簿	东岸南接博平减水闸起，北接临清潘官屯止，共三十九里，西岸南接堂邑函谷洞起，北接临清潘家桥止，共三十三里，内带管德州左卫四铺	39
	临清州管河判官	汶河北岸东自潘家桥起，西北至板桥止，二十里，南岸东自赵家口起西北，至板桥止，二十三里。卫河东岸自板桥起，北接夏津赵货郎口止，三十四里，西岸南自板桥起，北接清河二哥营止，三十一里	34
	馆陶县管河主簿	卫河南接元城南馆陶起，北接临清南板闸止	150
	夏津县管河主簿	东岸南接临清赵货郎口起，北接武城桑园止，共四十六里，西岸南接清河渡口起，北接武城刘家道口止，共七里	46

行政区划	管河官员	所管河道起止	所管河道长度（里）
州县	清河县管河典史	南接临清二哥营起，北接夏津渡口止	39
	武城县管河主簿	东岸南接夏津桑园起，北接恩县白马庙止，共一百四十四里，西岸南接夏津王家庄起，北接故城郑家口止，共一百一十四里	144
	故城县管河主簿	南接武城郑家口浅起，北接德州卫孟家湾浅止	60
	恩县管河主簿	南接武城白马庙起，北接德州四女树止	70
	德州管河判官	东岸南接恩县新开口铺起，北接德州卫张家口铺止，共五十三里，西岸南接德州卫南阳务铺起，北接德州左卫郑家口铺止，共十五里半	53
	德州卫管河指挥	东岸南接恩县回龙庙铺起，北接吴桥降民止，共八十四里，西岸南接故城范家圈止，北接景州罗家止，共一百二十七里	127
	德州左卫管河指挥	东岸南接德州耿家湾起，北接德州四里屯止，共三里，西岸南接德州蔡张城起，北接德州卫四里屯止，共一里半。又有四铺在清平县，地方县河官带管	3
	景州管河判官	南接德州罗家起，北接吴桥狼口止	24
	吴桥县管河典史	东岸南接德州罗家口起，北接东光连窝浅止，西岸南接德州白草洼起，北接东光王家浅止，各六十里	60
	东光县管河主簿	东岸南接吴桥狼拾浅起，北接南皮下口浅止，西岸南接吴桥古堤浅起，北接交河白家止，各六十里	60
	沈阳中屯卫管河指挥	南接交河刘家口起，北接交河刘家口止	1
	交河县管河主簿	南接东光李道湾起，北接青县白洋桥止	50
	南皮县管河典史	南接东光北下口浅起，北接天津右卫冯家口止	50
	河间卫管河指挥	南接交河驿北口起，北接交河陈家口止	38
	沧州管河判官	南接天津右卫砖河浅起，北接天津左卫朱家坟止	40
	兴济县管河典史	南接沧州安都寨起，北接天津卫八里堂止	48
	青县管河主簿	南接清河砖河浅起，北接静海新庄浅止	170
	霸州管河同知	南接静海长屯起，北接静海观音堂止	3
	静海县管河主簿	南接青县钓台浅起，北接天津卫稍直口止。	130
	天津卫管河指挥	南接兴济蔡家浅起，北接静海泊涨浅止	65
	天津左卫管河指挥	南接青县流佛寺起，北接兴济张家口止	77
	天津右卫管河指挥	南接南皮北冯家口起，北接沧州北杨家口止	14

表 2-8 清代地方管河官设置及管辖范围表

行政区划	管河官员	所管河道起止	所管河道长度（里）
府	河间府管河通判	北自稍直口起，南至郑家口止	829
	东昌府管河通判	北自直隶河间府吴桥县德州卫降民铺起，南至兖州府阳谷县界官窑口止，长五百六十一里，西南至直隶元城县一百八十里	561
	兖州府管河通判	北自阳谷县界官窑口起，南至东平州南界靳家口止	155
	兖州府运河同知	自东平州靳家口起，南至滕县辛庄交界止	275
	淮安府徐属河务同知	江南浦县泇河自山东鱼台县王家口本县止山东滕县刘昌庄止	48
	兖州府管理泇河通判	山东滕县泇河起江南沛县刘昌庄，经本县至峄县吴家桥止，长五十里；自吴家桥起，至江南沛县黄林庄止长一百一十里	160
	淮安府南岸徐桃宿属河务同知	除黄河外所属泇河起邳州黄林庄，至宿迁县止	120
	淮安府北岸宿清河务同知	除黄河外顺济河上接邳州界石窑湾起下至骆马湖口止	70
	山清河务同知	除黄河外运河自清河界季家浅起至宝应界黄浦止	110
	扬州府管河通判	运河所属江宝高仪四州县北自黄浦起，南至瓜洲止	325

行政区划	管河官员	所管河道起止	所管河道长度（里）
州 县	香河县管河典史	自李家浅起至谢家浅止，共七浅	22
	武陟县管河主簿	自野鸡浅起至丁字沽浅止，共十九浅	117
	静海县管河主簿	北自稍直口起南至钓台浅止	140
	霸州管河主簿	北自苏家口起南至冯家口止	3
	天津卫管河千总	北自泼涨浅起南至蔡家浅止	60
	青县管河主簿	北自新庄浅起南至砖河浅，长一百六十里	160
		归并兴济县所属，北自八里堂起南至官堵寨止，长五十里	50
	天津左卫管河千总	北自张家口浅起，南至流佛寺浅止	70
	沧州管河判官	北自朱家坟浅起，南至砖河浅止	40
	天津右卫管河千总	北自冯家口浅起，南至杨家浅止	20
	南皮县管河主簿	北自冯家口起，至北下口浅止	50
	交河县管河主簿	北自白洋桥浅起，南至杨家圈止	70
	河间卫管河千总	—	5
	沈阳卫管河千总	—	1
	东光县管河主簿	北自十二里口起，南至连窝止	60
	吴桥县管河典史	自连窝浅起，南至白草洼浅止	60
	景州管河州判	北自狼家口起，南至罗家口浅止	24
	故城县管河典史	北自孟家湾起，南至郑家口止	60
	德州卫管河千总	北自吴桥界降民铺起，南至德州刘官屯止	70
	德州左卫管河千总	德州境内	2
	德州管河州判	自本卫八里堂起，至西岸故城县东岸恩县新窖止	45
	恩县管河主簿	北自德州界曹家口起，南至西岸故城县东岸武城县白马庙止	70
	武城县管河县丞	北自恩县界方迁铺起，南至东岸夏津县西岸清河县桑园止	150
	夏津县管河主簿	北自武城界横河铺起，至东岸临清州皮家圈上与清河县对岸	40
	清河县管河典史	上自武城界贾家口起，下至临清界二奇营止与夏津对岸	40
	馆陶县管河主簿	上自临清界尖塚起，下至大明府亢城界迁民铺止	120
	临清州管河州判	东岸自夏津县西岸清河县界下杖铺起，南至清平县界潘家桥止长四十里	40
	清平县管河主簿	北自临清界潘家桥起，南至博平县界魏家湾止	39
	博平县管河典史	北自清平县朱家铺起，至聊城县梭堤铺止	35
	堂邑县管河主簿	北自清平县界西岸起，南至聊城县界南梁家乡铺止	35
	聊城县管河主簿	北自堂邑县吕家湾起，南至兖州府阳谷县官窑口止	65
	平山卫管河千总	聊城县境内	3
	阳谷县管河主簿	自聊城县南界官窑口起，南至东阿县北界北湾铺止	60
	东阿县管河主簿、寿张县管河主簿兼管	北自阳谷县南界北湾铺起，南至寿张县北界沙堤铺止	50
	寿张县管河主簿	北自东阿县沙堤铺起，南至东平州戴家庙止	20
	东平州管河主簿	北自寿张县界戴家庙起，南至汶上县北界靳家口止	60
	东平所管河千总	在东平州境内	12
	汶上县管河主簿	自东平州靳家口起，南至嘉祥县孙村界止	56里180步
	嘉祥县管河主簿	北自汶上县孙村界起，南至巨野县长沟界止	16
	巨野县管河主簿	北自嘉祥县寺前铺，南至济宁卫交界止	25
	济宁卫管河千总	北自巨野县曹井桥起，南至济宁州五里营止	18

行政区划	管河官员	所管河道起止	所管河道长度（里）
州县	济宁州管河判官	北自济宁卫界起，南至鱼台县界止	75
	鱼台县管河主簿	北自济宁州枣林闸起，南至滕县新庄桥界止	85
	沛县管河主簿	北自鱼台县王家口起，南至滕县界刘昌庄止	50
	滕县管河主簿	泇河北自沛县刘昌起，至峄县界吴家桥止	50
	峄县管河主簿	泇河上自滕县界吴家桥起，下至江南邳州黄林庄止	110
	邳州管河判官	泇河上自黄林庄起，下至宿迁县碓湾止	120
	宿迁县管河主簿	泇河上自碓湾起，下至骆马湖止，长七十里。黄河上自骆马湖口起，下至桃源县界古城止	62
	桃源县管河主簿	西自桃源界骆马营起，东至运河口二十五里，又自运河口起至山阳界李家浅止八里，自运河起至文华寺迤东山阳界七里墩止计七里	40
	清河县管河主簿	七里沟石墩起，至石工尽止	45
	山阳县里河主簿、外河主簿、高堰大使	自清河界季家浅起，至宝应界黄浦止	110
	宝应县管河主簿	自宝应北黄河界起，至宝应南界首镇止	80
	高邮州管河州判	至江都县	120
	江都县管河主簿	至仪真	75
		至瓜洲	40
	仪真县管河典史	—	—
	丹徒县水利通判、水利典史	—	—
	武进县水利通判、水利主簿	—	—
	无锡县水利主簿	—	—
	吴县、长州县水利通判	—	—
	吴县水利典史	—	—
	长州县水利典史	—	—
	吴江县水利典史	—	—

长江以北沿运河各州县都设有管河专官，而长江以南地区清代文献中仅记载了官职名，并没有明确其管理的河道长度，设置的官职多是归并水利部门，且苏州、杭州府下辖州县因河道畅通，少有浅阻而不设专官。因州县交界线并非直线，而是相互交错，这使得有的州县所管河道东西两岸长度并不相同。我们分别对明清沿运河各州县管河官所管河道距离进行统计分析，并绘制成图（图2-19），可以看出所管河道长度多集中分布在 40～80 里之间，只有部分州县超过 100 里，超过 100 里之州县多为卫河沿线州县，除了行政区划本身的原因外，与该段河道管理的难易程度相关。卫河为自然河流，除存在淤浅外，几乎不设闸坝，管理不是太复杂。山东段运河沿线州县所管河道多在 50 里以下，山东段运河河道情况复杂，闸坝较多，黄河扰运等问题，使得山东段运河必须以人力胜，方能保证漕运畅通，所管河道长度相对其他州县较短是对该问题的一种反映。

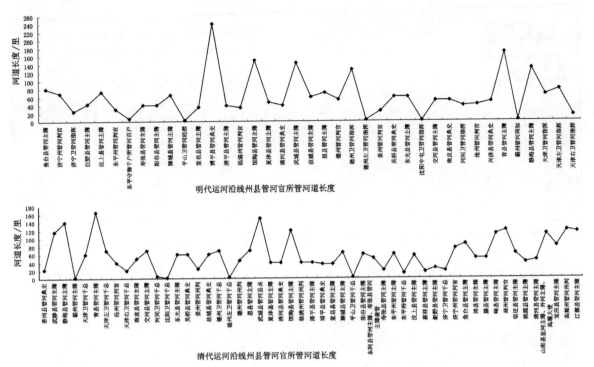

图2-19 明清沿运河州县管河官
所管河道长度图

　　每年行漕之季，沿运河州县管河官在该州县知州或知县的带领下催趱漕船，这是管河官的又一项重要职责。由上表可知管河官所管河段是以本州县两端来界定的，这与管河官催趱漕船的操作方法有重要关联，"沿河州县于本境两头出入之所，选派亲信家人一名、书役二名，给与印花，每帮头船入境、尾帮出境，即在印花内确填时日，该州县率同汛员稽查催趱，将填过印花按次折报该管各衙门查考"[160]。

2.3　漕粮交仓

　　交仓是整个漕运过程的最后一个环节，各省漕粮运抵通州后，需交仓存储。漕船抵通以后，漕粮分两处卸交，一在石坝卸粮，运往京仓；一在土坝卸粮，运往通州仓。明清两代京通仓在仓廒设置、官员设置、管理运作等方面基本相同，变化较小，本书以明代京通仓为例探讨漕粮交兑以及交仓后的管理运作。

2.3.1　明代京通仓概况

　　京通仓通常指北京、通州两地区仓储的合称。京通仓的设置与大运河密切相关，主要用来存储由大运河运来的漕粮，以供京师食粮之用。通州仓之于北京地位十分重要，有"京仓为天子之内仓，通仓为天子之外仓"[161]之说，通州与北京相距较近（图2-20），

160 （清）载龄等修，福趾等纂，《钦定户部漕运全书》卷14，《兑运事例·沿途攒运》
161 （明）何乔远撰，《名山藏》，《漕运记·漕仓》。

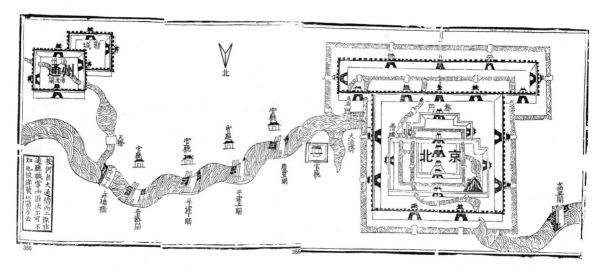

图2-20　明代北京、通州关系图

"自京城朝阳门至通州四十里"[162]，通州素有"左辅雄藩""天庾重地""上拱神京"之誉。明人杨家相对北京、通州以及京通仓的关系论述尤为精辟："通州犹古三辅重地，所以捍蔽京师，而通仓之设即古制辅聚粮之意。又所以便出纳、防不虞以备京仓之不及。"[163] 明代每年的漕粮基本在 400 万石，分储于京通仓。"明初，京卫有军储仓。洪武三年（1370 年）增置至二十所"[164]，盖为明代京仓之始。洪武二十八年（1395 年），"置皇城长安、东安、西安、北安四门仓"[165]，后来仓廒不断增加。兹将明代京通仓列于表 2-9。

162 （清）高建勋等修，王维珍等纂，《光绪通州志》卷首，清光绪五年刻本
163 （明）周之翰纂修，《通粮厅志》卷2，《仓廒志》。
164 （清）张廷玉等撰，《明史》卷55，《食货志三·漕运》。
165 （明）申时行等修，赵用贤等纂，《大明会典》卷21，《仓廒一》。

表 2-9　明代京通仓概况表

分类	仓名（仓廒间数）	内设卫仓名称	建置沿革	位置	周长	设门情况
京仓	皇城四门仓	长安门仓	洪武二十八年（1395年）	—	—	—
		东安门仓				
		西安门仓				
		北安门仓				
	旧太仓（1215）	献陵卫仓	永乐七年（1409年）设	在东城	三百二十五丈五尺（约1 009.05米）	西、北门
		景陵卫仓				
		昭陵卫仓				
		羽林前卫仓				
		忠义前卫仓				
		忠义后卫仓				
		义勇右卫仓				
		蔚州左卫仓				
		大宁中卫仓				
		锦衣卫仓				
		神武左卫仓				

分类	仓名 （仓廒间数）	内设 卫仓名称	建置沿革	位置	周长	设门情况
京仓	新太仓 （745）	裕陵卫仓	宣德年间（1426—1435年）设	在海运仓西	四百七十四丈四尺 （约1 470.64米）	有南北二门
		茂陵卫仓				
		康陵卫仓				
		义勇前卫仓				
		大宁前卫仓				
		富峪卫仓				
		会州卫仓				
	大军仓 （390）	永清左卫仓	永乐年间（1403—1424年）设	在东城	—	—
		旗手卫仓				
		大军仓				
		武成中卫仓				
	西新太仓 （415）	虎贲左卫仓	永乐年间（1403—1424年）设	在西城，永乐间即元广备库设仓	四百四十九丈 （约1 391.90米）	有东西二门，今留东门
		金吾后卫仓				
		府军后卫仓				
		羽林左卫仓				
	海运仓 （600）	泰陵卫仓	宣德年间（1426—1435年）设	在旧太仓北门相对，宣德年间即旧海子地设仓	四百八十五丈二尺五寸（约1 504.28米）	有南北二门
		永陵卫仓				
		忠义右卫仓				
		宽河卫仓				
		燕山左卫仓				
		忠勇后卫仓				
	南新仓 （898）	府军卫仓	永乐七年（1409年）设	在旧太仓前	五百三十七丈（约1 664.70米）	
		燕山卫仓				
		彭城卫仓				
		龙骧卫仓				
		龙虎卫仓				
		永清右卫仓				
		金吾左卫仓				
		济州卫仓				
	北新仓 （483）	府军左卫仓	永乐年间（1403—1424年）设	在东城	五百一十八丈（约1 605.80米）	有东西门，今留西门
		府军右卫仓				
		府军前卫仓				
		燕山前卫仓				
		金吾前卫仓				
	济阳仓 （160）	金吾右卫仓	永乐七年（1409年）设	—	—	—
		济阳卫仓				
	禄米仓 （245）	彭城卫南新仓	嘉靖四十一年（1562年）令改府军彭城二仓之半为禄米仓。外东仓为卫仓，内西仓为部仓	在东城	二百六十三丈（约815.30米）	
		府军前卫南新仓				

分类	仓名（仓廒间数）	内设卫仓名称	建置沿革	位置	周长	设门情况
京仓	太平仓（220）	留守前卫仓	弘治十七年（504年）设，正德八年（1513年）改镇国府，十六年（1521年）仍改正	在中城	四百二十丈（约1 302.00米）	—
		留守后卫仓				
	大兴仓（133）	大兴左卫仓	永乐七年（1409年）设	在北城	二百五十五丈（约790.50米）	—
通州仓（四大运仓名俱正统元年定，旧有大运东仓，后并于中仓）	大运西仓（1971）	通州卫西仓	永乐七年（1409年）设	在旧城西门外，新城之中	八百七十二丈五尺（约2 704.75米）	—
		通州左卫西仓				
		通州右卫西仓				
		定边卫西仓				
		神武卫西仓				
		武清卫西仓				
	大运南仓（400）	通州卫南仓	天顺年间（1457—1464年）添廒	在新城南门之西	四百五十七丈三尺（约1 417.63米）	有东北门
		通州左卫南仓				
		通州右卫南仓				
		定边卫南仓				
	大运中仓（703）	通州卫中仓	旧属大运东，新并属于此	在旧城南门内西	四百一十二丈四尺（约1 278.44米）	有东南北三门
		通州左中仓				
		通州右中仓				
		定边卫中仓				
		神武中卫中仓				

2.3.2 管理机构及官员设置

明初北京及通州各仓都由军队管理，迁都北京后，京通仓地位日益重要，但在中央仍以户部十三司中的司员代管，并无定制。宣德五年（1430 年），"始命李昶为户部尚书，专督其事，遂为定制。此后，或尚书，或侍郎，俱不治部事"[166]，至此始设专官管理京通仓事务。总督仓场是京通仓的最高管理机构，"总督仓场一人，掌督在京及通州等处仓场粮储"[167]，其下又设有若干机构，同时亦与其他部门协同管理京通仓，"我国家监于前代，其增运之廒仓也，在京通者则有总督、户部尚书或侍郎，巡仓则有御史，拨粮则有员外郎，监收则有主事，以至仓使、攒典各有人焉，所以统储天下之粟以资国用也"[168]。

166 （清）张廷玉等撰，《明史》卷72,《职官志一》。
167 （清）张廷玉等撰，《明史》卷72,《职官志一》。
168 （明）杨宏、谢纯撰，《漕运通志》卷6,《漕仓表》。

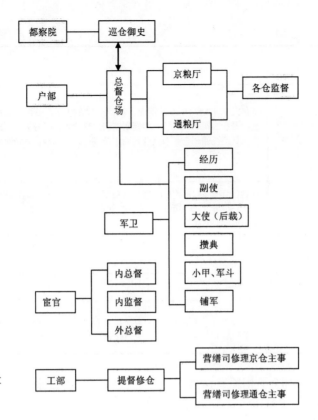

图2-21 明代京通仓管理机构设
置图

京通仓的管理涉及多个部门，以总督仓场下设的通粮厅为主要执行机构，与多个部门相互协调，涉及的部门有户部、都察院、工部、军卫以及自成体系的宦官组织，各个部门相互监督，京通仓管理机构是由总督仓场总负责，多个部门共同参与的多头管理体系（图2-21）。

表 2-10　明代京通仓管理机构设置及官员职责

管理机构名称	官员设置	沿革	职责
总督仓场	侍郎	宣德五年（1430年）始设，令户部尚书专督仓场。正统三年（1438年）令户部侍郎一员总督在京通州仓粮及提督象马牛羊等房草豆；正统十年（1445年）令在京通州仓侍郎兼提督临清、徐州、淮安等处仓粮；嘉靖十六年（1537年）兼管西苑农事；万历九年（1581年）裁革总督仓场户部尚书，以本部左侍郎分理；十年（1582年）复设	管理京通仓、在京草场和太仓银库
京粮厅	郎中一员，分为军粮、起送、板木、军斗四科，下有六监督	成化十一年（1475年）令京通二仓各委户部外郎一员，定廒坐拨粮米；隆庆六年（1572年）改郎中于员外主事俸浅员内注选一员，铸给关防，监坐收放粮斛，禁革奸弊	管理在京仓场事务，同时也管理银库和草场
通粮厅	设郎中一员	成化十一年（1475年）户部委员外郎一员坐拨粮斛；嘉靖九年（1530年）兼理轻赍，与巡仓御史共同验给	会同巡仓御史督理闸河粮运、验散轻赍、禁革奸弊，解送扣省脚价
仓监督	主事，京仓六员，通仓先四员，后裁为三员	设于宣德十年（1435年），令户部郎中主事各仓场，分管粮草。定任期三年，正统十四年（1449年）改为一年，嘉靖四十三年（1564年）京仓监督主事改以三年为期，万历十二年（1584年）通仓监督主事亦改为三年一代，万历三十五年（1607年）京仓监督主事任期复减作一年	专管收放粮斛，禁革奸弊，严督官攒库斗等人修葺仓场，可拿问玩忽职守、侵吞粮草之人

管理机构名称	官员设置	沿革	职责
巡仓御史	—	宣德九年（1434年）差御史一员，巡视在京仓；一员，巡视通州仓。景泰二年（1451年）将巡察京通二仓的职权析分为二，改以御史一员巡视通州，而京仓则由东城御史带管巡视；嘉靖时则复将事权命并为一	查核钱粮、催征补欠、清理河道、修缮仓廒、禁革积弊。（连启元《明代的巡仓御史》，明史研究专刊第十四期，2003（8））
经历	—	宣德三年（1428年），令在京各卫添设经历一员。嘉靖四十五年（1566年）令裁革经历，隆庆五年（1571年）仍旧，万历八年（1580年）又裁革	监收支粮、在仓巡守
副使	每仓设副使一员	—	负责收放粮斛，每月至总督仓场投领注销文簿
攒典	—	—	有印信，专掌收支计算
小甲、军斗	—	嘉靖三十六年（1557年），裁革京仓及各卫仓军斗各一名，通仓六卫军斗共十一名。万历七年（1579年）通州各仓减军斗一名	负责看守钱粮，收受粮斛、扬米行概和抬斛折席

　　京通仓管理体系中除了相关官员外，还设有大量官厅吏役来执行具体的管理事务。

　　总督仓场衙门事务繁多，"令史一名，典吏二名，吏部拨，三年满代，书办三名"[169]。负责办理文书、会计杂事的有官办、书算、吏书、书办。京粮厅军粮、起送、板木、军斗四科吏书各二名。通粮厅东西南北四科官办各一名（于各仓守支冠带攒典内考用）、四科书算各一名（于通州左等卫吏农内取用），通仓两监督官办各一名（于各仓守支冠带攒典内考用）。其他吏书，京仓六监督各一名，大通桥督储馆两名（嘉靖四十三年始，两年一换），太仓银库四名（万历七年始，两年一换）。

　　跟随人役，京通坐粮厅每官都是六名，仓监督主事、大通桥监督主事、太仓银库监督主事都是每官四名。另外，通粮厅还有门吏两名（专管出入承行号簿）、皂隶十二名、递送公文三名[170]。

2.3.3　京通仓的管理运作

　　京通仓的主要作用是保证国都的粮食供应，其管理运作的主要环节有粮食的收纳（入仓）、粮食的保管以及粮食的支出（出仓），这三个环节依次进行，环环相扣。

　　1. 粮食收纳

　　（1）京通仓纳粮比例

　　京通仓纳粮数额不同，比例屡有变化。

　　漕粮输纳京通二仓的比例，起初并无规定。实行支运法时，漕

169　（明）刘斯洁撰，《太仓考》卷一之八，《职官·吏书附》

170　（明）刘斯洁撰，《太仓考》卷1，《职官》

粮分段接运，运至通州后，"其天津并通州等卫，各拨官军接运通州粮至京仓"[171]。至永乐二十一年（1423 年），平江伯陈瑄奏言："每岁馈运，若悉令输京仓，陆行往还八十余里，不免延迟妨误。计官军一岁可三运，请以两运赴京仓，一运贮通州仓为便。"[172]此项建议得到允准，京通二仓纳粮始有比例。以后京通二仓比例不断变化（表 2-11），后"以六分入京仓，四分通州仓，岁为常额"[173]。

表 2-11　明代京通仓纳粮比例

年份	京通仓纳粮比例	参考文献
永乐二十一年 （1423年）	两运赴京仓，一运贮通州仓	《明太宗实录》卷264，永乐二十一年十月己酉条
宣德八年 （1433年）	通仓收二分，京仓收八分	《通漕类编》卷2，《漕运总数》
宣德九年 （1434年）	以三分为率，通州仓收二分，京仓收一分	《大明会典》卷27，《户部十四·会计三·漕运》
正统元年 （1436年）	时岁运米五百万，京什之四，通什之六	《天府广记》卷14，《仓场·漕仓》
正统五年 （1440年）	支运粮俱由通州仓收，兑运粮则由京仓收六分，通州仓收四分	《明英宗实录》卷59，正统四年九月戊申条
成化八年 （1472年）始	正兑三百三十万石，改兑七十万石，原额正兑七分、改兑四分皆上京仓，正兑三分、改兑六分皆上通仓	《通粮厅志》卷9，《艺文志上》
嘉靖四年 （1525年）	原拟京仓改兑四分，仍尽上通仓，其通仓原收兑运抵数仍赴京仓	《明世宗实录》卷57，嘉靖四年十一月辛酉条
嘉靖十六年 （1537年）	兑运粮米，照旧分派京仓七分，通仓三分，改兑京仓四分，通仓六分	《大明会典》卷27，《户部十四·会计三·漕运》
隆庆元年 （1567年）	无拘三七、四六之例，凡兑运者悉入京仓，改兑者入通仓	《明穆宗实录》卷13，隆庆元年十月丙戌条
隆庆三年 （1569年）	宜遵嘉靖八年以后事例，将改兑尽入通仓，以省脚价，仍将兑运粮内拨六十六万二千石以补通仓原额，其余粮米俱拨京仓，毋苟三七四六之例	《明穆宗实录》卷34，隆庆三年闰六月丁未条

（2）漕粮入仓路线与沿线管理建筑

漕粮起运时，需先送样米至各仓，宣德十年（1435 年）规定，"各处起运京仓大小米麦，先封干圆洁净样米送部，转发各仓收，候运粮到日，比对相同，方许收纳"[174]。

漕粮从南方运抵河西务、张家湾后，分别经由石坝、土坝运入京通二仓。当头帮粮船抵达时，通粮厅就要报告户部和总督仓场，并知会巡仓御史和大通桥，以便择日祭坛[175]。交纳至通仓的，在土坝用剥船由护城河水运至各门，然后陆运进仓。交纳至京仓的，在石坝用剥船经通惠河运达大通桥，然后由朝阳、崇文、东直三门挽载入仓[176]。土坝、石坝和大通桥就成了漕粮进仓过程中的重要节

171 （清）孙承泽撰，《天府广记》卷14，《仓场·漕运》。
172 《明太宗实录》卷264，永乐二十一年十月己酉条。
173 （明）夏良胜撰，《东洲初稿》卷11，《议储蓄》。
174 （明）杨宏，谢纯撰，《漕运通志》卷8，《漕例略》。
175 （明）周之翰，《通粮厅志》卷4，《漕政志》。
176 《明孝宗实录》卷110，弘治九年三月己丑条。

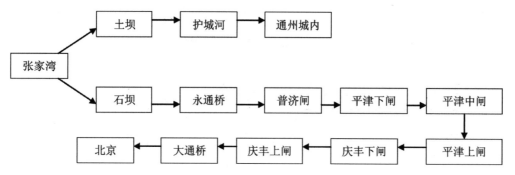

图2-22 漕粮入京通仓线路示意图

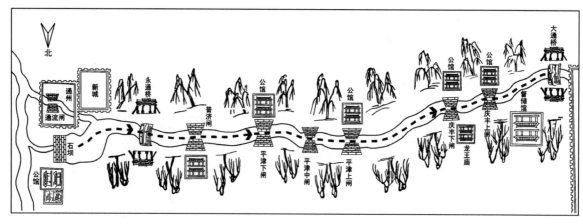

图2-23 漕粮入仓路线与沿线管理建筑分布图

点，沿着这些地点，建有不少为收粮服务的管理建筑，有土坝挚斛厅、石坝挚斛厅、大通桥督储馆，主要职责是查验米色。普济闸、平津下闸、平津上闸、庆丰下闸、庆丰上闸四闸也分别设有公馆（官厅），定时启闭，确保粮船的通行。

此外，通州与北京城内也设有相应的管理建筑，通州城内有总督尚书馆、坐粮厅公署、监督主事公署（西仓南仓公署）、中仓公署、督运昌密酒粮户部分司、工部都水分司、巡仓公署、巡漕公署、漕帅府等 [177]。京城内旧太仓里有总督户部公座、京粮厅公署、总督西馆（总督视事之所）、总督东馆（总督居所）、银库公署，京仓公馆"内南向为北新、大军监督公署，又折而东北上，前为旧太监督署，中为南新济阳监督署，后为禄米监督署，北新后为海运新太监督署，西新公署在南新仓南" [178]。

这些管理建筑集中分布在漕粮入仓路线以及仓厫周边，反映了京通仓的管理运作对管理建筑空间分布的影响（图 2-22，图2-23）。

各卫所粮船过关七日后，要赴通粮厅投文，领坐拨厫口的红票，并"赴总督仓场投文，将领到红票仍开送厫口手本"，听校准斛

177 （明）周之翰纂修，《通粮厅志》卷6，《公署志》。
178 （明）刘斯洁，《太仓考》卷2。

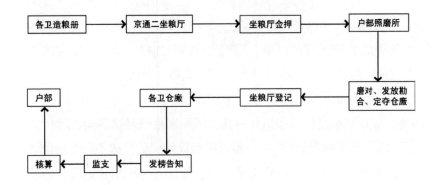

图2-24　月粮支出流程示意图

斗后起粮进仓[179]。粮米入仓前必须经过晒、扬两道程序,"凡粮米进京通二仓,必晒二日、扬一日方收"[180]。

2. 粮食保管

宣德三年(1428年)奏准,"凡设内外卫所仓,每仓置一门,榜曰某卫仓。三间为一廒,廒置一门,榜曰某卫某字号廒。凡收支、非纳户及关粮之人,不许入。每季差监察御史、户部属官、锦衣卫千百户各一员,往来巡察。各仓门,以致仕武官各二员,率老幼军丁十名看守,半年更代。仓外置冷铺,以军丁三名巡警"[181]。每个仓廒都标有字号,是京通仓有效组织、管理的重要举措。各仓平时管理极其严格,无关人员不准入内,而且有三重安全防护措施,即有专官往来巡视,每个仓门有人看守,仓外设有冷铺以军人巡警。

3. 漕粮支出

京通仓的漕粮主要用于在京官军的月粮,明中期开始,因边情紧急,京通仓粮开始部分拨运于昌平、蓟州、天津、密云四镇。随着明后期畿辅地区灾害频繁,京通仓粮平粜赈济的次数也逐渐增多。漕粮的支出有一套严密的支出程序(图2-24),一般是按月支出。刘斯洁《太仓考》记载了支粮程序:

如遇按月支粮,百户所将所管军人造册申缴千户所,该卫类总申缴合干上司转达本部,磨算相同明立文案,编给半印勘合字号,仍定夺合于本卫仓某年分某字廒某粮米内支给,将文册缴回原行衙门转下该仓,眼同该卫委官及本仓官攒照数放支,如有事故扣除还官,支毕将实支扣除数目申达本部知数,仍于原编字号底薄内注写实支扣除数目以凭稽考,其支过粮数另于内府粮册内明白注销[182]。

月粮支出首先要由各卫所根据人数造粮册送报户部,并规定了送报粮册的期限。弘治十七年(1504年)规定前月二十以后送

179 (明)周之翰纂修,《通粮厅志》卷4,《漕政志》。
180 (明)张萱撰,《西园闻见录》卷37,《漕运前》。
181 (明)李东阳等敕撰,申时行等重修,《大明会典》卷22,《仓庾二》。
182 (明)刘斯洁撰,《太仓考》卷五之十,《岁支》。

部，正德四年（1509 年）规定前月二十五日以前，嘉靖八年（1529年）则延至本月十五日以前，嘉靖十八年（1539 年）又改为前月二十五日以前送部[183]。粮册内列旧管、新收、开除、实在人数，以兵部职方司印信为准，送京通二坐粮厅，坐粮厅"三日呈堂金押"，"事完，该厅将坐过粮石廒口并将各卫所原来粮册付送各司，除付文粘□□□册送照磨所磨对"[184]，照磨所磨算相同后发放"半印勘合字号"，定夺支粮仓廒，然后将文册、勘合等拨回坐粮厅登记后再转发至各卫仓，并投递到具体廒里。到放月粮时出榜告知，在户部委派的监支官监临下支领。支领的时间亦有限制，规定时间内支领不完者要受惩罚。弘治七年（1494 年）规定本月初五日放完，正德四年（1509 年）为初十日放完，嘉靖十八年（1539 年）改为本月初五日放完。支领完以后，将所支数上报户部。

京通仓交替按月支出，作为调节京通仓储粮数量的一种手段。有明一代，京通仓支出的月份多有变化，见表 2-12。

表 2-12　京通仓支粮月份表

时间	京通仓支粮月份
成化二十年（1484年）	在京各卫军士月粮，京仓：五、六、七、八、十一、十二月；通仓：一、二、三、四、九、十月
弘治十七年（1504年）	锦衣卫旗校月粮，京仓：五、六、七、八、十一、十二月；通仓：一、二、三、十月，粮食不足时照旧例行
嘉靖四年（1525年）	京仓：三、四、五、九、十月粳米，八月粟米；通仓：一、六、七、十一、十二月粳米，二月粟米
嘉靖十一年（1532年）	京通二仓开粳米、粟米及量加折色着为事例，以后应支月粮除锦衣卫等七十二卫杂役军匠，原旧间月开支折色者照旧外，其在京各卫所上直操守等项并各监局等衙门军人匠月粮，每年正、三、四、十月通仓，五、六、七、十一月京仓，俱粳米；二月通仓，八月京仓，俱粟米。按月开支，遇有闰月亦开京粳，其九月、十二月应该折银月分将今年暂于京仓支给粳米，不为常例，十二月折色
嘉靖二十九年（1550年）	在京旗手等卫官吏旗军人等，俸粮每年二月通仓，八月京仓，俱支粟米，后因通仓粟料不敷，题准先尽通仓粟米放给，不敷俱该京仓支给

4. 簿籍文件

坐粮厅事务如此庞杂，其之所以能有条不紊地运行，必然要有一套完整的管理程序，该程序是通过一系列的相关文件来规范的。这些文件主要分为两大部分，一为坐粮厅簿籍等件，一为各船帮的相关文件，这些文件是京通仓有效运作的凭证和保障（表 2-13，表 2-14）。

183 （明）刘斯洁撰，《太仓考》卷五之十，《岁支》。
184 （明）刘斯洁撰，《太仓考》卷五之十，《岁支》。

表 2-13　坐粮厅相关文件

文件名称	数量	文件名称	数量
部堂循环簿	2扇	石、土二坝循环簿	2本
稽考簿	1本	四科收给银簿	4本
总督循环簿	2扇	粮席簿	4本
查收查给簿	2扇	坐粮廒口完呈付文回空簿	每科各1本
总督粮斛注销簿	22本	六闸经纪循环簿	12本
坐粮厅粮斛注销簿	22本	铁祖斛	1张
坐粮厅三仓官攒交代簿	22本	正兑斛	2张
坐粮厅稽查三仓脚价循环簿	2扇	改兑斛	2张
通济库收给银簿	2本	较斛印烙	6个

表 2-14　各船帮相关文件

类型	文件名称	数量	类型	文件名称	数量
船到投文	粮席册	1本	通粮投文	粮席呈文	1张
	不致科敛打点结状	1张		顶廒官职歇家手本	1个
	起剥册	1本		样米	2袋
	似主揭帖	1个		粮、席完呈	各3张（存案1张，发领2张）
	原呈	1张		进粮日报开晒呈文	
	河西务起剥存船手本	1个		收粮有无余欠呈文	1张
	到状	1张		报余米手本	1个
	简明印信手本	1个	完粮领银投文	领各项脚价呈文	1张
	跟接手本	1个		通关完呈	2张
	京通粮数官旗手本	1个		款目册	1本
	有无旧欠粮银结状	1张		京通粮报完呈文并通关送验领状	2张
	河西务剥船限票	1张			
	乞贴卷	1宗		花销册	3本
	歇家保状	1张		扣库银完呈	3张（存案1张，候付文回给2张）
	漕院限单	1张		羡余领状	2张
坐拨投文	总督坐票	1张	回空投文	回空呈文	1张
	京通廒口手本	1个		花名船数手本	1个
	长单	1张		限牌领状	1张
	发石土二坝起粮手本	2个		—	—
	样米	1袋		—	—
	起粮完缴限牌呈文	1张		—	—

京通仓在纳粮、粮食保管以及支粮三个环节都有着严格的制度和缜密的流程，构成了京通仓严密的管理运作体系，该体系机构设置庞大，官员众多，与多个部门相互协作。在关键节点处设置的管理建筑是制度正常运作的空间载体，管理制度运作与管理建筑空间分布的关联性得以体现。京通仓作为漕运的终点，是漕运管理的重要组成部分，京通仓的管理运作从一个侧面反映了明代大运河管理的复杂性和管理制度的完备。

2.4　明清大运河管理建筑空间分布特征

2.4.1　大运河沿线宏观空间地理分布的集聚性

明清两代的大运河管理已具有了流域管理的性质，从中央到地方有一套完整的管理机构体系。同时在管理建筑的设置上也形成了异于元代的分布特征，管理建筑与所在城市之间的关系也是研究明清运河区域城市的重要方面。

分析表2-15、表2-16可以发现，明清两代大运河管理包括漕运、河道两套管理体系，均设有中央与地方两个层级，河道与漕运、中央与地方相互交织，沿运河城市形成了一张运河管理机构网，使得漕运得以顺利进行。

从时空演进上看，河道总督驻地由明代及清初的济宁到后来移至淮安清江浦，呈现出逐渐南移的趋势，山东段则一直是河道管理的重点。从空间分布上来看，地方级河道管理建筑在沿运河各州县均有分布，呈现出均匀分布的特征，而漕运管理建筑以及中央级河道管理建筑在分布上则呈现出集聚性，从大运河各种管理建筑叠加总体来看，也呈现出一种集聚性分布的特征（图2-25，图2-26，见文后彩图部分）。明清两代大运河管理工作重心都置于长江以北，漕运管理中心有二：一为淮安，漕运总督一直设于此；一为通州，为漕运的终点，漕粮入仓、存贮等使得官署林立。而河道管理则有两个中心——济宁和淮安，一个重点区段——山东段闸河。漕运管理建筑与河道管理建筑的空间分布有很高的重合度，因为漕运管理与河道管理两者关系密切，往往是互有你我，很多官员的设置上更是兼管两者。河道管理的重点也往往是漕运管理的重点，为保证漕运的正常运行，在河道复杂的地段漕运管理与河道管理只有相互协作才能发挥最大效用。如整个大运河以山东段的技术难度最大，该段地势较高，水源不足，闸坝众多，黄运关系交织，因而在此段设置的河道和漕运管理建筑最多。

表 2-15　明代大运河管理建筑空间分布表

类型	管理建筑	所在地	类型	管理建筑		所在地
漕运管理	漕运总督公署	淮安	河道管理	总理河道公署		济宁
	十三省督粮道公署	驻各省城		通惠河郎中公署		通州，河西务有行署
	总督仓场公署	通州		北河郎中公署		东阿张秋，济宁有行署
	押运参政公署			夏镇管理河郎中公署		沛县夏镇
	理刑主事公署	淮安		中河郎中公署		吕梁洪
	管厂工部主事公署	清江浦		南河郎中公署		成化七年驻徐州，正德三年迁于高邮。仪真有行署
	巡漕御史公署	通州		巡河御史公署		
	领运十三把总公署			漕河道副使公署		淮安
	通粮厅公署	通州		管理河工水利济宁兵备道副使公署		济宁
	巡仓御史公署	通州		分巡东昌兵备河道副使公署		临清
	户部主事公署	一驻通州，一驻张家湾		卫河提举公署		临清
	监仓户部主事公署	淮安、临清、徐州、德州（续文献通考）		清江提举公署		清江浦
	监兑主事公署	户部监兑主事分往浙江、河南、山东及南直隶与当地府州县正官并管粮官		天津兵备河道参政公署		天津
	钞关关署	《明会典》：河西务、临清、淮安、扬州、苏州、杭州		管闸主事	惠河管闸主事公署	通州
					济宁管闸主事公署	济宁
	漕运参将公署	淮安			沽头管闸主事公署	沽头上闸
	漕运总兵公署（设有六行府）	淮安			南旺管闸主事公署	南旺
	清江漕运行府	清江浦		管洪主事公署		吕梁洪
	济宁漕运行府	济宁城东门外洸河南岸				徐州洪
	临清漕运行府	在州治西卫河东岸		管泉主事公署		宁阳
	通州漕运行府	州旧城南门外西街		管泉同知公署		兖州府
	瓜洲漕运行府	瓜洲镇		南旺工部分司公署		南旺
	徐州漕运行府	百步洪右中洲之上，弘治间洪北运河之东岸		滨河府州县管河官：管河通判、同知、主簿	兖州府运河同知公署	济宁
					兖州府捕河通判公署	张秋
					东昌府管河通判公署	聊城
					河间府管河通判公署	泊头
					其他	详见蔡泰彬《明代漕河整治与管理》，台湾商务印书馆，1992：377—383
				闸官公署		闸旁，一般一闸设一官，若二闸相近或闸板运作需相互配合者，则一官兼理数闸

表 2-16　清代大运河管理建筑空间分布表

类型	管理建筑		所在地		类型	管理建筑		所在地
漕运管理	漕运总督公署		淮安		河道管理	总河公署		济宁，康熙十六年移驻清江浦
	粮道	江南、江安粮道公署	江宁			总督江南河道公署（雍正七年由总河改）		清江浦
		苏松粮道公署	常熟			总督河南山东河道公署		济宁
		山东粮道	德州			直隶河道总督公署		天津
		河南、江西、浙江、湖北、湖南粮道公署	驻省城			直隶通永河道公署		通州
	管粮同知、通判公署					河库道公署		清江浦
	押运同知、通判公署					江南淮徐河道公署		徐州
	各省监兑官：同知、通判公署		山东省、江南省、湖广省、浙江省			淮扬河道公署		淮安
						山东运河道公署		济宁
						通惠河分司公署		通州
						北河分司公署		张秋
						南旺分司公署		南旺
						夏镇分司公署		夏镇
						中河分司公署		吕梁
						南河分司公署		高邮州
						泇河厅河道公署		郯城
						捕河厅河道公署		张秋
						上河厅河道公署		聊城
	巡漕御史	巡视南漕御史公署	镇江			管河同知/管河通判	河间府管河通判公署	杨村、泊头镇
		巡视北漕御史公署	通州	顺治初设，雍正七年裁			东昌府上河通判公署	聊城
							东昌府下河通判公署	武城
							兖州府管河通判公署	张秋
							兖州府泉河通判公署	济宁
							兖州府运河同知公署	济宁
		通州巡漕御史公署	通州	乾隆二年将四史御史分立			淮安府徐属河务同知公署	徐州
		天津巡漕御史公署	天津				兖州府管理泇河通判公署	峄城
		济宁巡漕御史公署	济宁				淮安府北岸宿清河务同知公署	宿迁
		淮安巡漕御史公署	淮安				山清河务同知公署	甘罗城
							扬州府管河通判公署	扬州
						漕河道副使公署		淮安
						管理河工水利济宁兵备道副使公署		济宁
	十三运总公署					分巡东昌兵备河道副使公署		临清
	各省押运通判公署					河标中军副将署		济宁
	通粮厅公署		通州			济宁卫署		济宁
	总督仓场公署		平时驻崇文门内，收粮时驻通州			临清卫署		济宁
						闸官公署		各闸旁
	各省巡抚（山东、河南、安徽、江苏、浙江、江西、湖北、湖南巡抚八员）公署					滨河州县管河官公署：管河州判、管河主簿、管河典史、管河县丞		运河沿线各州县

概之，明清大运河管理建筑在运河沿线宏观地理空间分布上呈现出一种集聚性的特征，主要集中分布在一个区段、三个中心，一个区段即山东段运河，三个中心即淮安、济宁、通州三个城市。

2.4.2 大运河管理建筑选址上的近河性

大运河管理建筑在选址上有特别思考，以管理机构公署表现最为明显。漕运管理机构公署多分布在沿线州县城市内，而河道管理机构公署除了这一特点外，更多地表现出"技术节点"规律，即分布在河道复杂、需要重点进行治理的地段以及重要的水工设施之处，因此河道管理机构公署驻地多数离河道较近，或设行署以便在运期驻扎河边。

漕运管理因运输过程的流动性，致使许多漕运管理机构公署的驻地分布也呈现出一种流动性，管理机构公署虽设于固定城市，但需要来往运河沿线巡视、催趱，并不经常驻扎治所，因而会设有行署，以方便临时处理漕运事务，如巡漕御史等。而河道管理机构公署的这一特性表现并不突出，因河道管理更多的是分段管理，所辖范围较为固定。

地方管河官为方便管理河道，其公署往往设在河道之滨、运河要害之处，以防地远难以照应，表现出一种近河分布的态势。地方管河官公署的分布充分说明了运河管理与公署分布的内在关联性。明代潘季驯在《复议河工补益疏》中对淮南、淮北管河官公署的驻地提出了建议，并得到准许，兹将该奏议引录如下：

移建管河官衙舍，以重责成。先该御史陈世宝题，该工部复议咨行。臣等查将淮北、淮南各管河官，原分地方择要害去处，建立衙舍，钱粮即于河工银内动支，不得分派小民及查有废坏寺庙拆毁取用等因，行据司道等官议，报前来覆该臣等议，照淮、扬、徐三府州所属河道，俱系险要之处，而管河官安坐郡邑，虽间或巡视河上，往来不常，缓急无备。今该巡漕御史陈世宝议将各官衙舍移置河滨，画地修守，深得专任责成之法。兹以淮北言之：查得原设管河同知二员，已经题奉，钦依一管徐、灵、睢、宁河堤并丰、沛、萧、砀黄河；一管邳、宿、桃、清河堤并茶城迤里闸河，除管邳宿等处者原驻邳州无容别议，其管徐、灵等处者，原系淮安府水利同知，遥制不便，合创建衙舍于徐州，乃便管理其各属州判、主簿等官，惟邳、清、桃三州县原俱滨河，各官衙舍不必另建，至于睢、灵、沛、滕四县各离河窎远，先年已经题准将各官衙舍创建河边，议定睢宁县管河主簿驻新安镇，灵璧县管河主簿驻双沟镇，沛县管河主簿驻夏镇，滕县管河主簿驻戚城。徐州虽系滨河，而该州河道延袤颇远，故上、下管河二判官分驻茶城、房村二处，俱已派有信地，相应照旧分驻。其宿迁县管河主簿，查得该县河道止南岸一面有堤，管理似有余裕，归仁新堤关系甚大，责成宜专，应于本堤适中处所建葺公馆一所，每岁自三月初一日起至九月半止，责令本官专驻，本堤督率新设堤夫并衰拨洪夫，昼夜修守，多方防护，其余月分仍驻该县。又以淮南言之：通济闸至黄浦一带河道及高家堰柳浦湾二堤，已经题准，专责淮安府清军同知管理，若本官仍驻淮城，则辽远难于照应，查得通济闸以上新庄镇地方空阔，与堤堰闸座附近相应建设管河同知衙舍，既可以监率官夫、修守堤堰，又便于约束军民、催护粮船，其山阳县管河主簿，即应移驻黄浦镇。扬州府河道，惟有高、宝二湖堤岸最宜防守，管河通判衙舍相应于邵伯镇建置，宝应县管河主簿则当移驻瓦店，高邮州管河判官则当移驻界首，江都县管河主簿则当移驻腰铺，仪真县管河主簿则当移驻向水闸，其各官应建衙舍。除应驻扎本州县及沛、滕二县主簿原设夏镇、戚城衙舍，见在无容创建外，其余俱行各州县逐一建设。合用物料，着落各掌印官即将各官原署拆赴河滨改建，仍查境内圮废寺观及应拆书院，酌量移凑，其搬运夫匠之费，估计呈请，量于河工银内动支凑用，并不扰派小民，仍严谕各官务要遵照，议定地方常川驻扎应管堤堰，不时巡视修守，不许营求别差，庶衙舍不为虚设而官夫皆得实用矣。伏乞圣裁[185]。

　　该奏疏表明了明代管河官公署多择河道要害之处，设于运河边上，体现最为直接的是闸官公署，闸官公署即设闸旁，方便闸官指挥闸的启闭，我们可以从地方志舆图中明显地看出闸与闸官署的关系（图 2-27）。

185 （明）潘季驯撰，《河防一览》卷9，《复议河工补益疏》。

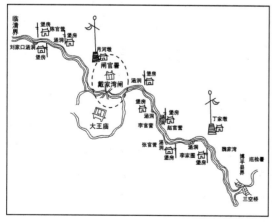
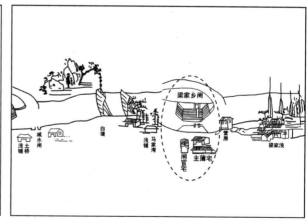

图2-27　闸官署与闸位置关系图

本章小结

本章以漕运过程的三个环节为线索，分别考察了明清大运河管理制度，以此探讨管理制度运作与管理建筑分布、漕运管理与河道管理等的关联性。

明代漕运方式的变革直接影响了运河沿线转运仓的兴衰，前期实行支运法促成了转运仓的兴建，而成化年间改为长运后，转运仓在整个漕运体系运作中的作用下降，逐渐衰败。清朝沿用明代的长运法，后改为官收官兑，因而促成了州县漕仓的建立，为便于运输，这些漕仓多建于水边，为杜绝漕弊，保证按时交兑开帮，清廷派监兑官赴各水次仓监收，并严格要求各监兑官必须亲赴水次仓监兑，这样水次仓的空间分布与监兑官活动之间就有了一种对应关系。

漕粮运输这一环节最为复杂，涉及的大运河管理制度也最多，同时大运河管理制度的运作与管理建筑的空间分布之间的关系也得以体现。漕粮运输以能按时把漕粮运至京通仓为目标，故而产生了一项重要的管理制度，即程限管理，它也是中国大运河管理的重要特征之一。期限管理包括重运、回空的过淮过洪、抵通回次等，漕运程限在制定时充分考虑了大运河各段河道的特点及规律，以避开黄河之险与冻阻之虞。同时制定了详细的行船计划，根据顺、逆流及重、空等因素规定了漕船每日所行里程，实现了对漕船较为准确的过程管理，并作为考核官员的一项重要标准。

大运河所跨区域较大，河道情况各有不同，因而产生了另一重要的大运河管理制度，即分段管理。分段管理体现了大运河管理是由漕运官员、河道官员以及其他地方官员相互协作共同完成的。管理分段因不同的管理内容而依据不同的标准进行划分，分段管理制度的运作与管理建筑的空间分布相关性明显。

漕粮交仓是漕运的最后环节，以明代京通仓为例，研究了京通仓的管理机构，重点考察了京通仓的管理运作。

在以上研究的基础上，对明清大运河管理建筑的空间分布按两个层次进行分析，从运河沿线宏观空间地理分布上来看，呈现出一种集聚性分布的特点，明清运河管理机构多数分布在长江以北，形成了管理建筑分布较为集中的一个重点区段和三个运河城市，即山东段运河以及通州、济宁、淮安三个城市。从管理建筑选址来看，运河管理建筑都呈现出近河分布规律，漕运管理建筑多分布于大运河沿线州县城市内，而河道管理建筑则多分布于滨河之地。

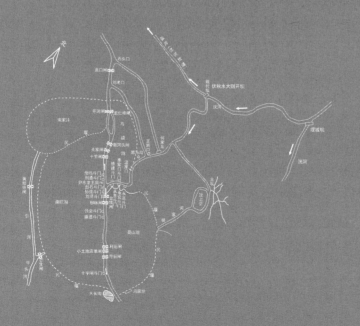

第三章　以智治水，以人胜天：

明清山东运河管理运作

第三章 以智治水，以人胜天：明清山东运河管理运作

山东运河是指大运河在山东省境内临清以南的河段，该段运河又称会通河、闸河、泉河。它的形成历经元明清三代，全线均为人工开凿而成，这在整个大运河河道中特色鲜明，该段运河的畅通与否直接关系到整个大运河的运转，有"会通一河，譬则人身之咽喉也，一日食不下咽，立有死亡之祸"[1]的评论。然而该段运河由于自然条件限制等原因，是通航最为困难的一段，因而必须辅以人工设施和完善的管理制度来保证通航，这决定了它必然成为大运河管理的难点和重点。通过借助一系列先进的水利工程技术和成熟的管理制度，使该段运河在明清两代大运河南北转输中起了举足轻重的作用，康熙帝曾曰："山东运河转漕入京师，关系紧要，不可忽略"[2]。大运河管理制度的完备之于大运河的重大作用在此段得到较好的诠释，山东运河的管理运作是大运河管理体系运作的代表。

第一节 先天不足：区域自然地理条件

1.1 地形地貌局限

关于山东运河沿线的地形地貌，邹逸麟先生将其分为两个水系地貌区，即河漯平原区和汶泗水系区，分析了元代以前该区内的水系变化情况，并最终得出元开凿会通河以前的地形地貌特征。这是研究该问题较为透彻之大作。本书引用该研究成果，以此说明山东运河沿线地形地貌。

公元 6 世纪时今临清卫河和徐州淤黄河之间大运河沿线地带，河流纵横交错，湖泊也相当发育，水运交通初具规模。以后河流改道、淤废，湖泊逐渐消失，造成了极为复杂的地形，给元代以后山东运河的开凿和通航带来了种种不利的因素。

1 （明）丘浚撰，《大学衍义补》卷34，《漕挽之宜下》。
2 《清圣祖实录》卷220，闰四月甲寅条。

一、济宁以北汶泗之间有一片高阜地带，为汶泗二水下游冲积物共同堆积而成，也是这一地区汶泗二水系的分水岭，古代称为"东原"。元代要在这里开凿沟通南北的运河，就必定要爬过这个高坡，从而给航运带来困难。

二、泗水中下游两岸支流众多，流量丰沛，这为元代以后利用泗水作运河的航道准备了有利条件。但元明以后，黄河夺泗入淮，泗水下游河床因黄河袭夺而淤高，遂使其上泗水排水不畅，酿成涝灾。这就决定元代以后的山东运河南段始终存在严重的排涝问题。

三、临清卫河至今黄河之间地势自西南向东北倾斜，《水经注》以前为西汉大河、东汉大河、漯水、瓠子河等河流所经。北宋中期以后又为黄河东派、马颊等河所经。这些河流湮废或改道后，留下断续带状的废堤和沙坨，使地面高亢并有微度起伏，因而元代开凿南北流向的运河河床起伏不平，并且一旦黄河东北决入运河西岸张秋镇时，因地势关系，往往挟运河水东流入海，张秋以北运河因缺水而阻运[3]。

山东运河的自然地形地貌存在严重的局限，在这一宏面地形地貌的影响下，衍生出新的问题，对运河的开凿及其管理运作造成了巨大困难。

1.2　水源供给不足

从整个运河区域来看，年降水量有差异，其中：长江下游 1200～1400 毫米；淮河以南约 1000 毫米；淮河以北至天津约 600～800 毫米；海河以北约 500 毫米[4]。山东地处北方，年降水量相对较少，地表径流量小。山东运河的水源主要依靠汶、泗水系的供给，汶泗流域多年的平均降水量为 600～700 毫米，河流全年的径流量较小，且年内分布不均，据统计，1932—1934 年每年 50%～70% 的降水集中在 6～9 月，造成该时期内运河泛滥，而 12 月至来年 2 月为枯水期，降水量仅占全年的 10% 左右[5]。对明清时期的降水量虽没有确切数字，但推测降水的总体分布应与 20 世纪 30 年代类似。据前文漕粮程限管理的研究可知，漕船多是每年三、四月份入闸河，此时山东运河及水源区域正处于降水较少时段，而此时正是需水的时节，水源供给不足是山东运河的致命缺陷。山东运河只能靠开浚泉源、设置水柜等人工措施来克服这一缺陷。

3　邹逸麟著，《椿庐史地论稿》，天津古籍出版社，20005：150–183。
4　岳国芳著，《中国大运河》，山东友谊书社，1989：304。
5　陈桥驿主编，《中国运河开发史》，中华书局，2008：131。

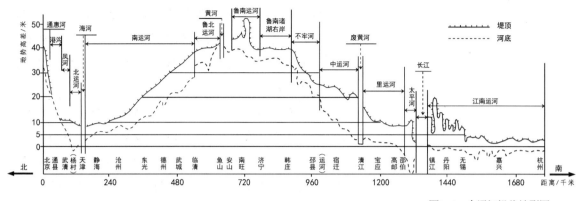

图3-1 会通河沿线地形图

1.3 地势高差巨大

山东运河地势两端低、中间高，南旺为最高点，被称为大运河的"水脊"。从南旺向北至临清相距 300 里，地势下降 90 尺（约 28米）；自南旺向南至镇口相距 390 里，地势下降 106 尺（约 33 米）[6]（图 3-1）。河道比降特别大，分别约为 1/5 000、1/6 000，地势高差产生了水位落差，故而漕船在此段运河不能畅行，只有设置船闸，通过掌控船闸的启闭控制蓄泄，才能克服水位高差，顺利航行。

1.4 地处黄泛区

在明代，黄河中游泛滥无常，河南的开封府、归德府，直隶的大名府，山东的东昌府，兖州府，南直隶的徐州这个扇形区域成为主要的黄泛区，而会通河正好经过这个区域的东缘，因此黄河泛滥，会通河首当其冲[7]（图 3-2，见文后彩图部分）。清代地理环境几乎没有发生改变，山东运河仍地处黄泛区。

明清两代黄河不断决口[8]，会通河经常受到黄河之冲溃而阻运，这对整个大运河造成巨大威胁，两代均把"治河保运"作为重要的策略和方法，使黄河不致于向北冲决会通河。在明清两代山东运河发生过五次较大规模的改道[9]，主要是为了避黄保运。因而会通河也成为治河保运的重点，尤其是在张秋一带。

第二节 泉湖相济：水源管理运作

水源供给不足是山东运河通漕的瓶颈，因而如何增加山东运河水源供给是要解决的首要问题，以此确保运河通航水位，保障漕运通畅。

6 （清）张廷玉等撰，《明史》卷85，《河渠志三·运河上》，"自南旺分水北至临清三百里，地降九十尺，为闸二十有一；南至镇口三百九十里，地降百十有六尺，为闸二十有七"。

7 樊铧著，《政治决策与明代海运》，社会科学文献出版社，2009：187。

8 姚汉源，《中国水利史纲要》，水利电力出版社，1987：348-360，438-489；岑仲勉著，《黄河变迁史》，人民出版社，1957：462-660都对明清黄河的决口、对运河的影响以及治河等有详细的论述。（清）孙承泽撰，《河纪》卷1则记载了黄河历次决口的时间、地点以及对河道的影响以及治河奏记等。

9 陈桥驿主编，《中国运河开发史》，中华书局，2008：140-144总结了山东段运河的五次大改道，第一次是永乐九年重修会通河时经安山之东开挖一条新渠，第二次是隆庆元年（1567年）修成南阳新河，第三次是自万历二十七年（1599年）至三十二年（1604年）开凿泇河，第四次是天启五年（1625年）开通济新河及崇祯五年（1632年）重浚通济新河并改名顺济河，第五次是顺治十五年（1658年）开中河。

2.1 水源补给措施

2.1.1 引河济运

补给山东运河的河流主要有五条，即所谓"五水济运"（图3-3），分别是汶河、洸河、泗河、沂河、济河。

（1）汶河

汶河的源头有四处："一出新泰县宫山之下，曰小汶河。一出泰安州仙台岭，一出莱芜县原山，一出县寨子村，俱至州之静封镇合流，曰大汶河。出徂徕山之阳，而小汶来会。经宁阳县北堽城，历汶上东平东阿，又东北流入海。元于堽城之左筑坝，遏汶入洸、南流至济宁、合沂泗二水，以达于淮。自永乐间筑戴村坝，汶水尽出南旺。于是洸沂泗自会济，而汶不复通洸。今沂州亦有汶河，一出蒙山东涧谷，一出沂水县南山谷。俱入邳州淮河。"[10]

（2）洸河

洸河为汶河支流，出宁阳县北三十里之堽城坝，从坝下西南流会诸泉水，经滋阳入济宁州至洸河口，与泗水相合，绕州之城北经夏家桥分为二支，北支入马场湖，南支由会通桥进入运河[11]。

（3）泗河

泗河发源于泗水县陪尾山，因四泉并发，故名泗水。水循西流，至下庄城合而为一，后又西流至兖州府城东转南流，经横河与沂水相合。元时于兖州府城东门外金口建闸坝，遏令东入府城，又

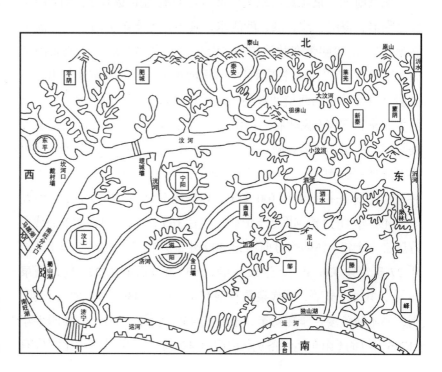

图3-3 五水济运图

10 （明）申时行等修，赵用贤等纂，《大明会典》卷196，《河渠一·运道一》。（明）王圻撰，《续文献通考》《国用考·漕运中·汶河》内容与之相同。另（清）叶方恒撰，《山东全河备考》卷1上记载，汶水之源有三，分别是：泰山仙台岭；莱芜原山岭；莱芜寨子村。

11 （明）王圻撰，《续文献通考》卷38，《国用考·漕运中·洸河》。（清）载龄等修，福趾等纂，《钦定户部漕运全书》卷41，《漕运河道·洸河考》。

转向南流为洸河入济宁之天津闸。明朝时增修，夏秋水涨之时则启闸放水南流会沂水，由港里河出师家庄闸；冬春水微之时则闭闸遏水，令由黑风口东经兖州城入济，又南流会洸水至济宁出天井闸[12]。

（4）沂河

沂河发源地有二，一为曲阜县尼山，一为沂水县艾山。出尼山者，西南流分为二股，一西流至金口闸（坝）入天井，一南流与泗水会合，下师家庄闸河。出艾山者，会蒙阴、沂水诸泉水，与沂山之汶合流至邳州入淮[13]。

（5）济河

济河发源于河南王屋山，其水或伏或见，分为南北二流。汶合北济故道入海，元代引汶绝济，明初遏汶全流，从南旺分水，西北达临清为运道，夺大、小清河东北出海之故道，即所谓的北济。泗水合南济故道以入淮，元代在堽城之左修建斗门遏汶南流至任城，谓之"引汶入济"；明初遏汶诸流，从金口东穿兖州府城西出，接纳阙党等泉水，至济宁城东会洸水流入天井闸今府城会河，俗称"府河"，亦称"济河"[14]。

五河之中，以汶河与泗河最为重要，为运河水源，而汶、泗之源为诸泉，所谓"会通之源汶、泗也，汶、泗之源泉也"[15]。故而山东诸泉也是运河水源的重要组成部分。

2.1.2 引泉济运

明清时期，泉源是山东运河诸济运河流的主要水源，明"由鱼台至临清，得洸、汶、泗、沂四水，其泉百七十余会四水而分流于漕渠"[16]。清康熙帝在敕谕中说"山东运河全赖众泉，蓄泄微山诸湖，以济漕运"[17]，泉源在保证山东运河水量方面起着重要作用，泉源多寡直接关系到河道通畅与否，故而该段运河又称"泉河"。泉源主要来自三府（兖州府、济南府、青州府）十八州县，这些泉源按归属的河川，分为五派，分别是分水派（汶水派）、天井派（济河派）、鲁桥派（泗河派）、沙河派（新河派）、邳州派（沂河派）[18]（表3-1）。明永乐初大致有100多泉，以后逐渐增加，据成书于弘治九年（1496年）的《漕河图志》记载，共有163泉[19]，《泉河史》记载，万历二十七年（1599年）时有泉309处，天启二年（1622年）又新开27泉，共336泉[20]，崇祯五年（1632年）有旧泉226处，新泉36处，共262处[21]，明代泉源有增有减，最多336泉。清代沿袭明制，亦不断疏浚。康熙初年，泉源共430处[22]，成书于乾隆四十年（1775年）的《山东运河备览》记载有478泉[23]，可见清代比明代有

12 （明）王圻撰，《续文献通考》卷38，《国用考·漕运中·洄河》。（明）申时行等修，赵用贤等纂，《大明会典》卷196，《河渠一·运道一》。（清）载龄等修，福趾等纂，《钦定户部漕运全书》卷41，《漕运河道·泗河考》。对三书所记内容进行综合而得。

13 （明）王圻撰，《续文献通考》卷38，《国用考·漕运中·沂河》。（清）载龄等修，福趾等纂，《钦定户部漕运全书》卷41，《漕运河道·沂河考》。

14 （清）叶方恒撰，《山东全河备考》卷1，《五水济运图说·济水》。

15 （清）岳濬、法敏等修，（清）杜诏等纂，《山东通志》卷19，《漕运》。

16 （明）《嘉靖山东通志》卷13，《漕河》。

17 《圣祖仁皇帝圣训》卷34，《治河二》。

18 （清）张廷玉等撰，《明史》卷85，《河渠志三·运河上》，"泉源之派有五，曰分水者，汶水派也，泉百四十有五。曰天井者，济河派也，泉九十有六。曰鲁桥者，泗河派也，泉二十有六。曰沙河者，新河派也，二十有八。曰邳州者，沂河派也，泉十有六"。

19 （明）王琼撰，《漕河图志》卷2，《漕河上源》。

20 （明）胡瓒撰，《泉河史》卷3，《泉源志》。

21 （清）顾祖禹撰，《读史方舆纪要》卷129，《川渎六·漕河》，"崇祯五年，共计旧泉二百二十六，新泉三十六，盖山谷之间随地有泉，疏引渐增也。"

22 （清）靳辅，《治河方略》卷4，《泉考》。

23 （清）陆耀等纂，《山东运河备览》卷8，《泉河厅诸泉》。

较大幅度的增加，其中以东平、泗水、泰安、莱芜增加较多，泗水县泉源最多，有82处，莱芜相较以前增加了34处（图3-4）。明清各州县泉数见表3-2。

然而诸泉源并不是总能确保水源供给，因而需设水柜蓄水济运[24]。

24 （明）谢肇淛撰，《北河纪》卷7，《河议纪》，"山东泉源，有时微细，故设诸湖积水，以济飞挽"。

表3-1　五派泉源所属州县表

泉派	分水派	天井派	鲁桥派	沙河派	邳州派
所属州县	新泰、莱芜、泰安、肥城、东平、平阴、汶上、蒙阴	泗水、曲阜、滋阳、宁阳	邹县、济宁、鱼台、峄县、曲阜	邹县、鱼台、滕县、峄县	峄县、蒙阴、沂水

表3-2　明清山东运河沿线州县泉源数量表

	兖州府												济南府				青州府	
	东平州	汶上县	滋阳县	邹县	曲阜	泗水	滕县	峄县	宁阳	平阴	济宁	鱼台	泰安州	新泰	肥城	莱芜	蒙阴	沂水
1496年	9	2	6	3	18	23	18	3	10		1		34	14	7	10	5	
1599年	25	6	8	13	22	59	19	5	13	2	4	15	48	25	9	21	5	10
1622年	(3)		9 (1)	13	22	60 (1)	19	5	15 (2)	2	4	15	51 (3)	29 (4)	13 (4)	30 (9)	6	10
1775年	47	11	14	17	29	82	33	13	13	2	6	22	69	35	16	64	5	

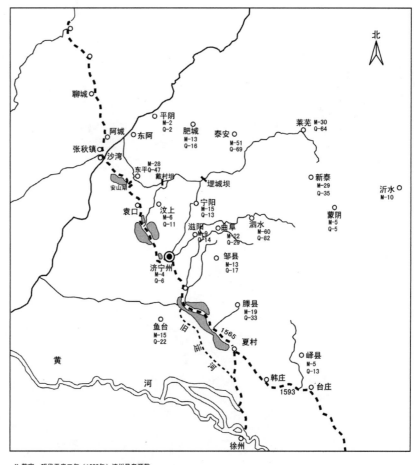

图3-4　明清山东运河沿线州县泉源分布图

M-数字　明代天启二年（1622年）该州县泉源数
Q-数字　清代乾隆四十年（1775年）该州县泉源数

2.1.3 设置水柜

山东运河沿线湖泊在明代有"水柜"与"水壑"之分，运河之东诸湖称"水柜"，而运河之西诸湖称"水壑"[25]。由上文可知，山东诸泉及诸河多位于运河东侧之州县，河流自东而西流，需先经过诸湖然后入运河，运河东侧之湖具有蓄水济运的功能，因而济运之湖称为"水柜"。而西侧之湖不能受泉水，运河西侧的水壑在运河水多时可以减水入湖，对保证运河正常运转作用亦重大。

会通河水源不足，降水季节不均，河道水量难以保证，为克服这一不足，除大量疏浚泉源以外，还沿运河设置一系列水柜来调节运河水量。"运道有源，疏沦是亟。顾水之为物，恒雨则溢，恒阳则干，伏秋常有余，春夏常不足，蓄盈济绌，此水柜之所由设也"[26]，对山东运河设水柜的原因论述十分精准。水柜对山东运河意义重大，如明人潘季驯所言，"运艘全赖于漕渠，而漕渠每资于水柜，五湖者，水之柜也"[27]。明永乐年间宋礼恢复会通河时即设立水柜，"明尚书宋公既疏会通河，乃以昭阳、马场、南旺、安山为四大水柜"[28]（图3-5）。除这四大水柜以外，闸河沿线还有马踏、蜀山、苏鲁、南阳、独山、赤山、吕孟、武家、张王等湖，根据其所处位

25 （清）陆耀等纂，《山东运河备览》卷6，《捕河厅河道》，"惟蜀山、马踏在漕岸之东，可称水柜。南旺西湖及安山湖在漕岸之西，但称水壑，不可称水柜"。

26 （清）觉罗普尔泰修，陈顾潊纂，《乾隆兖州府志》卷18，《河渠·蓄水济运》。

27 （明）潘季驯撰，《河防一览》卷3，《河防险要》。

28 （清）觉罗普尔泰修，陈顾潊纂，《乾隆兖州府志》卷18，《河渠志·蓄水济运》。（明）谢肇淛撰，《北河纪》卷7，《河议纪》引嘉靖间河南道御史王廷奏言："宋礼、陈瑄经营漕河，既已成绩，乃建议请设水柜以济漕渠，在汶上曰南旺湖，在东平曰安山湖，在济宁曰马场湖，在沛县曰昭阳湖，名为四水柜。水柜，即湖也，非湖之外别有水柜也。"

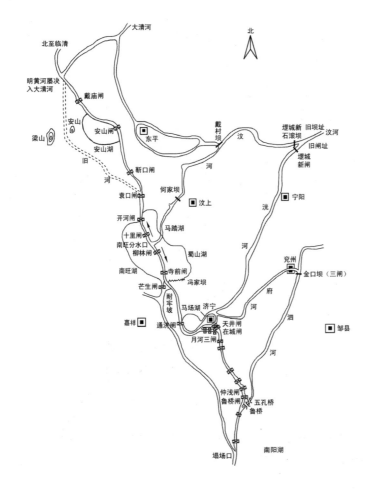

图3-5 明代前期会通河上的水柜

置及济运作用范围不同，可分为两大部分：以济宁为分界点，济宁以北的安山、南旺、马踏、蜀山、马场等湖，主要补给济宁以北的运河；济宁以南的独山、微山、昭阳、吕孟等湖，主要补给济宁以南的运河[29]。由于淤塞及农民占湖垦田等原因，水柜在明后期大面积缩减，宣德（1426—1435 年）时尚存十侵之七，万历（1573—1620 年）以后淤积加速，到清雍正（1723—1735 年）时大半为民占种，湖中低洼处长满水生植物，无以蓄水[30]。

2.2 水源管理运作

2.2.1 泉源管理运作

1. 管理机构及人员设置

山东运河水源主要来自三府十八州县的泉源，有"治漕之法，裕源为先"[31] 之说，泉源对漕河的重要性自不待言，故明清两代对山东泉源管理都很重视。明永乐十六年（1418 年）即设宁阳工部分司管理泉政，然未成定制，正统以后专设管泉主事，弘治十八年（1505 年）兼管南旺闸事，隆庆初，济宁闸务亦由管泉主事兼管，改称南旺分司[32]。管泉主事的主要职责是：每年春初提督泉夫挑浚山东诸泉源，以丰裕运河水量并出办浚泉钱粮[33]。因其职责重大，其不归北河郎中管理，而是直接隶属总理河道管理。管泉主事管辖范围涉及三府十八州县，范围太广，故而在兖州府设管泉同知一员分理该府泉务，之所以在三府中选择在兖州府设管泉同知，是因为有泉十八州县中有十二州县属于兖州府。兖州府管泉同知始设于天顺元年（1457 年），正德三年（1508 年）革去，由管河通判带管，不久又复设，嘉靖二十五年（1546 年）改为管理黄河同知，仍令管河通判带管，万历三年（1575 年）开始令管理新河同知兼管。兖州府管泉同知被裁后，从万历四年（1576 年）开始，有泉各州县始设管泉专官[34]。各州县的管泉专官职位不一，新泰、莱芜、肥城、平阴、宁阳、峄县等六县各置管泉典史一员；汶上、曲阜、邹县、滕县等四县各设管泉县丞一员；泗水、鱼台二县各置管泉主簿一员；东平、济宁二州各设管泉通判一员；泰安设管泉吏目一员[35]。清代略有变化，康熙十五年（1676 年）裁南旺分司，将泉闸事务归济宁道[36]，雍正四年（1726 年）增设管泉通判一员，下设"管泉佐杂十二员，督率泉夫分地疏浚"[37]，而州县设专官管泉的做法与明代相同。

2. 泉源的管理运作

《居济一得》中对疏浚泉源的原因、做法、时间等有所交待，基

29 （明）万恭撰，《治水筌蹄》卷 2，《运河》，"诸闸漕以汶河为主，而以诸湖辅之。若蜀山、马踏、南旺、安山、沙湾诸湖，皆辅汶北流者也；独山、微山、昭阳、吕孟诸湖，皆辅汶南流者也"。

30 （清）黎世序、潘锡恩撰，《续行水金鉴》卷 74，《运河道册》。

31 （清）觉罗普尔泰修，陈顾㳠纂，《乾隆兖州府志》卷 18，《河渠·疏流济运》。

32 （明）胡瓒撰，《泉河史》卷 2，《职制志》。关于管泉主事的详细建置，后文将有论述。

33 蔡泰彬撰，《明代漕河之整治与管理》，台湾商务印书馆，1992：362-364。

34 （明）胡瓒撰，《泉河史》卷 6，《职官表》。

35 （明）张纯撰，《泉河纪略》卷 4，《泉壩河闸官夫·泉源州县》。转引自：蔡泰彬撰，《明代漕河之整治与管理》，台湾商务印书馆：1992：381。

36 （清）叶方恒撰，《山东全河备考》卷 3，《职制志上·职官沿革》。

37 （清）陆耀等纂，《山东运河备览》卷 8，《泉河厅诸泉》。

本勾勒出了山东泉源管理运作程序：

> 东省运河，专赖汶河之水南北分流济运，而汶河之水尤藉泉源以灌注。若夏秋雨泽愆期，山水未至大涨，各湖水不能畅满，河流微细，仅足浮送回空，来岁新运，深属可虑。必将泉源大为疏通，俾水尽归汶河。俟闭坝挑河时，由马踏、蜀山二湖口将水尽行收入两湖之中，以待来岁新运经临，放以接济，甚属有益。应饬泰安、新泰、莱芜、肥城、宁阳、东平、汶上、平阴八州县各将境内泉源、泉头、泉眼、泉池并泉沟会河，乘此农隙之时，印官亲督人夫，逐泉大加挑挖，浅者深之，窄者阔之，务使水势沛流达汶，庶于粮运大有裨益[38]。

泉源管理事宜较为简单，但关系紧要，"每岁春夏，听司道严督管泉官夫疏浚通达，俾源源而来"[39]，因每年春夏之际正是漕船进入山东运河北上之时，需保证运河水量以防漕船搁浅。泉源管理从时间上来看主要集中于此，其主要内容则是管泉官员对泉夫的管理。

上文分析可知泉源管理是在管泉主事提督之下，由有泉源各州县设专官管理的、以地方行政管理为主的管理体系。泉源管理运作的主要任务是挑浚泉源、泉道，具体承担该任务的是泉夫，除此之外，泉夫还负责种植泉道两侧柳树。泉夫之上亦有管理人员，其组织模式在明清略有差异：明万历三年（1575年）以前的管理组织模式为老人—小甲—泉夫，万历四年（1576年）管泉主事余毅中革除老人，变为泉官—小甲—泉夫[40]。而到清代，据《山东运河备览》记载其组织结构为泉老—总甲—小甲—泉夫。

据统计，明代一般而言每10名泉夫浚一泉，或三十、五十名同理三、五泉[41]。从表3-3可以看出清代大约每2名泉夫负责浚一泉，有的还不到2名，最多的是平阴县每5名泉夫负责一泉，而最少的泗水每名泉夫要负责多于1处泉源。相较明代，清代每泉所配置的泉夫数量明显减少。究其原因，多是因为泉夫多则累民，如明人张克文欲挑浚新泉以济运，问于当地父老，常惧于新开泉而增泉夫而不以实相告，父老曾发出"泉岂有穷，夫则有限"之叹，张克文认为"必不以泉益夫，以水困民也，惟取盈于旧额，蠲其远役而调停焉"[42]，因而得以新增泉源。为保证运河水量，需不断增加泉源数量，为不累民又不能增加泉夫，因而减少每泉所需泉夫成为较好的一种选择。

表3-3 清代山东诸泉夫役人数表

州县	泉数	管泉夫官	泉夫	泉老	总甲	小甲
莱芜县	64	泰安府经历	90	1	2	1
新泰县	35	上泗庄巡检	75	1	2	1

38 （清）张伯行撰，《居济一得》卷4，《疏浚泉源》。

39 （明）谢肇淛撰，《北河纪》卷7，《河议纪》。

40 蔡泰彬撰，《明代漕河之整治与管理》，台湾商务印书馆，1992：399-400。

41 蔡泰彬撰，《明代漕河之整治与管理》，台湾商务印书馆，1992：398。

42 （明）谢肇淛撰，《北河纪》卷2，《河源纪》，张克文《新泉序》。

州县	泉数	管泉夫官	泉夫	泉老	总甲	小甲
泰安县	69	泰安县丞	121	1	6	2
蒙阴县	5	沂州府经历	16	1	—	1
肥城县	16	泰安府经历	35	1	1	1
平阴县	2	泰安府经历	10	1		
东平州	47	东平州州同	78	1	1	1
汶上县	11	汶上县县丞	43	1	1	1
泗水县	82	兖州府经历	60	1	1	1
曲阜县	29	宁阳县县丞	40	1	1	1
邹县	17	宁阳县县丞	36	1	1	1
宁阳县	13	宁阳县县丞	61	1	1	1
济宁州	6	济宁州州同	20	1		1
滕县	33	滕县主簿	40	1	1	1
峄县	13	峄县县丞	20	1		1

2.2.2 水柜管理运作

1. 管理机构及人员设置

水柜不像泉源一样设有专官，而是多由水柜所处河段的河道官管理。如清乾隆时，山东运河河道分为四段，由四名河道管理，水柜即由所处河段的河道管理，如珈河厅河道的职责为，"由江南下邳梁王城至黄林庄入山东峄县境，为兖州府珈河厅通判所辖，其地当运入境首程，事务颇繁，兼以一湖潴泄事宜，经理不易"[43]；运河厅河道的职责为，管"山东全省运河之上流，其水则汶、泗、沂、洸，其潴泄则蜀山、南旺、马踏、马场、南阳、独山、微山、昭阳诸湖"[44]。

2. 水柜的运作

水柜的运作原理极为简单，"漕河水涨则减水入湖，水涸则放水入河，各建闸坝，以时启闭"[45]，"漕河水涨，听其溢而潴之湖，漕河水稍，决其蓄而注之漕"[46]，这两句话对其运作原理进行了准确的概括，即当运河水多时，泄运河水入水柜，而当运河水少时，则放水柜水入运河，使运河保持通船的水位。以下以昭阳、马场、南旺、安山四大水柜为例分析其如何调节运河水量，以保证山东运河通畅。

《两河清汇》中对四水柜的管理运作有简练概括："南旺、安山二湖，每遇山水涨发，开通各口斗门，一以杀水势保全运堤，一以撒泥沙免淀河腹。蜀山、马踏二湖，每遇大小挑之时，将汶河筑坝绝流，使水分入两湖，督夫挑浚，仍开汶河，南北通流，又将月河口

43 （清）陆耀等纂，《山东运河备览》卷3，《珈河厅河道》。
44 （清）陆耀等纂，《山东运河备览》卷2，《运河厅河道上》。
45 （明）谢肇淛撰，《北河纪》卷7，《河议纪》。
46 （清）傅泽洪撰，《行水金鉴》卷129，《运河水》。

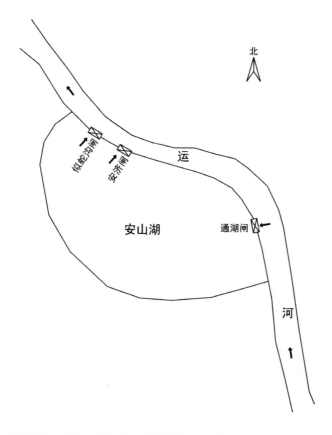

北

运
河

似蛇沟闸
安济闸
通湖闸

安山湖

图3-6 安山湖运作示意图

堵塞，遇天旱水微，南北相机开放接济运舟。马厂（场）湖，遇天旱水微，开通安居等水门相机节宣。独山、昭阳二湖相机节宣。以上诸湖，或蓄水，或杀水，俱督听印河官严防，以济运道。"[47] 以下详细分述之。

（1）安山湖的运作

安山湖，在东平州西 15 里，运河西岸[48]。安山湖的主要作用是节运河之有余而补运河之不足，主要调节南旺以北至临清段运河水量，"南旺至临清一带河漕，绵亘四百余里，全赖安山一湖蓄水济运，其关系诚重矣"，"遇天雨连绵，运河水大，则蓄之湖中；天道亢旱，运河水小，则放出济运"[49]。湖东设有三闸，通湖闸在南纳水入湖，安济闸、似蛇沟闸在北放水入运[50]（图 3-6）。

（2）南旺湖的运作

南旺湖位于汶上县西南 30 里，初置水柜时周围 150 里，运河纵贯其中，而汶水自东北向西南流把运河之东水面分为二[51]。整个南旺湖区由运河堤及汶水堤分为三部分，运河西为南旺西湖；运河东由汶水堤分为南北两部分，北为马踏湖，南为蜀山湖。三湖之中，蜀山湖蓄水济运，"冬月挑河时将汶河之水尽收入湖，以备春夏之用"，因而"较他湖为最紧要"[52]。下面分别讨论三湖济运。

蜀山湖，北侧临汶河，南岸在明代有刑家林口、田家楼口[53]，而清代则为永定（即徐家坝）、永安（即田家楼）、永泰（即南月河）

47 （清）薛凤祚撰，《两河清汇》卷1，《运河·运河修守事宜》。此处南旺湖实指南旺西湖。

48 （明）谢肇淛撰，《北河纪余》卷2。

49 （清）张伯行撰，《居济一得》卷4，《复安山湖》。

50 （清）沈维基、胡彦昇，《乾隆东平州志》卷18，《艺文志二》，《岳濬请停设安山湖水柜疏》。

51 （明）申时行等修，赵用贤等纂，《大明会典》卷197，《河渠二》，《运道二·湖泉》，"漕渠贯其中，西岸为南旺西湖，东岸为南旺东湖。汶水自东北来，界分东湖为二，二湖之下北为马踏湖，又北为伍庄湖，南为蜀山湖，又南为马场湖。"

52 （清）张伯行撰，《居济一得》卷2，《蜀山湖》。

53 （明）胡瓒撰，《泉河史》卷1，《图纪》，《南旺湖图》

54 （清）陆耀等纂，《山东运河备览》卷5，《运河厅河道下·蜀山湖》。而（清）张伯行撰，《居济一得》卷2，《蜀山湖》中则仍称邢家林口、田家楼口。《乾隆兖州府志》卷18，《河渠·蜀山湖》载："蜀山湖……汶水上流有收水口三，徐家坝口、田家楼口、南月河口。……雍正四年（1726年）修堤筑堰并将徐家堤等三口改建石闸，名曰永定、永安、永泰"。

55 （清）陆耀等纂，《山东运河备览》卷5，《运河厅河道下·蜀山湖》。

56 （清）陆耀等纂，《山东运河备览》卷5，《运河厅河道下·蜀山湖》。

57 （清）张伯行撰，《居济一得》卷2，《利运闸》。

58 （清）张伯行撰，《居济一得》卷2，《利运闸》。

59 （明）谢肇淛撰，《北河纪余》卷2。

60 （清）觉罗普尔泰修，陈顾瀚纂，《乾隆兖州府志》卷18，《河渠·马踏湖》"汶水上流有收二口，徐建口、李家口。湖之西堤东临运河有放水二口，新河头、宏仁桥"。《居济一得》卷4，《马踏湖》记入水口为徐建口、王士义口，推测李家口与王士义口所指相同。

61 （清）张伯行撰，《居济一得》卷4，《马踏湖》。

62 （清）傅泽洪撰，《行水金鉴》卷105，《运河水·南旺湖》。

63 蔡泰彬，《明代漕河之整治与管理》，台湾商务印书馆，1992：178。

64 （清）陆耀等纂，《山东运河备览》卷5，《运河厅河道下·南旺分水口》。

65 姚汉源著，《京杭运河史》，中国水利水电出版社，1997：204。

66 （清）张伯行撰，《居济一得》卷2，《南旺各斗门》。

67 （清）张伯行撰，《居济一得》卷2，《南旺主簿》。

三斗门[54]，这些设施均用来收蓄汶河之水入蜀山湖。清时规定，蜀山湖必须蓄水至九尺八寸，才能足全漕之用[55]。蜀山湖蓄水期有两个：一在冬季，冬月汶河煞坝至次年春开坝，共三个月，此期间为挑河期，泉流微弱，到春时蓄水约二尺左右；二为秋汛时，每年汶水伏秋水涨三、四次，每次五、六日，此时水大，全开三斗门，以尽量多蓄水。两次蓄水相加，总量约至九尺八寸[56]。

蜀山湖西侧紧临运河东岸，有金线、利运两单闸用以渲泄湖水入运河，其中以利运闸尤为关键，"为蜀山湖之门户"，此闸"专节宣蜀山湖水，湖水若小则此闸宜坚闭，万不可开。湖水若大，则将闸板全启"[57]。蜀山湖本来用来济南运（南旺分水口以南的运道），然"见南来济运之水甚多，而北运每苦无水"，因而用于济北运（南旺分水口以北的运道），"坚闭利运闸不令开放，使蜀山湖水由田家楼口、邢家林口入汶河，出南旺分水口济运至初夏"[58]。可见，通过对水闸的有序、合理启闭，可以控制蜀山湖补给南运或北运，这反映了当时治水技术的成熟和管理制度的完备。

马踏湖，"在汶河堤北、漕河东，周回三十四里"[59]。湖南侧临汶河北岸，有徐建口、李家口收纳汶河之水，湖西侧临运河，有新河头、宏仁桥两放水口以济运[60]。马踏湖用于补济北运，当北运河水势小时，开宏仁桥或新河头闸以放马踏湖之水补济运河；若运河水势足，则宜堵闭此二口[61]。

南旺西湖，在运道之西，明后期渐称南旺湖。运道西堤"设计斗门为减水闸十有八，随时启闭，以济运河"[62]，此记载表明有18座减水闸，而蔡泰彬研究认为有十座减水闸，自北而南依次为关家口、常家口、刑家口、孔家口、彭秀口、刘玄口、张全口、焦栾口、李泰口和田家口[63]。《山东运河备览》载清代有八斗门，分别是"焦栾、盛进、张全、刘贤、孙强、彭石、邢通、常鸣，俱明永乐年建，国朝康熙五十六年（1717年）、乾隆十七年（1752年）修"[64]。关于斗门数量，说法各有不同，实际上明清两代斗门多有兴废，姚汉源在其著作中曾对此问题进行研究[65]，本书在绘图标注斗门时引用其研究成果。南旺西湖调节运河水量的方法与其他两湖相同，每逢伏秋汶水泛涨致运道水涨时，则开斗门放水入湖，等至湖水开始入河时则下板蓄水，至秋后无水可收时，在湖口筑坝，不使水泄；至春夏运河水少之际，则开斗门放水入运[66]。此外，每年重运过后，如遇汶河水发，则严闭柳林闸与寺前闸，让水从各斗门入湖，入湖后若水势不大，则亦将开河闸、十里闸严闭；若此时湖水势大，则将十里闸、开河闸及迤北各闸全部开行，让湖水向北入海，因北行入海相较南行为近[67]（图3-7）。

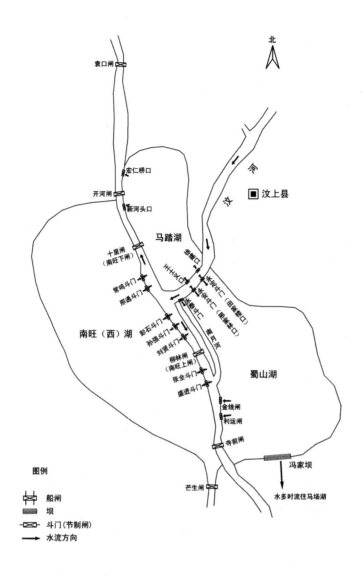

图3-7 南旺湖运作示意图

（3）马场湖的运作

马场湖在济宁州西 10 里，运河东岸，周 40 里，汇洸、泗二水[68]。马场湖最初北收蜀山湖之水，当蜀山湖水盈之时，则由冯家坝南泄入马场湖；南则收蓄府河（泗河分支）、洸河之水。至万历十七年（1589 年），因在大长沟筑冯家石坝而阻拦蜀山湖之水，自此马场湖专蓄洸、泗之水。马场湖专济南运，其西侧即临运河，自北而南有白嘴闸、安居闸、十里铺闸、五里营闸四座水闸与运河连通，在万历十七年（1589 年）之前，其水源来自北面的蜀山湖，入水口在湖北端，济运出水口为湖南端的五里营闸；万历十七年（1589年）以后，其水源改为府河，入水口位于湖的东南端，因而济运主要靠白嘴闸[69]（图 3-8）。

（4）昭阳湖的运作

昭阳湖，在沛县东北八里，即山阳湖，俗称"刁阳湖"，邹、滕两县之水俱汇于此[70]。昭阳湖原位于运河东岸，收纳沙河、薛河等河水，湖的南端设有两水闸启闭，出金沟口以济沽头诸闸。

68 《大清一统志》卷 146,《济宁州·马场湖》。
69 （清）张伯行撰,《居济一得》卷 2,《马场湖》;（清）陆耀等纂,《山东运河备览》卷 5,《运河厅河道下·十里铺、安居闸、府河》;（清）卢朝安纂修,《咸丰济宁直隶州志》卷 2,《山川二·马场湖》。
70 《大清一统志》卷 69,《徐州府·昭阳湖》。

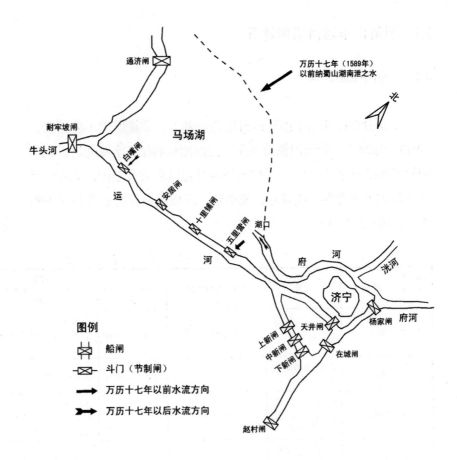

图3-8 马场湖运作示意图

嘉靖七年（1528年）黄河冲决东堤入昭阳湖，湖渐淤，两闸亦淤于湖底[71]。嘉靖四十五年（1566年）朱衡开南阳新河后，旧运河道遂废，昭阳湖转而位于运河西侧，其功能也相应有所改变，在临运河一侧设置十四座水闸，在运河水盛之时纳水入湖，待运道浅涩之时，则放水济运[72]。此外，黄河泛滥之时，"则以昭阳湖为衍散之区"[73]，虽起到了保护运河的作用，但也因泥沙冲入，致使湖底抬高，湖区扩大。

以上四水柜的基本运作原理是一致的，均为调节运河水量，或纳运河之水入湖，或泄湖水以济运。四水柜中，因南旺湖（南旺西湖、马踏湖、蜀山湖）地处运河最高处，其地位尤为重要，同时南旺分水口亦位于此，与南旺三湖共同调节运河水位，南旺分水口的运作将在后文论述。

第三节　启闭有方：船闸管理运作

"山东运河，关键全在各闸"[74]，"会通河者……势如建瓴，所恃者闸耳。节节置闸，时其蓄泄，慎其启闭，勤其修治，此会通河之成法也"[75]。山东运河设置船闸数量最多，最具特色，也最为关键，其运行最为复杂，最能反映大运河船闸管理制度的完备。

71 （明）刘天和撰，《问水集》卷2，《闸河诸湖》。
72 （清）赵英祚纂，《鱼台县志》卷1，《湖·昭阳湖》。
73 （清）傅泽洪撰，《行水金鉴》卷118，《运河水》，隆庆三年四月丁丑总河翁大立言。
74 （清）张伯行撰，《居济一得》卷1，《山东运河》。
75 （清）任源祥，《漕运议》，见（清）贺长龄辑，《皇朝经文编》卷46，《户政二十一·漕运上》）。

3.1 明清山东运河船闸建置

3.1.1 船闸建置沿革

上文分析已知由于山东运河地势高差大，非设船闸不能通船。"查得山东地方一带漕河俱设闸座，盖因地势高超，水流陡迅，先年相地设闸以济之耳"[76]。在元代会通河开通以后就设船闸，明清两代在此基础上或废弃、或修复、或重建，或根据新开河道等情况不断添置新闸（表3-4）。

76 （明）杨宏、谢纯撰，《漕运图志》卷8，《漕例》。

表3-4 明清山东运河船闸建置表

序号	闸名	位置	与相邻闸距离	建置			资料出处
				元	明	清	
1	会通闸	在临清州治西南三里余	东至临清闸一里余	至元三十年建	永乐九年重修，天顺五年移置于旧闸南五十余丈	—	③
2	临清闸	在临清州治西南二里半	—	元贞元二年建	永乐九年重修	—	③
3	南板闸	在临清州治西南六里三百七十步	东至新开上闸一里半	—	永乐十五年陈瑄始建板闸，宣德七年邓郎中改为石闸	—	③
4	新开上闸	在临清州治西南五里四十八步	—	—	正统二年始建砖闸，后改为石闸	雍正六年修	③⑥
5	戴家湾闸	在清平县治西南	北至新开上闸三十里	—	成化元年，总督漕运左副都御史王竑建议而设	乾隆九年修	③⑥
6	土桥闸	在堂邑县治东北	北至戴家湾闸四十八里	—	成化七年巡抚右副都御史翁世资建议而设	乾隆二年修	③⑥
7	梁家乡闸	在堂邑县治北	北至土桥闸十五里	—	宣德四年工部主事邓口建	乾隆二年修	③⑥
8	永通闸	—	北距梁家乡闸二十二里	—	万历十六年建	雍正六年修	⑥
9	通济桥闸	在聊城县治东三里	北至梁家乡闸三十五里	—	永乐十六年建	雍正六年修	③⑥
10	李海务闸	在聊城县治东南二十里	北至通济闸二十里	元贞二年建	—	雍正六年修	③⑥
11	周家店闸	在聊城县治东南三十一里	北至李海务闸十二里	大德四年建	—	雍正六年修	③⑥
12	七级下闸	阳谷县	北至周家店闸十二里	大德元年建	永乐九年重修	乾隆十年修	③⑥
13	七级上闸	阳谷县	北至七级下闸三里	元贞元年建	永乐九年重修	乾隆十八年修	③⑥
14	阿城下闸	阳谷县	北至七级上闸十二里	大德三年建	永乐九年重修	乾隆元年修	③⑥
15	阿城上闸	阳谷县	北至阿城下闸三里	大德二年建	永乐九年重修	乾隆十一年修	③⑥
16	荆门下闸	阳谷县	北至阿城上闸十里	大德三年建	永乐九年重修	乾隆二年修	③⑥
17	荆门上闸	阳谷县	北至荆门下闸三里	大德六年建	永乐九年重修	乾隆十六年修	③⑥
18	戴家庙闸	—	北至荆门上闸四十四里	—	嘉靖十九年建，《北河续记》作嘉靖十六年建	乾隆四年修	⑥

序号	闸名	位置	与相邻闸距离	建置 元	建置 明	建置 清	资料出处
19	安山闸	—	北至戴家庙闸三十里	至元二十六年建	《北河续纪》作成化十八年建	雍正九年修	⑥
20	靳家口闸	—	北至安山闸三十里	—	《北河续纪》作正德十二年建	雍正七年修	⑥
21	袁口闸	—	北至靳家口闸十八里	—	正德元年建	乾隆二十三年修	⑥
22	开河闸	汶上县	北至袁口闸十六里	至正元年建	洪武二年知县郑原重修，二十四年河淤闸废，永乐九年开会通河重修	康熙五十七年修	③⑥
23	南旺下闸（十里闸）	汶上县	北至开河闸十三里，在南旺分水河口北	—	成化六年建	乾隆十六年修	③⑥
24	南旺上闸（柳林闸）	汶上县	北至南旺下闸十里，南旺分水河口北	—	成化六年建	乾隆十六年修	③⑥
25	寺前闸（旧名棠林闸）	—	北至南旺上闸十二里	—	正德元年建	乾隆二十二年修	⑥
26	通济闸	—	北至寺前闸三十里	—	万历十六年建	乾隆十八年修	⑥
27	分水闸（又名上闸）	在济宁州治西三里	西北至汶上开河闸一百五里	大德五年建	本朝重修，改今名	—	③④⑥
28	天井闸（原名中闸，又名会源闸）	在济宁州城南门外	西至分水闸三里，北至通济闸三十里	元至治元年建	本朝重修，改今名	乾隆十九年修	③④⑥
29	在城闸（又名下闸）	济宁州	北至天井闸一里三分	至元二十一年建	本朝重修，改今名	乾隆三十三年修	③④⑥
30	赵村闸	济宁州	北至在城闸六里	泰定四年建	—	乾隆二十三年修	③④⑥
31	石佛闸	济宁州	北至赵村闸五里	延祐六年建	—	雍正三年修	③④⑥
32	新店闸（一名辛店闸）	济宁州	北至石佛闸十八里	大德元年建	洪武五年重建	雍正八年修	③④⑥
33	黄栋林闸（新闸）	济宁州	北至新店闸六里，《兖》作八里	至正元年建	—	雍正六年修	③④⑥
34	仲家浅闸	济宁州	北至新闸五里，《山》作六里	—	宣德五年建	乾隆三十二年修	③④⑥
35	师家庄闸	济宁州	北至仲家浅闸六里，《山》作五里	大德二年建	洪武十四年重建	乾隆二十三年修	③④⑥
36	鲁桥闸	济宁州	北至师家庄闸五里	—	永乐十三年建		④
37	枣林闸	济宁州	北至鲁桥闸六里	延祐五年建	洪武十六年重建	乾隆二十三年修	③④⑥
38	南阳闸	鱼台县	北至济宁州枣林闸十二里	至顺二年建	—	乾隆三年修	③⑥
39	谷亭闸	鱼台县	北至南阳闸十八里	至顺二年建	—	—	③
40	八里湾闸	鱼台县	北至谷亭闸八里	—	宣德八年建	—	③
41	孟阳泊闸	鱼台县	北至八里湾闸十八里	大德八年建	—	—	③
42	湖陵城闸	在鱼台县治北五十五里	北至北孟阳泊闸八里	—	宣德四年建	—	③
43	庙道口闸	—	北至湖陵城闸二十里	—	嘉靖十四年建	—	②
44	金沟闸	—	南至隔船闸十二里	大德十年建	永乐十四年修	—	①③

序号	闸名	位置	与相邻闸距离	建置 元	建置 明	建置 清	资料出处
45	沽头上闸	徐州	北至湖陵城闸七十里	延祐二年建，一名隘船闸	本朝改建	—	③
46	沽头中闸	徐州	北至上闸七里	—	成化二十年工部郎中顾余庆建议而设	—	③
47	沽头下闸	徐州	北至中闸八里	—	—	—	③
48	谢沟闸	在沛县治南四十里	北至沽头下闸十里	—	宣德八年工部主事侯晖建议而设	—	③
49	新兴闸	在沛县治南五十八里	北至谢沟闸十八里	—		—	③
50	黄家闸	—	北至沛县新兴闸十六里	—	天顺三年本州判官潘东建议而设	—	③
51	利建闸	—	北至南阳闸十八里	—	嘉靖四十五年建	乾隆三十五年修	⑤⑥
52	邢庄闸	—	西至利建闸十二里	—	—	乾隆三年修	⑥
53	珠梅闸	—	西北至邢庄闸四十四里	—	隆庆元年建	乾隆三十三年修	⑥
54	杨庄闸	—	西北三十里至珠梅闸	—	隆庆元年建	乾隆三十三年修	⑥
55	夏镇闸	—	北八里至杨庄闸	—	隆庆元年建	康熙五十二年、雍正五十二年、乾隆九年、十七年屡次增修	⑥
56	满家闸	—	北至夏镇闸五里	—	—	—	⑧
57	西柳庄闸	—	北至满家闸五里	—	—	—	⑧
58	马家桥闸	—	北至西柳庄闸十里	—	—	—	⑧
59	留城闸	—	北至马家桥闸十三里	—	—	—	⑧
60	梁境闸（一名境山闸）	—	—	—	明建	—	
61	内华闸	—	—	—	万历十一年建	—	
62	古洪闸	—	—	—	万历十一年建	—	
63	镇口闸	—	—	—	万历十六年建	—	
64	彭口闸	—	西北至夏镇闸二十里	—	—	乾隆二十四年建	⑥
65	韩庄闸	—	西至彭口闸五十里	—	万历三十二年建	雍正六年修	⑥
66	德胜闸	—	西至韩庄闸二十四里	—	万历三十二年建	—	⑥
67	六里石闸	—	西至德胜闸六里	—	—	雍正二年建	⑥
68	张庄闸	—	西至六里石闸六里	—	万历三十二年建	雍正八年修	⑥
69	万年闸	—	西至张庄闸六里	—	万历三十二年建	乾隆三年修	⑥
70	丁庙闸	—	西至万年闸十二里	—	万历三十二年建	乾隆三年修	⑥
71	顿庄闸	—	西至丁庙闸六里	—	万历三十二年建	乾隆三年修	⑥
72	侯迁闸	—	西至顿庄闸八里	—	万历三十二年建	乾隆十六年修	⑥
73	台庄闸	—	西至侯迁闸十二里	—	万历三十二年建	乾隆九年修	⑥
74	黄林闸	—	西至台庄闸五里	—	—	—	⑥

注：1.①《元史·河渠志》；②《问水集》；③《漕河图志》卷1；④《万历兖州府志》卷20，《漕河》；⑤《泉河史》卷4，《河渠志》；⑥《山东运河备览》卷3～7；⑦《淮系年表》；⑧《读史方舆纪要》卷129，《漕河》。据《中国运河开发史》145~151页内容整合。

2.1～50为临清至徐州段（即会通河）船闸；51～63为南阳新河船闸；64～74为迦河船闸。

3.1.2 船闸设置分析

表 3-4 为山东运河船闸建置情况，以下将对该表的内容进行分析，以期探析其所反映的深层次问题。

（1）船闸建造年代分析

明清山东运河上共有船闸 74 座，其中元代创建的有 26 座，明代创建的有 39 座，清代创建的有 2 座，7 座创建年代无考（图 3-9）。从建造年代来看，以明代所建最多，占了一半多，清代则最少，而维修则清代最多，有 47 座。这组数字可以反映出山东运河船闸在明代处于建设期，尤其是在明后期新开南阳新河和泇河时更是大量新建船闸，而清代则是继承了明代的成果，只是对其进行维修以保证其正常运作。从元代到清代，船闸呈现出逐渐增加的趋势，反映了山东运河不断闸化的过程，船闸增加以后有利于更好地控制水位，其目的是为了方便漕船通行，但从全局来看，船闸增多无疑增加了通行时间，并大大增加了产生过闸陋规的可能性，增加了管理的难度。

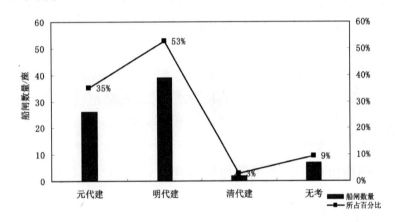

图3-9 山东运河船闸建造年代分析图

（2）船闸空间分布分析

船闸的设置是为控制水位、水量，两闸之间的距离非常关键，"夫闸近则积水易，而舟行无虞。闸远则积水难，而舟行不免浅阁留滞之患。若上闸地近而下闸地远，则其难其患尤甚矣……盖上闸与下闸地里远近高下相当，则水势常盈，舟行自速"[77]。明人李流芳诗中写道"济河五十闸，十里置一闸"[78]，李氏所指的济河当为今临清至徐州段运河，我们根据图 3-10 对 50 个船闸的实际间距进行统计，共有 45 组相邻船闸距离，其中南板闸到临清闸、分水闸到通济闸、金沟闸到庙道口闸三组相邻船闸距离没有记载，发现仅有 3 组闸距为 10 里，说明大部分闸距并非如诗所写。有 6 组闸距为 12 里，是出现次数最多的闸距。闸距在 10 里以下的有 17 组，在 10～20 里（除去 12 里的，包括 20 里）之间的有 12 组，而

77 （明）刘天和撰，《问水集》卷6，《建闸济运疏》。

78 （明）李流芳《檀园集》卷1，《闸河舟中戏效长庆体》，"济河五十闸，闸水不濡轨。十里置一闸，蓄水如蓄髓。一闸走一日，守闸如守鬼。下水顾其前，上水顾其尾。帆樯委若叶，万橹静如死。京路三千余，日行十余里。逊逊春明门，何时能到彼。"

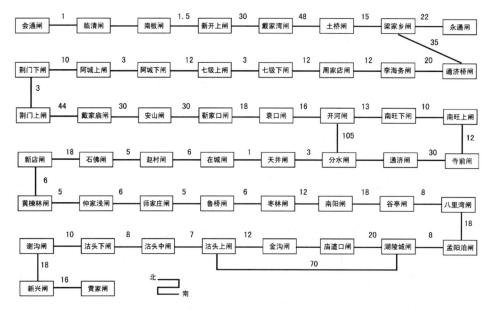

图3-10 临清至徐州段运河相邻船闸间距示意图

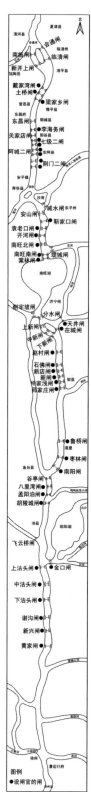

图3-11 明山东运河船闸分布图

20～30里（包含30里）之间的有5组，30里以上的有3组（图3-10）。船闸之间的距离之所以不等距，是因为山东运河地势起伏较大，河道曲折，且情况复杂，而船闸的设置必须根据实际地形进行设计才能高效发挥作用。南旺为运河水脊，若以南旺分水口为界，两侧船闸数量基本相同，分水口以北有23座，以南有27座（图3-11），同时可以看出分水口以北的闸距明显大于南侧闸距。

3.2 明清山东运河船闸管理机构设置

3.2.1 管闸主事

因闸官职位低下，多数"未入流"，明代朝廷在山东运河几处紧要船闸之处设管闸主事管理，受管河郎中节制。紧要之处船闸有临清南板闸、新开上闸，南旺上、下闸，济宁天井闸、沽头闸等。至清代乾隆时则不设管闸主事[79]。

（1）临清南板闸、新开上闸工部主事

临清地处会通河与卫河交会之处，其南板闸、新开上闸极为重要，启闭宜严。永乐间，由提督卫河提举司主事兼管，三年更代[80]。

（2）济宁管闸主事

济宁天井闸位于汶、泗、洸三河交会之处，宣德中设济宁管闸主事，嘉靖七年（1528年）罢提督卫河提举司主事，令管砖主

79（清）永瑢，纪昀等撰，《钦定历代职官表》卷59，《河道各官表》，"明时尚有管闸主事，会典所载有济宁管闸主事、沽头管闸主事、南旺管闸主事，今无此官。"

80（清）傅泽洪撰，《行水金鉴》卷165，《官司》。

事带管 [81]。

（3）南旺管闸主事

南旺闸由上下两闸组成，地处南旺分水口南北两侧，为"分水要津，启闭宜严"，是"泉水总会，分派去处，最为要害"，因两闸仅设一官一吏，职卑任小，往来官豪常擅自启闭，且官吏受贿，常致水走泄，使漕船浅阻，或五日、七日，有的甚至十天半月。然而若在此增设官吏，又怕官多扰民，因而每年三月漕运盛行之时，由管泉主事前往此处管理 [82]。正德三年（1508 年）因宁阳管泉主事裁革，乃令济宁管闸主事兼理泉务，并兼管南旺闸 [83]。正德五年（1510 年）设南旺管闸主事，七年（1512 年）因复设宁阳管泉主事，由管泉主事兼理南旺闸务，而裁去南旺管闸主事 [84]。正德十四年（1519 年）复设南旺管闸主事，嘉靖二十四年（1545 年）革去，由管泉主事兼管 [85]。

（4）沽头管闸主事

沽头闸分上、中、下三闸，位于沛县，地处闸河最南端，南距黄河 62 里，具有防止运河水南泄的功能。沽头闸主事置裁次数较多：成化十九年（1483 年），差主事一员提督；弘治元年（1488 年），罢沽头闸主事，令济宁以南河道属巡盐御史兼理；弘治七年（1494 年），又复差沽头主事；嘉靖二年（1523 年）又罢，令徐州洪主事带管；嘉靖十三年（1534 年），复设沽头闸主事；隆庆元年（1567 年）[86]，移沽头主事于夏镇驻扎，管理新河一带 [87]。

3.2.2 闸官及闸夫

船闸管理的直接执行者为闸官，一般是一闸设一名闸官，倘若有两闸相近或运作时需要相互配合，则一名闸官管两闸或数闸，如南旺上下闸、荆门上下闸、七级上下闸、阿城上下闸均由一名闸官管理，再如新开上闸闸官带管南板闸、梁家乡闸闸官带管土桥闸等等 [88]。闸官的职责是"掌启闭蓄泄" [89]，闸官督率闸夫、溜夫两种夫役完成船闸启闭及过船事宜，"在闸者，曰闸夫，以掌启闭；溜夫，以挽船上下" [90]，《行水金鉴》对两种夫役职责记载更为全面，"闸夫，若诸闸之启闭、支篙、执靠、打火者是也；溜夫，若河洪之拽溜牵洪，诸闸之绞关执缆者是也" [91]。闸官设有闸官署，多近闸而设，后文将专门论述。闸夫需昼夜看守船闸，为能就近居住，按例每夫给房两间 [92]。

81 （明）申时行等修，赵用贤等纂，《大明会典》卷 198，《河渠三·运道三》。
82 （明）胡瓒撰《泉河史》卷 2，《职官志》。
83 （明）张桥撰，《泉河志》卷 1，《职署》。
84 （清）叶方恒撰，《山东全河备考》卷 2，《职官表》。
85 （明）谢肇淛撰，《北河纪》卷 5，《河臣纪》。
86 注：嘉靖四十五年（1566 年）南阳新河开通，此后旧运道不用，沽头闸不用，因而改迁该主事至夏镇。
87 （明）申时行等修，赵用贤等纂，《大明会典》卷 198，《河渠三·运道三》。
88 （明）谢肇淛撰，《北河纪》卷 5，《河臣纪》，列有闸官设置情况。
89 （清）张廷玉等撰，《明史》卷 75，《职官志四》。
90 （明）王琼撰，《漕河图志》卷 3，《漕河夫役》。
91 （清）傅泽洪撰，《行水金鉴》卷 120，《运河水》。
92 （清）忠璉纂《乾隆峄县志》卷 5，《漕渠志·条议》

表 3-5　明清山东运河船闸夫役人数表

闸名	闸夫数		溜夫数		闸名	闸夫数		溜夫数	
	明	清	明	清		明	清	明	清
会通闸	30	—	—	—	赵村闸	30	25	150	25
临清闸	30	—	—	—	石佛闸	30	25	150	24
南板闸	40	77	115	—	新店闸	30	25	150	24
新开上闸	40	—	75		黄棟林闸	30	25	150	24
戴家湾闸	30	28	—	—	仲家浅闸	30	24	150	4
土桥闸	30	28	—	—	师家庄闸	30	25	150	12
梁家乡闸	30	28	—	—	鲁桥闸	30	12	105	—
永通闸	—	28	—	—	枣林闸	30	24	150	—
通济桥闸	30	—	—	—	南阳闸	30	32	150	—
李海务闸	30	28	—	—	谷亭闸	30	—	170	—
周家店闸	30	28	—	—	八里湾闸	30	—	150	—
七级下闸	20	47	—	—	孟阳泊闸	30	—	150	—
七级上闸	20	—	—	—	沽头上闸	20	—	150	—
阿城下闸	20	46	—	—	沽头中闸	20	—	150	—
阿城上闸	20	—	—	—	沽头下闸	20	—	150	—
荆门下闸	20	47	—	—	黄家闸	20	20	130	—
荆门上闸	20	—	—	—	利建闸	—	27	—	23
戴家庙闸	—	28	—	—	邢庄闸	—	24	—	23
安山闸	—	28	—	—	珠梅闸	—	30	—	—
靳家口闸	—	26	—	—	杨庄闸	—	30	—	—
袁口闸	—	26	—	—	夏镇闸	—	40	—	—
开河闸	30	26	—	—	韩庄闸	—	30	—	—
南旺下闸	40	18	—	9	德胜闸	—	30	—	—
南旺上闸	—	18	—	9	张庄闸	—	30	—	—
寺前闸	—	26	—	21	万年闸	—	30	—	—
通济闸	—	28	—	23	丁庙闸	—	30	—	—
分水闸	4	—	150	—	顿庄闸	—	30	—	—
天井闸	30	25	150	27	侯迁闸	—	30	—	—
在城闸	30	25	150	26	台庄闸	—	30	—	—

据表 3-5 分析，明清两代山东船闸大部分设有闸夫，但溜夫则多不设，仅部分船闸设。从数量上来看，明清两代每闸所设闸夫数基本相同，多为每闸 30 名左右，清代比明代略少。但溜夫数清代却明显少于明代，表中所记为清乾隆年间夫役数，之所以相较明代有所减少，与康熙十五年（1676 年）曾大规模裁撤溜夫，多留原数之半有很大关系。

3.3 明清山东运河船闸的运作

3.3.1 船闸运作一般方法

山东运河船闸众多，必须有一套严密的运作流程和管理方法方可使船闸发挥最大作用，关键要讲究船闸启闭之法，"运河各闸收束水势，全在启闭得宜"[93]，做到"理闸如财，惜水如金"[94]。

（1）闸板启闭原则

闸板启闭的一般原则是：启上闸，即闭下闸，启下闸，即闭上闸，两闸不能同时开启，这样才不致水泄河竭。开启闸板时，上下两侧候过之船均需停泊于 50 步之外，每启一板，总是停留半晌，称为晾板，待水势稍缓以后才许过闸，这样才不至于顶闸毁舟[95]。船闸需等积水到一定深度方许开闸，清代规定"务积水六七板，方许开放"[96]，上下闸的启闭时机则靠"会牌"通知，会牌是一种开闸凭证，只有接到会牌方能开闸[97]。

（2）运船过闸次序

明代规定"粮船盛行，运舟过尽，次则贡舟，官舟次之，民舟又次之"[98]，只有进贡皇帝的新鲜物品方可随到随开，不限时间[99]。若有"豪强之人逼胁擅开，走泄水利，及闸已开，不依帮次，争先斗殴者，听所在闸官将应问之人拿送管闸并巡河官处究问"[100]。虽然过闸有严格的规定，但实际执行情况并不理想，经常有逼闸官强行开闸之事发生[101]。

以上为船闸运作的一般原则，然船闸所处地势不一，船闸运作的具体方法亦有差异，尤其是需要几个船闸相互配合启闭时，更是各具特色。

3.3.2 重要船闸运作解析

南旺为分水脊，以其为界，山东运河分为两段，分别称为北运、南运。南运水南流，北运水北流，水流方向不同致使两者的船闸启闭方法亦不相同，兹分别选取典型船闸，以重运北行为例分别介绍南、北运船闸启闭放船之法。

1. 南运船闸

（1）枣林闸

枣林闸，位于济宁州与鱼台县交界之地。枣林闸上、下河道均不深通，遇有干旱，漕船行至此处经常浅阻。而其北面的师家庄闸、仲家浅闸则无浅阻之患。当船行至枣林闸浅阻时，应先严闭南

93 《钦定大清会典则例》卷 133，《工部·都水清吏司》，《河工三》。

94 （清）傅泽洪撰，《行水金鉴》卷 121，《运河水》，引《治水筌蹄》。

95 （清）傅泽洪撰，《行水金鉴》卷 121，《运河水》，"启闭诸闸，法若潮信焉。如启上闸，即闭下闸，启下闸，即闭上闸，节缩之道也，不然将恐竭。又启板时，上下水舟俱泊五十步之外，每启一板，辄停半饷，命曰晾板，则水势杀，舟乃不败。若通闸，若顶闸，是竭河、毁舟之道也，漕大忌之"。

96 （清）傅泽洪撰，《行水金鉴》卷 134，朱之锡《河防疏略》。

97 《钦定大清会典则例》卷 133，《工部·都水清吏司》，《河工三》，"会牌未到，催漕各官不得逼令启板。会牌已到，司闸官亦不得故意迟延。如有违误，该督题参治罪"。

98 （明）万恭撰，《治水筌蹄》卷 4，《运河》。

99 （明）王琼撰，《漕河图志》卷 3，《漕河禁例》，"惟进贡鲜品船只即开放"。

100 （明）王琼撰，《漕河图志》卷 3，《漕河禁例》。

101 陈桥驿主编，《中国运河开发史》，中华书局，2008：188-189，举例说明不按规定开闸之事。

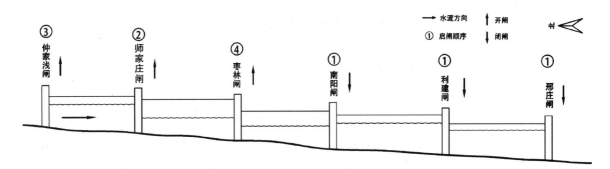

图3-12 枣林闸运作示意图

阳、利建、邢庄三闸，并用草塞席贴，使水不南泄。然后启师家庄闸使水南流注枣林闸，若船仍不能通过，则再开仲家浅闸放水，如此漕船即可通行[102]（图3-12）。

（2）在城闸

在城闸，在天井闸南一里，"系南运门户，最关紧要"，因天井闸比在城闸要高，在城闸需下十八块闸板方足蓄水。若不多放闸板，天井闸一启，则水南泄。若下源水小船阻，则启一板放一漕水下去，或酌量启板一二块放水下去，等水足用后，照旧下板蓄水，毋得多泄。在城闸启闭要视南阳一带水之大小，若水大则在城闸板少启，等闸下积船至一百二三十只时，足满一塘，方启板灌塘放行，以防水多泄；若水小，则启板宜勤，到一帮即放一帮，不拘船数之多少，这样所泄之水必多，可补给南阳一带，使南阳不患水小[103]。

（3）天井闸

天井闸，位于济宁州南，为泗河入运河处，水量较为充沛。天井闸的启闭亦视南阳一带水量多少而定。若南阳水大，则将南旺十字河堵闭，如水仍大则酌量堵闭五里营闸、十里铺闸及安居闸，务必使水不甚大；若南阳水小，则将五里营闸、十里铺闸及安居闸酌量开通，如仍不足用，则开通南旺的十字河，而断不能开启利运闸。天井闸用闸板十五块，若下源水小，是可启一、二板放水，且勿多放，放水需与在城闸配合进行[104]。"此闸之船必须随到随放，不可稍迟，以致济宁以南一带之船壅滞不行，此闸放四次或五次，通济闸始可放一次，若此闸水小不能放船，即令通济闸放船"[105]。

（4）南旺上闸

南旺上闸，位于南旺分水口以南，又称"柳林闸"，"为南运第一闸，最关紧要"[106]。南旺以南湖水甚多，不虞水少；而南旺以北仅恃汶河一线之水，因而南旺上闸宜常闭，而南旺下闸、开河闸宜常

102 （清）张伯行撰，《居济一得》卷1，《枣林闸》。
103 （清）张伯行撰，《居济一得》卷1，《在城闸》。
104 （清）张伯行撰，《居济一得》卷1，《天井闸》。
105 （清）张伯行撰，《居济一得》卷1，《天井闸》。
106 （清）张伯行撰，《居济一得》卷2，《柳林闸》。

开启导汶水北流。南旺上、下两闸与开河闸配合启闭，以调节南、北运水量。若南运水不足时，则启南旺上闸使水南流；若北运不足，则启南旺下闸、开河闸，使水北流；若南、北运水皆足用，而汶河之水仍大，则宜闭南旺上、下两闸，使水由斗门入南旺湖，以备南、北不时之需。宜常闭南旺水闸，使汶水不南行，而专济北运[107]。南旺上闸以南需积船二百只方可开闸放行，开闸后速放行，船过后速闭闸，勿使水南泄[108]。

2. 北运船闸

（1）南旺下闸

南旺下闸为北运第一闸，亦名"十里闸"，其启闭应与南旺上闸紧密配合，南旺上闸闭板一、二日之后，南旺下闸方可启板，两闸运作原理基本一致。平时水足时，应与南旺上闸同一规则启闭；北运水小时，此闸宜下板一、二块，如水仍小则再下一、二块；北运水势十分小时，则该闸不用，使水南至柳林闸，北直至开河闸，开河闸要待汶水注满以后方可开启，则北水自大。若北运水足而柳林闸以南水不足用时，则闭南旺下闸，柳林闸启板一块，则南运水足。然而也应考虑分水口水势大小，以六尺为标准，相机启闭，若分水口不足六尺，则南旺下闸宜酌量下板数块，若仍不足，则再下几块，直至水足六尺而止，若水超过六尺，即酌量启板。若北河水势足用，遇汶河水大，即宜将柳林、十里两闸闸板全下，使水由斗门入南旺湖蓄之备用[109]。

（2）袁家口闸

袁家口闸，"为北运咽喉，最关紧要"，由其节蓄上源汶河之水，若不从此放水，则北运势必浅阻。若此闸下板少，则十里闸、开河闸上下必浅阻，袁家口闸闸板必须全下方可。漕船至此，必积至 300 只或 200 余只后，视水量情况决定是否开闸，水足则开，水不足则先闭南旺上闸，再开启开河闸、十里闸，此两闸若有船随水放下，使汶水全注于此，方可开闸放船。船放过袁家口闸后，勿下该闸板，而先启靳家口闸，待放过靳家口闸后，先将靳家口闸下板，然后再下袁口闸板，将柳林闸板全启，将闸上之船直放至袁口[110]。

（3）七级上、下两闸

七级上、下两闸，位于阳谷与聊城交界之处，上、下两闸相距三里。七级塘河亦遵守上启下闭、下启上闭的原则，然而七级上、下闸之间相距仅三里，而至周家店则有 12 里，以三里塘河节蓄之水，肯定不能满足 12 里运道所需之水。故而七级闸放船采用并塘法，七级闸放两塘水，周家店闸始放一塘，若仍不足，七级闸放三

107 （清）张伯行撰，《居济一得》卷2，《柳林闸放船法》。
108 （清）张伯行撰，《居济一得》卷2，《柳林闸》。
109 （清）张伯行撰，《居济一得》卷4，《十里闸》《十里闸放船法》。
110 （清）张伯行撰，《居济一得》卷4，《袁家口放船之法》。

塘水，周家店闸始放一塘。七级闸三里之塘可容六七十只船，若放两塘水则有一百三四十只，若放三塘水则有二百只，七级闸放完后即发会牌至周家店闸，令周家店闸启板放船[111]。

（4）南板闸

南板闸，位于临清州治西南六里三百七十三步，外临卫河。在山东运河诸闸中，此闸放船最难，因板闸之下即为卫河，无其他船闸蓄水，卫河水小时放船尤难。

此闸放船时，需与砖闸配合，开启板闸之时，将砖闸之板多下，使砖闸滴水不泄，等到板闸启完，闸板放船出口且船将浅阻之时，即将砖闸之板酌亮一块或两块、三块，使其能足以送船出闸而止；又视粮船可以尽出闸而又不致浅搁之时，即严下砖闸之板，毋使水多泄。放船时，先放粮船后放民船，因民船轻而粮船重，粮船不能行时而民船犹易行，以此与砖闸放水之法相匹配[112]。

以上详细分析了山东运河八座典型船闸的运作方法，从中可以看出山东运河船闸管理技术之高超，管理制度之严密，操作方法之成熟。

第四节　南北相宜：南旺分水枢纽管理运作

南旺分水枢纽是大运河最重要的水利工程，它解决了山东运河南北分流的问题，从而成功地解决山东运河水源补给问题，反映了古人治水的智慧和创造的科技成就。

4.1　南旺分水枢纽的建置沿革

4.1.1　由济宁分水到南旺分水

元代开通济州河后，为解决水源问题，引汶水济运，把分水点选在了济宁的会源闸（即后来的天井闸），该做法没有充分考虑山东运河的地势条件，济宁地势虽与"徐境山巅齐"[113]，但并非山东运河最高处，济宁以北的南旺地势比济宁更高，明人万恭曾指出，南旺地势"与任城太白楼岑齐"[114]，济宁分水"北高而南下，故水之往南也易，而往北也难"[115]，使北运漕船经常浅阻。事实证明，把分水口选在济宁是不合理的，"汶水西流，其势甚大，而元人于济宁分水，遏汶于堽，非其地矣"[116]。

明永乐九年（1411年）重开会通河时，宋礼采用汶上老人白英

111 （清）张伯行撰，《居济一得》卷4，《七级放船法》。原文记七级上下闸之距离为二里许，但由前文船闸建置可知两闸相距三里，此处采用相距三里之说。"塘"为相邻二闸之间河道。
112 （清）张伯行撰《居济一得》卷5，《板闸放船法》。
113 （明）谢肇淛撰，《北河纪》卷8，万恭《重修报功祠记》。
114 （明）谢肇淛撰，《北河纪》卷8，万恭《重修报功祠记》。
115 （清）张伯行撰《居济一得》卷1，《运河总论》。
116 （明）胡瓒撰《泉河史》卷1，《图纪》，《东平州泉图》图中之文字。

的建议，在东平筑戴村坝，遏汶水使其不入洸而尽出汶上，"至南旺中分之为二道，南流接徐沛者十之四，北流达临清者十之六"[117]，自此，分水口改在南旺。"南旺分水，地形最高，所谓水脊也"[118]，把分水口设于此处十分合理，对调节南北运水量发挥了重要作用，正如明人潘季驯所言"南旺地高，决诸南则南流，决诸北则北流，惟吾所用耳"[119]。

4.1.2　南旺分水枢纽的构成及建置

南旺分水枢纽由小汶河、南旺湖（包括南旺西湖、蜀山湖、马踏湖）及其相关口门与闸坝、分水龙王庙、分水口、南旺上下闸、开河闸、戴村坝、堽城坝、坎河口坝等组成。

南旺上下闸、南旺湖（包括南旺西湖、蜀山湖、马踏湖）及其相关口门与闸坝前文已作介绍，此处不再重复。

（1）堽城坝

堽城坝，在宁阳西北三十里[120]。明代宋礼采纳白英之计，在宁阳筑堽城坝，以遏汶河之水入洸河，汶水不断南趋，冲击大坝，雍正七年（1729 年）诏于坝下筑土堤一道护坝，堤长二百九十丈[121]。

（2）戴村坝

戴村坝位于东平州东六十里四汶集，明永乐九年（1411 年）宋礼建，横截汶水趋南旺，由分水口入会通河济运[122]。戴村坝实为三坝相连，"明宋礼先建玲珑坝，后万恭建乱石坝，潘季驯又建滚水坝，三坝接连"[123]（图 3-13）。

（3）坎河口坝

坎河口坝，在东平州东，戴村坝东五里[124]，是汶水泄入盐河之

117　（清）张廷玉等撰，《明史》卷 153，《宋礼传》。
118　（清）傅泽洪撰，《行水金鉴》卷 126，《运河水》。
119　（清）张伯行撰，《居济一得》卷 2，《南旺分水》。
120　（清）岳濬、法敏等修，杜诏等纂，《山东通志》卷 22，《桥梁志》。
121　（清）岳濬、法敏等修，杜诏等纂，《山东通志》卷 19，《漕运》。
122　《大清一统志》卷 142，《泰安府》，《戴村坝》。
123　（清）《世宗宪皇帝朱批谕旨》卷 126 之 22，《朱藻为奏明戴村坝工程仰祈圣鉴事》。
124　《大清一统志》卷 142，《泰安府》，《坎河口石坝》。

图3-13　戴村坝

处[125]。河口两旁用石裹头，各长十丈、高一丈二尺，中间用滚水坝二十二丈二尺，仍留石滩四十九丈一尺，名"乱石坝"，遇汶河涨溢，由此泄水北入大清河归海[126]。明万历十七年（1589年）潘季驯筑石坝一道，长六十丈，"水涨则任其外泄，而湖河无泛滥之患；水平则仍复内蓄，而漕渠无浅涸之虞，利赖甚重，防守当严。必每岁六月初旬，即令东平州管河官驻扎坝上，备料集夫，相机捍御，九月初旬始得撤守，着为定例"[127]。

（4）小汶河

小汶河为戴村坝至南旺分水口之间的河道，即南旺分水枢纽的引水渠。两岸筑堤，上端与汶河相接，下端穿过南旺湖东侧，分其为南北两湖面，即北侧的马踏湖、南侧的蜀山湖。

（5）分水口及分水龙王庙

分水龙王庙，位于在汶上县西南六十里南旺湖上运河西岸，汶水自戴村坝转西南流至庙前，南北分流，明初建庙于其上以镇之，天顺二年（1458年）主事孙仁重修[128]。分水龙王庙主要用作祭祀治水功臣，如宋礼、白英等，同时兼作管理之用，成为南旺分水门的标志性建筑（图3-14，图3-15）。

125 （清）张伯行撰，《居济一得》卷3，《坎河口》。
126 《山东通志》卷19，《漕运》，《戴村坝》。
127 （清）傅泽洪撰，《行水金鉴》卷126，《运河水》。
128 《大清一统志》卷130，《兖州府》，《分水龙王庙》。

图3-14-1　分水龙王庙

图3-14-2　分水口附近运河砖石驳岸

图3-14-3　南旺分水龙王庙现状远景

图3-14-4　南旺分水龙王庙建筑遗址

图3-15 南旺分水口图及分水龙
王庙

4.2 南旺分水枢纽的管理运作

南旺分水枢纽是一个系统的水利工程，虽然每个组成部分都有自己一套相对成熟的管理运作方法，但它需要各组成部分的相互协调、互相配合运作，才能使南旺分水枢纽发挥作用，视不同情况引汶河水济运。我们自东而西按水流的方向探讨各组成部分是如何发挥作用，同时又是如何根据不同情况与其他组成部分相互配合共同完成引水、分水的。

4.2.1 堽城坝、戴村坝的运作

堽城坝的作用是阻止汶河水入洸河，其作用与元代所建堽城坝正好相反，元代所建堽城坝是导汶水入洸河。汶水在堽城坝受阻后不入洸河，而径西南流至戴村坝处。戴村原为汶河与盐河的交界处，汶河本自此西北流入大清河然后归海，戴村坝建成后，迫使汶河尽流南旺分水，因而戴村坝可谓南旺分水枢纽的关键所在，"系运河第一吃紧关键"[129]，"漕河之有戴村，譬人身之咽喉也。咽喉病，则元气走泄，四肢莫得而运矣"[130]，"东省漕河为粮艘经行要道，全赖汶水济运，而汶水又以东平州之戴村坝为关键"[131]。戴村坝的主要运作方式为"每水潦，则掘坎河口以杀之，不足则开滚水坝，又不足则开减水诸闸，或顺之入海以披其势，或蓄之入湖以纳其流；水微则尽塞，使余波悉归于漕，此戴村坝所由来也"[132]。

然而，由于汶河含沙量大，每年伏秋水涨之时会挟带大量泥沙，此时漕河水多，为保漕不得不使汶河由戴村坝入海，或由马踏湖、蜀山湖之斗门入二湖，使得戴村坝前及两湖内易于淤积，因而

129 （明）潘季驯撰，《河防一览》卷3，《河防险要》。
130 （明）胡瓒撰《泉河史》卷3，《泉河志》，戴村坝条。
131 （清）《世宗宪皇帝朱批谕旨》卷126之22，《田文镜为奏明戴村坝工程仰祈圣鉴事》。
132 （清）傅泽洪撰，《行水金鉴》卷141，《运河水》。

南旺有大小挑的定例。建戴村坝的初衷是"利在用其水而去其沙，泄其有余而蓄其不足"，因而"明臣宋礼先建玲珑坝，后万恭建乱石坝，潘季驯又建滚水坝，三坝接连，俱仅出水三尺，盖汶水挟沙而行，上清下浊，伏秋涨发水，由坝面滚入盐河归海无虑泛滥，其沙即从玲珑、乱石坝之洞隙随水滚注盐河，冬春水弱，则筑堰汇流济运，不致浅阻，是但收汶水之利不受汶水之害"[133]。这一制度本来已经十分周密，但清代"齐苏勒因彼时干旱之后汶水甚微，不能济运，随将玲珑坝洞隙堵实，至雍正四年（1726年），内阁学士何国宗又议增筑石坝一道，计高七尺，长一百二十余丈，紧贴玲珑、乱石、滚水三坝，高厚坚实，滴水不泄"[134]，这样做的目的虽然是为了束水济运，但使汶河在汛期水涨时无处宣泄，以致滨河地方连年遭遇水患，且汶河挟沙入运，淤积河道。

故而有大臣提出仿元代堽城坝之制，在坝旁建多处减水闸，闸坝配合使用，春秋水小而清时开闸济运，伏秋水大而浊时闭闸泄水归海，如此则无水患而又可济运，"南旺塘河沙不得淤，亦可免岁岁大小挑之费"[135]。《居济一得》载："于汶河建堽城坝以蓄水，又于汶河南岸建堽城闸引水至济宁济运，故当冬春水小之时，则闭堽城坝、开堽城闸引水入运，又系清水河不得淤；及至伏秋水涨之时，又系混水带有泥沙，则闭堽城闸、开堽城坝泄水入海，而运河不致泛滥，制诚善也。……宜于戴村建闸如堽城闸之制，冬春水小而清，则开闸放水以济运；伏秋水大而浊，则闭闸泄水以入海，庶民田无淹没之患，运河收利济之功。或谓会通河初开之时，运粮无多，故闸水可以济运，今日运粮数倍于昔，建闸放水恐水不足用，奈何？予曰闸可多建，照堽城闸制先建三闸，如不足用再建一闸，又不足用再建一闸，五闸想无不足之理，而再于坎河口下多建数闸如堽城坝制，水大则泄之入海，将闸板尽启放水北行；水小则蓄之济运，不止各闸下板，仍将石坝上加一沙坝，或一尺高，或二尺高，务使足以济运而止。"[136]

4.2.2 南旺分水口的运作

小汶河出南旺分水口济运，"四分南流，出柳林闸至济宁一百里合于泗沂；六分北流，出十里闸至临清三百五十里合于漳御。分水之法柳林闸石底高三尺许，十里闸石底低三尺许，以此作准，故南少而北多也。水口积沙为患，按年大小挑以导之"[137]。此说法为四分南流、六分北流，而《泉河史》则记为三分南流、七分北流[138]，虽南北流比例略有不同，但均是北多南少，这是因为北运水源较南运

133 （清）《世宗宪皇帝朱批谕旨》卷126之22，《田文镜为奏明戴村坝工程仰祈圣鉴事》。

134 （清）《世宗宪皇帝朱批谕旨》卷126之22，《田文镜为奏明戴村坝工程仰祈圣鉴事》。

135 （清）傅泽洪撰，《行水金鉴》卷141，《运河水》，"使宋尚书得终其事，改河既定，自必仿堽城坝之制以建戴村坝，仿堽城闸之制以建戴村闸，南旺运河分水口上流亦如洸河之制，止纳清流而不纳浊流，则南旺塘河沙不得淤，亦可免岁岁大小挑之费矣"。

136 （清）张伯行撰，《居济一得》卷3，《戴村坝》。

137 （清）岳濬、法敏等修，（清）杜诏等纂，《山东通志》卷19，《漕运》。

138 （明）胡瓒撰，《泉河史》卷3，《泉源志》，"初，尚书宋公坝戴村，浚源，穿渠百里，南注之达于南旺，以其七比会漳卫而捷于天津，以其三南流会河淮"。

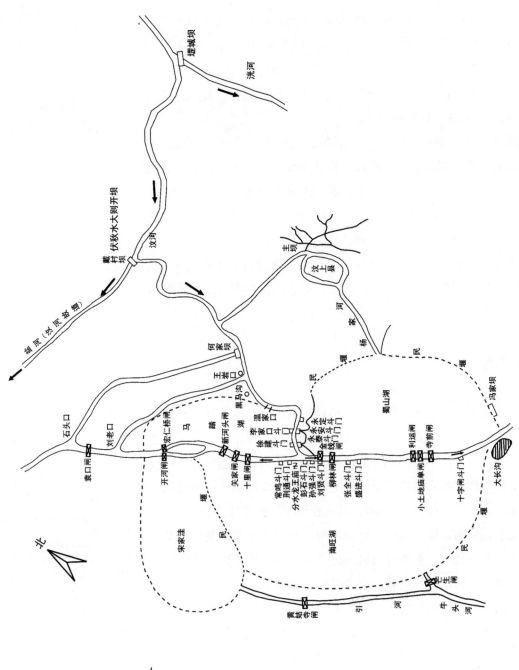

图3-16 南旺分水枢纽运作示意图

少。然而到了清初，"不知始自何年，竟七分往南，三分向北"[139]，主要原因是分水口以北段运河因泥沙淤积而致河床升高，"遂遏北行之水，尽归南下"[140]，故而每遇天旱之年，七级、土桥带常浅阻，而每遇雨涝之年，济宁、鱼台一带则受水患，因而张伯行提出应恢复"南三北七"之制[141]（图3-16）。

南旺分水口通过南旺上、下两闸，用轮番之法实现分水。若漕船浅阻于南，则闭南旺下闸而开南旺上闸，使汶水南流，更发滨南之湖水济运；若漕船浅阻于北，则闭南旺上闸而开南旺下闸，使汶水北注，因安山湖后来淤积，使马踏湖以北并无湖渠可以辅助济运，宜于坚闭蜀山湖之金线、利运两闸，蜀山湖之水出田家楼口、邢家楼口入分水口以济运[142]。或者亦可导马踏湖或南旺西湖之水济运，因分水口位于南旺湖之中，故南旺分水与南旺湖济运往往是互有你我，可参见前文"南旺湖之运作"的论述。

本章小结

山东运河是大运河管理建筑分布最多的区段，这反映了该段运河管理的复杂性和重要性。本章从地形地貌、水源条件、黄河的影响等方面分析了山东运河的自然地理条件，认为该段运河之所以设置大量管理建筑和人工水利设施正是对其自然地理条件局限性的一种回应，反映了古人"以智治水，以人胜天"[143]的智慧。

山东运河的管理重点围绕补给水源、克服地势高差及防止黄河阻运三个方面展开，主要有引河济运、引泉济运、设置水柜、设置船闸及重要水利设施等措施。重点分析了泉源、水柜、船闸及南旺分水枢纽等的管理运作，详细剖析了山东运河是如何在缜密的管理制度下进行运作，以及管理制度运作与管理建筑分布的关联性。

139 （清）张伯行撰，《居济一得》卷1，《运河总论》。
140 （民国）潘守廉、唐烜、袁绍昂纂修，《民国济宁县志》卷1，《疆域略》。
141 （清）张伯行撰，《居济一得》卷3，《分水口上建闸》。
142 （清）岳濬、法敏等修，杜诏等纂，《山东通志》卷19，《漕运》。
143 （清）岳濬、法敏等修，杜诏等纂，《山东通志》卷19，《漕运》。

第四章　因运而生，因署而兴：

基于管理制度运作视角的大运河管理建筑与运河城市

第四章 因运而生，因署而兴：基于管理制度运作视角的大运河管理建筑与运河城市

衙署是城市形态的重要构成要素，同样在运河城市中，大运河管理机构的衙署在城市形态的塑造中也扮演着重要角色。大运河管理制度的正常运作往往带来商人和大量服务人员的集聚，这对所在城市的经济地理格局、人口结构、空间布局、功能分区等方面影响深远，本章力图通过研究这些问题勾勒大运河管理建筑与城市的动态关系图景，为研究大运河沿线城市提供一个新的视角。由前文分析可知，管理建筑分布比较集中的运河城市为淮安、济宁与通州。通州与仓廒的设置及管理运作关系密切，前文论述明代京通仓管理运作时已探讨了仓廒及相关管理建筑的设置和运作对通州城的影响，故本章只讨论淮安与济宁两个城市。

第一节 河漕中枢：明清大运河管理与淮安城市建设

1.1 独特的地理位置与作为运河管理中心的演进轨迹

淮安地理形势险要，"东濒大海，西接长淮，射湖带其南，黄河环其北，水陆交通，舟车辐辏，固徐兖之门户，实吴越之藩屏"[1]。同时地处黄、淮、运交界之处，独特的地理形势使得大运河在开凿之始就与淮安关系密切，随着河道的不断延伸和完善，淮安与大运河的关系也日渐密切，直至明清成为维系南北大运河的关键之处（图4-1）。

开凿于公元前486年的邗沟，作为南北大运河最初的一段河道，其入淮口就选在了末口（今淮安城区）。隋唐时期山阳渎与淮水的交界处也在末口，淮安成为运河由南北向（山阳渎）转为东西

1 （清）卫哲治等修，叶长扬等纂《乾隆淮安府志》卷2，《建置·形胜》。

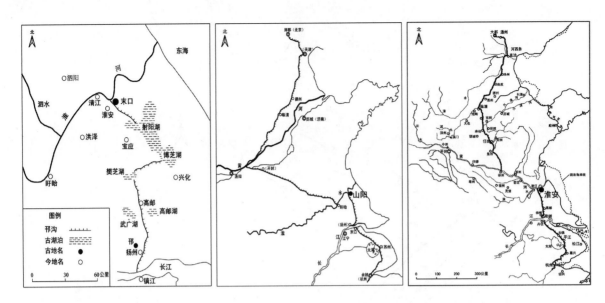

图 4-1　淮安在古邗沟（左图）、隋唐运河（中图）及元代运河（右图）中的位置

向（通济渠）的重要节点城市。在隋代时已是"运漕商旅，往来不绝"[2]。从唐至宋，运道基本没有改变，只是进行局部的修浚。北宋时设转运使管理漕运，"乔维岳为淮南转运使，权知楚州，驻山阳"[3]，应是在淮安设置最早的漕运管理机构。宋室南迁以后，宋金以淮水中流为界，楚州成为宋金军事战略要地，此处漕运亦受重创，漕运重点转移。

元代对运河进行裁弯取直，改变了隋唐形成的"杭州—洛阳—北京"运河格局，转变为"杭州—北京"的南北大运河，而淮安也因此处于大运河南北适中之地。虽然终元一代以海运为主，但大运河的许多管理机构和规章制度在此时开始走向完善，在淮安设立"淮安分司"等运河管理机构。

明代会通河成后，成祖将原交至太仓的漕粮都运赴淮安仓，行在户部议将浙江布政司所属嘉、湖、杭三府及直隶苏、松、常、镇等府粮食运往淮安仓[4]。很明显，支运法使南粮北运的起点北移到了淮安。随着兑运法和长运法的实施，淮安作为中转仓的地位逐渐消失。但在明清两代，"凡湖广、江西、浙江、江南之粮艘，衔尾而至山阳，经漕督盘查，以次出河。虽山东、河南粮艘不经此地，亦皆遥禀戒约，故漕政通乎七省，而山阳实咽喉要地也"[5]。淮安府"居两京之间，当南北之冲，纲运之上下必经于此，商贾之往来必由于此，一年之间搬运于四方者不可胜计"[6]。同时，明清两代漕运最高管理机构——漕运总督均设于淮安。

明清时山东运河因水源不充足，地势高差大，运河上设有很多船闸。漕船是否能按时抵达通州，能否按时通过山东运河至关重

2（唐）杜佑撰，《通典》卷177，《州郡七·河南府》，"通济渠，西通河洛，南达江淮，炀帝巡幸，每泛舟而往江都焉，其交、广、荆、益、扬、越等州，运漕商旅，往来不绝"。
3（清）卫哲治等修，叶长扬等纂，《乾隆淮安府志》卷9，《漕运》。
4（明）王琼，《漕河图志》卷4，《始罢海运从会通河攒运》。
5（清）孙云锦修，吴昆田、高延第纂，《光绪淮安府志》卷8，《漕运》。
6（明）丘浚，《大学衍义补》卷30，《制国用·征榷之课》。

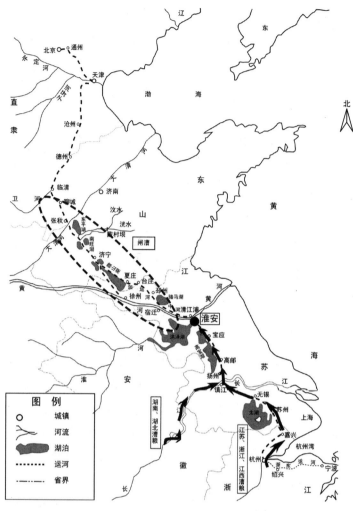

图4-2 明清淮安在漕运中的空间位置

要。淮安之所以成为漕运总督驻节之地，除了历史上一直与漕运关系密切，是漕运必经之处外，一个重要原因是淮安所处的地理位置使其向北便于控制漕船过黄河、入闸漕的时间，向南可以控制来自湖北、湖南，以及江苏、浙江、江西的漕船（图4-2）。而与其地理位置相似的运河城市扬州却只能做到后者，而不能控制进入山东闸河的时间。

　　在清代，因淮安地处黄、淮、运交汇处，是治理黄、淮、运的关键之地，淮安成为治河大臣的驻节之地，河道最高机构河道总督于康熙十六年（1677 年）由济宁移至淮安清江浦，有"天下九督，淮居其二"之誉，至此淮安之于河道和漕运的地位达到极点。明清两代漕运关乎国家经济命脉，于淮安这一重要节点设立大量河道和漕运管理机构也就理所当然。此外，淮安还设有钞关、造船、盐业等管理机构，使淮安"自元明以来，数百年中，督抚部司，文武厅营，星罗棋布，与省会无异"[7]。本书对盐业管理不作讨论，仅讨论与大运河管理运作最为密切的漕运、河道、钞关等。

7 （清）孙云锦修，吴昆田、高延第纂，《光绪淮安府志》，桂嵩庆序。

1.2 明清淮安大运河管理机构

明永乐时开始把漕运管理的最高机构设在淮安，"明永乐间，陈恭襄总督漕运，开府淮阴"[8]。后"景泰二年（1451年），始设漕运总督于淮安与总兵参将同理漕事"[9]，自此始用文臣督漕，漕运总督自设立后，明清两代一直驻节淮安。除漕运总督外，淮安还设有许多漕运管理机构，以协助总漕处理漕运事务。

总河明代驻扎济宁，"康熙十六年（1677年），以江南工程紧要，移驻淮安清江浦"[10]，自此以后长驻清江浦。

淮安钞关始设于明宣德四年（1429年），其后废复不断，成化七年（1471年）复设后不再废止。清顺治二年（1645年），"照前明例设立钞关，驻扎板闸"[11]。钞关原有三处，后并为一处，"自明代中叶及国朝（清朝）初年，山阳自板闸至清江浦，十里之内设立三关，一为户部钞关，驻扎板闸，一为户部储粮，一为工部抽分，驻扎清江。康熙九年（1670年），漕督帅公颜保，始请撤常盈仓与抽分厂，其二关事例皆归并钞关，即今板闸之淮关也"[12]。雍正五年（1727年）、七年（1729年）宿迁关、海关庙湾口归并淮关[13]。

表 4-1　淮安运河管理机构、职责及公署位置表

	管理机构名称	职责	治所（公署）位置	备注
漕运管理	漕运总督	佥选运弁、修造漕船、派发全单、兑运开帮、过淮盘掣、催趱重运、查验回空、核勘漂没、督追漕欠并随漕轻赍行月等项钱粮	旧城府治前	明清均设
	漕运总兵官	以武臣督理漕运	旧城迎远门内，都察院东	明
	漕运理刑分司	处理漕运相关案件	府治西南隅	明
	漕运参将	—	—	明
	巡漕御史	派往稽察官吏人等向旗丁需索及旗丁夹带私盐并违禁等物，严查淮安与白洋河东八闸等处地方光棍勾通催漕弁丁、勒添纤夫、加价分肥、累丁等弊，俟漕船过淮出临清之后，随漕直抵天津，沿路看查，如遇运河石块木椿，该管官起除不尽，以致抵触漕船及官弁需索稽留	—	明清均设
	监仓户部分司	负责粮仓驻在的漕粮保管事宜	清江浦	明
	常盈仓	—	清江浦	—
	盘粮厅楼	总督在此查验漕船	旧城西门外北角楼，运河南岸	清
	三部公署	旧为三部分司往来会集之所，今为左营守备署	旧城西长街	—
	漕储道	协理漕储，催趱重运	中察院西	明清
	漕厂公署	—	清江书院后	—
	漕务工部署	—	—	—

8 （明）杨宏、谢纯撰，《漕运通志》卷3，《漕职表》都察院条。

9 （清）永瑢，纪昀等撰，《钦定历代职官表》卷60，《漕运各官表》。

10 （清）卫哲治等修，叶长扬等纂，《乾隆淮安府志》卷18，《职官·总河部院》。

11 （明）马麟修，（清）杜琳等重修，李如枚等续修，《续纂淮关统志》卷2，《建置》。

12 （清）卫哲治等修，叶长扬等纂，《乾隆淮安府志》卷14，《关税》。（清）《光绪淮安府志》卷8，《漕运·关榷附》中亦有类似记载："关榷之设始于明代，一为户部钞关，驻板闸，一为户部储粮，一为工部抽分，驻清江浦。国朝康熙九年，漕督帅公颜保，请撤常盈仓与抽分厂，二关事例皆归并钞关。"

13 （清）《淮关统志》卷2，《建置》。

	管理机构名称	职责	治所（公署）位置	备注
河道管理	漕标中镇副总兵	—	旧城内十王堂	—
	河道总督	—	清江浦	清设
	河库道	专理河务钱粮	清江浦户部街	清设
	清江闸官	—	清江浦河南闸口	明清
	漕河道公署	—	先为漕运参将署	—
	山清里河同知	—	清江浦	—
	河标中营副将署	—	清江浦工部前地方	—
	河标中营都司署	—	清江浦工部前地方	—
	外河主簿署	—	清江浦苏家嘴	—
	河标右营游击署	—	白洋河	—
造船管理	监厂工部分司	—	清江浦	明清
	清江提举分司	—	移风闸西	明清
	西河船政同知	—	清江浦东河厅之东	—
	东河船政同知	—	工部署东北	—
	清江抽分厂	督造运船，征收船料	清江浦	—
钞关	监钞户部分司（督理钞关公署）	—	板闸	—

淮安城内分布如此众多的大运河管理机构，公署机构庞大，文官武校人数多达 2 万余人[14]。这些管理机构的运作对明清淮安城的建设产生了巨大的影响。

1.3 明清大运河管理运作与淮安城市建设

1.3.1 运河管理活动与淮安经济

1. 过淮盘验

为保证漕船能够顺利如期到达北京，漕船需在规定期限内过淮，漕运总督的一项重要职责是过淮盘验。明代万历元年（1573年）规定"军兑粮江北各府州县，限十二月内过淮，应天、苏、松等府县限正月内过淮，湖广、江西、浙江限二月过淮"[15]。清代基本相同，《钦定户部漕运全书》载：康熙三十四年（1695年）"江北各府州县，限十二月内过淮，江南、江宁、苏、松等府限正月内过淮，浙江、江西、湖广限二月过淮。康熙四十一年（1702年）题淮江北、江南、浙江、江西、湖广等各省展淮限一月。五十一年（1712年）江南漕船题复原限过淮。五十七年（1718年），江北、江西、浙江、湖广题定悉依原限过淮"[16]。漕船（包括"重运"与"回空"）过淮，总漕率属逐一盘验。漕船众多，盘验极其复杂繁重，每次总督都要率领大批队伍进行。据清代漕运总督奏称："每年春初，檄调附近卫备数员来淮协同签盘"，乾隆准"嗣后责令淮安府粮捕通判，并参、游、都、守及檄调之卫备，分头查验签盘"[17]，后再由总督核实。漕船抵通交粮后，回空船只也需在淮安盘验。

过淮盘验所需时间较长，大量船只因此逗留，大量的押运、攒运、领运官员以及运丁需要上岸消费。就清后期而言，仅江苏苏松道、浙江、江西、湖南、湖北通过淮安的漕船就有：苏松道计525只，浙江1 138只，江西638只，湖北180只，湖南178只，共计2659只；运丁苏松道5250人，浙江11380人，江西6380人，湖北1800人，湖南1780人，共计运丁26590人[18]。同时，运粮各官与漕运总督衙门之间有大量的文书往来，如此庞大的消费人群对带动淮安的经济发展起着推动作用。

此外明清两代都允许随船夹带"土宜"，在停留期间，必然到淮安进行销售，这对促进淮安商品经济的发展起着重要的作用。据清《乾隆淮安府志·城池》记载，淮安有"古东米巷、粉章巷、竹巷、茶巷、花巷"等商业性色彩浓厚的街巷，这些商业街巷名称与当时的漕运活动关系密切。同时出现了专门销售某种商品的市场，如米市、柴市、姜桥市、古菜桥市、兰市、牛羊市、驴市、猪市、冶市、海鲜市、鱼市、莲藕市、草市、盐市等；还有销售各种货品的集市，如西义桥市、罗家桥市、相家湾市、西湖嘴市、窑沟市、新丰市、长安市、大市、小市等，这些商业街巷与集市的出现是商品经济发展的产物，这与漕运船只所带的数量巨大、品种繁多的"土宜"是分不开的，而大运河管理机构的设置及其相关的管理活动则为"土宜"的交换提供了条件。

每年漕船停泊于城西运河以待盘验，"秋夏之交，西南数省粮艘衔尾入境，皆泊于城西运河，以待盘验牵挽，往来百货山列"[19]。而"城西北关厢之盛，独为一邑冠"[20]，城西北关厢即为粮船停泊之处，这从另一侧面反映了漕运管理活动之一的"过淮盘验"对淮安经济发展所产生的连动效应。

2. 漕船过闸

淮安下辖的清江浦位于黄、淮、运交汇处，漕船在此处由运

16 （清）载龄等修，福趾等纂，《钦定户部漕运全书》卷13，《淮通例限》。
17 《清实录》卷178，乾隆七年十一月上。
18 光绪《漕运全书》卷28～30，转引自：江太新、苏金玉，漕运与淮安清代经济[J].学海，2007（2）：56-61。
19 （清）孙云锦修，吴昆田、高延第纂，《光绪淮安府志》卷2，《疆域》。
20 （清）张兆栋、孙云修，何绍基、丁晏等纂，《同治重修山阳县志》卷1，《疆域》。

入淮、黄。明永乐十三年（1415年）陈瑄在清江浦上修建移风、清江、福兴、新庄四闸，以此控制水患，使漕船安全由运入淮。明清对船闸的启闭有着严格的规定，船只需聚集到一定数量以后才能开闸放船，清江四闸在明代时"运河只许粮船、鲜船应时出口，都漕遣官发筹，或三五日一放，运船过尽，口即筑塞五闸，匙钥掌之都漕。口之出入监之工部，其大小官民船只悉由仁义等五坝车盘以出外河清江瓜仪口子"[21]，宣德四年（1429年），"令凡运粮及解送官物并官员、军民、商贾等船到闸，务积水至六七板方许开"[22]，而景泰四年（1453年）则规定："凡遇洪闸，军船一日，民船一日，挨次放过"[23]。清代对运河船只过闸规定仍然非常严格，漕运繁忙时，"运舟过尽，次则贡舟，官舟次之，民舟又次之"[24]。清江浦作为往来船只的必经之地，因过闸的诸多规定，必然致使大量船只在此等候，服务于漕运的官丁、纤夫及往来商旅在此大量聚集，在此消费，促进了清江浦商业经济的繁荣，康熙年间，清江浦一派繁荣景象："千舳丛聚，侩埠羶集，两岸沿堤居民数万户，为水陆之康庄，冠盖之孔道，阛阓之沃区云。"[25]

3. 河道整治

清江浦为黄、淮、运交汇之处，河工紧要，南河河道总督驻扎清江浦，朝廷每年下拨大量银两修浚河道，但真正用到河工上的不到十分之一，大部分被贪污，驻扎清江浦的官员奢侈成风。清人薛福成记载，"余尝遇一文员老于河工者，为余谈道光年间南河风气之繁盛。维时南河河道总督驻扎清江浦，道员及厅汛各官环峙而居，物力丰厚。每岁经费银数百万两，实用之工程者十不及一，其余以供文武员弁之挥霍、大小衙门之酬应、过客游士之余润。凡饮食衣服、车马玩好之类，莫不斗奇竞巧，务极奢侈"[26]。薛文中还以宴席为例，介绍了极尽奢侈的菜肴做法。这种奢靡之风客观上刺激了当地经济的发展。

4. 钞关收税

随着淮关管辖范围的不断扩大，为有效控制船只，防止绕逃，而设立多个关口及分口，分别管理，总关驻板闸。

钞关的管理运作有一套严密完整的管理制度和运作方法，在板闸设大关（淮安钞关）、关署，河道关口、津要设关口、分口，各分口、大关之间相互配合、协调运作，大关、关署处于整个运作系统的核心地位。

在板闸运河北岸，"临河设有关楼三间，后厢楼左右四间，官厅三间，厨房三间，关楼东首方亭一座，水印房二间，对岸关房三间。关楼之前设有桥船五只，联以篾缆，横截河身。每日放关，暂

21 （明）郭大纶修，陈文烛纂，《万历淮安府志》卷5，《河防》。
22 （明）杨宏、谢纯撰，《漕运通志》卷8，《漕例略》。
23 《明英宗实录》卷234，景泰四年十月丙戌条。
24 （清）傅泽洪撰，《行水金鉴》卷120，《运河水》。
25 （清）高美成、胡从中等纂，《康熙淮安府志》卷10，《山川》。
26 （清）薛福成撰，《庸盦笔记》卷3，《河工奢侈之风》。

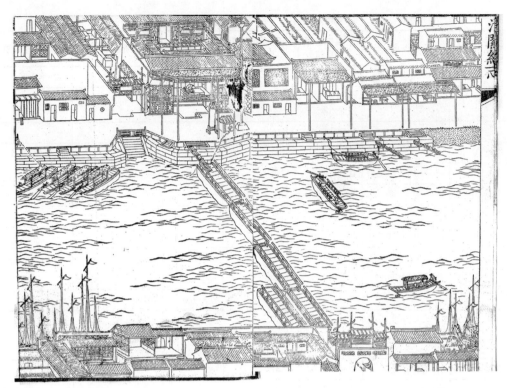

图4-3 淮安大关图

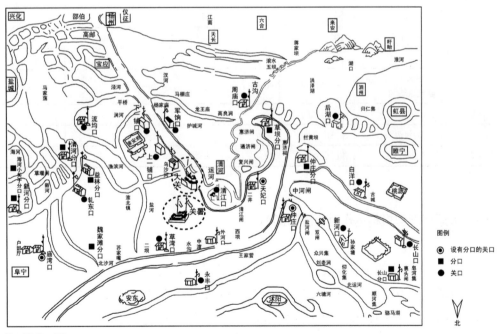

图4-4 淮关各关口及分口图

撤南岸，过后仍即封闭"[27]（图 4-3）。分口则填注号贴让客贩投报关署和大关。以天妃口为例，凡北来船只，除查验有无北钞外，还"点明包捆件数、舱口浅满，令客贩自投石数，填注号帖，给发客贩，赴关投钞。仍逐日将进口船货开报二纸，一送署内，一交大楼查核"[28]。从地理位置分布上看，各关口及分口对大关及关署形成拱卫之势，这与整个淮关运作机制是相匹配的（表 4-2，图 4-4）。

27 （明）马麟修，（清）杜琳等重修，李如枚等续修，《续纂淮关统志》卷5，《关口》。

28 （明）马麟修，（清）杜琳等重修，李如枚等续修，《续纂淮关统志》卷5，《关口·天妃口》。

表 4-2 淮安钞关各关口及分口表

关口名称	所在地	关口管理建筑	距大关的距离（里）	分口名称	所在地	分口管理建筑	距关口距离（里）
天妃口	—	住民房九间	35	草坝分口	—	住民房七间	3
外河口	—	住官房三间、民房六间	15	—	—	—	—
草湾口	—	住官房十间	10	—	—	—	—
仲庄口	—	住官房五间	40	仲庄分口	—	租住民房五间	10
永丰口	—	住官房四间	15	—	—	—	—
下一铺口	—	住民房七间	15	—	—	—	—
上一铺口	—	住民房七间	7	—	—	—	—
周闸口	山阳县高家堰	住民房六间	120	—	—	—	—
庙湾口（工部厅）	阜宁县城外	住官房七间	160	海河小关子分口	海河小关子	—	60
				新河分口	串场河	—	3
长山口	宿迁皂河集	里、外河关房二处，共民房十六间	280	—	—	—	—
白洋口	桃源县洋河镇	住民房九间	200	—	—	—	—
新河口	桃源县	住民房六间	200	—	—	—	—
后湖口	桃源县	住民房五间	220	—	—	—	—
轧东口	阜宁县东沟	住民房九间	120	魏家滩分口	—	—	—
				益林分口	—	—	7
				清沟分口	—	民房三间	30
流均口	山阳泾口（原在盐城流均沟）	住民房六间	80	—	—	—	—
军饷口	山阳县南湖所	住民房八间	20	—	—	—	—
乌沙河口	山阳县乌沙河	住民房九间	3	—	—	—	—
清江口	清江闸口	住民房八间	15	—	—	—	—

1.3.2 大运河管理机构运作对经济的影响

庞大管理机构的运作刺激了淮安的经济发展。明清时期，淮安大运河管理机构众多，漕运总督、河道总督及其下属机构，再加上盐务、船务等机构，使得淮安城内官署林立。"每署幕友数十百人"[29]，文官武校人数多达 2 万余人，这些官僚处于社会的上层，官俸以及其他收入使得他们成为高消费能力人群，过着奢糜的生活，这催生了服务于该群体的多种行业，吸附大量人员服务于该阶层，"清江浦板闸镇一带，民人大半在官"[30]，"南河驻清江浦……浦上之居民皆依河以求衣食"[31]。以板闸钞关为例，钞关设有榷使、吏书、员役、夫役等，据《淮关统志》所记内容统计，清淮安关役职人员有 268 人[32]。因钞关关署设于板闸镇，对板闸的社会经济起着重要

29 （清）薛福成撰，《庸盦笔记》卷3，《河工奢侈之风》。
30 （清）萧文业撰，《永慕庐文集》卷1，《答包慎伯书》。见（清）冒广生辑，《楚州丛书》，民国二十六年（1937年）铅印本，第八册。
31 （清）包世臣撰，《中衢一勺》卷6，《闸河日记》。
32 （清）《淮关统志》卷8，《题名·职役附》。

33 （清）孙云锦修，吴昆田、高延第纂，《光绪淮安府志》卷2，《疆域》。
34 （明）马麟修，（清）杜琳等重修，李如枚等续修，《续纂淮关统志》卷4，《乡镇·板闸》。
35 本书第五章将对漕运总督公署的位置变迁过程进行详细论述。

作用，"榷关居其中，搜刮留滞，所在舟车，阗咽利之所在。百族聚焉，第宅服食，嬉游歌舞，视徐、淮特焉侈糜"[33]，而"赖关务以资生者，几居其半"[34]。

1.3.3 大运河管理机构公署对城市形态的影响

对明清时期在淮安驻节的大运河管理机构公署的空间位置进行分析（图4-5），可以看出，这些管理机构公署呈现出相对集中分布的特征，主要分布在以漕运总督公署为核心的淮安旧城区和以总河公署为中心的清江浦地区。这些管理机构公署的设置及演进对其城市形态产生了重要影响，以漕运总督公署为例分析其对淮安旧城城市形态的影响。

漕运总督公署在淮安旧城内的位置先后曾有三处[35]：其一，在淮安旧城南门内，与漕运总兵府一堂治事；其二，在城隍庙东；其三，在城市中心，淮安府署前，此位置时间最久，持续了280多年。漕运总督公署最初位于旧城迎远门（南门）内，后移至城隍庙

图4-5 明清淮安大运河管理机构公署分布图

东，又移至中长街上，位于城市中心，前临镇淮楼，北靠淮安府署，其变迁轨迹是从淮安旧城城市边缘到城市中心（图4-6）。移至城市中心以后，对淮安旧城产生了一定影响。

（1）确定并强化了旧城轴线

淮安旧城为不规则长方形，北门与南门并不在一条直线上。南门、镇淮楼与淮安府署形成了城市的中轴线，而漕运总督公署位于镇淮楼与淮安府署之间，在空间上确定并强化了旧城轴线，形成了一条连续的城市中轴线，同时与淮安府署共同构成了淮安城市的"行政中轴线"。总督公署的大观楼可"俯视合郡"，成为城市轴线上的制高点。

（2）对城市道路的影响

漕运总督公署迁至城市中心后，对周边城市道路的影响主要表现在两个方面：其一，道路名称的更改。迁署前，署前道路称"西门街"（自西门至西长街转北以东经县学、卫前抵东长街）[36]，乾隆间则

36 （明）薛鏊、陈艮山，《正德淮安府志》所记旧城街道：中长街、东长街、西长街、西门街、东门街、都察院前街、府前街、县前街、卫前街、双寨街。

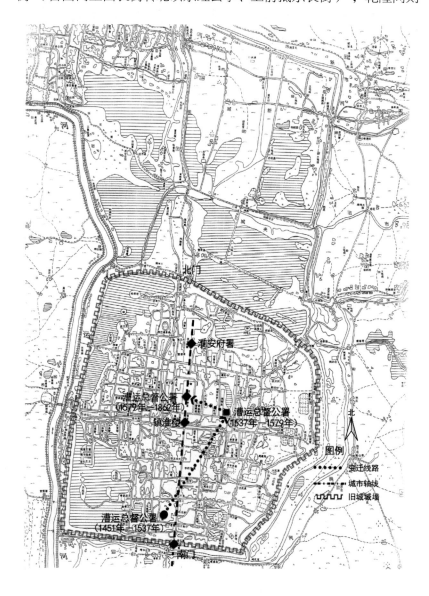

图4-6　漕运总督位置变迁

称"漕院前街"(东自青龙桥，西抵西长街)[37]，公署对道路名称的影响体现了其对城市认知元素的辐射力。其二，道路尺度的改变。顺治十八年（1661 年）总漕蔡士英拆毁县学棂星门外照壁、红栅、牌坊，"让出街道丈余"[38]，使漕院前道路变宽，漕运总督公署繁杂事务所带来的人流增加是道路变宽的重要原因。

（3）周边扩张

漕运总督公署对周边建筑影响记载不多，据笔者推测，由于漕运总督署因淮安卫所建，原有建筑应基本能满足要求，规模基本无变化，但亦有扩张，如总漕李三才曾侵占西侧山阳县学之地，"取学中射圃等地为院署闲地"[39]。

1.3.4 大运河管理官员与淮安地方城市建设

设在淮安的河、漕、榷等管理机构的首脑多是由中央政府直接委任，多为朝廷大员，驻节淮安后，以其特有的职权、影响力和号召力对淮安城市的各个方面产生了重大影响，体现了朝廷官员之于地方城市自上而下的强势影响。

1. 修筑城墙，确立三城并立的城市格局

城墙是城市形态的重要组成部分，自漕运总督驻扎淮安后，淮安城墙的修筑活动，由漕运总督主持或亲自捐资的占了绝大部分（表 4-3）。据地方志记载，景泰后至清末，淮安城墙修筑活动有明确记载的有 20 次，其中由地方官主持的有 9 次，而由漕运总督主持的有 11 次，且记载的几次大范围修筑都是由漕督主持的，如朱大典崇祯间"遍修三城"、兴永朝重修旧城，周天爵大修旧城等，其中明嘉靖三十九年（1560 年）由漕运总督章焕题准修建联城，从而最终确定了淮安三城并立的独特城市格局（图 4-7）。

表 4-3　漕运总督修筑城墙活动表

漕运总督	修筑城墙活动	参考文献
章焕	明嘉靖三十九年（1560年），倭寇犯境，漕运都御史章焕题准建造联城，连贯新旧两城	《天启淮安府志》
王宗沐	隆庆间（1567—1572年）建楼于西门子城上，额曰"举远"。筑护城冈	《乾隆淮安府志》卷5，《城池》
朱大典	崇祯间（1628—1644年）遍修三城	《乾隆淮安府志》卷5，《城池》
蔡士英	重建城东南隅角楼——瞰虹楼	《乾隆淮安府志》卷5，《城池》
林起龙	康熙初设费鸠工，尽撤而新之（城楼），城垣残缺者，悉修补坚	《乾隆淮安府志》卷5，《城池》
邵甘	康熙二十三年（1684年），率属重建西门楼	《乾隆淮安府志》卷5，《城池》

37 （清）卫哲治等修，叶长扬等纂，《乾隆淮安府志》所记旧城街道：东长街、西长街、东门街、西门街、中长街、漕院前街、县前街、双寨街、刑部街、旧南府街、大清观街、东岳庙街。

38 （清）卫哲治等修，叶长扬等纂，《乾隆淮安府志》卷10，《学校·县学》，记载棂星门南向，"棂星门外正面有照壁一堵、红栅一围、牌坊二座，横亘大街"。

39 （清）邱闻衣《山阳县学旧制说》，见（清）丁晏撰，《石亭记事》。

漕运总督	修筑城墙活动	参考文献
董讷	康熙二十八年（1689年），捐资率属重建（南门楼）	《乾隆淮安府志》卷5，《城池》
兴永朝	康熙三十一年（1692年），重修旧城，有碑记在西城楼下	《民国续纂山阳县志》卷2，《建置·城池》
兴永朝、桑格	屡加修理	《乾隆淮安府志》卷5，《城池》
周天爵	道光十五年（1835年）捐资建西南二城楼，二十二年复集资大修（旧城）……又造东北城圈及东北二城楼	《同治重修山阳县志》卷2，《建置·城池》
文彬	同治十二年（1873年）重建城西二楼	《同治重修山阳县志》卷2，《建置·城池》
谭钧培	光绪七年（1881年），重修东南北三门楼	《光绪淮安府志》卷3，《城池》

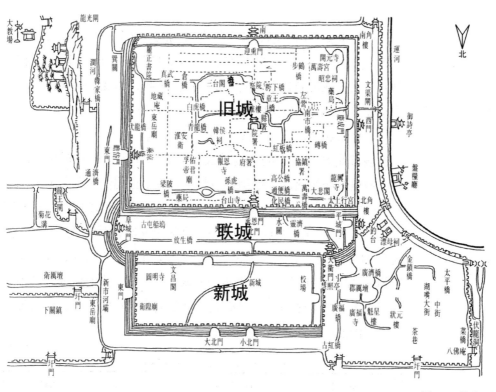

图4-7 淮安三城图

2. 积极参与地方教育

明清大运河管理官员积极参与地方教育，修建儒学、开浚文渠、建文运祈祉类建筑，祈祝文运，促进官方教育发展。同时创办、修葺书院，兴办义学，繁荣民间办学，全面促进淮安地方教育的发展（表4-4）。

作为淮安教育之首的淮安府儒学，历代总漕、总河等曾多次兴修，山阳县学也得到总漕等运河管理官员的修建，而清江浦学历次的修建几乎全由大运河管理官员主持。

明时清江闸南原有清江书院，后因河道总督驻节清江浦，所以修建了县学。乾隆二十六年（1761年）移清河县治至清江浦，又为清江县学，此为清江浦文化教育之统领。

淮安起初并无书院，为了使更多的人受到良好的教育，一些驻守淮安的官员开始创建书院。乾隆元年（1736年）创讲席于淮关的爱莲亭，被认为是淮安书院之始[40]。清嘉庆三年（1798年），淮关榷使阿厚安"观光问俗，遴聘主讲"，居于翁公祠。嘉庆十年（1805年）署督李如枚认为培养人才是国家非常重要之事，不能寓于祠庙，他捐俸禄购买了城东南魁星阁外的地方，建造了一所书院——文津书院。杜琳任榷使时，"缘学堂屋少位多，且地方辽广，烟户丛繁，一值阴雨，道途泥泞，童稚赴馆维艰。遂广选蒙师八人，分馆八堂，在于翁公祠、回施庵、元天宫、爱莲亭及河南福缘庵等处"[41]。

40 （清）杜琳等纂，《续纂淮关统志》卷9，《公署》。文津书院，"窃查书院之设，始自乾隆元年，蜗寄唐公创设讲席于爱莲亭"。
41 （清）杜琳等《续纂淮关统志》卷9，《公署》。

表 4-4　大运河管理官员对淮安教育的贡献

教育类建筑		位置	运河管理官员相关贡献	参考文献
文运祁祀类	魁星阁		◆蔡士英、林起龙重建	《乾隆淮安府志》卷5，《城池》
	文渠		◆清顺治十三年（1656年），漕院蔡士英浚文渠 ◆康熙四十年（1701年）后，漕院桑格捐资重浚	《乾隆淮安府志》卷5，《城池》
			◆杨锡绂"疏通文渠"	《淮城信今录》卷4，《杨锡绂传》
	龙光阁	郡城南郭外	◆旧有龙光阁，前明漕督朱烈愍公所创建也	《石亭记事》，重建龙光阁记
儒学	淮安府儒学	郡城南门内	◆弘治十七年（1504年），漕抚张缙建兴贤、毓秀二坊 ◆崇祯十三年（1640年），漕抚朱大典重修 ◆顺治九年（1652年），总漕沈文奎重修 ◆康熙十八年（1679年），总河靳辅捐俸修 ◆康熙二十八年（1689年），总漕董讷首倡捐赀募修	《乾隆淮安府志》卷10，《学校》
			◆同治、光绪中，总漕张之万、文彬先后拨款重修大成殿	《光绪淮安府志》卷21，《学校》
	山阳县儒学	察院西	◆成化五年（1469年），漕抚都御史滕昭、知府杨昶易居地二十余丈益之。建聚奎亭，录科第名氏于石 ◆康熙三十一年（1692年），董公（总漕董讷）追前议，命廪生邱闻衣监理，修复棂星门外栅栏，一遵旧制，并修棂星门内甬道、东西垣墙，清两斋，徙居民，徙学役	《光绪淮安府志》卷21，《学校》
	清江浦学	漕厂署左	◆嘉靖九年（1530年），工部主事邵经济建崇景堂 ◆嘉靖二十一年（1542年），工部主事叶选建文会堂、退省轩及诸生号房十二间，置祭田数十亩 ◆隆庆六年（1572年），工部主事龚廷璧重修 ◆万历五年（1577年），工部主事张誉增修，建大观楼 ◆万历三十四年（1606年），工部郎中沈孝征、主事魏时应于圣殿东南建文昌楼、钟楼 ◆万历四十二年（1614年），工部主事王苪重建先师殿并尊德堂 ◆天启六年（1626年），工部主事顾元镜重修，建格物、致知、正心、诚意四斋，斯文在兹坊一座 ◆崇祯六年（1633年），工部主事赵光抃增修 ◆顺治六年（1649年），工部主事张安茂重修 ◆顺治十八年（1661年），总漕蔡士英檄行船政同知孔贞来，重建两庑、斋房 ◆康熙十六年（1677年），总河靳辅捐俸百金重建先师殿、文会堂 ◆康熙二十三年（1684年），淮徐道常君恩重建尊德堂于文会堂之右，并建木栅、棂星门，开浚泮池，植桃柳	《乾隆淮安府志》卷10，《学校》

教育类建筑		位置	运河管理官员相关贡献	参考文献
书院	忠孝书院	在旧城东门外	◆明正德十四年（1519年），巡按御史成英同漕抚都御史丛兰，属知府薛鋈、张锦，同知田兰、推官张赏毁尼寺而建	《光绪淮安府志》卷21，《学校》
	文节书院		◆明嘉靖十五年（1536年），漕抚都御史周金、巡按御史苏杨瞻，知府袁淮、孙继鲁、周洪范毁旧开元废寺为书院	《光绪淮安府志》卷21，《学校》
	正学书院		◆明万历二年（1574年），都御史王宗沐建。有记。今废为大云庵	《光绪淮安府志》卷21，《学校》
	嘉会堂		◆雍正元年（1723年），总漕张公大有加意造士，萃郡中有文行者数十人，勖以好学修身，每月课制义兼及诗古文辞，名曰"嘉会"。始集于院署东韩侯祠，继乃移于县治东节孝祠	《光绪淮安府志》卷21，《学校》
	淮阴书院	在郡城西南隅天妃宫后	◆乾隆六年（1741年），总漕常公安命知府李璋建为淮阴书院◆乾隆七年（1742年），总漕顾公琮、知府傅桩益振之，延先达之有道而文者为诸生师	《光绪淮安府志》卷21，《学校》
	丽正书院	旧城东南隅	◆乾隆丙戌年（1766年）漕帅杨勤悫公（杨锡绂）新建书院于旧城东南隅◆道光乙巳年（1845年）新建，程公任漕督，见书院日形颓败，先提公款一百五十两，属余及何君锦修葺之	《石亭记事》《重修丽正书院记》
	清江书院	清江浦龙王闸之南	◆顺治十八年（1661年），总漕蔡士英檄船政同知孔贞来重建两庑斋房	《山阳志遗》卷1
义学	秋礼堂	在院西南市桥北	◆总漕兴公永朝隆重其事◆董于漕院，康熙三十二年（1693年）建，雍正九年（1731年）总漕性桂重修	《山阳志遗》卷1

3. 塑造城市、城郊文化景观

大运河管理官员多为进士出身，本身有着极高的文化修养，除了繁杂政治任务以外，他们多有附庸风雅之举，在公署内、城市、城郊修建园林、游赏场所、寺院等，促进了淮安当地文化景观的建设。淮安的运河管理机构公署多有花园，如漕运总督公署西花园及东北角花园、总河署的清晏园、榷关署的小隐斋等，同时他们还在城市及城郊塑造了大量文化景观（表4-5）。

表4-5 大运河管理官员塑造的城市、城郊文化景观

文化景观	位置	大运河管理官员的文化景观塑造活动	参考文献
郭家池	城西北隅老君殿前、龙兴寺后	◆顺治间，漕院蔡士英建大士阁于墩上（位于郭家池中）……又建亭临水，长桥卧波，为游赏胜地，今尽颓废	《乾隆淮安府志》卷5，《城池》
万柳池	城西南隅	◆康熙五十年（1711年），漕院施世纶重加修葺，寺院亭阁，焕然一新，今复就圮矣	《乾隆淮安府志》卷5，《城池》
天妃宫	郡城西南隅，初名灵慈宫	◆明万历癸巳（1593年）、甲午（1594年）之际，漕抚刘公东星捐俸银若干，庀材伐石，造水亭，创木桥，名正厅，为君子堂。政事之暇，即与宾从游宴于此，而士大夫家有游船画舫，亦一时并集◆康熙己未（1715年）、丙申（1716年）间，漕抚施公世纶亦尝修之，建两仪亭于水中，金碧焕烂，横桥数折，可直达三仙楼，乃未久即坏	《山阳志遗》卷1

文化景观	位置	大运河管理官员的文化景观塑造活动	参考文献
龙兴禅寺	治西北清风门里	◆总漕蔡士英筑广数亩，建大悲阁于上，设桥数十丈以通往来。四周筑堤，种柳数百株	《乾隆淮安府志》卷26，《坛庙》
圆明寺	新城东北隅	◆明成化三年（1467年），漕运都指挥佥事戴惟贞等修建	《乾隆淮安府志》卷26，《坛庙》
三界庵	在城东南隅	◆漕抚吴公维华建	《乾隆淮安府志》卷26，《坛庙》

　　淮安因其特殊的地理位置，在运河自开凿之初就是运河管理的重要节点城市，在明清两代更是因为漕运总督及河道总督均驻扎淮安，使得淮安成为运河管理的中枢，在淮安设置了众多的运河管理机构，这些管理机构公署（管理建筑）本身及其所承载的运河管理活动都对淮安的城市布局、城市轴线、道路、经济、文化景观等方面产生了重要影响（图4-8）。

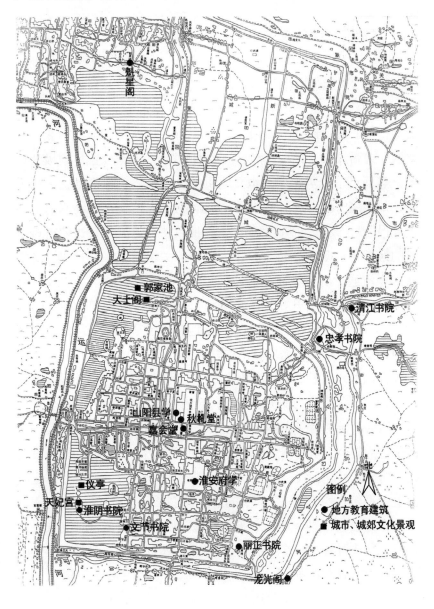

图4-8　大运河管理官员与地方城市建设

第二节　河署林立：明清大运河河道管理与济宁城市建设

元至元二十年（1283 年）济州河开通，从任城（济宁）南开渠引汶水西北流至东平安民山与济水相接，济宁在山东运河开始之初就处于重要位置。至元三十年（1293 年）会通河开通后，大运河全线贯通，自此以后，济宁城市的发展便与大运河休戚相关，"运河通，济宁兴，河运废，济宁衰"。济宁是会通河开通以后最早兴起的运河城市，在明清两代，"百物聚处，客商往来，南北通衢，不分昼夜"[42]，成为山东运河沿线最为繁华的运河城市，如包世臣所言"闸河自台庄入东境，为商贾所聚，而夏镇，而南阳，而济宁，而张秋，而阿城，而东昌，而临清，皆为水马头，而济宁为尤大"[43]。

2.1　居运道之中的济宁

济宁"居运道之中"，为山东之门户，会通河开通以后，地位更加重要，"元人开会通河，而州之形势益重"[44]，成为南北转输要地，"南通江淮，北达幽燕"，"高堰深隍，水陆交会，南北冲要之区，襟带汶泗，控引江淮，漕运咽喉"[45]，地理位置可谓极其重要。然而济宁地势起伏，水文地质条件复杂，水源不足，水位不衡，加之济宁地处黄河泛滥区，"地处最洼，河湖环绕，水患更甚于他邑"[46]，最易受到黄河的冲击，而致使河道淤塞，这使得该河道的经营十分艰难，也是整个大运河的关键所在，正所谓"济宁通则全河通，济宁不通全河停"。为了保证水源供给，引汶、泗以济运，同时不断开挖、疏浚泉源，济宁"襟带汶泗，扼水陆之冲"[47]，对经营汶、泗之水济运占据地利之优势。在入运的五派泉水中，最为重要的三派就在济宁辖区内，"泉之入运者凡五派，曰天井，曰分水、曰鲁桥、曰邳州、曰新河，潘司空云论缓急则分水、天井、鲁桥均为漕河之命脉，今皆在州所属之境内"[48]。基于以上原因，元明清三代都把大运河治理的重点放在了济宁区段，把济宁作为整个山东运河治理的核心，并派驻治河管理机构，开设衙门，"任城为视河者驻节地，以其处漕运咽喉也"[49]。三代最高运河河道管理机构均驻济宁，"河督建节，宿兵于此"[50]，"济之为州，当舟车之会，江淮、两浙、荆湖转输之咽喉，故又为河道总督之治所，文武冠盖，与首郡匹"[51]，"盖地当水陆之冲，河帅军门之所驻，在山左最为繁剧"[52]。

42　（清）胡德琳、蓝应桂修，周永年、盛百二纂《乾隆济宁直隶州志》卷 2，《舆地一·街衢》。

43　（清）包世臣，《中衢一勺》卷 6，《闸河日记》。

44　（清）顾祖禹撰，《读史方舆纪要》卷 33，《山东四兖州府下》。

45　（清）胡德琳、蓝应桂修，周永年、盛百二纂《乾隆济宁直隶州志》卷 2，《舆地一·形胜》。

46　（清）胡德琳、蓝应桂修，周永年、盛百二纂，《乾隆济宁直隶州志》卷 32，《艺文拾遗中》，《条陈□□原详》。

47　（清）胡德琳、蓝应桂修，周永年、盛百二纂《乾隆济宁直隶州志》卷 7，《建置一·城池》，"新辅重修济宁州城楼碑记"。

48　（清）胡德琳、蓝应桂修，周永年、盛百二纂《乾隆济宁直隶州志》卷 4，《舆地三·泉源》。

49　（清）胡德琳、蓝应桂修，周永年、盛百二纂《乾隆济宁直隶州志》卷 7，《建置一·城池》，"新辅重修济宁州城楼碑记"。

50　（清）胡德琳、蓝应桂修，周永年、盛百二纂《乾隆济宁直隶州志》卷 2，《舆地一·形胜》。

51　（清）胡德琳、蓝应桂修，周永年、盛百二纂《乾隆济宁直隶州志》卷 7，《建置一·官署》，"胡德琳崇礼堂记"。

52　（清）胡德琳、蓝应桂修，周永年、盛百二纂《乾隆济宁直隶州志》卷 7，《建置一·城池》，"蓝应桂延庆楼记"。

2.2 元明清河道管理机构

设于济宁的最高运河管理机构下属机构众多，如总督河道在济宁设置的下属机构有运河道署、运河同知署、泉河通判署、管河通判署等；在济宁还设有服务于漕运的总理河道军门，其下属机构明代有济宁兵备道、济宁卫，清代有左、中、右三个河标营署以及济宁卫等。此外，还有朝廷派驻的巡漕使院、治水行台等运河管理机构，再加上济宁州地方河道管理机构，使得济宁城内运河管理机构公署林立，"州为都水监之所驻节，故公署特多于他郡"[53]，济宁"七十二衙门"之说当不为过。本节将以时间为序，考察元明清三代设于济宁的运河河道管理机构的建置沿革，梳理其前后相续的动态发展脉络。

2.2.1 元代驻济宁河道管理机构

元代主管水利的最高机构为都水监，驻大都，它有都水分监与行都水监两类派出机构。"至正八年（1348年）二月，河水为患，诏于济宁、郓城立行都水监"[54]，此为元代河道管理机构派驻济宁之始。

大运河开通之初就在济宁设立了较高级别的河道及漕运管理机构，这是由济宁在整个运河中的特殊地位所决定的，同时又为明清河道管理机构驻节于此提供了参考先例和基础。

2.2.2 明代驻济宁河道管理机构

元末明初，黄河多次冲决，危害运河。洪武二十四年（1391年），黄河决原武，会通河遂淤[55]。至永乐时济宁至临清段运河已不通航，需陆行七百里至德州入卫河[56]。宋礼奉命重开会通河，永乐九年（1411年）会通河成，运河又恢复了漕运，济宁也随之回归其在运河沿线的重要地位。如前文所述，在很长一段时间内以济宁为中心把大运河河道划分为两段进行管理。明代在济宁设立的河道管理机构主要有总理河道、运河兵备道、工部分司等。

永乐九年（1411年）宋礼治河时创立总理河道提督军务都察院，在州西门里道里。弘治间工部尚书陈□、隆庆四年（1570年）都御史翁大立继修[57]。成化七年（1471年）设总理河道，驻扎济宁。正德时总河曾移驻曹州，后复回济宁。据《乾隆济宁直隶州志》记载，自宋礼始至黄希宪，共有85任总河[58]。

53 （清）胡德琳、蓝应桂修，周永年、盛百二纂，《乾隆济宁直隶州志》卷7，《建置一·官署》。

54 （明）宋濂等撰，《元史》卷92，《百官志八》。

55 （清）张廷玉等撰，《明史》卷153，《宋礼传》，"洪武二十四年，河决原武，绝安山湖，会通遂淤。"

56 （明）王琼撰，《漕河图志》卷2，《诸河考论·汶河》，"自济宁至临清三百八十五里有奇，内七十七里有河道，鱼船往来，中一百二里淤为平地，北二百五十里有奇仅有河身。自济宁至德州陆行七百里，始入卫河。"

57 （明）包大爟纂修，《万历兖州府志》卷22，《公署》。

58 （清）胡德琳、蓝应桂修，周永年、盛百二纂，《乾隆济宁直隶州志》卷18，《题名》。

明隆庆年间济宁设有济宁道，又称管河兵巡道[59]。济宁道下设布政司、按察司二司，各设官一员，敕行代管河道，所属州县官皆受其节制。宣德元年（1426年），设济宁管闸主事[60]。成化五年（1469年），设济宁管泉主事署[61]。

2.2.3 清代驻济宁河道管理机构

清代济宁河道管理机构多沿袭明代，并有所变化，清代相较明代所设机构更多。

清代顺治初，设总河一人，总理黄、运两河事务，驻扎济宁州。康熙十六年（1677年）以后，江南河工紧要，移驻清江浦。雍正二年（1724年），以河南武陟、中牟等县堤工紧要，设副总河一人，驻扎济宁州，总河兼理南北两河，副总河专理北河。雍正七年（1729年），改总河为总督江南河道，副总河为总督河南山东河道，分管南北两河[62]。虽然清康熙十六年（1677年）以后总河移驻清江浦，但济宁仍设有东河河督，自顺治初至光绪二十八年（1902年）260余年时间内，济宁一直设有河道总督，这在大运河沿线城市中是独一无二的，充分证明了济宁在大运河河道管理中的重要地位。

济宁还设有大量总河下属管理机构：① 济宁道，驻扎济宁州，凡济宁所属，旧属南旺、北河两分司事务及旧属东兖者，悉归并管理，所辖河务同知二员，通判三员[63]。康熙六年（1667年）裁济宁道，九年（1670年）复设济宁道兼辖南北[64]。② 兖州府运河同知署，在济宁州署西南。③ 兖州府泉河通判署，在济宁，租住民房[65]。④ 山东通省运河道署，在州治东南。⑤ 运河厅署（兖州府运河同知署），在城西南隅。⑥ 泉河通判署，在运河同知署后[66]。"国初，移南旺分司驻扎济宁"[67]。

清顺治初，总河杨方兴奏请设置河标中军副将，作为河道总督直隶机构，为管理大运河的最高军事机构，驻扎济宁。其下设有河标中营、左营、右营及城守营四营。运河兵备道署，在院署南[68]。清代驻扎济宁的卫署有济宁卫和临清卫，济宁卫署，在东门内。临清卫署，在南门内[69]。

此外，济宁还设有地方管河机构，如管河州判署，在州同知署南[70]。

乾隆二年（1737年）设巡漕御史四员，其中一员驻扎济宁[71]。巡漕使院，旧在南池，今在草桥之东。济宁分司，在州南门外[72]。

以上考察了自元代至元年间会通河开通到清末光绪年间罢河停运600余年时间内在济宁设立的大运河管理机构，在这些数量众多

59 （清）岳濬、法敏等修，（清）杜诏等纂，《山东通志》卷19，"始设于前明隆庆年间谓之管河兵巡道"。
60 （明）王圻撰，《续文献通考》卷37中记载，"成化二十年（1484年）始设管闸主事二员，一驻沛县沽头闸，一驻济宁"。
61 （明）胡瓒撰，《泉河史》卷12，《宫室志》，《宁阳分司》。
62 （清）永瑢，纪昀等撰，《钦定历代职官表》卷59，《河道各官表》，《国朝官制》。
63 （清）靳辅撰，《治河奏绩书》卷2，《职官考》。（清）徐宗幹撰，许瀚纂，《道光济宁直隶州志》卷1，《大事》："顺治元年，设济宁道管南河，以兖东道管北河。"
64 （清）徐宗幹修，许瀚纂，《道光济宁直隶州志》卷1，《大事》。
65 （清）觉罗普尔泰修，陈顾滪纂，《乾隆兖州府志》卷4，《建置志》。
66 （清）胡德琳、蓝应桂修，周永年、盛百二纂，《乾隆济宁直隶州志》卷7，《建置一·官署》。
67 （清）陆耀等纂，《山东运河备览》卷2，《职官表》。
68 （清）觉罗普尔泰修，陈顾滪纂，《乾隆兖州府志》卷4，《建置志》。
69 （清）胡德琳、蓝应桂修，周永年、盛百二纂，《乾隆济宁直隶州志》卷7，《建置一·官署》。
70 （清）胡德琳、蓝应桂修，周永年、盛百二纂，《乾隆济宁直隶州志》卷7，《建置一·官署》。
71 （清）杨锡绂撰，《漕运则例纂》卷5，《监临官制·巡漕御史》。
72 （清）胡德琳、蓝应桂修，周永年、盛百二纂，《乾隆济宁直隶州志》卷7，《建置一·官署》。

的大运河管理机构中，其中以河道管理机构为主，充分彰显了济宁在元明清三代作为大运河河道管理中心的重要地位。如此众多的大运河管理机构驻扎济宁，其公署多设于城内，对济宁城市的格局、城市形态、经济、文化等各个方面都产生了重要影响，成为推动济宁城市发展的重要因素。

2.3 河道管理机构对济宁城市形态的影响

明清地方城市形态的构成要素主要有城墙、衙署、学校（书院）、坛庙、祠堂、街道、坊市，这些是城市形态要素分析的基本框架[73]。本书对济宁的城市形态研究采用这种要素分析法。

大运河管理机构能对城市形态产生影响的方面有两个：一为河道管理建筑，即管理机构公署；二为河道管理机构官员及其活动。

2.3.1 河道管理建筑（河道管理机构公署）

河道管理建筑作为城市形态要素之一，会对其他城市形态要素产生一定的影响，尤其是对街道。除此之外，它还对城市布局产生影响。本节以清代驻济宁河道管理机构公署为研究对象，研究其对城市布局以及街道的影响。

（1）城市形态要素认知中的主导地位

古代城市地图不同于现代城市地图，它并不能精确、完整地反映整个城市，而是对城市内的要素进行抽象、筛选后，把符合当时城市认知习惯的重要要素绘在图上，在同类要素中，也并非全都标注，而是把认为重要的要素绘制在图。因而，我们所见的古代地方志中的城市地图上的内容，是时人认为对城市非常重要的要素。

我们对《康熙济宁直隶州志》中的"州境图"与"城池图"、《乾隆济宁直隶州志》中的"州境图"（图4-9）进行分析可以看出，河道管理机构公署在城市内占有重要位置，且相对数量较多。在《康熙济宁直隶州志》"城池图"中有城墙、衙署、寺庙、坛庙、儒学5个要素，其中衙署标有6个，除了济宁州署外，其余5个均为河道管理机构公署，占了83%。同样在该志"州境图"中，河道管理机构公署也占了绝大部分，且从城市布局来看，由3条主要道路所形成的4个区域中，有两个区域以河道管理机构公署为骨架。在《乾隆济宁直隶州志》"州境图"中，城池中标有5处公署，除州署外，其余4处均为河道管理机构公署，分别是院署、副总署、道署和运河厅，明显多于其他城市形态要素。

73 成一农著，《古代城市形态研究方法新探》，社会科学文献出版社，2009：11。

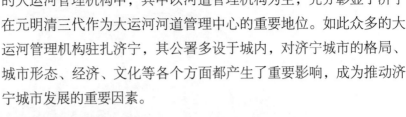

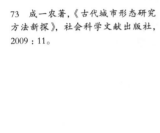

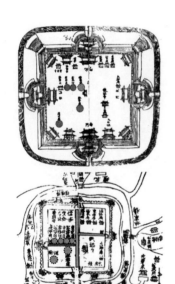

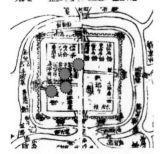

图4-9 清代济宁城市中的河道管理机构公署

图4-10　济宁主要运河管理机构公署分布图

（2）对城市格局的影响

城市中公署的分布态势并非在城市发展过程中自发形成，而是带有某种制度安排的强制性，这对于驻扎济宁的河道管理机构来说尤为明显。这些机构多是中央派出或省府级别的机构，带有一种自上而下的强势，作为一种权力空间，在介入城市后，对城市的格局产生重要影响。

以《民国济宁县志》所载的"济宁城厢图"为底图，推测清代驻济宁河道管理机构公署的位置（图4-10），试图以此考察其分布态势及对城市格局的影响。河道最高管理机构河道总督院署位于连接四城门的南北大街与东西大街交汇处，占据了城市中心位置，明显高于位于其西侧的济宁州署，是其作为济宁政治权力中心在城市空间上的反映。其他河道管理机构公署呈现出环绕河道总督院署分布的态势，且主要分布于城市西南隅，河道管理机构公署占据着城市重要位置，并对城市格局和街道分布产生重要影响（表4-6）。

表4-6　济宁河道管理机构公署位置表

位置	古代位置	参考文献	现在位置
河道总督院署	州治东	《乾隆济宁直隶州志》卷7	今济宁暖气片厂
运河道署	—	—	今济宁一中西校区
管河州判署	在州同知署南，州同知署在州治东	《乾隆济宁直隶州志》卷7	今济宁市铁塔寺西邻
运河同知署（运河厅署）	州署西南	《乾隆兖州府志》卷4	今济宁附院西南
泉河通判署	—	—	今济宁附院西北部分
河标中军副将署	在东门内大街，院署东	《乾隆济宁直隶州志》卷7；《山东通志》卷26	—

经理运河
大运河管理制度及其建筑

182

位置	古代位置	参考文献	现在位置
城守营都司署	在北门内大街	《乾隆济宁直隶州志》卷7	—
济宁卫署	在东门内	《乾隆济宁直隶州志》卷7	今中区民政局
临清卫署	在南门内	《乾隆济宁直隶州志》卷7	今临清卫胡同路北
运河营守备署	在州后街路北	《民国济宁直隶州续志》卷5	今济宁城西北,州后街路北
左营参将署	—	—	今济宁市北门大街路东,与今之潘家楼斜对
城守营守备署	在东门内	—	—

（3）对街道的影响

驻济宁河道管理机构公署对街道的影响主要体现在街道命名上。《乾隆济宁直隶州志》记载与河道管理机构公署相关的街道有：河院署西门大街、河院署后街、河院署前街、运河道街、运河厅街共 5 条街道[74]。而道光年间的志书所载与河道管理机构公署相关的街道有 14 条，数量大大增加，街名与河道管理机构公署相关的街道数量表现出增加的趋势。

道光年间济宁城内街道：东南隅南北街旧有 4 条，今增 4 条，共 8 条；东南隅东西街旧有 7 条，今增 10 条，共 17 条，其中以河道管理机构公署命名的有临清卫街。东北隅南北街旧有 6 条，今增 12 条，共 18 条，其中以河道管理机构公署命名的有临清卫胡同；东北隅东西街旧有 4 条，今增 6 条，共 10 条，其中以河道管理机构公署命名的有古察院街（今临清卫街）、总府署前街（即东门大街）。西南隅南北街旧有 6 条，今增 6 条，共 12 条，其中以河道管理机构公署命名的有河院署前街、道门口街、院门口街（即南门大街，当作院门东街）、泉河厅街、厅西街、鼓手营；西南隅东西街旧有 6 条，今增 10 条，共 16 条，其中以河道管理机构公署命名的有运河道街、运河厅街、厅西坑涯。西北隅南北街旧有 6 条，今增 9 条，共 15 条。西北隅东西街旧有 6 条，今增 3 条，共 9 条，其中以河道管理机构公署命名的有河院署后街[75]。综上，道光年间，济宁城内共有街道 105 条，其中以河道管理机构公署命名的有 14 条，且多为主要街道，占 13%；其中西南隅街道共有 28 条，而以河道管理机构命名公署的街道就有 9 条，占了近 1/3 之多。民国时期街道与道光年间相比应该变化不大，以济宁地图所标注的街名为基础，分析以河道管理机构公署命名的街道，可以明显地看出河道管理机构公署与以其名称命名的街道的关联性（图 4-11）。

74 （清）胡德琳、蓝应桂修,周永年、盛百二纂,《乾隆济宁直隶州志》卷2,《舆地一·街衢》。

75 （清）徐宗幹修,许瀚纂,《道光济宁直隶州志》卷4,《建置志一·街衢》。

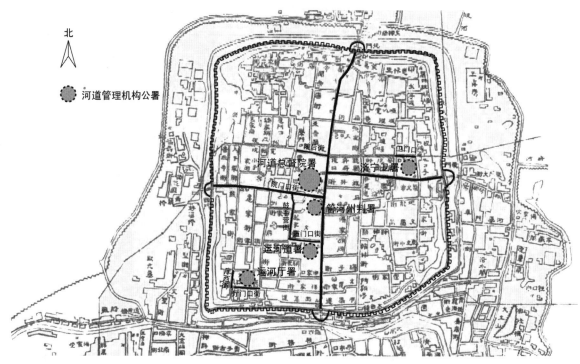

北

● 河道管理机构公署

图4-11 济宁以河道运河管理机构公署命名的街道

2.3.2 河道管理机构官员及其活动与城市形态

河道管理机构官员除了管理河道，主持相关事务外，多积极介入地方事务，对城市形态产生影响。

（1）城墙

济宁在明以前为土城，明洪武三年（1370年），济宁左卫指挥使狄崇以砖重建州城城墙，外砖内土，城墙高三丈八尺，顶阔二丈，基宽四丈，周九里三十步，四面各二里九十七步有奇[76]。

清代乾隆朝以前城墙大修过三次，其中一次即为总河杨方兴主持。顺治十二年（1655年），总河杨方兴重建南门楼，康熙二十年（1681年），总河靳辅修北门楼、东门楼及西门楼[77]。

（2）学校

表4-7　河道管理机构官员与学校表

	河道管理机构官员之贡献
庙学	◆明嘉靖戊戌（1538年），总河于湛重修崇圣祠 ◆明总河王士翘建，清总河靳辅重建明伦堂 ◆明总河王士翘重建，清总河靳辅修尊经阁 ◆顺治五年（1648年），总河杨方兴重修儒学 ◆康熙十八年（1679年），总河靳辅重建敬一亭 ◆康熙十九年（1680年），总河靳辅屡修东西二坊
社学	◆康熙十三年（1674年），总河王光裕捐俸九十八两有奇，建设社学三处，一在儒学，一在草桥，一在工部分司东，每处置房六间，围墙一座 ◆康熙十三年（1674年），总河王光裕设三处社田，共二顷四十亩
书院	◆旧任城书院，在总河军门东，乾隆二十八年（1763年），运河道李清时建 ◆新任城书院，在城外西南新司街，乾隆三十八年（1773年），总河姚立德建

76 （清）徐宗幹修，许瀚纂，《道光济宁直隶州志》卷4，《建置志一·城池》。

77 （清）胡德琳、蓝应桂修，周永年、盛百二纂，《乾隆济宁直隶州志》卷7，《建置一·城池》。

（3）坛庙

河道管理机构官员一方面修建坛庙，进行相关祭祀活动；另一方面，有作为的治河官员又被作为祭祀的对象，成为坛庙的主角（表4-8）。

表4-8　与河道管理官员相关坛庙表

修建的坛庙	◆五龙宫，在东南隅，道光十七年（1837年），总河栗毓美重修 ◆漕河神庙，旧在天井闸上，总河舒应龙移于运河北岸 ◆禹王庙，在南门外，旧在义井巷，康熙初，运河同知王有容移建南门外 ◆河神总祠，在东小门外运河岸上南池右，康熙六年（1667年）总河杨茂勋建，题请敕封，有记并题疏镌石。今为四大王庙 ◆金龙四大王庙，在天井闸北岸，一在城闸东，此庙在天井闸署左，与南池右不同。康熙四十年（1701年），总河张鹏翮奏请敕封显佑通济昭灵效顺金龙四大王，春秋致祭 ◆天后宫，在天井闸北，乾隆三十一年（1766年），总河李清时建，次年奏请御题"灵昭恬顺"额。旗纛庙，在河督署东，四时秩祀。总河杨方兴、朱之锡、杨茂勋、苗澄俱有记 ◆宗圣祠，在运河厅署西，雍正初运河同知杨三炯重建 ◆报功祠，在南门东土阜上，原祀宋礼，陈瑄、金纯等总河，康熙十六年（1677年），总河靳辅于中央奉神禹以诸贤配，乾隆三十九年（1774年），总河姚立德增元明以来有功诸臣。有总河靳辅重修报功祠碑记
作为祭祀对象的坛庙	◆陈恭襄侯祠，在南门外河岸，有靳辅重修碑记 ◆靳襄公祠，在天井闸，康熙四十二年（1703年）建 ◆李公祠，在龙神庙内，旁祀总河李清时，乾隆三十三年（1768年），总河姚立德率属建，捐银三百两。国朝（清朝）以治河称最者首推靳文襄公，继则张清恪公，靳公之绩详于黄，张公之绩详于运，是以居济一得之书，遂为运河圭臬，而私淑清恪之传者，则惟安溪李公 ◆栗公勤公祠，在龙神庙内东楼下，祀总河栗毓美，道光二十年（1840年）知州徐宗幹同州人立 ◆忠义祠，祀有河标中军副将吴道泰、兵河道等 ◆靳公祠，在学东文昌祠后，祀总河靳辅，即故讲德书院

2.4　河道管理机构与地方社会

河道管理机构除了影响济宁的城市形态以外，也对济宁地方社会产生了深远影响。

2.4.1　官员活动促进商业经济繁荣

大量河道管理官员驻扎济宁，加之济宁为运河的重要码头，官员上任、皇帝南巡、官员交往等大量官方活动在济宁发生，济宁一度出现"四方往来，皇华旌节之送迎无虚日"[78]的局面，"达官贵人，连檣水次，铜乌五两，相望睥睨，间无虚日，以故，吏此州者，疲于郊迎，致馆苟以趋办为能，不复长虑"[79]。官员的这些活动带动了与之相关的服务行业的繁荣，促进了经济的发展。

78 （清）胡德琳、蓝应桂修，周永年、盛百二纂，《乾隆济宁直隶州志》卷7，《建置一·官署》，"胡德琳崇礼堂记"。
79 （清）胡德琳、蓝应桂修，周永年、盛百二纂，《乾隆济宁直隶州志》卷32，《艺文拾遗中》，"济宁州守潜竹吴公寿序"。

2.4.2 官员与地方社会

河道管理官员承担了很多的地方职能，积极参与地方事务。如在大运河沿线存在贼寇时，运河道发布告示，让民众防御匪徒，维持地方治安[80]。为了维护地方社会稳定，运河官员还建设一些地方社会福利性机构。如雍正十三年（1735年），河督王士俊檄建普济堂，即工部分司署；乾隆四十一年（1776年）河督姚立德、运河道章辂建育婴堂……运河道署每季发银220两，运河厅具领转发，天井闸官分给乳妇十三名，并看堂人二人；运河厅司马筹捐修栖流所；康熙十七年（1678年），济宁道岳登科捐置漏泽园；道光二十一年（1841年），河督文冲捐赀檄甲马营巡检朱兆奎建旅归园[81]。

济宁的繁荣与其地理位置有着莫大的关联，独特的地理位置决定了它是会通河乃至大运河全线的关键所在，进而必然会于此设置运河河道管理机构，而这些管理机构设置以后，对济宁城市形态以及地方社会发展又起了重要的作用。运河河道的最高管理机构作为一个全流域性质的中央派出机构，其管辖范围延展至整个运河，其行政首脑多为朝廷一、二品大员，上通中央、下达地方，三代不间断地驻节于济宁，对济宁造成的影响是巨大、持续且是多方面的。

本章小结

大运河管理建筑（主要是管理机构公署）分布较多的淮安与济宁两个运河城市，之所以成为大运河管理的中心，并不是偶然事件和单一条件决定的，而是地理位置、城运关系等多方面综合作用的结果。本章分析了这两个大运河管理中心形成的条件和历史脉络，重点探讨了大运河管理建筑及其运作与城市形态及城市建设方面的动态关系。漕运总督公署与河道总督公署作为中央派出的大运河管理最高机构公署，其在城市中均占据着中心位置，并影响着城市街道的走向及名称，体现了政治地位与权力空间的统一。其他大运河管理机构的分布也往往处于城市的关键位置，构成了城市权力空间运作的骨架。大运河管理机构在管理运作过程中，其官员及管理活动在城市层面开展，主动而强势地作用于地方；另一方面地方则会因其特殊的政治权力地位，主动地把一些地方事务诉诸于这些大运河管理官员，两者之间形成了一种动态的链条。

80 （清）胡德琳、蓝应桂修，周永年、盛百二纂，《乾隆济宁直隶州志》卷32，《艺文拾遗中》，"申明约束示""晓谕济宁士民示"。
81 （清）徐宗幹修，许瀚纂，《道光济宁直隶州志》卷4，《建置志四·恤政》。

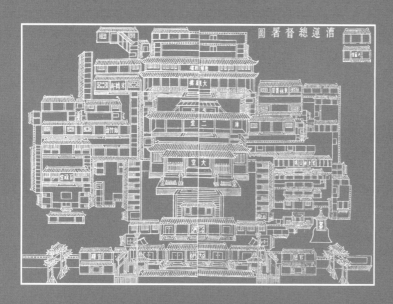

漕運總督署圖

第五章 依式立署，举政治事：
元明清大运河管理建筑的平面布局及其运作

第五章　依式立署，举政治事：元明清大运河管理建筑的平面布局及其运作

大运河管理建筑从管理内容上可分为漕运管理建筑与河道管理建筑，建筑类型上则表现为管理机构公署（官的建筑）、具备管理职能的设施（管的建筑）。古文献鲜有对大运河管理建筑准确的量化描述，且文献往往"重文轻图"，而目前所存的运河管理建筑实例又是凤毛麟角，使得很难从立面及剖面上还原大运河管理建筑。庆幸的是在管理建筑的沿革、内部建筑之间相互关系等方面保存了许多史料和线索，可以对其平面进行一定的探讨，了解其规模、格局、空间序列等方面。

由于各朝代类型各有不同，或相继，或完善，或新创，故而本书对每一类型的建筑都考其建置沿革。

第一节　治必有署：运河管理机构公署

公署之设由来已久，"为周礼设官之遗"[1]。公署为官员治事之所，"有临政出治之所焉，曰署"[2]，"公署为听事而设"[3]。大凡设官必设公署，"朝廷建官而设之署"[4]，"古者庶司百职事，莫不各有治事之所"[5]，"政非官不举，官非署不立"[6]，亦即有管理机构则必有其公署，从某种意义上说，两者在所指上是相同的。明初规定，"凡治必有公署，以崇陛辩其分也；必有官廨，以图食节其劳也，举天下郡县皆然"[7]。公署具有定式，朝廷颁发图示，各郡县依式照建。"洪武初敕天下郡县皆建公署，示以图式"[8]。汉代称官署为寺，唐以后称衙署、公署、公廨、衙门等[9]。因古文献尤其是方志中多称为"公署"，故本书行文时采用"公署"这一称谓。明清设有大量管理机构及官员服务于运河，主要有漕运管理机构与河道管理机构，他们承担着繁杂的运河管理事务，其公署遍布大运河沿线。

1　（清）李梅宾、吴廷华、汪沆纂修，《乾隆天津府志》卷7，《城池·公署志》。
2　（清）《福建通志》卷19，《公署》。
3　（明）廖道南撰，《殿阁词林记》卷11，《公署》。
4　（清）黄怀祖、黄兆熊修，《乾隆平原县志》卷2，《建置志》，《公署》。
5　（明）马麟修，（清）杜琳等重修，李如枚等续修，《淮关统志》卷9，《公署》。
6　（明）潘庭楠修，《嘉靖邓州志》卷9，《创设志》，《公署·内乡县治》。
7　（明）沈榜辑，《宛署杂记》卷2，《署廨》。
8　（明）包大爟纂修，《万历兖州府志》卷22，《公署》。
9　傅熹年著，《中国古代城市规划、建筑群布局及建筑设计方法研究》，中国建筑工业出版社，2001：82。

1.1 漕运管理机构公署

漕运是一个庞杂的体系，为了保证其正常运作，朝廷从中央到地方设有大量管理机构对漕运的各个环节进行管理，而官员必有治事之所，本书称之为漕运管理机构公署。

1.1.1 漕运总督公署[10]

1. 漕运总督公署位置变迁

"景泰二年（1451年），始设漕运总督于淮安与总兵参将同理漕事"[11]，漕运总兵府"在淮安府城中都察院之东，永乐间总兵官平江伯因三皇庙废基创置"[12]。总兵与总漕文武二臣共同管理漕运，"两署中通，一堂治事，统称帅府，在南门内，今永安营也"[13]。漕运总督府最初设在总兵府西侧，"时都御史王公竑莅任，知府程宗即陈恭襄旧居建都察院"[14]，因漕运总督有都察院都御史头衔，故漕运总督府称为"都察院"。成化五年（1469年），通判薛准重修，正德十一年（1516年），知府薛鏊增建。嘉靖十六年（1537年），都御史周金改建于府城隍庙东察院，今淮安卫是也[15]。隆庆六年（1572年），都御史王宗沐增旗纛神祠于正堂西偏，又立水土神祠于东厢。万历七年（1579年），都御史凌云翼移治于淮安卫，是为今之总漕公署，即元廉访司署，又总管府也[16]。此后位置就确定下来，一直延用至清咸丰末年，后移至清江浦，"同治元年（1862年）署漕都吴棠即河署故址建为总漕行署焉"[17]。光绪三十年（1904年），漕河总督正式裁撤。

漕运总督公署位置曾有三处：其一，在淮安旧城南门内，与漕运总兵府一堂治事；其二，在城隍庙东；其三，在城市中心，淮安府署前，此位置时间最久，持续了280多年。此外，还曾在清江浦建行署。

2. 漕运总督公署建筑沿革

明万历七年（1579年）以前，都察院（即漕运总督公署）位于旧城迎远门内。初为景泰年间即陈瑄旧居所建，后"成化五年（1469年）通判薛准重修，正德十一年（1516年）知府薛鏊于正堂东西各增建一间，以限内外"。正德十三年（1518年）《淮安府志》记载都察院建筑有："公宇正堂五间，扁曰总漕；后堂三间；厢房东西共十六间；书房三间，在正堂东；库房九间，在正堂西；厨房三间；卧房三间；仪门三间；大门三间，对街照壁一座；东西新建二坊，东曰镇靖，西曰抚安。"[18]

10　亦名都察院、总督漕抚部院、漕院、漕运总督公署、总漕公署等。
11　《钦定历代职官表》卷60，《漕运各官表》。
12　（明）杨宏、谢纯撰，《漕运通志》卷3，《漕职表》，总兵府条。
13　（清）邱阄衣《山阳县学旧制说》，见（清）丁晏撰，《石亭记事》。
14　（明）薛鏊、陈艮山，《正德淮安府志》卷6，《公署·总漕巡抚督察院》。
15　注：此为《万历淮安府志》中所记之城隍庙东察院，该志记都察院有二，一在旧城南门内迤西，一在城隍庙东。
16　（清）卫哲治等修，叶长扬等纂，《乾隆淮安府志》卷11，《公署》。
17　（清）胡裕燕修，吴昆田、鲁贲纂，《光绪丙子清河县志》卷3，《建置》。
18　（明）薛鏊、陈艮山，《正德淮安府志》卷6，《公署·总漕巡抚督察院》。

漕运总督公署于万历七年（1579 年）移至淮安卫，笔者推测漕运总督公署应沿用淮安卫建筑，因此可据刻于万历元年（1573 年）的《淮安府志》所记载的淮安卫建筑推测总督署建筑，"正堂五间，后堂五间，耳房四间，司房东西各十间，架阁库二间，东西夹室各三间，仪门三间，经历司厅三间"。

李三才任漕督时，"创大观楼五间于其后"[19]。

明《天启淮安府志》所载"总督漕抚部院"建筑有：

大堂，五间；中厅，五间；大楼，五间；后厅，五间；耳房，东西各三间；门厨房，七间；案房，东西共六间；书吏房，二十余间；皂隶房，东西五间；工字厅，三间；中厅；东西花园；耳房，四间；花亭，三间；亭东耳房四间；大堂西院一宅，计十五间；东西耳房，厢房，穿廊共三十二间；水土神祠，三间；寅宾馆，三间；仪门，三间；脚门，二间；大门，五间；鼓亭，二间；牌坊，三座，中曰重臣经理，东西曰总供上国、专制中原；司道县厅，共九间；中军旗鼓卫官厅，共二十间，兵勇各房，三十余间；清美堂，共十五间，旧称前察院，洪武三年（1370 年），知府姚斌建，隆庆五年（1571 年），知府陈文烛重修，今为军门待客之所，□□□庙东，旧察院改为淮安卫，即今之卫也，规模宏敞，犹存旧观[20]。

"乾隆四年（1739 年），总漕托饬县估修大堂，苏抚陈题准动项修理大观楼等处。乾隆八年（1743 年），总漕顾改建万松山房"[21]。尹继善《万松山房记》描述，"淮署东偏，旧有马射之圃，岁久积壤渐高，几于垣平。癸亥八月，漕政既清，周视射圃，得隙地于东南隅。度广十余丈，乃尽徙粪壤其间，凡两阅月竣工，隆然成山，种松千株，强名之曰'万松山房'。室右别为斗室，并构草亭于山巅，又作草亭于山南，亭左右置屋数间，以待阅射时仆役可避风日"[22]。总漕杨锡绂在任期间重修，并于署东北新建箭亭[23]。

清《乾隆淮安府志》中所载"漕运总督公署"的建筑有：

大照壁，一座；鼓亭，二座；大门，五间；角门，三间；仪门，三间；大堂，五间；中厅，五间；东西耳房，四间；大楼，五间；后厅，五间；东西耳房，各三间；厨房，七间；东西案房，六间；书吏房，二十余间；东西皂隶房，五间；工字厅，三间；花厅，三间；亭东耳房，四间；大堂西院一宅，共十五间；东西耳房、厢房、穿廊，共三十二间；水土神祠，三间；寅宾馆，三间；司道府县厅，共九间；中军旗鼓卫官厅，共二十间；兵勇各房，三十余间；清美堂，共十五间，旧称前察院，洪武三年（1370 年），知府姚斌建，隆庆五年（1571 年），知府陈文烛重修为待宾之所，后增修不一，改为笔帖式

19 （清）邱闻衣，《山阳县学旧制说》，见（清）丁晏撰，《石亭记事》。
20 （明）宋祖舜，《天启淮安府志》卷 3，《公署·总督漕抚部院》。
21 （清）卫哲治等修，叶长扬等纂，《乾隆淮安府志》卷 11，《公署》。
22 （清）卫哲治等修，叶长扬等纂，《乾隆淮安府志》29，《艺文》。
23 （清）杨锡绂撰，《四知堂文集》，诗"正月十三日万松亭眺望四首"小注："山至于前漕使顾公，久圮，余重新之""署东北余新构箭亭"。

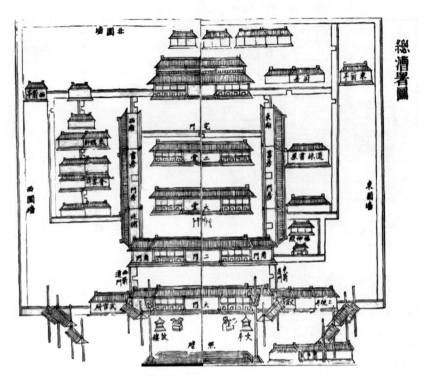

图5-1 总漕署图

番译处；牌坊，三座[24]。

《乾隆山阳县志》"总督漕运公署"所记与以上内容基本相同[25]，不同之处为该书除记有"牌坊二座"，还记有"万松山房"及"盘粮厅"。值得注意的是，盘粮厅很明显位于公署之外，而该书将其列在"总督漕运公署"条内，说明了盘粮厅在功能上是隶属于漕运总督公署的，也可以说是漕运总督公署空间的外部延伸。

漕运总督公署在发展的过程中，建筑逐增，规模渐扩，至明天启时已基本定型，清代承袭明代，略有变化（图5-1）。

3. 漕运总督公署平面布局

漕运总督署的建筑及其布局是一个不断完善的过程，期间建筑屡有兴毁，各朝不一。本书以清《乾隆山阳县志》所载"漕运总督署图"（图5-2）为蓝本进行分析[26]，因清《乾隆淮安府志》中所载文字与该图基本一致，且近年的考古发掘及遗址现状与该文献记载也基本吻合。

（1）规模宏大，等级较高

漕运总督公署占地50多亩，南北长336米，东西宽100米[27]。大小厅堂楼馆等各种建筑共200多间，规模之大，可见一斑。据笔者现场测绘，2000年出土的大门前牌楼柱础直径达1.9米。2002年对总督公署进行了考古发掘，大堂、大观楼等建筑的平面尺寸有了

24 （清）卫哲治等修，叶长扬等纂，《乾隆淮安府志》卷11，《公署》。
25 （清）金秉祚、丁一焘纂修，《乾隆山阳县志》卷5，《建置志》，《公署·总督漕运公署》。
26 （清）张兆栋、孙云修，何绍基、丁晏等纂，《同治重修山阳县志》中所载"漕运总督署图"亦与该图相同。
27 陈树亮. 楚州漕运总督部院重现历史尊容[J]. 中国建设信息，2003（22）：58.

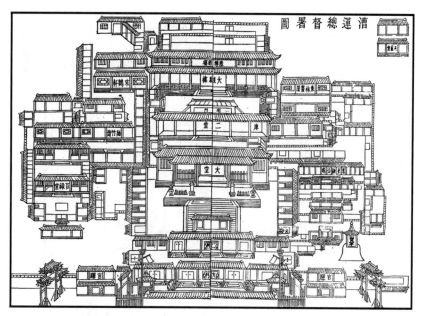

图5-2 清乾隆《山阳县志》所载《漕运总督署图》

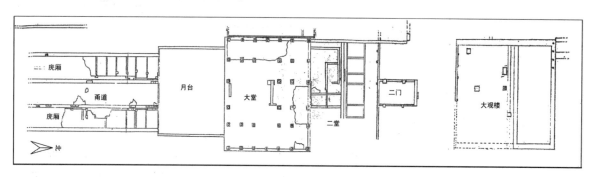

图5-3 漕运总督公署考古发掘平面图

确切数据，从这些数据可以看出总督公署建筑的规模之巨、等级之高。大堂"坐北朝南，墙基尚存，东西长28.8米、南北宽22.8米，五开间五进，用青砖平叠砌成地坪，地坪上有覆盆式柱础34个，除个别位置略有移动外，大部分保持原位，柱础直径通常为0.7米，最大的为1.1米，自西而东为7、6、4、4、6、7式分布，自南向北为6、6、6、2、4、4、6式分布，根据柱础的排列推测大堂应为硬山式建筑，外有廊；大堂每间的宽度不等，从东至西依次为3.7米、3.3米、3.3米、3.3米、3.15米、4.4米，中堂距南墙约11米处，有一东西长约6米的'工'字墙。大堂外为一低于大堂地坪约0.15米的敷砖平台，东西长21.2米、南北宽8.8米，平台南为立砖砌成的道路，道路呈中高边低，路面微拱，长约54米，两侧有宽0.32米的条石铺垫，从北向南还各有4块边长为0.38米的方形青石，分别以2.3米的间距排列，道路东侧北端的条石上，有直径为0.075米的插孔3个，可能为插旗之用。道路两旁系青砖平铺的地面建筑遗迹"[28]（图5-3，图5-4）。

28 李诚，王锡民，杨建东，等.淮安发现明清总督漕运部院建筑群遗址[N].中国文物报，2003-03-26（1）。

1. 大堂及前面甬道遗址
2. 大堂柱础
3. 大门前牌楼柱础
4. 漕运总督公署大门
5. 自镇楼远眺漕运
　　总督公署

图5-4　漕运总督公署现状图

大观楼遗址"东西长 26.9 米、南北宽 25.6 米，分为南北两进，进深分别为 10.39 米和 10.8 米，大观楼的柱础在墙体内是砖砌台基，用立砖叠砌，直径为 1.4~1.9 米不等，有的内有残留的木柱；而墙角和地坪上则为石柱础，下方上圆，边长 0.7 米，出土时大多移位"[29]。

（2）轴线明显，格局清晰

整个漕运总督公署分为东、中、西三路，中路轴线明确，从前到后分布着大门、二门、大堂、二堂、大观楼等建筑，以大堂、二堂为主体，大观楼为制高点，建筑空间序列清晰，错落有致。

东路、西路均为非规则型布局，东路南部为书吏办公用房、寅宾馆、水土神祠等合院式建筑组群；北侧有东林书屋、正直堂等。西路为休憩之处，也为若干合院式建筑组群。

（3）功能分区明确

整个漕运总督公署分为三大功能区（图 5-5）：

①治事之所。该部分为整个公署的核心，是漕运总督处理漕运事务的空间，位于整个建筑群的中轴线上，包括大堂、二堂、大门、仪门以及大门之外的辕门。

②宴息之所。包括居住、游憩两部分。居住场所为二堂以内的住宅部分，符合"前堂后寝"的格局。游憩场所指东北角及西侧花园，为官员公事之余休息、游乐之处。东北角花园主要包括东林书屋、正直堂等建筑；而西侧花园则有来鹤轩、师竹斋、百禄堂等建筑。

③吏攒办事之所。指公署官吏办公之处。位于大堂东侧，与大堂位置基本平行，与大堂联络较为顺畅。

整个公署周围绕以围墙，东中西三路亦通过围墙围合分隔，并有门连通，使各个分区相对独立，又相互联系。

29　李诚，王锡民，杨建东，等. 淮安发现明清总督漕运部院建筑群遗址 [N]. 中国文物报，2003-03-26（1）。

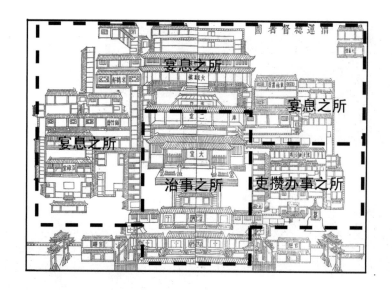

宴息之所
宴息之所
宴息之所
治事之所
吏攒办事之所

图5-5　漕运总督公署功能分区示意图

1.1.2　各省督粮道公署

明代设督粮道，"十三布政司各一员俱驻省城"[30]，总掌一省漕运事务。隆庆五年（1571年）题准，"各省粮储道，凡漕运一应征兑补军，催督船料，追并旧欠等项事宜，责成专理。如有司军卫怠玩误事，开呈漕司参奏。兑粮完日，各选委府佐二三员，分投管押粮船过淮、过洪，入闸方许回任"[31]。

清朝沿用明制，各省设督粮道[32]。旧制总设漕储道一员统一管理，各省各设一员粮道分理漕务。顺治十年（1653年）裁去漕储道，顺治十五年（1658年）复设漕储道，康熙四年（1665年）又裁去漕储道，各省漕务专责粮道管理[33]。《钦定户部漕运全书》中记载了其职责：

总理通省粮储，统辖有司军卫，遴委领运随帮各官。责令各府清军官会同运弁，佥选殷实旗丁，成造新船，修葺旧艘，预给工料，严督丁匠，及时修造完工备运。督催州县开征漕白二粮并随漕轻赍、席木、行月、廪工、耗赠经费等项钱粮，按期征收解给，革除火耗，毋许额外私加。察验米色，严禁仓棍把持，蠹役包揽，挽和糠秕等弊。并钤束官丁在次，不得折干及需索私贴，苛勒耗赠。兑竣之日，依限开行，并督追漕欠诸务，俱其专责。一切漕运钱粮，尽归粮道专管。各司道府不得分管混淆，粮道专司漕务。该督抚不行别行委用，致误职守[34]。

可见，清代督粮道为一省漕运之首，相较明代所辖事务更多、更细，几乎涵盖了一省漕运的所有事务。

30　（清）张廷玉等撰，《明史》卷75，《职官志四》。
31　（明）王在晋撰，《通漕类编》卷2，《漕运职掌》。
32　（清）永瑢，纪昀等撰，《钦定历代职官表》卷60，《漕运各官表》，《国朝各官·督粮道》，"国朝亦沿明制，各省并设督粮道"。
33　（清）载龄等修，福趾等纂，《钦定户部漕运全书》卷22，《分省漕司》。
34　（清）载龄等修，福趾等纂，《钦定户部漕运全书》卷22，《分省漕司》。

有漕各省，"江南二人，山东、河南、江西、浙江、湖南、湖北各一人"，"江南、江安粮道驻江宁，苏松粮道驻常熟，山东粮道驻德州，河南以开归道兼理，及江西、浙江、湖北、湖南粮道并驻省城"[35]。

文献中关于明清督粮道公署的记载，笔者目前仅发现四例，其中一例记叙较为简单，仅表明其位置及大体沿革。另外三例则涉及公署建筑。

《崇祯吴县志》所记，"督粮道在黄牛坊桥东，即学道书院，嘉靖三十年（1551年）知府金城改建，三十八年（1559年）巡抚都御史翁大立移驻，易扁'都察院'，隆庆初年废"[36]。隆庆五年（1571年）在查家桥西以故都御史陈璀宅建督粮道，"门外坊二，东曰裕国，西曰阜民。万历五年（1577年）裁督粮藩使改为察院……二十年（1592年）复改督粮道，二十二年（1594年）移驻松江府"[37]。而在《同治苏州府志》中则记该督粮道"在黄鹂坊桥东"[38]。

涉及督粮道公署建筑的三例：一为明代常熟督粮道公署，一为清代苏松粮道公署，一为河南粮监道公署[39]。以下通过三则文献记载对督粮道公署进行分析。

（1）明代常熟督粮道公署

《康熙常熟县志》与《古今图书集成》均记载了督粮道公署（图5-6），原文摘录如下：

在文学里西，明崇祯间令杨鼎熙即察院改建，本旧公馆遗址也。前立仪门，官厅三间，抱厦三间，寝堂、后楼各三间，崇广如制。国朝（清朝）康熙年间，粮道副使三韩刘鼎增饰堂宇，轮奂焕然，辟后圃建阁，颜曰来青。门前有坊曰筹漕四郡，左更楼，右站堂宿舍[40]。

来青阁，在山麓石梅下，道署之后圃。康熙二十年（1681年），粮道三韩刘公鼎所构，杰阁凌空，不假丹艧，辛峰、丹井、书台诸胜，俨列翠屏。公余坐啸四美悠然，公有自咏云：风亭月榭倚仙山，为政何时得片闲。堆案有书生逸兴，卷帘疑画弄芳颜。琴鸣碧树和松籁，鹤啄苍苔印石斑，敢并廔楼当日……（缺12字）事此身常置翠微间（后缺）[41]。

在常熟县察院西，旧公馆地。明弘治九年（1496年）建，颜曰察院，与儒学书院地址相连。皇清康熙三年（1664年），门外建坊曰筹漕四郡，左有更楼，右有站舍宿舍[42]。

（2）苏松粮道官署

清人许兆椿撰有《修理苏松粮道官署记》一文，对苏松粮道官

35 《钦定历代职官表》卷60，《漕运各官表》，《国朝各官·督粮道》。
36 （明）牛若麟、王焕如修，《崇祯吴县志》卷12，《官署·督粮道》。
37 （明）牛若麟、王焕如修，《崇祯吴县志》卷12，《官署·南察院》。
38 （清）李铭皖、谭钧培修，冯桂芬纂，《同治苏州府志》卷22，《公署二·督粮道署》。
39 注：河南"粮监道"名称虽非"督粮道"，但从文字含义来讲，两名称意思相近。从职责上看，河南粮监道"以开封府尹权河南转漕事"，即掌管河南省漕运事宜，与督粮道职责相同。故笔者推测两者实为同一职务，只是在名称上略有差异。
40 （清）高士䳚、杨振藻修，钱陆燦等纂，《康熙常熟县志》卷3，《官署·督粮道公署》。
41 （清）高士䳚、杨振藻修，钱陆燦等纂，《康熙常熟县志》卷14，《名胜·来青阁》。
42 （清）陈梦雷、蒋廷锡等编，《古今图书集成》，《方舆汇编·职方典》第673卷，《苏州府部汇考五·苏州府公署》。

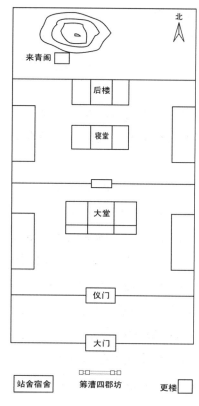

图5-6 常熟督粮道公署平面推测示意图

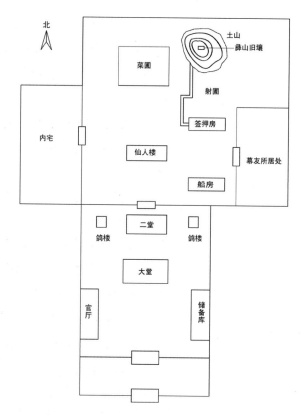

图5-7 河南督粮道公署平面推测示意图

署的记叙较为详细。

嘉庆八年（1803年），予由河库道奉特旨调督苏松粮储，九月至虞山莅事。升其堂，梁栋东敧，岌岌欲坠，前荣阙然，是日适雨，吏士鹄立，衣冠淋漓，仅而成礼，退入内署。最后北楼五楹，乃康熙甲辰（康熙三年，1664年）王公缙所建，而刘公柏所修者，倾颓更甚，墙瓦无存，矗数柱立荒芜中。其墙东小室数间，牵连斜压，殆将覆焉。盖公署之不修者，几十年矣。夫设官分职，最徵怠荒，其雕墙峻宇、日事土木以穷靡丽之观者，非也。视公署如传舍，任其敝坏，漠然无与于已者，非也。一颓讬庇，耳目所雕，犹不早为之计，以至于大坏，而谓将曲体民情，为小人饮食居处，是试想俾无失所，岂情也哉？予因如吏胥会计材用，撤大堂而正之，前增卷棚三间，正观瞻也。重建北楼五间，增东西厢房各二间，后缭以垣，并墙东小室七间，亦为新之材坚而工固。其费白金共二千六百余两，请于大中丞汪稼门先生拨用充公间款，不足者，余捐俸八百四十余金，以成之，具载于籍，是役也始于八年（1803年）十一月，竣于九年（1804年）四月，工皆私雇，丝毫不以累民，亦不烦属吏之同城者。至十二月，余迁按察使，将赴江西，因书其缘起以告后之君子，不必求居之安，而亦不可惜小费以听官舍之坏，且由一已以推诸四府，一州三十二邑之民则不徒斯署之宜图谋而究度也。是为记[43]。

（3）河南督粮道公署

河南粮监道李钧的《转漕日记》以时间为序记载了道光十六年（1836年）九月二十七日至十七年（1837年）六月十二日之间的漕粮转运事宜，其中记有道光十六年（1836年）十月初十日移入道署后所见道署情形（图5-7）：

是日移入道署，署规模宏敞，围约二三里。大堂东为储备库，西为官厅。二堂左右有鸽楼二，畜鸽数千，日以高粱二斗饲之。堂后为仙人楼。内宅在其西偏，前后两层，东偏为金押房，又东幕友所居。签押房南，船房五楹，以会宾客。前后有池亭、山石、花木之胜，签押房北有射圃，西为长廊，廊下有洞，入数武以九泥塞之，深长不知几许，俗传通城东招讨营（四十里），其不经之谈欤。廊尽处有土山，前道黎云屏观察（学锦）筑室其上颜曰"彝山旧壤"。又西为菜圃[44]。

督粮道公署建筑在明清时期已有规定的样式，"崇广如制"，在功能布局方面都是前堂后宅，内外有别，有的还有花园，官员的办公、宴息、游憩都在公署内。整组建筑群以大堂为中心，有明显的轴线关系。周围绕以围墙，封闭内向。

1.1.3 钞关关署

钞关是明代始创用于征税的机构，钞关始设于宣德四年（1429年），《明史》载设有11处钞关[45]，而《大明会典》则只记载了漷县、临清、九江、浒墅、淮安、扬州、杭州7处钞关[46]，对此，余良清通过大量史料论证宣德时初设7处钞关[47]，即漷县、临清、济宁、徐州、淮安、扬州、南京上新河。明代钞关设置时有兴废，正统四年（1439年），因"六处征收，不无重复，宜革去徐州、济宁二处"[48]，正统十一年（1446年）将漷县钞关移至河西务[49]，正统十四年（1449年），"罢各处车船钞"[50]，对钞关进行全面罢革。此后"景泰元年（1450年）时，明政府在复置正统十四年（1449年）所罢四个钞关的同时，又先后增建了苏州浒墅、杭州北新、湖广金沙洲、江西九江这四个新的钞关"[51]。成化元年（1465年）又罢去"苏州、淮、扬、临清、九江、金沙洲等处收船料钞，四年（1468年），罢苏、杭、金沙洲、九江四处钞关"，成化七年（1471年），"复设九江、苏、杭三府钞关"[52]。

43 （清）许兆椿撰，《秋水阁杂著》，《官署记·修理苏松粮道官署记》。
44 （清）李钧撰，《转漕日记》卷1，见《历代日记丛钞》第45册。
45 （清）张廷玉等撰，《明史》卷81，《食货志五》，《商税》，"于是有漷县、济宁、徐州、淮安、扬州、上新河、浒墅、九江、金沙洲、临清、北新诸钞关"。
46 （明）申时行等修，赵用贤等纂，《大明会典》，卷35，《船钞商税》。"宣德四年（1429年），令南京至北京沿河漷县、临清州、济宁州、徐州、淮安府、扬州府、上新河、客商辏集去处，设立钞关"。
47 余良清. 明代钞关制度研究（1429—1644）——以浒墅关和北新关为中心 [D]. 厦门大学，2008.
48 《明英宗实录》卷57，正统四年七月丁巳条。
49 （明）张学颜等撰，《万历会计录》卷42，《钞关船料商税·沿革事例》，"本年（正统十一年），令移漷县钞关于河西务，本关委官监收"。（清）陈梦雷等原辑，蒋廷锡等重辑，《古今图书集成·经济汇编·食货典》卷223，《杂税部汇考七·明二》也有类似记载："正统十一年，移漷县钞关于河西务"。
50 《明英宗实录》卷181，正统十四年八月甲戌条。
51 余良清. 明代钞关制度研究（1429—1644）——以浒墅关和北新关为中心 [D]. 厦门大学，2008.
52 （明）申时行等修，赵用贤等纂，《大明会典》卷35，《船钞商税》。

临清关关署现大门

临清关关署院内

图5-8　临清关关署现状图

明代大运河上设有北新关、浒墅关、扬州关、淮安关、临清关、河西务关6大钞关，对过往船只征收课税。

清代继承明代钞关旧制，大运河6大钞关除河西务关移至天津关外，临清关、淮安关、扬州关、浒墅关及北新关均得以保留[53]。

钞关多设有关署，"钞关之设，所系于政体者甚大"[54]，其建筑"按公署之设，以彰朝廷之体制"[55]。现根据文献记载对明清钞关关署的布局、建筑等进行探讨。

1. 临清关关署

临清关设于"会通河新开闸西浒"[56]，在运河钞关中以临清关所存时间最长，自宣德时设至民国时废除，近500年时间，且现在仍有部分建筑遗存，是目前仅存的一处钞关关署遗迹。现存钞关关署坐西朝东，现存有仪门、舍房、穿厅、关前小税房等86间建筑（图5-8）。

明嘉靖年间（1522—1566年），林汝桓督理钞关时增修。"济漕泉凿之，通州公田官柳作之，昌平至是复辟直道，自关放于河，病水冲啮，市砖石固基三十丈，上柏下柳以植，列阶二十级，阶尽而坊，坊入为阅课水亭，处分商贾，东向，其楹四。侧翼以室，其楹各二。出其南者，曰远心亭，延纳宾客，亦东向，如翼室制，益以枢牖三面。折道而之西北，市隙地为厅，西向，如阅课水亭制，戈戟铖秘陈其前，属吏居焉，扁其门曰厅事厅。有重屋，峭然中起，则玉音楼也，高四等，广如之，深强其半，用妥圣谕，恶卑与亵，故楼严漏刻于上，谨扃闭于下，得古人重门击柝之意"[57]。"隆庆元年（1567年），榷关主事刘某呈买北邻民房五十余间拓之"[58]。

由图5-9可见，为方便纳税，钞关关署紧临运河而设，有台阶可达运河。钞关关署中有专门处理商贾纳税事宜的"阅课水亭"，阅课水亭及其两侧房屋构成了钞关的主要管理运作场所，相关属吏居于署内。此时钞关整体布局已存在轴线，但尚显简单。最高建筑为玉音楼，为整组建筑序列的高潮。

至清乾隆年间（1736—1795年），关署规模大增。"大堂三间，

53 《大清会典》卷234、235，《关税》。
54 （清）张度、邓希曾等纂，《乾隆临清直隶州志》卷9，《关榷志》。
55 （明）马麟修，（清）杜琳等重修，李如枚等续修，《续纂淮关统志》卷5，《公署》。
56 （清）张度、邓希曾等纂，《乾隆临清直隶州志》卷9，《关榷志·关署》。
57 （明）林琼，《临清增修钞关记》，见（明）黄训编，《名臣经济录》卷24，《户部》。
58 （清）张度、邓希曾等纂，《乾隆临清直隶州志》卷9，《关榷志·关署》。

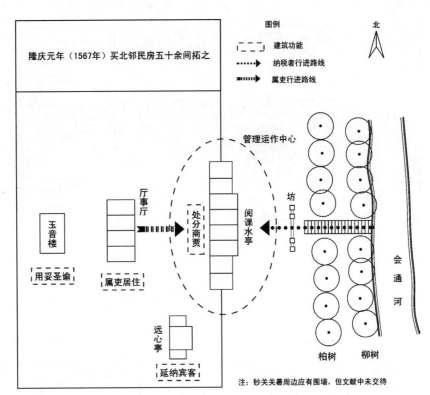

隆庆元年（1567年）买北邻民房五十余间拓之

图例

┄ ┄ ┄ 建筑功能

• • • ▶ 纳税者行进路线

▶▶▶▶▶ 属吏行进路线

北

管理运作中心

玉音楼

用妥圣谕

厅事厅

属吏居住

处分商贾

阅课水亭

坊

柏树　柳树

会通河

远心亭

延纳宾客

注：钞关关署周边应有围墙，但文献中未交待

图5-9　嘉靖临清钞关关署推测
平面及管理运作示意图

左为科房，其下为皂隶房，右下为巡栏房。堂后有轩，轩后为二堂
三间，堂左下为厅，北为关仓、库各一，后为内宅。仪门之外，南
为舍人房，后为单房，北为小税房，为船料房，为土神祠，为协理
官宅。又前为正门，坊二，曰裕国，曰通商。中为坊一，曰如水。
坊之左为税科大使署，南北为则例、刊榜，前为玉音楼，毁于古。
又前为坊一，曰以助什一。又临河为坊一，曰国计民生。坊之北为
官厅，后为阅货厅。河内为铁索，直达两岸，开关时则撤之"[59]（图
5-10，图5-11）。

　　此时临清钞关公署已具备了衙署的基本布局，前堂后宅的总体
布局与一般衙署相似。大堂、二堂、仪门、大门等主要建筑构成了
明确的轴线。除了类似于其他公署的建筑外，还有适应钞关特殊功
能的税房、船料房等建筑。临清钞关关署内外多用坊，坊具有界划
的功能，往往划分了不同的虚实空间，同时也直观地表明了钞关的
功能。

　　2. 淮安钞关关署

　　淮安钞关始设于明宣德四年（1429年），其后废复不断，成化
七年（1471年）复设后不再废止。清顺治二年（1645年），"照明例
设置钞关，驻扎板闸"[60]。钞关原有三处，后并为一处，"自明代中
叶及国朝初年，山阳自板闸至清江浦，十里之内设三关：一为户部
钞关，驻扎板闸；一为户部储粮，一为工部抽分，驻扎清江。康熙

59 （清）张度、邓希曾等纂，《乾隆
临清直隶州志》卷9，《关榷志·关署》。
60 （明）马麟修，（清）杜琳等重修，
李如枚等续修，《续纂淮关统志》卷2，
《建置》。

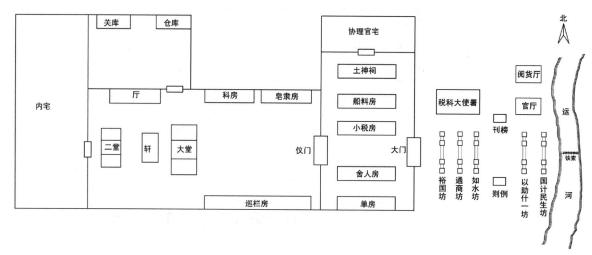

图5-10 乾隆年间临清关关署平面推测示意图

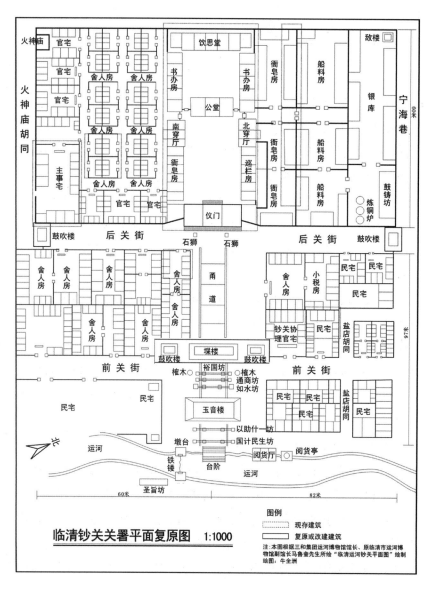

图5-11 临清钞关关署平面复原图

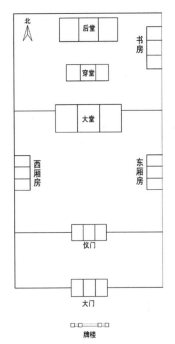

图5-12 正德间淮安监钞户部分司署平面推测示意图

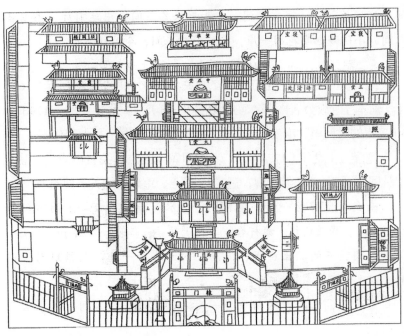

图5-13 康熙淮安钞关关署图

九年（1670年），漕督帅公颜保，始请撤常盈仓与抽分厂，其二关事例皆归并钞关，即今板闸之淮关也"[61]。雍正五年（1727年）、七年（1729年）宿迁关、海关庙湾口归并淮关[62]。淮安钞关公署一直驻扎板闸，距淮安府治约11里。

明时淮安钞关公署称"监钞户部分司署"，《正德淮安府志》载有其建筑："正堂三间，厢房东西六间，穿堂三间，后堂三间，书房三间，仪门三间，大门三间，牌楼一座。"[63]（图5-12）

清康熙二十四年（1685年）冬，户部郎中杜琳任职时，钞关公署"仅堂舍数间，悉皆败坏倾圮，且其地卑湿，积潦所聚，庭院皆为汙池"[64]，杜琳主持重修，并依建筑存毁情况的不同采取不同的修葺方式，"如中正堂、穿堂、大堂、大门、宽简居、延宾馆，则宜建而建之；大堂、税库、望淮亭、经国楼、仪门、三堂，则宜修而修之。至于内而燕寝、书斋、庖厨、侧室，外而卷库、胥吏之所，或丹臒，或补筑，计四十余间。下及檐堵、丹墀、阶砌之属，皆闉砌一新，且开通利沟于署东，使水有所归宿"[65]，历时八个月始毕。后康熙四十三年（1704年）正堂毁于火，工部主事纳琰重修[66]。

成书于乾隆十三年（1748年）的《淮安府志》记载了当时淮安钞关公署的建筑：

放关楼三间，鼓亭二座，大门三间，延宾堂三间，委官厅三间，仪门一座，正堂三间，库楼三间，卷房、皂隶房、门吏房各三间，庖湢所三间，穿堂、中正堂各三间，后为望淮亭，又宽简居三

61 （清）卫哲治等修，叶长扬等纂，《乾隆淮安府志》卷14,《关税》。（清）《光绪淮安府志》卷8,《漕运·关权附》中亦有类似记载："关权之设始于明代，一为户部钞关，驻板闸，一为户部储粮，一为工部抽分，驻清江浦。国朝康熙九年，漕督帅公颜保，请撤常盈仓与抽分厂，二关事例皆归并钞关。"
62 （明）马麟修，（清）杜琳等重修，李如枚等续修，《续纂淮关统志》卷2,《建置》。
63 （明）薛鋐修，陈艮山纂，《正德淮安府志》卷6,《规制二·公署》。
64 （明）马麟修，（清）杜琳等重修，李如枚等续修，《续纂淮关统志》卷14,《艺文上》，杜琳《重修淮安关署碑记》。
65 （明）马麟修，（清）杜琳等重修，李如枚等续修，《续纂淮关统志》卷14,《艺文上》，杜琳《重修淮安关署碑记》。
66 （清）卫哲治等修，叶长扬等纂，《乾隆淮安府志》卷11,《公署》，《督理钞关公署》。

间，经国楼一座，寝室五间，东西厢房各三间，中廷前厅、书房各三间，小隐斋池亭花园一座，东院退堂三间，今为译清处[67]。

此段文字所载建筑与《淮安三关统志》[康熙二十五年（1686年）刻本]所载公署图基本吻合（图5-13），可见在1686—1748年60多年的时间里，淮安钞关公署的建筑并没有发生太大变化。

乾隆三十九年（1774年），老坝口黄河漫溢，关署被淹[68]。继而伊龄阿[69]重建，"焕然改观，迥非旧制"[70]，重建后的关署建筑有[71]：

南向甬壁牌坊一座，匾额仍"楚水司储"之旧。东西辕门牌坊，二座，周围栅栏。旗杆台，二座。鼓亭，二座。石狮子，二座。

大门，三间。土神祠，三间，对面戏台一座。头役班房，四间。以上大门内东。

关帝殿，三间，对面戏台一座。健快班房，二间。以上大门内西。

二门，三间。文武二帝祠，三间。季报房，二间。杂行房，一间。亲填房，一间。单房，一间。围宿兵丁房，一间。皂甲班房，二间。宿关房，三间。以上二门内东。

钱粮房，三间。过道，一间。束房，三间。厂房，一间。商税房，一间。经制科房，十二间。海关房，三间。厨房，二间。以上二门内西。

大堂，三间，上谕匾曰"厘革宿弊""廉谨自持"。又匾二，仍用旧题"清慎□勤""公平正大"。字联二，仍用赵之琰、刘大川句。修理公署碑一座，记载《艺文》。

库房，三间。宅门，一座。东西配房，各三间。

二堂，三间，匾曰"为臣不易"。联曰"元以官行其义，不以利冒其官"。

内宅门，三间。正房，五间。楼房，十一间。耳房，四间。东、西两厢房，各三间。游廊，各三间。办事内书房，三十七间。西厅，五间。

怡园，古人勤政焦劳，莫不有憩息游宴之地，所以节劳逸、衍志虑也。关署经黄水湮圮后，重新修茸，而独无游观之所，可乎？爰觅峭石，选工匠，即于厅院内外，点缀峰峦，竹林杂树，交映纵横。额曰"怡园"，并镌"石林苍翠"四字于石。公务之暇，亦聊藉以旷览怡悦耳。志有五言律诗一首，附载《艺文》之末。

厢房，六间。耳房，二间。后门，二间。平台，三间。客厅，五间。后厅，五间。耳房，二间。石山，一座。

四围墙垣，东西两围各长五十五丈五尺，后围长三十七丈，各

67 （清）卫哲治等修，叶长扬等纂，《乾隆淮安府志》卷11，《公署》，《督理钞关公署》。

68 （明）马麟修，（清）杜琳等重修，李如枚等续修，《续纂淮关统志》卷3，《川原》，《黄河》。"乾隆三十九年（1774年），秋水盛涨，即old老坝口之漫溢，板闸适当其冲，关署、民居，悉遭淹浸。"该书卷9，《公署》亦载："迨甲午（即乾隆三十九年）河溢，湮没殆尽。"

69 注：《光绪淮安府志》卷12，《职官志》载，伊龄阿的任期为乾隆三十七年（1772年）至乾隆四十一年（1776年），据此推断此次新建当为伊龄阿所为。

70 （明）马麟修，（清）杜琳等重修，李如枚等续修，《续纂淮关统志》卷9，《公署》。

71 （明）马麟修，（清）杜琳等重修，李如枚等续修，《续纂淮关统志》卷9，《公署》。

高一丈六尺。

濠沟仍在署东墙外，较昔稍长。

署外，官厅，三间，大门，一间，在辕门西。马快班房，三间，大门一间，与官厅毗连。圈门，一座，在马快班房右，东额曰"俗厚"，西额曰"风淳"。禀事，上下楼房四间，在辕门西。舍人班房，三间，与禀事班房毗连。军夜班房，三间，在辕门外南首。

此外，关署还购买民房，扩大署外面积，志书中记载了乾隆三十九年（1774 年）和四十二年（1777 年）购地情况[72]：

乾隆三十九年（1774 年）十月：

① "契买周冠瓦楼门面三间，坐落关署东首，价银六十两。"

② "契买柳永年瓦房门面二间，坐落关署西首，价银二十两。"

③ "契买龚执揆基地一块，坐落关署西首，东长二丈二尺五寸，西二丈九寸，南一丈六尺三寸，北一丈六尺三寸，价银二十八两。"

④ "契买郑洪柱基地一块，坐落关署西首，东至官巷，西至吕姓墙滴水界，南至街边，北至吕姓房滴水界，价银四十五两。"

乾隆四十二年（1777 年）正月：

① "契买谷麟苍草楼房十一间，随房地一块，坐落大关楼东首，价银二百两。"

② "契买刘珠阳田一块，坐落人庆三乡关署后，现浚为池，计田十亩一分有零，价银二十两。"

笔者据以上文字所载，对嘉庆朝李如枚所修《续纂淮关统志》所载"公署图"的建筑名称进行了推测[73]（图 5-14），使公署各部分建筑更加明了。此次重建使钞关关署的建筑规模达到了一个顶峰，据围墙的长度推测，关署占地面积约 19 680 m²，署内各种建筑 169 间，署外 30 多间。整个建筑群分四路，牌坊、大门、仪门、大堂、二堂构成建筑群的中轴线，整个关署前堂后宅，宅后有游憩花园。关署因是财税重地，有很强的防御性，除有濠沟外，还有圈门等。此外，关署侵占周边地块，对该区域的空间形态以及居民结构等方面形成一种强势的改变。

3. 浒墅关关署

浒墅关位于长洲县二都六啚浒墅镇，关署坐西南朝东北，周边环境极佳，背山环水，"负山临河，左以竹青桥，西入二里许陡折而南行，三里许又陡折而东出于署右之赵王泾桥，环流方正，不凿而濬，如天造地设"[74]。

关署始建于明景泰元年（1450 年），"户部主司王昱建头门，为

72 （明）马麟修，（清）杜琳等重修，李如枚等续修，《淮关统志》卷9，《公署》。

73 注：描述建筑的文字为伊龄阿时所修公署，且乾隆四十三年（1778 年）修《淮关统志》十四卷，有图考一卷。李如枚在伊志基础上续修，文中亦有该描述公署的文字，卷首有公署图很可能引用伊志中所载公署图。故本书依照文字描述，推测该"公署图"中各部分建筑名称。

74 （清）陈常夏修，孙珮纂，孙鼎增修，《康熙浒墅关志》卷11，《官署》。

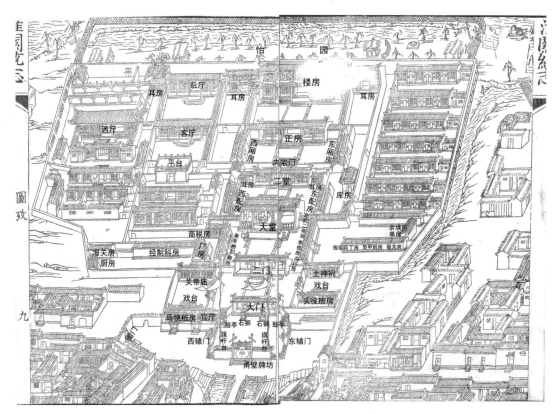

图5-14　淮安钞关公署建筑名称
推测图

楼名曰'明远'。仪门右立土地祠。正堂三楹，左右为吏舍，后有堂
楼闸亭临河"[75]。其后弘治至万历年间多有修建，"弘治六年（1493
年），主事阎玺建库于堂侧。九年（1496年），主事刘焕建燕思堂。
十二年（1499年），主事赖先建小闸，与闸亭相对。正德六年（1511
年），主事于范建大堂，题其额曰'国计'，恢扩库藏，对署筑水鉴
大垣。嘉靖元年（1522年），主事刘晔然（道光志为刘煜然）建水玉
堂（道光志作冰玉堂）。四年（1525年），主事冯承芳改门楼为阅帆
堂，右建高士轩。二十二年（1543年），主事董子策建敬士轩。四十
年（1561年）主事郑云鋈改安贞堂为聿修，以示克绍祖德之意。万
历七年（1579年）主事赵惟卿左建钟楼，右建鼓楼，又构自公楼。
十七年（1589年），主事李开藻题大堂曰'廉谨自持'，此纶音也。
二十六年（1598年），主事高第购民居建寅宾馆。三十二年（1604
年），主事王之都堂右置振浣轩"[76]。燕思堂、国计堂、聿修堂、钟
鼓楼等均有记，《国计堂记》中记有该堂建筑，"增四楣为轩，筑三
级为阶，因阶为道，达于大门，堂四楹，轩如之，高二丈二尺，广
倍焉。前后相距则三丈有奇，侧为库房三间，绕以高垣，封以坚
户，用寄粮银暮使库夫环守焉"[77]。

　　清顺治四年（1647年），"二堂左为清册房。三堂后有楼。康熙

75 （清）陈常夏修，孙珮纂，孙鼐
增修，《康熙淮墅关志》卷11，《官署》。
76 （清）陈常夏修，孙珮纂，孙鼐
增修，《康熙淮墅关志》卷11，《官署》。
77 （清）陈常夏修，孙珮纂，孙鼐
增修，《康熙淮墅关志》卷11，《官署》，
（明）于范《国计堂记》。

八年（1669 年），郎中黄虞再改建衙署于堂右。九年（1670 年），满汉员外郎桑梓、郑新重建大堂，改'国计'为'惟正'，规模焕然，坊曰'国泉外府'"[78]。"（康熙）三十九年（1700 年），郎中舒古鼐崇广闸楼。乾隆三十九年（1774 年），织造舒文重建大堂及旁舍，自为记。嘉庆十六年（1811 年），榷使和明刱建丰雪楼，自为记。二十五年（1820 年），榷使嘉禄重建门房闸亭"[79]。

明清两代浒墅关建筑经诸榷使（主事）的不断修建，其形制、功能不断完备，合乎规制，其不断完善的过程清晰可见：最初仅有头门、仪门、吏舍、闸亭，因"初无退食之室，宾至茗于厅事，弗便"，于是建有燕思堂，"于是延凉纳温，冬夏咸宜"[80]。于范初任时大堂"敝甚，广仅丈许，高不及半，藉地不阶，其势危然欲倾……甚非规制"，于是"视旧制加拓"，使"虽不甚壮丽，望之亦颇轩敞"[81]。道光时，关署建筑分东、中、西三路，形制完备，牌坊、头门、仪门、大堂、二堂、三堂以及馨佑楼、望雪楼构成中轴线，东西两路建筑用作钞关员役办公之所（图 5-15）。

4. 北新关关署

北新关位于杭州城以北 10 里有余（图 5-16），"因附关有桥曰北新"[82]，因此命名为北新关。关署最早建于何时无可考证。

"明万历丁酉（1597 年）二月二十一日，因漕舟失火，灾及于署，榷使傅君庆贻重建。"[83]"关之前建鼓楼一座，高三丈，以警晨昏（万历丁巳（1617 年）郎中孟公楠建）。临河为牌坊，坊下置栅环护左右（弘治戊午（1498 年）主事刘公景寅建，颜其额曰'户部分司'，隆庆丁卯（1567 年）栗公祁重修，万历丁巳（1617 年），居民不戒于火，孟公从民请撤去，后复改建，于门题曰'北新关'）。入门为前厅（厅三间，亦刘公建，扁曰'公恕'）。厅以内为正堂（堂三间，宣德年造，嘉靖甲午年（1534 年），员外郎杨公文昇撤其中堂口之扁曰'存心'，都御史盛公端明记。戊戌（1538 年）主事吕公韶重修，扁曰'足国裕民'，主事谢公昆记。万历丁酉（1597 年）傅公重建，扁曰'廉明公恕'。黄公一腾扁曰'不易心口'）。堂前为捲篷，后小厅为寅宾所。书室介其侧，堂后小厅三间。厅后架阁五间，面北筑台临池。厅左为居室，近建以楼（万历癸丑（1613 年）郎中梁公鼎贤建，室前廊房各三间，廊外平房三间，庖湢及仆人所居）。楼之北为拱辰楼，楼下有亭，亭绕以池（嘉靖庚寅（1530 年），主事叶公瑞用价买居民地三亩六分，为蔬圃，其中凿小沼，沼上构小亭，环以花卉，四周小桥通径，主事周公诗扁曰'君子亭会心处'）。正堂右为库房（一间，每日委官收银，倾销未完暂贮于内）。吏书房（在库房外，凡五间，书吏居此，不得擅出）。单房

78 （清）陈常夏修，孙珮纂，孙鼐增修，《康熙浒墅关志》卷 11，《官署》。
79 （清）凌寿祺纂修，《道光浒墅关志》卷 3，《公署》。
80 （清）陈常夏修，孙珮纂，孙鼐增修，《康熙浒墅关志》卷 11，《官署》，（明）杨循吉《燕思堂记》。
81 （清）陈常夏修，孙珮纂，孙鼐增修，《康熙浒墅关志》卷 11，《官署》，（明）于范《国计堂记》。
82 （清）许梦闳纂修，《雍正北新关志》卷 8，《公署》。
83 （明）王宷臻纂修，《崇祯北新关志》卷 13，《公署》。

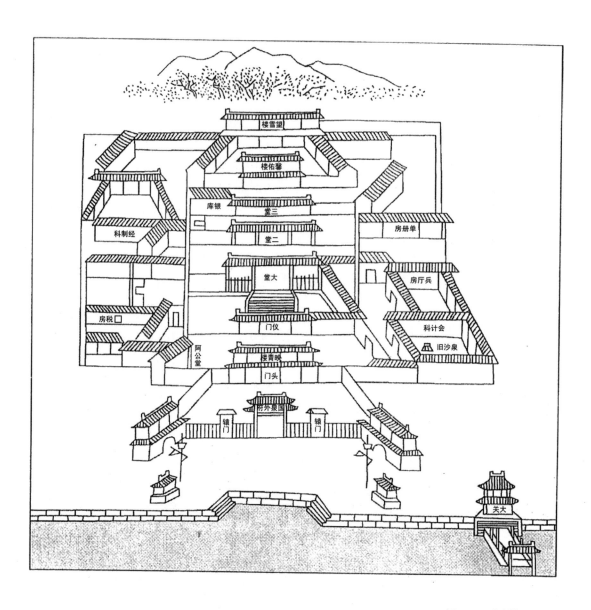

图5-15　道光浒墅关公署图

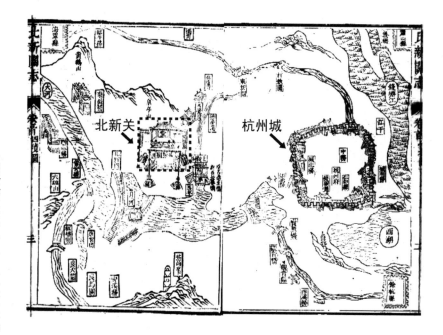

图5-16　北新关位置图

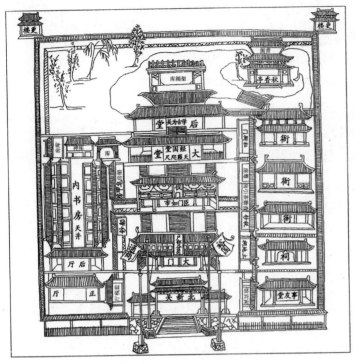

图5-17 崇祯北新关公署图

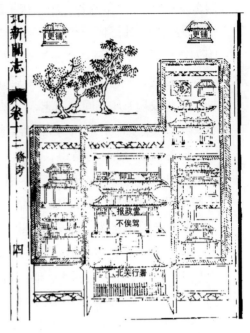

图5-18 崇祯北新关行署图

（二间，书手在此挂号写票）。仪门外为土地庙（一间）。册房（一间，书手在此攒造稽考季报，通知知项文册）。大门外为委官小署（三间，每季小委官一员，如三司府卫首领之类，皆居于此）。听事官房（楼房一间，听事官在此看守关栅），今易以延宾客焉（万历壬寅，员外郎蒋公光彦重修，颜曰'事友堂'）。门外置有榜亭（本关一应榜文张挂于此，今呈部将应行事宜刊立木□，永为遵守）。署中所贮器用不具载，大都经诸贤创置备矣。"[84]（图5-17）

据载，明代北新关还有行署，始创于明天启六年（1626年），在北关之南不到半里之处，以供榷使受代之日居住[85]，"前后门庑、中堂共九楹，堂之左旧为楼二楹，后新于堂之右置民房一所，计楼前后两楹。大门扁曰'北关行署'，中堂扁曰'报政堂'，堂之后陈公之遗像存焉，盖商民之永思也，扁其轩曰'仰止'，一仍旧制。又故无书吏办事之所，租民房以息，今就署之左置民房一间，前距街市，后抵官厨，计地二分，价银五十一两，续又新起楼屋一间。自此从行之辈亦可以聚庐托处矣"[86]（图5-18）。但到清雍正时，行署已不存，"奈至今日，岁久代移，所谓行署之址已杳不可考"[87]。

清顺治四年（1647年），"龚君之遂、张君云翼始理榷事，建葺关署并吏书各房屋"，"经诸贤增修，规模始备"[88]。

关前有稽放船只栅，关署位于该栅东南，坐东北朝西南[89]。"关之前，临河为牌坊（扁曰'东南泉府'），置栅环护左右（分东西辕

84 （明）王宫臻纂修，《崇祯北新关志》卷13，《公署》。
85 （明）王宫臻纂修，《崇祯北新关志》卷13，《公署》，《行署》。
86 （明）王宫臻纂修，《崇祯北新关志》卷13，《公署》，《行署》。《雍正北新关志》记载与此基本相同。
87 （清）许梦闳纂修，《雍正北新关志》卷12，《备考》。
88 （清）许梦闳纂修，《雍正北新关志》卷8，《公署》。
89 （清）许梦闳纂修，《雍正北新关志》卷8，《公署》，载："关署处杭州之北，坐艮朝坤"。先天八卦中艮、坤为相邻方位，"艮"为西北，"坤"为北。后天八卦中艮、坤为相对方位，"艮"为东北方向，"坤"为西南方向。据此，该关署应为坐东北，朝西南。

门），内列鼓亭（东西各一座，吹手居之，伺候启闭，放关开门），亭内为头门（凡三间，今颜其匾曰'户部'。旧志，入门为前厅，明刘君伯潽建，匾曰'公恕'）。头门下东为土地祠（即本关土地祠神，姓沈，不传其名。今船房居此，挂号给发木筹）。西为三郎祠，入为仪门（凡三间。旧志，厅以内为正堂，宣德年造，嘉靖杨君文昇颜其匾曰'存心'，吕君韶重修，匾曰'足国裕民'。今余颜曰'敷惠东南'）。为甬道，两廊列单书房（算房、大单房、茶引房、船单房、查数房，居此办事，并委官小署）。为大堂（旧志，万历傅传君庆贻重建，匾曰'经国堂'，至今仍之）。堂前为捲蓬（悬上谕）。堂内为煖阁（始建于康熙五十五年，前院徐荙任之始。余于庚戌之春钦奉御书敕赐福字，今敬摹于煖阁之上）。堂之后曰二堂（旧志后为小厅、寅宾所，明吕君韶造匾曰'正大光明'，栗君改为'青天白日'，今榷使祝颜曰'问心堂'）。堂之左为宅门，为三堂（楼屋，上下六间）。前为书室（楼屋，上下六间）。三堂之后有亭环以池，渡以桥，栽种修竹（旧志嘉靖叶君瑞用价买民田三亩六分，凿小沼，沼之上构小亭，环以花卉，周公诗扁曰'君子亭会心处'。本朝陶君多祐颜曰'思过亭'。今余颜曰'碧鉴'）。后为内宅，门堂曰'平准'（三间）。楼曰'匪躬'（上下六间）。其自楼而后，自左而右余房围绕，供内署之用，分门别户罗列，不胜记也。周围有墙，后接更楼（即防兵巡护关库处）。正堂之右为库房（库子、门子、总房于此办事）。入为关库（库中堂供库神）。为书吏房（在库内，计楼二层，平屋一间并厢楼。书吏、贴写于此办事，不得擅自出入）。辕门之外，左为班房，为收接草单厂（计二间，一为差班房，一为收接草单厂，旧志为委官小署，今改为班房）；右为号房（厅事官吏于此挂号）。头门之外竖木榜二（上镌本关则例，并督院李公所题比例减免条例）。其署内一切器用厨灶概不具载"[90]（图5-19）。

"先甃岸以石，拓出水中，广三丈有奇，损广之二以为高，袤五倍于广而不及数尺，中岸为石阶一，左右各一翼之，阶皆临水，舣舟者可拾级而升也。乃撤故门而为堂，其屋三间，屋之背为门，门内为复门如屏。然以存厅事之制，又建巨坊于堂之前，其下崇廉广阶，缭以栏槛，规模秩如也。既成而临之，座上可以俯视乎舟中，舟中之中投牒告诉者，登岸而至座前，无复留难壅蔽之患，上下之间豁如也。"[91]

清代北新关公署建筑大多沿用明代建筑，总体布局基本未变，功能分区基本一致，库房、书吏办公局均位于西侧，只是清代在东北角增加了内宅。中轴线上的大门、仪门、大堂、二堂基本一致，

90 （清）许梦闳纂修，《雍正北新关志》卷8，《公署》。
91 （清）许梦闳纂修，《雍正北新关志》卷15，（明）李旻《公恕堂记》。

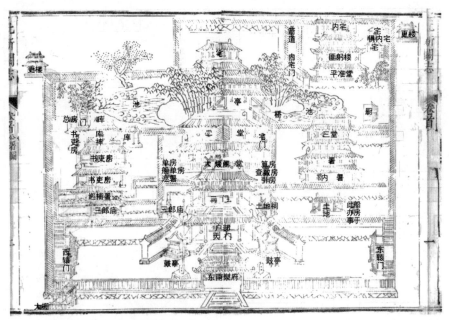

图5-19 雍正北新关钞关
公署图

注：原图中部分建筑名称与文字描述不一致。

只是匾额题字多有变化。

5. 钞关关署建筑平面规制

通过对以上几个钞关关署的分析可知，明清时期钞关关署有一定的规制，公署总体布局多分为左、中、右三路，中路建筑有明显轴线，轴线上从外到里依次分布着牌坊、大门、仪门、大堂、二堂、后堂等建筑，其中以大堂为中心，等级最高，多为三开间或五开间。左右两路建筑一般由土地祠、寅宾馆、库房、书吏房以及其他辅助用房组成。

钞关公署有着明确的功能分区，这与一般公署建筑类似。

（1）对外部分，主要用于表现威严仪式，多有辕门、牌坊、鼓亭、大门等组成。用以对外表达关署的尊严与气势，表明关署的空间界线。同时亦是钞关办公的前导空间，在此往往设有班房等。此外，关署特有的大栅或放关楼多临河而设，是稽查、放关之处。

（2）办公部分，主要指大堂、二堂、单房、船房、算房、书吏房等。该部分是关署的主体部分，用以完成关署主要的征税活动。

（3）库房，用以贮存税银。

（4）内宅部分，供官员及其家属居住，多位于整组建筑群的后部。

（5）祭祀空间，关署内多设土地祠、库神、文武二帝祠等，榷使新上任要进行祭祀。

（6）游憩之所，多设于公署之后，供官员公事之余宴息。该部分多设亭、楼、池、沼，环境优美，如淮关的怡园。

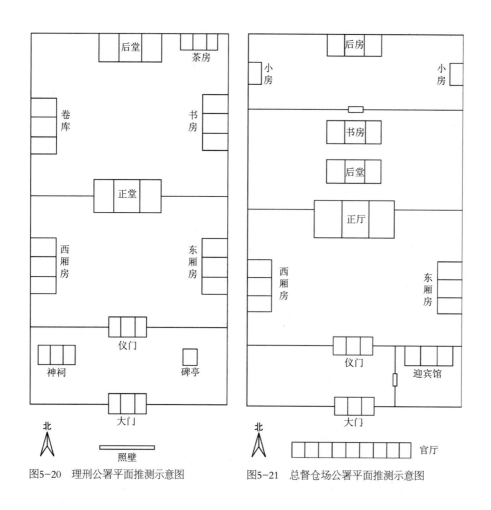

图5-20　理刑公署平面推测示意图　　　　图5-21　总督仓场公署平面推测示意图

1.1.4　漕运理刑公署

漕运理刑公署仅在淮安设有，"在府治西南隅，正堂三间，后堂三间，厢房东西共六间，茶房三间，书房三间，卷库三间，碑亭一座，在大门内东。神祠三间，在大门内西，仪门三间，大门三间，照壁一座"[92]（图5-20）。

1.1.5　总督仓场公署

总督仓场一职始设于明宣德初，属户部，"宣德五年（1430年），始命李昶为户部尚书，专督其事，遂为定制。以后，或尚书，或侍郎，俱不治部事"[93]。总督仓场的职责是"掌督在京及通州等处仓场粮储"[94]，是总管京、通仓的最高行政长官，其下设有京、通二坐粮厅。清代沿用明制，"一切漕仓事务专责料理。其漕运总督、各该督抚、沿河文武衙门，凡有关系漕运，应报文册俱照报部式样分报仓场。应举劾者照例举劾，各项应行事宜仓场衙门径行造册报部查核。各省粮道并沿河地方文武官员，凡有漕运之责者，皆属管

92　（明）薛鎏修，陈艮山纂，《正德淮安府志》卷6，《规制二》，《公署·漕运理刑分司》。

93　（清）张廷玉等撰，《明史》卷72，《职官志一》。

94　（清）张廷玉等撰，《明史》卷72，《职官志一》。

辖"[95]。

总督仓场公署在明清皆有两处，一驻北京，一驻通州。明正统三年（1438年），在城东裱褙胡同设总督仓场公署，其公署在旧太仓内[96]。通州公署又名尚书馆，"在新城南门内以东，景泰间建，户部总督粮储尚书侍郎巡视居之"[97]。清代总督仓场的位置，几种文献记载略有不同。清"顺治十五年（1658年），崇文门外建设仓场衙门，出巡通州驻扎公署，坐落新城南门内"[98]。《通州志》载："仓场总督衙门，在州新城南门东，即旧尚书府总兵府改建"[99]。《畿辅通志》载："总督仓场户部，署二，一在京师崇文门外朝阳坊，一在通州。"[100]综合这几种文献可知，清代总督仓场公署的在京公署位于崇文门外朝阳坊，在通公署位于新城南门东。

明人周之翰在《通粮厅志》中对总督仓场在通州的公署（又名尚书馆）（图5-21）建筑有所记载[101]：

正厅三间，后堂三间，正厅前东西厢房各三间，书房三间，后房三间，东西小房二间，仪门三间，迎宾馆三间，大门三间。大门外南夹道一路，坐南朝北房九间，系各官候部官厅。

太仓考云，尚书馆周五十七丈。

按，今尚书馆见在内外房五十五间，止后堂卧房三间无存。

1.1.6 坐粮厅公署

明代分设京、通二坐粮厅，主要负责京通仓收放粮事务。成化十一年（1475年），"令京、通二仓各委户部员外郎一员，定廒坐拨粮米；隆庆六年（1572年）改郎中于员外主事俸浅员内注选一员，铸给关防，监坐收放粮斛，禁革奸弊"[102]。因通州为漕运终点，通粮厅相较京粮厅任务更重。嘉靖十年（1531年）开始，通粮厅员外郎"会同巡仓御史督理运粮兼管通惠河事务"[103]，嘉靖三十八年（1559年）巡仓御史高应芳题准，从户部选注郎中一员与巡仓御史一同"督理闸河粮运，验散轻赍，禁革奸弊"[104]。

清代沿用明制。《户部漕运全书》详尽记载了通州坐粮厅的职责，"管理北河，催趱空重漕船，督令经纪车户转运粮米交仓，并管通济库一座，收支轻赍由闸等项银两，兼抽通州税课，挑挖北河淤浅，修筑堤岸闸座"[105]。

关于坐粮厅公署建筑（图5-22），则有如下两则记载：

坐粮厅公署即旧忠瑞馆，在新城西察院东，旧乃总督粮储太监居之，嘉靖间革去太监。昔户部坐粮员外，今郎中居之。正厅三间，后堂五间，正厅前东西厢房各五间，以居书办。后堂前东西廊房各三

95 （清）载龄等修，福趾等纂，《钦定户部漕运全书》卷51，《仓场职掌》。
96 （清）孙承泽，《春明梦馀录》卷37，《户部三·仓场》。
97 （明）周之翰纂修，《通粮厅志》卷6，《公署志》，该文另记"《太仓考》云创于永乐年间"。
98 （清）载龄等修，福趾等纂，《钦定户部漕运全书》卷51，《仓场职掌》。
99 （清）高建勋、王维珍、陈镜清纂修，《光绪通州志》卷2，《建置志》，《衙署》。
100 （清）于成龙、郭棻，康熙《畿辅通志》卷26，《公署》。
101 （明）周之翰纂修，《通粮厅志》卷6，《公署志》，《部馆》。
102 （明）刘斯洁，《太仓考》卷一之四，职官。
103 （明）周之翰纂修，《通粮厅志》卷3，《秩官志》。
104 （明）周之翰纂修，《通粮厅志》卷3，《秩官志》。
105 （清）载龄等修，福趾等纂，《钦定户部漕运全书》卷51，《京通各差》。

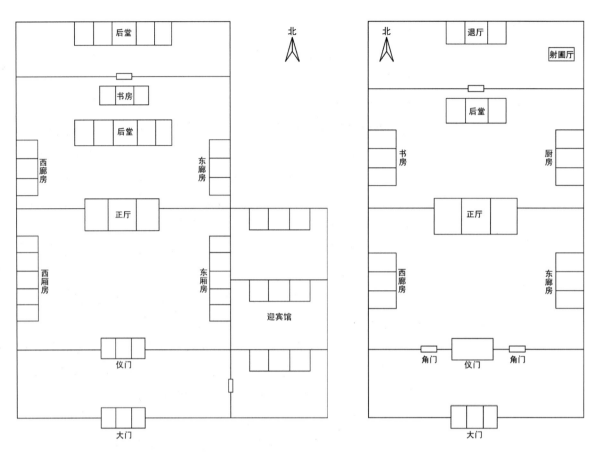

图5-22　坐粮厅公署平面推测示意图　　　　　　　　　　图5-23　巡仓御史公署平面推测示意图

间，书房三间。厅东迎宾馆三进九间。仪门三间，大门三间[106]。

　　仓部旧署称东官厅，嗣以总督截漕岁五之一就边军，便置通粮厅，而东官厅改称京粮厅，总京仓五十有二，分六司，属监督焉。厅寝室南向，堂东向，额曰咸裕，东北筑台，内有藏书室[107]。

1.1.7　巡仓御史公署

　　《大明会典》载："宣德九年（1434年），差御史一员巡视在京仓，一员巡视通州仓。"[108]《通粮厅志》亦有类似记载：宣德九年（1434年），杨士奇上书陈仓廪无关防之弊，请求"命风宪关防巡察。上从之，于是定一员巡视在京仓，一员巡视通州仓"[109]。景泰二年（1451年），由东城御史带管京仓巡视，致使"一事分属二人，掣肘难行"。嘉靖八年（1529年）题准，"每年差御史一员，兼巡京通二仓，收放粮斛，兼理通惠河事务，加以提督字面云"[110]。京通巡仓御史由初设时的两员分管演变为一员统辖。

　　明代巡仓御史有五大职掌：查核钱粮、催征通欠、清理河道、修缮仓庾、禁革积弊[111]。

106　（明）周之翰纂修，《通粮厅志》卷6，《公署志》，《分署》。

107　（清）英廉等纂修，《钦定日下旧闻考》卷63，《官署》，原曹庆吉重修京粮厅碑。

108　（明）申时行等修，赵用贤等纂，《大明会典》卷210，《巡仓》。

109　（明）周之翰纂修，《通粮厅志》卷12，《巡仓考》。

110　（明）周之翰纂修，《通粮厅志》卷12，《巡仓考》。（明）吴仲撰，《通惠河志》卷上，《部院职制》亦有记载。

111　详见连启元. 明代的巡仓御史 [J] 明史研究专刊第十四期, 2003(8): 107-142

巡仓公署，在新城西门内以南，今呼为西察院。景泰二年（1451年）巡仓特御史程敬奏建，巡仓御史专住。正厅三间，后堂三间，正厅前东西廊房各三间，后堂前东厨房三间，西书房三间，退厅三间，射圃厅一间，仪门一间，两傍角门各一座，大门三间 [112]（图5-23）。

1.1.8 巡漕御史公署

明代都察院十三道监察御史下设巡漕御史 [113]，清代亦称巡漕察院 [114]。

清代巡漕御史一职的建置沿革屡有变化，乾隆年间编纂的《漕运则例纂》记载 [115]：

旧制巡视南漕御史一员，驻扎镇江，料理漕务，督催大帮，其新差御史督押回南，顺治十四年（1657年）裁去，雍正七年（1729年）复设巡漕御史二员，不拘满汉，于二月初派往淮安，雍正十一年（1733年），改于岁前十二月，派往稽察官吏人等向旗丁需索及旗丁夹带私盐并违禁等物，严查淮安与白洋河东八闸等处地方光棍勾通催漕弁丁、勒添统夫、加价分肥、累丁等弊，俟漕船过淮出临清之后，随漕直抵天津，沿路查看，如遇运河石块木椿，该管官起除不净，以致抵触漕船及官弁需索稽留，俱令查参。乾隆二十三年（1758年）奏准，驻扎淮安之巡漕御史，改驻瓜仪之间，弹压催趱。

旧制巡视北漕御史一员，兼理一切仓粮事务，康熙七年（1668年）裁去，雍正七年（1729年）复设巡漕御史二员，不论满汉，于四月内派往通州，稽查各项弊窦。乾隆二年（1737年）题准，巡漕御史四员，以一员驻淮安巡察（江南江口起至山东交界止）；一员驻济宁巡察（山东台庄至德州止）；一员驻天津巡察（天津至山东交界止）；一员驻通州巡察（通州至天津止）。南漕御史催过台庄回京，东漕御史催过德州之柘园回京，天津御史通漕尾帮全过天津关回京，通州御史各省漕粮兑竣回京。乾隆十七年（1752年），通州差派四员一应收兑，新漕支放米石，俱就近稽察，在京各仓亦一体查察。乾隆二十三年（1758年）奏准，通州巡漕御史四员，以一员轮驻杨村，是年又奏准于通州巡漕四员内分派满汉各一员，专驻杨村，料理剥船、稽查挑浚，以专责成，不必轮替。其驻扎天津一员毋庸差派，仍照济宁巡漕之例，于十月内先期派往。乾隆二十四年（1759年）奉上谕，将杨村驻扎巡漕之处停止，复经奏定，津关以南至德州统归东漕御史办理，俟船粮转津后，统归通州巡漕御史轮流办理。乾隆二十六年（1761年）奏准，于通州巡漕御史二员内酌派

112 （明）周之翰纂修，《通粮厅志》卷6，《公署志》，《别署》。
113 （清）张廷玉等撰，《明史》卷48，《职官志一》。
114 如《乾隆济宁直隶州志》卷18中有巡漕察院题名，巡漕察院即指巡漕御史。
115 （清）杨锡绂撰，《漕运则例纂》卷5，《督运职掌》，《监临官制·巡漕御史》。

一员，仍驻天津，巡察至直隶山东交界之柘园地方止。

光绪《钦定户部漕运全书》记载则较为简约明了，与《漕运则例纂》基本一致[116]：

> 向设巡视南漕御史二员，派驻淮安，巡视北漕御史二员，派驻通州。乾隆二年（1737年）题准，将巡漕御史四员，以一员驻扎淮安，巡察江南江口起至山东交界止；一员驻扎通州，巡察至天津止；一员驻扎济宁，巡察山东台庄起至北直交境止；一员驻扎天津，巡察至山东交境止。

清代相当长时间内（近140年[117]）设巡漕御史四员，实行分段巡察漕运，稽查漕运过程中的各项弊端，催督攒运。

关于巡漕御史公署，目前仅找到一例，即明代通州巡漕御史公署（图5-24）。

巡漕公署，在旧城通州治之东，万历十年（1582年）督运御史杨楫建。大门三间，仪门一间，又左右脚门各一间，厅事五间，中厅五间，穿堂三间，退息厅三间，东西吏卒房各三间，其余庖厢皆具[118]。

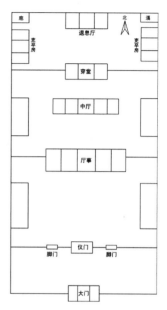

图5-24　巡漕御史公署平面推测示意图

1.1.9　各府州县地方漕运管理机构公署

漕运管理除中央派出的管理机构外，地方亦有一套服务于漕运的管理机构，它们实质上是地方行政体系的一部分，只是专门负责漕运相关事宜而已。因此，这些管理机构多设于府、州、县治之内或与之相邻，其办公场所通常位于府州县衙署内。一般是府设同知或通判，州设判官，县设主簿分理漕粮事宜。此类公署建筑记载多较为简单，往往仅记载位置，目前所知湖州府管粮通判公署记载较为详备。

（1）德州管粮通判署

本府管粮通判署在道署北[119]。

（2）曹州府管粮通判署

曹州府管粮通判署，在府署[120]。

（3）兖州府管粮通判署

在府署西南，初建在府署内，康熙六年（1667年）移建城西南，雍正十三年（1735年）改为分巡道署移建今所[121]。

（4）湖州府管粮通判署

在府治西。宋治平三年（1066年）通判张大宁建，明嘉靖五年（1526年）通判胡沧即养济院改建，万历三年（1575年）知府栗祁

116　（清）载龄等修，福趾等纂，《钦定户部漕运全书》卷21，《监临官制》。
117　注：《钦定户部漕运全书》成书于光绪元年（1875年），距始设巡漕御史的乾隆二年（1737年）有138年时间。
118　（明）周之翰纂修，《通粮厅志》卷6，《公署志》，《别署》。
119　（清）岳濬、法敏等修，杜诏等纂，《山东通志》卷26，《公署志》。
120　（清）岳濬、法敏等修，杜诏等纂，《山东通志》卷26，《公署志》。
121　（清）岳濬、法敏等修，杜诏等纂，《山东通志》卷26，《公署志》。

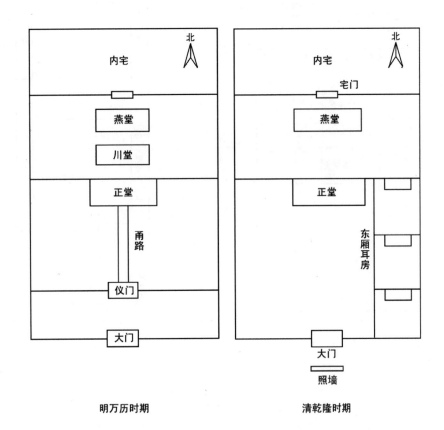

图5-25　万历、乾隆湖州府管粮通判署平面推测示意图

明万历时期　　　　　　　清乾隆时期

重修。中为正堂，堂后为川堂、燕堂、内宅，前为甬路、仪门、大门。（胡志）国朝乾隆八年（1743年），浙江巡抚常安疏请移驻南浔，以便控制巡哨。其衙署正堂、燕堂、内宅计三进，又东厢耳房三进，宅门、大门、照墙、披栅一切如制。（李志）同治初毁，今待建[122]（图5-25）。

1.2　河道管理机构公署

1.2.1　都水监公署

都水监是元代管理水利的最高机构，同时也管理大运河，设于大都。元人宋本在其《都水监事记》中对都水监位置及建筑有描述：

> 监者潭侧，北西皆水，厅事三楹，日"善利堂"。东西屋以栖吏。堂右少退日"双清亭"，则幕官所集之地。堂后为大沼，渐潭水以入，植夫（芙）渠荷芰。夏春之际，天日融朗，无文书可治，罢食启窗牖，委蛇骋望，则水光千顷，西山如空青。环潭民居、佛屋、龙祠，金碧黝垩，横直如绘画。而宫垣之内，广寒、仪天、瀛洲诸殿，皆岿然得瞻仰，是又它府寺所无[123]。

122 （清）宗源瀚、陆心源，《同治湖州府志》卷17，《舆地略》，《公廨》。注：文中"胡志"指胡承谋修，《乾隆湖州府志》卷2，《官署》；"李志"指李堂修，《乾隆湖州府志》卷2，《官署》。

123 （元）宋本，《都水监事记》，《全元文》第33册，223页。

图5-26 元代都水监平面推测示意图

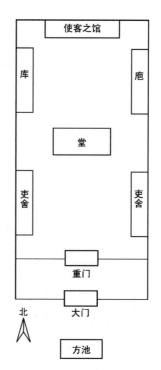

图5-27 元代景德镇都水分监公署平面推测示意图

都水监署位于积水潭旁，且北、西两面皆为水，可见宫内三殿。该段文字还记述了其建筑构成及相对位置，独特的人文和自然景观以及周边环境等，可据此推测出都水监署的平面示意图（图5-26）。

1.2.2 都水分监公署

景德镇都水分监署由都水丞张仲仁重建，始于延祐七年（1320年），完成于至治元年（1321年）。"乃会财于库，协谋于吏，攻石伐材，为堂于故署之西偏。隔隩廓深，周阿崇穹，藻绘之丽文不胜质，几席之美物不逾轨，左庖右库，整密峻完，前列吏舍于两厢，次树洺魏曹濮三役之肆于重门之内。后置使客之馆，皆环拱内向，有翼有严。外临方池，长堤隐虹。又折而西达于大途，高柳布阴，周垣缭城，逬迤纵观，仰愕俯叹。……合内外之屋余八十楹"[124]。都水分监规模宏大，有80余间房屋。"几席之美物不逾轨"说明当时该类衙署已有一定的规制。其建筑有庖、库、吏舍、使客之馆（图5-27）。

1.2.3 河道总督公署

河道总督公署为明清河道最高长官治事之所。
明清河道总督之沿革在第一章中已有论述，此处只介绍其职责。

124 （元）揭傒斯，《建都水分监记》，《全元文》第28册，415页。

明代总河主要管辖黄河、运河，黄河管辖范围各记载基本一致，为自流入河南转东入海之河道。而对运河河道的管辖范围则有不同的记载，其主要区别在于是否包括江南河道。

万历五年（1577年）上谕："设总理河道大臣，则漕河自张家湾直抵瓜、仪，黄河自河南、山东上源至淮安入海皆其地也。"[125]

嘉靖四十四年（1565年），任命潘季驯为总河的敕谕中则载："命尔前去总理河道，驻扎济宁，督率原设管河、管洪、管泉、管闸郎中、主事及各该三司、军卫、有司、掌印、管河、兵备、守巡等官。务将各该地方新旧漕河，并淮、扬、苏、松、常、镇、浙江等处河道及河南、山东等处上源，着实用心往来经理。"[126] 万历十七年（1589年）潘季驯之《甄别司道疏》："臣查得，自北直隶以至浙江专管河道者，部臣五，道臣二；兼管河道者，部臣三，道臣十一。今当万历十七年（1589年）已终，相应奉旨甄别。"[127]

清代总河之职责："各省总河严督沿河文武各官催重攒空，勿使停滞，专责河官修理闸坝以资启闭，预期挑浚淤浅、修筑堤坝以保运道。凡关河道事务，皆其专政，一应河官咸归管辖，梗阻运道，侵冒钱粮及沿河文武官员催趱不力者，悉听参治。"[128]

河道总督公署记载较为详细的有三例：

（1）济宁河道总督公署

《古今图书集成》《乾隆济宁直隶州志》《道光济宁直隶州志》对济宁总督河道公署均有记载，这三本书分别成书于雍正六年（1728年）、乾隆五十年（1785年）、道光二十年（1840年）。三书中公署名称各不相同，分别称为总督河道部院衙门、河督部院军门、总督河院署。三书对公署的主体建筑记载基本相同，只是部分建筑有所修建，名称有所改变，匾额有所更替。乾隆、道光两志书中所载院署图亦完全相同，说明在这100多年的时间内，该公署的总体布局和建筑变化不大。本书综合三书记载，相互补充，对相同部分摘录道光志中所载。

在州治东，或曰元总管府旧治。明永乐九年（1411年）工部尚书宋礼建。宏治间，尚书陈某、隆庆间都御史翁大立重修（兖志）。原系济宁左卫署，宣德二年（1427年）调卫临清，改置军门。正堂六楹，后堂六楹，颜曰禹思堂。（《古今图书集成》载：正堂六楹，前抱厦如堂数，后为穿廊，后堂六楹，扁曰禹思堂。左为搽房，右为茶房）后为部院宅。左为帝咨楼，曲周刘荣嗣建。国朝三韩杨方兴改为雅歌楼（今名挽洗楼）。又东为后乐圃，李从心及杨方兴皆有记，乾隆四十二年（1777年），总河姚立德改额为平治山堂。西为射圃，本属儒学，康熙初广宁卢宗峻改入署内，旧志翁大立隶书四思

125 《明神宗实录》卷66，万历五年（1577年）闰八月丁亥条。
126 （明）潘季驯撰，《河防一览》卷1。
127 （明）潘季驯撰，《河防一览》卷12，《甄别司道疏》。
128 （清）杨锡绂撰，《漕运则例纂》卷5，《漕运职掌》，《监制官制·河道总督》。

堂篹，禹稷伊尹周公书，孟子文刻题名碑阴在大堂左[129]。

堂前为东西皂隶房，仪门六楹，凡三门，东为寅宾馆、衙神庙，西为土地祠。大门四楹，凡三间，吹鼓亭二座，东西二坊，东曰砥柱中原，西曰转漕上国，西辕门内道厅、旗鼓厅，东辕门外中军厅、巡捕厅[130]。

按，明宣德（1426—1435 年）时，河道总督驻曹州，嗣以督漕往来济上，遂改建为行署，后移驻江南清江浦，而济宁之行署不改，仍为巡视河防往来驻扎处。国朝雍正七年（1729 年），分总河为三，今与南河之二，北河归直隶总督兼管，而山东河道总督仍驻济宁，兼管河南河道。另建行署于河南之仪封县。

济宁院署二堂系靳文襄公康熙十八年（1679 年）建，乾隆辛亥（1791 年）七月李奉翰重建，有记刻石。大堂颜曰清慎勤，曰保障北流，曰尊闻集思，皆靳辅立。曰勤慎敬谨，白钟山题。二堂颜曰澹泊宁静，张鹏翮题。大堂联曰：三德日宣合僚吏军民而底绩，百川手障会济河沁洛以朝宗。白钟山题。大门外坊二座，左曰砥柱中原，右曰转漕上国，内向右曰平成，向左曰清晏，知州徐宗幹重建，改清晏曰底定[131]。

公署的主要建筑有大堂、后楼、宅院、挽洗楼、平治山堂、射圃等，三本书对这些建筑均有记载，而对东西皂隶房、土地祠、衙神庙、寅宾馆、仪门、大门，以及大门外的吹鼓亭、西辕门内道厅、旗鼓厅，东辕门外中军厅、巡捕厅等建筑仅《古今图书集成》有记载，而大门外东、西二牌坊则《古今图书集成》与道光志均有记载。大门、仪门、衙神庙、吹鼓亭、东西二牌坊在两志书所载公署图中均可找到（图 5-28，图 5-29）。

（2）清江浦河道总督公署

康熙十六年（1677 年），因江南河工紧要，河道总督由济宁移至清江浦[132]。康熙十七年（1678 年）总河靳辅驻节于清江浦，以管仓户部公署"凿池种树，以为行馆"。雍正七年（1729 年），"改河道总督为江南河道总督，十一年（1733 年）奏改为总河署"[133]。

公署"在清江浦运河南岸"[134]"（县）治西二里遥"[135]，雍正十一年（1733 年），"游击朱一智建修，其从前建设卷宗俱于乾隆五年（1740 年）被毁无存"[136]。咸丰十年（1860 年），"豫逆东窜，署毁，惟存荷芳书院"。同年裁河员，以漕运总督兼管河务，同治元年（1862 年）漕督吴棠即河督旧址建为漕督行署[137]。

对公署建筑记载最为详细的是《乾隆淮安府志》（图 5-30）：

照壁，一座；鼓亭，二座；大门，五间；二门，五间；大堂，五间；

129 （清）徐宗幹修，许瀚纂，《道光济宁直隶州志》卷 4，《建置》，《公署·总督河院署》。该部分内容与（清）胡德琳、蓝应桂修，周永年、盛百二纂，《乾隆济宁直隶州志》卷 7，《建置一》，《官署·河督部署军门》以及《古今图书集成·方舆汇编职方典》卷 217，《兖州府部汇考九·兖州府公署考下》所载内容基本相同。

130 （清）陈梦雷、蒋廷锡等编，《古今图书集成·方舆汇编职方典》卷 216，《兖州府部汇考八·兖州府公署考下》。

131 （清）徐宗幹修，许瀚纂，《道光济宁直隶州志》卷 4，《建置》，《公署·总督河院署》。

132 （清）永瑢，纪昀等撰，《钦定历代职官表》卷 59，《河道各官表》，《国朝官制》。

133 （清）吴棠监修，鲁一同纂修，《咸丰清河县志》卷 3，《建置》，《公署·总河署》。

134 （清）卫哲治等修，叶长扬等纂，《乾隆淮安府志》卷 11，《公署》，《总督河院公署》。

135 （清）吴棠监修，鲁一同纂修，《咸丰清河县志》卷 3，《建置》，《公署·总河署》。

136 （清）卫哲治等修，叶长扬等纂，乾隆《淮安府志》卷 11，《公署》，《总督河院公署》。

137 （清）胡裕燕修，吴昆田、鲁黉纂，《光绪丙子清河县志》卷 3，《建置》，《公署·总河署》。

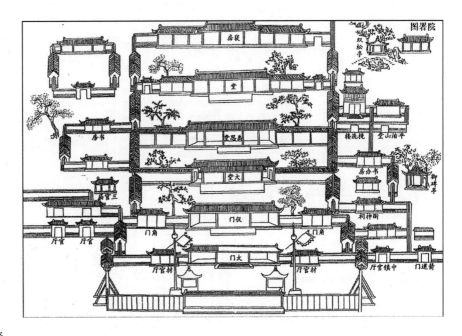

图5-28　济宁直隶州志河道总督
公署图

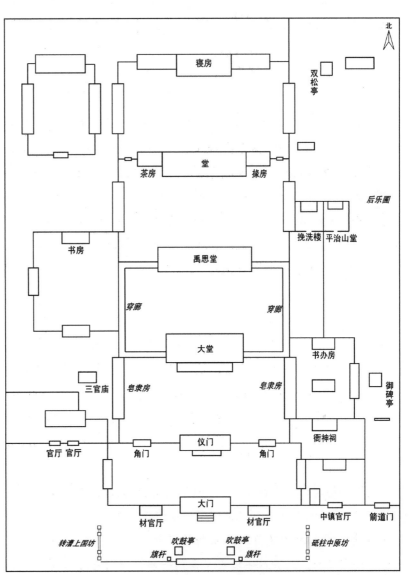

图5-29　济宁河道总督公署平面
图（道光志基础上推测）

注：图中倾斜字为推测建筑名称，其余为原图所标建筑名称。

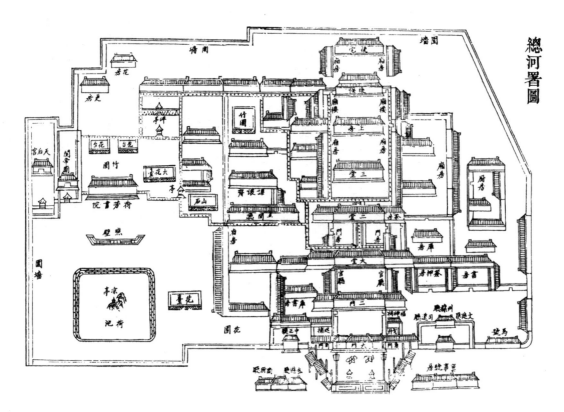

图5-30　清江浦河道总督公署图

东西班房，共十二间；大堂前捲，三间；二堂，三间；东西厢房，共六间；二堂后门楼一座，头层上房五间，东西厢房，共六间；二层上房，五间，东西厢房，共六间；主楼前东西厢楼，上下共十六间；后主楼，上下共十四间；四圣祠，三间；土神祠，三间；马神祠，三间；书房，共二十四间；库房，共十二间；厨房，共十四间；下房三层，共三十六间；箭亭，三间；官厅，共十一间；迎宾馆，三间；书房，共四十四间；群房，共三十间[138]。

图5-31　清晏园荷芳书院现状图

公署有花园，初名西园，继名淮园，亦名澹园，后改为"清宴园"（图5-31）。"澹园，在清江浦，江南河道总督节院西偏。园甚轩敞，花竹翳如，中有方塘十余亩，皆植千叶莲华，四围环绕垂杨，间以桃李，春是烂漫可观，而尤宜于夏日。道光己丑岁（1829年），余应河帅张芥航先生之招，寓园中者，凡四载。余有澹园二十四咏，为先生作也"[139]。

（3）直隶河道总督公署

直隶河道总督治所名"总督河道都察院公署"，在天津东门内大街，乾隆二年（1737年）在津道署基础上改建而成。

照墙一座，两旁鹿角木。东西辕门两座，旗杆台二座，狮子一对。大门三间，两旁八字墙。东角门一座，效国官厅二间，号房

138（清）卫哲治等修，叶长扬等纂，《乾隆淮安府志》卷11，《公署》，《总督河院公署》。

139（清）钱泳辑，《履园丛话》，《园林·澹园》。

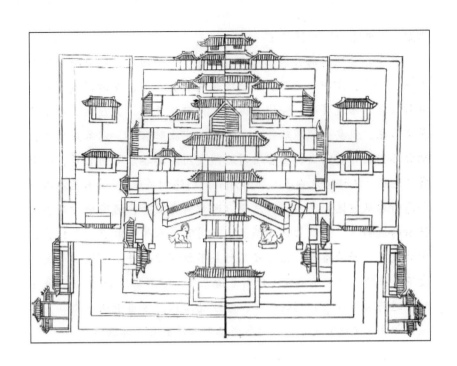

图5-32　天津道衙门图

一间，文官厅三间，巡捕官厅二间。西角门一座，军牢房一间，夜役房一间，皂隶房十间，武官厅三间，赍奏厅二间。东西围墙各一座，东西大门班房各一间。仪门三间，东西大门各一座，牌坊一座，东西科班房各七间。大堂五间，穿堂五间，二堂五间，东西厢房六间，三堂五间，东西厢房六间，土地祠三间，马神庙一座，马夫房二间，马棚一处。科房十四间，募宾房二十六间，箭亭三间，厨房三间，群房九间，东西更房两处，轿夫房十间，后楼十间[140]。

该书中只有文字记载，但成书于康熙十三年（1674 年）的《天津卫志》中载有直隶河道总督公署前身——天津道衙门图（图5-32）。该图中照壁、东西辕门、旗杆台、狮子、大门、八字墙、仪门、大堂、二堂等建筑可与直隶河道总督公署的文字记载相吻合，可见改建后的河道总督公署，其主体建筑仍为前署，并根据自身治事的需要，增加或改建供吏役办公的建筑。

1.2.4　管河郎中公署、管河道公署

管河郎中，亦称都水司郎中，隶属工部，是工部外派之官，位居河道总督之下，是河道事务的实际管理者，由其督率地方管河官执行各项河务，是中央管河机构与地方管河机构的纽带。清初亦为管河郎中，后期改为管河道。

明万历四十一年（1613 年），皇帝任命谢肇淛为北河郎中的敕谕

140 （清）李梅宾、程凤文总裁，吴廷华总修，汪沆分修，《乾隆天津府志》卷7，《城池公署志》。

规定了管河郎中的职责[141]：

> 今命尔管理静海县迤北而南直抵济宁一带河道，往来提督所属军卫、有司、掌印、管河、併闸坝等项官员人等，及时挑浚淤浅、导引泉源、修筑堤岸，务使河道疏通，粮运无阻。其应该出办椿草等项钱粮，俱要查照原额数目，依期征完收贮官库，以备应用。出纳之际仍要稽查明白，毋容所司别项支用。其各该管河官员，务令常行巡视，不许营求别差，亦不许别衙门违例差遣。……有益河道事务悉听尔从宜区处，尔仍听总理河道都御史提督，遇有地方事务，呈请转达施行。若该管地方军卫、有司官员人等，敢有徇私作弊、卖放夫役、侵欺椿草钱粮及轻忽河务不服调度，并闸溜浅铺等夫工食不与征给，致误漕运者，轻则量情责罚，重则拿问如律。……每年终，通将役过人夫、用过钱粮、修理过工程，径自造册奏缴。其各该掌印管河文武官员贤否，尔备送工部转送吏兵二部黜陟……

万历元年（1573年）任命南河郎中的敕谕中所载南河郎中职责与以上北河郎中相同[141]。

明代管理河郎中在总理河道提督之下专门负责河务，不能委以别任。其主要职责有：①统领各管河官员修浚河道、泉源、堤岸，保证河道畅通；②负责筹办、出纳椿草等项钱粮；③督查地方管河官员，以防产生弊端，对违例者有一定的处置权；④每年考核管河官员政绩，并上报吏部、兵部。

明清管河郎中均为分段管理，其公署驻扎地前文已提及，分别为：通惠河郎中，驻通州城内[142]；北河郎中于成化七年（1471年）驻于东阿之张秋（即安平镇）；夏镇管河郎中，自隆庆元年（1567年）驻沛县夏镇；中河郎中驻吕梁洪；南河郎中，成化七年（1471年）驻徐州萧县，正德三年（1508年）迁于高邮[143]。

（1）北河郎中公署

北河郎中公署，明代称"北河都水司公署"，地处张秋镇运河之西南，位于张秋镇南司街[144]。张秋镇于弘治七年（1494年）改名为"安平镇"[145]。清代因明朝旧制，仍驻于此，但设"不拘司，亦不拘郎中，员外、主事通差"[146]。

其建筑建置沿革大致如下："嘉靖十四年（1535年），郎中郭敦重修。四十四年（1565年），郎中姜国华以堂宇皆南向，而公门独折而东，非居正之体，乃费公帑二百金，改而南。万历四十年（1612年）二月，衙房五间灾，四十一年（1613年）春重建。"[147]

姜国华于仪门内东，凿池建亭，亭曰"留阴亭"[148]。后黄承玄于"衙舍东南隅构室二所，一曰三余斋，一曰绿雨轩。衙之东，平楼三

141 （明）谢肇淛撰，《北河纪》卷5，《河臣纪》，《管理北河郎中敕》。
142 （明）朱国盛编辑，徐标续纂，《南河志》卷1，《敕谕》。
143 （明）吴仲撰，《通惠河志》卷上，《都水分司》。
144 （明）范惟恭、王应元纂修，《隆庆高邮州志》卷1，《建置志》，《公署·工部分司》。
145 （清）林芃修、马之骦纂，《张秋志》卷2，《建置志·街市》，"南司街，管理河道工部分司在焉"。
146 （明）谢肇淛撰，《北河纪》卷5，《河臣纪》，《北河都水司公署》。
147 （清）林芃修、马之骦纂，《张秋志》卷5，《职官志·工部分司表》。
148 （清）林芃修、马之骦纂，《张秋志》卷2，《建置志·公署》，"捐公帑二百缗，改公门南向。仪门内迤东，凿池建亭，其上题曰'留阴'。……厅南菜园半亩，有亭即'留阴'"。

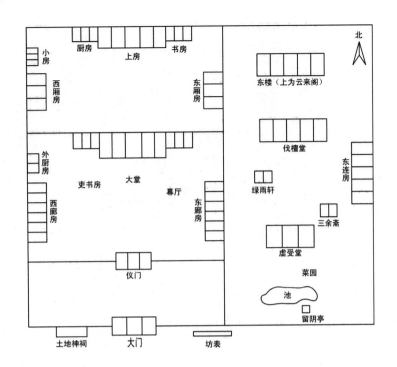

图5-33 万历四十一至四十四年
（1613—1616年）北河郎中公署
平面推测示意图

间，上有小阁三间，曰云来阁。楼前禹思堂，后谢公肇淛改题伐檀堂。外客厅三间，曰虚受堂，后阎公廷谟改题若水堂"[149]。康熙时，分司前有敕赐"万年国脉"牌坊[150]。

　　谢肇淛《北河纪》中记都水分司公署建筑有："门之左为坊表，其右为土地神祠。大门三间，仪门三间，大堂五间，东西廊房各六间，左幕厅三间，右吏书房三间，外厨房二间。衙内，上房五间，东西厢房各三间，左书房三间，右厨房三间，旁小房三间。东楼五间，其上有小阁三间，楼前有堂五间，东连房五间。堂之外东西小轩各二间，外为客厅三间，左右耳房各一间，厅南菜园半亩许。"[151]

　　黄承玄于万历二十一年（1593年）至二十四年（1596年）任北河郎中，谢肇淛的任期为万历四十一年（1613年）至四十四年（1616年），而阎廷谟则是顺治丙戌年（1646年）进士，任该职应在此后不久。由三人的任期时间可以推知，至谢氏任北河郎中时，公署形制已较完备，黄承玄所建的云来阁、三余斋、绿雨轩、虚受堂等建筑到谢氏任职时仍存在。云来阁当为"小阁三间"，只是其下建筑由三间变为五间；"楼前有堂五间"当为原来之禹思堂，谢氏改为伐檀堂；堂外之东西小轩各二间当为三余斋、绿雨轩（图5-33）。

　　成书于清康熙九年（1670年）的《张秋志》中所载的"工部分司图"仍可见幕厅、书房、大门、仪门、土地祠、虚受堂、东连房、三余斋、绿雨轩、仪门之东水池及亭等建筑名称（图5-34）。通过文字及图比较可知，万历与康熙时两者总体布局基本一致，其中建

149 （清）林芃修、马之骦纂，《张秋志》卷2，《建置志·公署》。
150 （清）林芃修、马之骦纂，《张秋志》卷2，《建置志·牌坊》。
151 （明）谢肇淛撰，《北河纪》卷5，《河臣纪》，《北河都水司公署》。

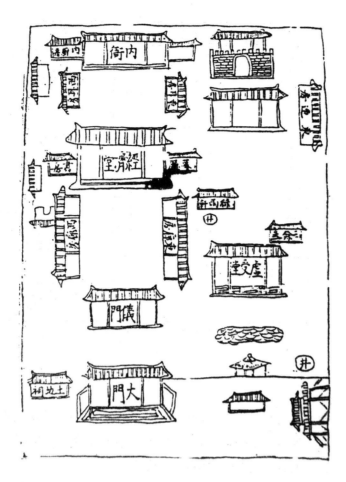

图5-34 工部分司图

筑也多相同。

（2）南河郎中公署

南河郎中公署，位于高邮州城内中市桥西[152]。康熙十七年（1678年）裁，改为河营守备署。康熙三十一年（1692年）改为扬河通判署。乾隆四十八年（1783年）时扬河通判署在中市桥西[153]，即明时南河郎中署（康熙时扬河通判署）位置。

明《南河志》对南河郎中公署有详细的记载：

前为大门三间，外有平水闸碑。门之栅栏外朝南舍快班房三间。街前朝北，府、州、卫官厅各三间，后有空地一段；各门楼一座朝北；官吏、皂隶、民壮、家丁、轿夫计五项，各房一间；舍快、买办房三间；东为更楼。大门内迎宾馆三间。次仪门，内正堂三间，中有题名碑。东丽泽堂三间，中有毓和楼碑。照厅三间；内土地祠一间，内有退省堂碑；客厨房三间；书吏公廨十间；厨房一间；东西皂隶房各五间。内东过衙一间。大堂旁茶厨房三间。后工字厅三间；私堂三间；私堂之东，坐啸轩三间，书房一间；后有隙地，本司朱造修竹窝一间。又后宅一所，东西小房共十五间。墙门内川堂一间，堂屋五间，毓和楼上下共十四间，东厨房二间。墙门西南，小书房

152 （明）朱国盛编辑，徐标续纂，《南河志》卷2，《公署》，"河署，在高邮治中市桥西"。
153 （清）杨宜仑修，夏之蓉、沈之本纂，《乾隆高邮州志》卷1，《建置志·公署》。

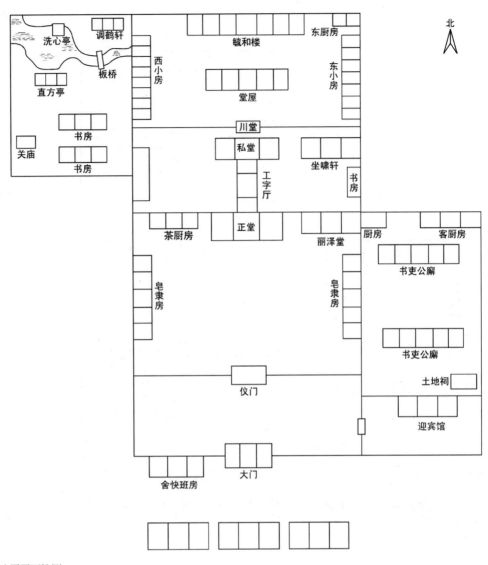

北

图5-35　南河郎中公署平面推测
示意图

二带，共六间。西侧关庙一小间。由西北小径纡行百步，为园池一所，内直方亭三间，包后湫暗；天启元年（1621年）本司朱用价二两，买义民唐用中地析建调鹤轩三间；由板桥而北，则有洗心亭，环以水，植芙蓉、桃、梅、榴、桂诸花，畜双鹤徘徊其下，为公余检帙之所[154]（图5-35）。

此外，南河郎中尚有淮安、新河杨家庙、仪真、清河县四处行署。其中淮安、仪真行署均倾废[155]。

新河杨家庙行署，"亦因倾圮，本司朱设处钱粮，委山阳县里河主簿季子宁督修。前大门三间，东西皂隶房各二间。二门一座，东西耳门各一座。内正堂三间，东西书吏、厨房各三间。俱修葺完固，责令老人看守，即暂为贮料之厂"[156]（图5-36）。

清河县行署，"厅房三间，傍厨房二间，在惠济祠后"[157]。

154 （明）朱国盛编辑，徐标续纂，《南河志》卷2，《公署》。
155 （明）朱国盛编辑，徐标续纂，《南河志》卷2，《公署》。"淮安行署一所，在都府后，舍宇倾废，久不修治矣。仪真行署一所，日久额废，止存地基"。
156 （明）朱国盛编辑，徐标续纂，《南河志》卷2，《公署》。
157 （明）朱国盛编辑，徐标续纂，《南河志》卷2，《公署》。

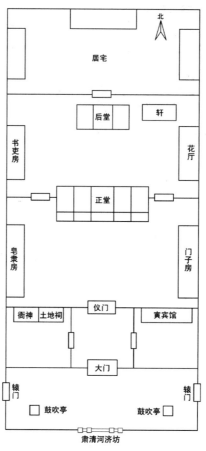

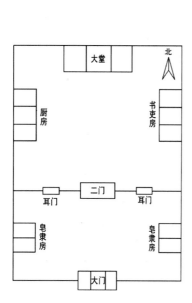

图5-36 南河郎中新河杨家庙行署平面推测示意图

图5-37 分巡济宁通省管河道衙门平面推测示意图

（3）分巡济宁通省管河道衙门

原系济宁卫添设道署，以察院换建，康熙十一年（1672年）副使岳登科重修。正堂六楹，前抱厦如堂数。后堂四楹，副使岳登科创建。左为花厅，右为书吏房，东为书轩，后为居宅，堂两列为皂隶、门子房。仪门，东为寅宾馆，西为衙神、土地祠。大门，鼓吹亭二座，左为中军厅（今废），巡捕厅（今废），前牌坊曰肃清河济。辕门二座，相对为府州厅[158]（图5-37）。

1.2.5 管洪主事公署

明代有徐州洪、吕梁洪二洪，是运道上至关重要之地，"徐、吕二洪者，河漕咽喉也"[159]，"狞石耸立，船只经渡，稍有不慎，即有触石败舟之患"[160]。蔡泰彬详细论述了徐州、吕梁二洪的形势、整

158 （清）廖有恒、杨通睿修，《康熙济宁州志》卷1，《疆舆志上·公署》。
159 （清）张廷玉等撰，《明史》卷85，《河渠志三·运河上》。
160 （明）申时行等修，赵用贤等纂，《大明会典》卷198，《河渠三·运道三》。

治以及与黄河、运河的关系[161]。为保证漕船顺利过洪，"永乐十五年（1417年）以来，命侯、伯、御史、郎中、少卿和按察司等官掌理"[162]，"正统元年（1436年）始设工部分司专任工部主事督理，三年一代"[163]，此后很长一段时间沿用此制。明代晚期有所变化：隆庆二年（1568年），巡按浙江御史蒙诏条议，"徐、吕二洪相距一舍，事务可以兼摄，宜罢徐州部使，令吕梁分司总之"[164]，穆宗采纳其建议，裁徐州洪主事。隆庆五年（1571年）十一月，因"御史张宪翔言，漕务劻勷，一官难于兼理"，"复设徐州洪主事"[165]。至万历五年（1577年）闰八月，因增置中河工部郎中，遂裁吕梁洪主事，洪务并入中河；次年复革徐州洪主事，洪务亦归中河。此后，管洪主事不再复设[166]。

徐、吕二洪均有治事之所，以下分述之。

（1）徐州洪工部分司署

《乾隆徐州府志》载：

在城东南徐州洪东岸，面西。厅左为洗心轩，后为宅，最后为眺远楼，主事戴德孺建。厅前左右为吏舍，前为二门，大门外坊一，主事吴哲建。北为官厅，又北为□仓，主事李香建。南为含晖楼，主事于思睿即旧鼓楼址重建。南为井亭、社学、药局、草厂各一区。初本司公署二，一为洪上公署，乃莅政之所，即今萃墨亭，其遗址也。基周一里许，大门内为厅事、川堂，后为清风堂，南为苏墨亭，又南为追胜亭，主事蒋文、郭昇、尹珍、夏从寿相继创建。一为洪东公署，乃燕居之所，正德丁丑（正德十二年，1517年），洪上公署圮于水，主事董恬即洪东公署拓基重建，以为莅政之所，后主事陈辅、陈明、陈穆继修。万历二年（1574年），主事张登云复于洪中建高亭，形方顶锐，名廻澜亭。六年（1578年）裁，并吕梁分司，今俱废[167]（图5-38）。

（2）吕梁洪工部分司署

明《吕梁洪志》记载：

吕梁洪分司公署，在洪之东，旧署甚益。弘治十年（1497年），主事来天球创建，坐东向西，屹立洪流而泰然当之。外为前门，左右为钟鼓楼，中为牌坊，扁曰漕河通济。内进为二门，巍然中峙者为正堂，堂后左为仪仗库，右为小轩，迤北为后轩，轩后为状元亭，主事来天球为大学士费公建。亭后为望云楼，主事伍全建。迤北为退轩。公署之四周为垣，中为石门，左右通衢，为二门，门有楼。扁曰通裕，曰澄清，则为雍所建。而垣周六里，有樊圃之势焉，则主事陈宪之力也[168]。

161 蔡泰彬撰，《明代漕河之整治与管理》，台湾商务印书馆，1992：47－137。
162 （明）申时行等修，赵用贤等纂，《大明会典》卷198，《河渠三·运道三》。
163 （清）石杰、王峻纂修，《乾隆徐州府志》卷10，《职官》。
164 《明穆宗实录》卷25，隆庆二年十月癸巳条。
165 《明穆宗实录》卷63，隆庆五年十一月戊辰条。
166 蔡泰彬撰，《明代漕河之整治与管理》，台湾商务印书馆，1992：356。
167 （清）石杰、王峻纂修，《乾隆徐州府志》卷6，《公署》。
168 （明）冯世雍撰，《吕梁洪志》，《公署》。

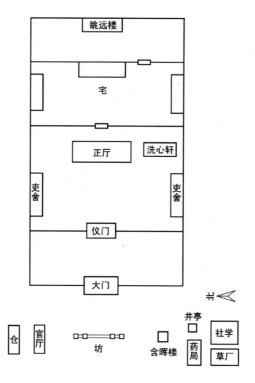

图5-38　徐州洪工部分司署平面推测示意图

《乾隆徐州府志》载：

在吕梁洪东岸，向西。明宏（弘）治十年（1497年），主事来天球建，为本洪主事莅政之所。外为前门，左右为钟鼓楼，中有坊，曰漕河通济。又内为仪门，为正厅，厅左为仪仗库，右为小轩，后为川堂、后堂。由厅迤北为大观堂，主事曹英建。后为状元亭，乃费宏读书处。亭后为望云楼，主事伍全建。大观堂西为宅。正德中主事陈宪于公署四周为石垣，计六里，中为石门，左右通衢，为二门，各有楼。又后立三门，以便出入，岁久圮坏。嘉靖四十三年（1564年），主事王应时因旧增筑为城，延袤五百余丈，高二丈五尺，下广八尺，门四，东曰迎和，西曰广济，南曰通裕，北曰澄清。又于署西催运厅前因高为楼，扁曰吕梁洪，其门曰正洪门。署左为观澜亭，右为养正书院，主事陈洪范建。北为社仓二区，主事郭持平建。万历二年（1574年），主事黄猷吉重修本署，于城南建万石仓、夫厂二区，砖厂、药局各一区，俱久废[169]。

比较两书所载公署建筑基本相同，但在仪仗库、小轩位置，大堂后建筑、公署四周之石门等的记载上相异，《吕梁洪志》所记内容当为嘉靖八年（1529年）以前[170]，二者之不同，很可能是公署在嘉靖八年（1529）以后有所变动所致。笔者将两则记载列于此，并分别推测两者的平面布局图（图5-39）。

169（清）石杰、王峻纂修，《乾隆徐州府志》卷6，《公署》。
170　注：该志中不记成书年代，撰者为嘉靖二年进士，《同治徐州府志》卷6，《职官表中》载其于嘉靖五年（1526年）任吕梁洪主事，又管洪主事三年一任，故推测该书所记内容当为嘉靖八年（1529年）之前。

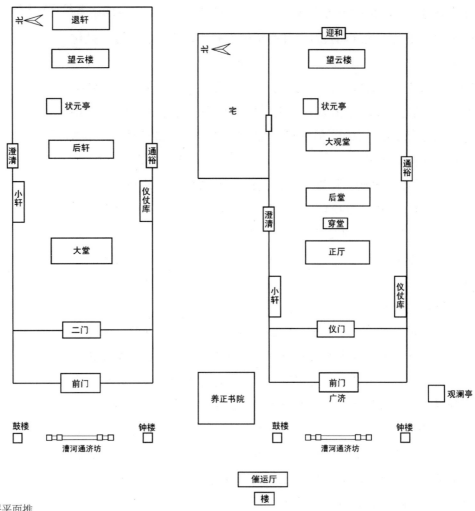

图5-39　吕梁洪公署平面推测示意图

徐、吕梁二洪主事公署皆临洪而设，均位于洪之东岸，打破传统官署坐北朝南的布局惯例，采取坐东朝西布局方式，多是出于临洪、面洪以便随时观察二洪从而便于管理的考虑。

1.2.6　管泉主事公署

管泉主事最早设于永乐十六年（1418年），驻扎宁阳[171]。由工部主事顾大奇出任，"疏导山以东泉源及分汶水以利漕渠"，此后无定制，"或以通政，或以郎中"[172]，不久罢除。正统以后重新设置管泉主事，管理徂徕等处泉源，三年一更换。南旺南北二闸事关漕运，但该处无部官管理，闸官"职卑位小"，过往官豪"擅自开闭，走泄水利，阻滞粮船"，因此弘治十八年（1505年）六月奉旨，由宁阳管泉主事于每年三月以后、八月以前粮运盛行时驻扎南旺，兼管南旺闸事。正德初，兼管泉主事，由济宁分司兼管。隆庆初，济宁闸务亦由管泉主事兼管，改称南旺分司[173]。康熙十五年（1676年）

171 （明）胡瓒撰，《泉河史》卷5，《职官表》。
172 （明）胡瓒撰，《泉河史》卷2，《职制志》。
173 （明）胡瓒撰，《泉河史》卷2，《职制志》。

裁南旺分司，将泉闸事务归济宁道[174]。因管泉主事管辖内容和范围的扩大，设有三处分司公署，并有泉林、兖州、金口、堽城、戴村四处行署[175]。成书于万历二十六年（1598年）的《泉河史》对各分司署及行署的建筑有较为详尽的文字记载，并有部分图版。另清朝叶方恒《山东全河备考》五处管泉主事公署建筑的记载与《泉河史》相同，只是南旺分司增加了清康熙十九年（1680年）以前的情况。

1. 宁阳分司署

"工部都水分司（笔者注，即宁阳分司公署），在县治北，察院右。永乐间（1403—1424年）添设，至天顺间（1457—1464年）惟有公廨，成化八年（1472年），主事张公盛始加辟广。十五年（1479年），徐公源重新之，隆庆二年（1568年），主事张公纯益加修饰。"[176]

《泉河史》中所载宁阳分司公署建筑有：

前为屏，为门，为仪门，成化十五年（1479年），主事徐源建。中为涤源堂，弘治五年（1492年），主事黄肃重修。后为养正堂，为中堂，为寝堂。东西为皂隶棚，中堂之前为东西书房，寝之前为东西厢。又东为厨库房，又东西为厕。东书房嘉靖二十三年（1544年），主事傅学礼建，余俱四十五年张纯、隆庆中刘泮继修。由东书房而前为更房，又前为介如亭，为闻喜堂。又前为宾馆。馆之前为东泉亭，弘治十年（1497年），主事王子成建。仪门之西为皂隶房，门以外东西为官吏房[177]（图5-40）。

2. 济宁分司署

在州南门外，东向。成化五年（1469年），主事毕瑜始正南向。隆庆三年（1569年），主事笪东光重修。

为门，为仪门，仪门外为直宿房。中为兼济堂，堂东为书办房，西为文卷房，俱成化五年（1469年）主事毕瑜建。后为饮水堂，堂东西为书房。后为寝楼，楼前为东西厢，俱正德三年（1508年）主事童器建，十年（1515年）主事东鲁重修。西偏为莲池，池北为草玄亭，隆庆元年（1567年）主事张克文建。堂之前为抱厦，万历二十六年（1598年），主事胡瓒建。东西为皂隶房。又西为外厨房、为书吏廨对峙，而东为君子轩，弘治六年（1493年），主事蔡鍊建。轩后为半斋，万历二十一年（1593年），主事韩范改置二间，其后主事胡瓒题为吏隐。又其后为一卷亭，嘉靖二年（1523年），主事杨抚建。君子轩之前为客厅，对峙而西为土神祠，万历二十五年（1597年），主事胡瓒建。门外缭以周垣，万历二十七年（1599年）主事胡瓒建。东西为官吏房、为听差房、为钟鼓楼，嘉靖三年

174 （清）叶方恒撰，《山东全河备考》卷3，《职制志上·职官沿革》。
175 （明）胡瓒撰，《泉河史》卷12，《宫室志》。
176 （明）包大爟纂修，《万历兖州府志》卷22，《公署》。《泉河史》公署记始建于天顺年间，其前"廨宇未备，乃或巷处民间，其后旦则寓政藩司，退则复入私第"。
177 （明）胡瓒撰，《泉河史》卷12，《宫室志》，《宁阳分司》。

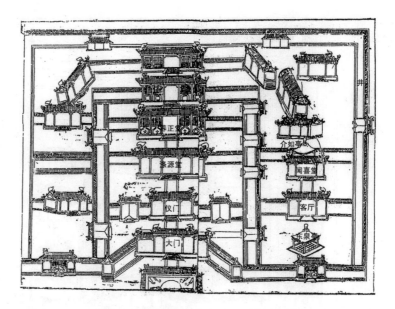

图5-40-1 管泉主事宁阳分司
署图

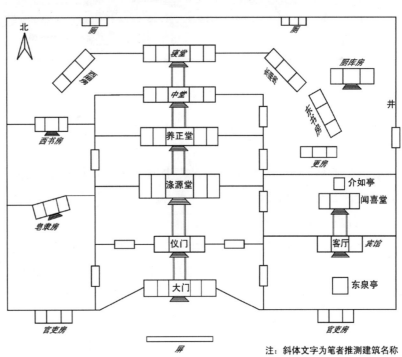

注：斜体文字为笔者推测建筑名称

图5-40-2 管泉主事宁阳分司
署平面推测示意图

（1524年），主事杨抚建。前为转漕要会坊，东西为节宣国脉、飞挽京储坊，万历二十四年（1596年），主事陆化淳重建。又东为国赋通津坊，西北为司空行署坊。循河之涯，南为排泗，万历二十四年（1596年），巡抚毕三才重修。北为沧济坊。四衢皆土淖不可行，其后迤西始易以石云[178]（图5-41）。

3. 南旺分司署

南旺分司在运河西岸，分水龙王庙右，东向。正德十一年

178 （明）胡瓒撰，《泉河史》卷12，《宫室志》，《济宁分司》。

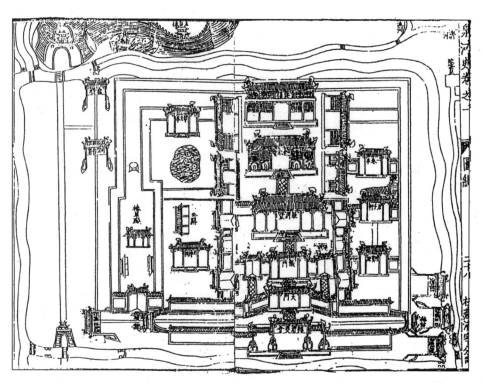

图5-41　管泉主事济宁分司署图

（1516 年），主事朱寅建。杨廉有记，文中记有初建时的建筑情况：
"中为厅事，后为退寝，各五间。前为门，二重，重三间。两门相去
之间，东西为房各三间。退寝之后，为书房三间。书房稍前，左向
为延宾之所，右向为庖厨之所二重，重各三间。书屋之后，复为方
池。"[179] 此后，分司署不断修建。

万历时期分司署建筑则有所变化："前为坊，嘉靖二十一年
（1542 年），主事李梦祥建。为门，为仪门。中为汇源堂，东西为
文卷房，又东为书吏廨。后为朝宗堂，堂之左为厢、为厨，嘉靖
三十四年（1555 年），主事于惟一建。最后为澂望楼，嘉靖四十一
年（1562 年），主事张桥建。楼前为左右厢，后为厕，其后为来鹤
亭。亭之前为池，池上为莲亭，由亭而迤西为书房，为东西厢，嘉
靖三十七年（1558 年），主事陈南金建。又前为静思轩，嘉靖三十四
年（1555 年），主事于惟一建。又前为清风堂，嘉靖十六年（1537
年），主事张文凤重修，嘉靖四十二年（1563 年），主事游季勋改建
向内，从仪门入，过堂下延宾。万历二十六年（1598 年），主事胡
瓒改由门外入，以便运送。西为外厨房，后为直宿房。仪门之外，
左右为皂隶房。门以外，左右为官吏房，为串门。其南北冲里许各
为里门，嘉靖十□年主事张文凤重修。旧有射圃亭，在园内。钟鼓
楼、望湖亭、分水亭，俱有河东，嘉靖二十一年（1542 年），主事
李梦祥建，并废。其后就串门置楼，以定昏晓云。万历二十六

179 （明）胡瓒撰，《泉河史》卷 12，
《宫室志》，《南旺分司》，杨廉记。

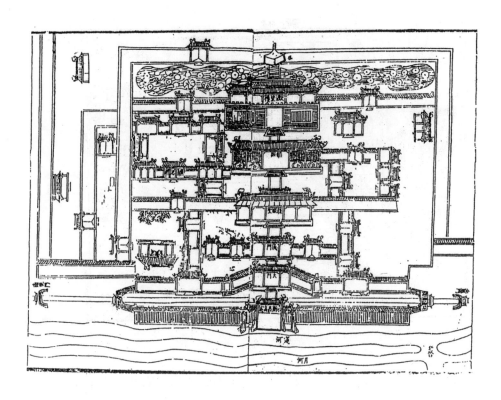

图5-42 管泉主事南旺分司署图

（1598年），主事胡瓒增修。"[180]（图5-42）

至清康熙时，"鼎革荒乱，房楼尽毁，仅存大堂及左右耳房四间，不堪住宿"，康熙十七年（1678年），叶方恒重建"后堂三楹，厢房各二"[181]。

南旺分司署特别之处在于其在门外建里门，主要出于安全考虑，因当时"盗贼纷起，南旺距汶治四十里，所巡徼者罕至"[182]。

4.管泉主事行署

（1）泉林行署

在泉林寺左，泗水庙右。正德十年（1515年）主事尹京建，嘉靖二十一年（1542年）郎中张文凤、三十七年（1558年）主事陈南金各重修。

外为门，为仪门。中为正厅，为退寝，各五楹，前后东西厢各三楹。门以外为道源国脉坊，署之左为观泉亭。为有本亭，即新亭，万历二十年（1592年）主事陆化淳建。为原泉亭，临趵突泉上，嘉靖十六年（1537年）建。门题为浮磬真源，逾河相望为玉淙亭。署之东为林壑深秀坊，为海岱名川坊。又北直署之后有[183]亭跨泉上而缭以垣，曰浮槎，万历二十六年（1598年）主事胡瓒建[184]（图5-43）。

（2）兖州府行署

在金口坝西。外为门，为仪门，中为正厅三间，退厅五间，

180 （明）胡瓒撰，《泉河史》卷12，《宫室志》，《南旺分司》。
181 （清）叶方恒撰，《山东全河备考》卷3，《职制志上》，《公署建置·南旺分司》。
182 （明）胡瓒撰，《泉河史》卷12，《宫室志》，《南旺分司》。
183 《泉河史》中字模糊不清，此为《山东运河全考》所载，两者应相同。
184 （明）胡瓒撰，《泉河史》卷12，《宫室志》，《泉林行署》。

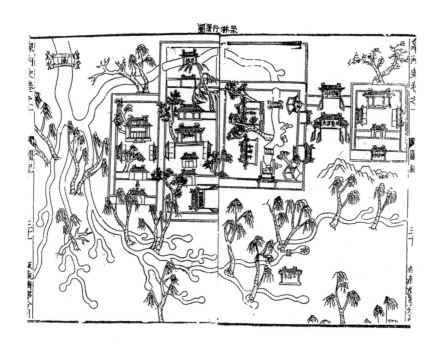

图5-43 泉林管泉主事行署图

东西厢各三间。成化七年（1471年），主事张盛建，嘉靖三十七年（1558年），主事陈南金重修[185]。

（3）堽城坝行署、戴村坝行署

堽城坝行署位于"宁阳县青川驿后，成化十三年（1477年）主事张盛建，弘治五年（1492年）主事黄肃重修。今废"[186]。戴村坝行署，"在四汶集，距汶上县四十五里。弘治五年（1492年）主事黄肃建，正德十四年（1519年）主事顾珅、万历二十五年（1597年）主事胡瓒重修"[187]。两者建筑无载，均记"规制同"，因行文中两行署紧接兖州府行署，笔者推测当为与兖州府行署规制相同。

这些行署康熙时均废[188]。

1.2.7 管闸官公署

明清时期管闸官有两类，一类是由朝廷派出的工部主事担任的管闸主事，亦称工部分司，多驻扎闸务紧要之处，为闸务的统领官；一类是地方派出的具体负责闸务的闸官，所管理的对象主要是船闸。

1. 管闸主事公署

（1）沽头工部分司署

分司署在沛县南二十里泗河东岸，"明成化二十一年（1475年）主事陈宜建，为□督湖陵城诸闸主事莅事之所。厅堂门宅规制，如徐、吕二洪分司。嘉靖间主事侯亭筑城卫之，四十四年（1565年）圮于水，明年（1566年）移治夏镇"[189]。

185 （明）胡瓒撰，《泉河史》卷12，《宫室志》，《兖州府行署》。
186 （明）胡瓒撰，《泉河史》卷12，《宫室志》，《堽城壩行署》。
187 （明）胡瓒撰，《泉河史》卷12，《宫室志》，《戴村壩行署》。
188 （清）叶方恒撰，《山东全河备考》卷3，《职制志上》，《公署建置·泉林行署》。
189 （清）石杰、王峻纂修，《乾隆徐州府志》卷6，《公署》，《沽头工部分司署》。

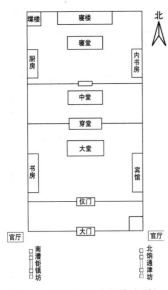

图5-44　夏镇工部分司署平面推测示意图

沽头管闸工部分司与徐、吕管洪工部分司级别相同，沽头工部分司署建筑在规制上与徐、吕二洪分司相同当为信论，可参见前文对徐、吕二洪分司署的建筑研究。

（2）夏镇工部分司署

夏镇工部分司署，"在会景门西，南向。隆庆二年（1568年），主事陈楠建。为大门，为仪门，为大堂，后为穿堂，又后为中堂。大堂东为宾馆，西为书房。中堂后为宅，为寝堂，为寝楼。堂之东西为厢，为内书房，为厨。缭以周垣，大门东西为北饷通津、南漕钜镇坊，坊之外为官厅。国朝（清朝）顺治十年（1653年），主事狄敬增建堡楼三楹，西北、东南二隅各堞楼一"[190]。顺治十四年（1657年），"郎中顾大申尝修之，康熙十五年（1676年）裁分司，署亦废。乾隆四年，将废基改作教场"[191]（图5-44）。

夏镇工部分司署的建立与南阳新河的开通有关，南阳新河于隆庆元年（1567年）五月开通，"河自留城而北，经马家桥、西柳庄、满家桥、夏镇、杨庄、珠梅、利建七闸，至南阳闸合旧河，凡百四十里有奇"[192]。原从南阳镇经谷亭、湖陵城等闸至留城的运道不再使用，该段运道上诸闸也就随之失去了作用。而新开的南阳新河上所建新闸遂成为闸务管理的重点，故而在此设立工部管闸主事公署。

2. 闸官公署

闸官掌闸之启闭，一般是一闸一官，但两闸相距较近时，亦可由一人兼管。闸官署为闸官管理闸务之所。因闸官大部分都不是正式的朝廷官员，多"未入流"，少部分为从九品，官阶低微。其治事之所往往规制简单，很多则是租住民房。文献中对闸官署的记载较少，多数仅记某闸有闸官署。本书列表整理闸官署及其位置（见表5-1），对有文字记载其建筑的闸官署，进行平面推测研究。

190　（清）叶方恒撰，《山东全河备考》卷3，《职制志上》，《公署建置·夏镇分司》。
191　（清）石杰、王峻纂修，《乾隆徐州府志》卷6，《公署》，《夏镇工部分司署》。该书记"顺治八年，主事狄敬建安夏楼于后圃"。
192　（清）张廷玉等撰，《明史》卷85，《河渠志三》，《运河上》。

表5-1　闸官署表

闸官署	位置	建置沿革	参考文献
庆丰闸公馆	—	—	《通惠河志》卷上，《公署建置》
平津上闸公馆	—	—	
平津下闸公馆	—	—	
普济闸公馆	—	—	
南阳闸官署	在南阳	明宣德六年（1431年）建	《乾隆兖州府志》卷4，《建置志》；《古今图书集成·方舆汇编职方典》卷216，《兖州府部汇考八兖州府公署》
天井闸官署	—	—	《山东通志》卷26，《公署志》
赵村闸官署	—	—	《山东通志》卷26，《公署志》
在城闸官署	—	—	《山东通志》卷26，《公署志》
仲家浅闸官署	—	—	《山东通志》卷26，《公署志》
石佛闸官署	—	—	《山东通志》卷26，《公署志》

闸官署	位置	建置沿革	参考文献
新店闸官署	—	—	《山东通志》卷26，《公署志》
枣林闸官署	—	—	—
寺前闸官署	在县西南五十里	—	《乾隆兖州府志》卷4，《建置志》；《古今图书集成·方舆汇编职方典》卷216，《兖州府部汇考八兖州府公署》；位置见《万历兖州府志》卷22，《公署》
开河闸官署	在县西三十五里	—	
南旺闸官署	在县西三十五里	—	
袁家口闸官署	在县西二十五里	—	
阿城闸官署	—	—	《乾隆兖州府志》卷4，《建置志》
荆门闸官署	—	—	
七级闸官署	—	—	—
戴家庙闸官署	—	成化元年（1465年）建，与闸同建，志书中载"今俱废"	《光绪东平直隶州志》卷6，《建置志·官廨》；《嘉庆东昌府志》卷7，《建置志三·漕渠》
靳口闸官署	—	—	
安山闸官署	—	—	
通济闸官署	在通济闸，距城六十里		《乾隆曹州府志》卷3，《舆地志·公署》；《道光钜野县志》卷5，《建置志·公署》
夏镇闸官闸	见泰门外东，临闸		《乾隆徐州府志》卷6，《公署》
惠济闸官署	—	旧管仲庄闸，乾隆二年（1737年）改建通济闸于河东，以仲庄闸官调	《咸丰清河县志》卷3，《建置》
通济闸官署	—	—	—
福兴闸官署	—	永乐十三年（1415年）创建官厅三间。乾隆二年（1737年）设	《咸丰清河县志》卷3，《建置》，《正德淮安府志》卷6，《规制二·公署》
板闸	—	去府治西北一十里，明永乐重建官厅三间	《正德淮安府志》卷6，《规制二·公署》
清江闸	去治西北三十里	永乐十三年（1415年）创建官厅三间	《正德淮安府志》卷6，《规制二·公署》

七级闸署，久废，清乾隆三十四年（1769年），买基移建。大门一间，大堂三间，二堂四间，班房四间，内宅房，十一间[193]。

《通惠河志》载有通惠河上所设四闸之公署：庆丰闸公馆一座，头门一间，耳房六间，正厅三间，厨房一间。闸官公廨前后六间，龙王庙一座[194]，嘉靖七年（1528年）新建。平津上闸公馆一座，头门一间，耳房二间，正厅三间，厢房四间，厨房一间，嘉靖七年（1528年）新建。平津下闸公馆一座，头门一间，耳房二间，正厅三间，厢房四间，厨房一间，嘉靖七年（1528年）新建。普济闸公馆一座，头门一间，耳房二间，正厅三间，厢房四间，厨房一间，嘉靖七年（1528年）新建[195]。

闸官署虽然简单，但也具备一定规制，大门、正厅（大堂）为必备建筑，并构成官署的中轴线，其他则为耳房、厢房、厨房等（图5-45）。

193 （清）觉罗普尔泰修，陈顾𤲞纂，《乾隆兖州府志》卷4，《建置志》。
194 注：（明）吴仲撰，《通惠河志》，《通惠河图》上可看出龙王庙为单独一座建筑，独立于庆丰闸公馆之外。
195 （明）吴仲撰，《通惠河志》卷上，《公署建置》。（明）周之翰撰，《通粮厅志》卷6，《公署志》引用吴氏记载。

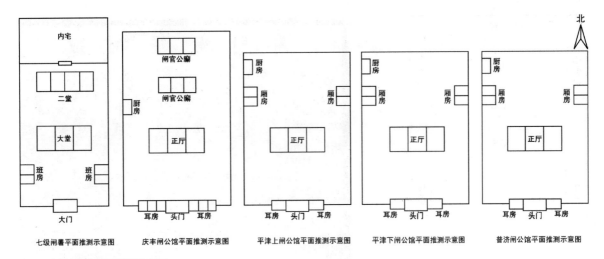

						北
内宅		闸官公廨				
二堂		闸官公廨	厨房 厢房	厨房 厢房	厨房 厢房	厨房 厢房
大堂	厨房	正厅	正厅	正厅	正厅	正厅
班房 班房						
大门	耳房 头门 耳房	耳房 头门 耳房	耳房 头门 耳房	耳房 头门 耳房		

七级闸署平面推测示意图　　庆丰闸公馆平面推测示意图　　平津上闸公馆平面推测示意图　　平津下闸公馆平面推测示意图　　普济闸公馆平面推测示意图

图5-45　闸官署平面推测示意图

1.2.8　沿运河各府、州、县管河官公署

除朝廷派出专官督理河务外，沿运河各府、州、县均设有专官管理河道，负责具体河务，并兼管催趱漕船过境。府一般设管河同知、管河通判；州县设管河判官、主簿、县丞等。这些地方管河官虽主管河务，听从总河调遣，但在行政关系上隶属地方行政体系，其治事之所有的位于沿河地方，有的则位于府、州、县治所之内。

明代漕河自南而北流经杭州、苏州、常州、镇江、扬州、淮安、徐州、兖州、东昌、济南、广平、河间、顺天等府，其中长江以北诸府除广平与济南二府外，其余均设管河官[196]。而浙漕"地处长江下游之冲积平原，并无专属人员整治，而是合并于该区农田水利组织中，自为一严密管理体系"[197]。清代漕河所经府州县与明代基本一致，长江以北各府州县管河官员设置完备[198]。

官员管理河道于礼于事均当有治事之所，规模或大或小，规制或繁或简。各种文献中对沿河各府州县所设河官及驻扎地记载较为全面，但其公署建筑方面却着墨甚少。笔者以找到的几则文献记载研究该类管河官公署。

1. 府管河同知、通判署

（1）兖州府运河同知署

《康熙济宁州志》《乾隆兖州府志》《乾隆济宁直隶州志》《道光济宁直隶州志》以及《古今图书集成》对兖州府运河同知署均有记载，五书成书时间虽不同，但对运河同知署的记载基本一致，只是详略有差异，综合五书所记，对运河同知署作一分析。

公署位于城西南隅（亦记为州署西南），运河署原为曾子书院，后改为颐真宫，即正学书院。

五书中以《乾隆兖州府志》对运河同知公署记载最为简洁明晰：

196　蔡泰彬撰，《明代漕河之整治与管理》，台湾商务印书馆，1992：372。

197　蔡泰彬撰，《明代漕河之整治与管理》，台湾商务印书馆，1992：307。

198　（清）傅泽洪撰，《行水金鉴》卷164-169，《官司》。

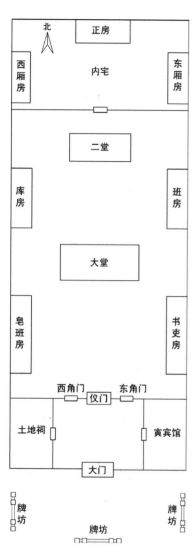

图5-46 兖州府运河同知署平面推测示
意图

图5-47 《康熙济宁州志》所载运河厅署图

"大门门前牌坊一座，东西牌坊二座。仪门，东西角门，门外东为寅宾馆，西为土地祠。门内，北为大堂，四楹；东为书吏房，西为皂班房。堂后为二堂，东为班房，西为库房。堂后为内宅，为正房，为东西厢房。"[199]（图5-46）

《康熙济宁州志》称为运河厅衙门，对其建筑的记载与《乾隆济宁直隶州志》相同[200]，且该书中绘有运河厅署图（图5-47）。

五书中均载有康熙九年（1670年）王有容对河署增修一事，王有容建委蛇阁，"结茅为之，凿池叠山，具体而微，颇称幽雅"，推测其当在后宅内，为休憩之地。还建有三省堂六楹，建楼四楹，扁曰禹荫轩。堂前建茅舍两层，用作训子、憩客。内外均设两庑，供仆吏使用[201]。

（2）兖州府河捕通判署

"在安平镇城内河西，西南隅。大门三间；仪门三间，东西角门；

199 （清）觉罗普尔泰修，陈顾溁纂，《乾隆兖州府志》卷4，《建置志》。
200 注：推测《乾隆济宁直隶州志》所载引自《康熙济宁州志》。
201 （清）廖有恒、杨通睿修，《康熙济宁州志》卷1，《疆舆志上·公署》："运河厅衙门，原系曾子书院，后为颐真宫，即正学书院，今改兖州府运河同知公署。正堂四楹，东为花厅，西为库吏房。后为居宅，西为三桧堂，老桧三林，数千百年物。抚宁瞿凌云建，今废，后为委蛇图，麻城王有容建。结茅为之，凿池叠山，具体而微，颇称幽雅。东西为书吏、皂隶房。仪门东为寅宾馆，西为土地祠。大门前牌坊，抚宁瞿凌云题曰三省蜀谭，丝改曰司农重计。东西牌坊，东曰符分望国，西曰饷转神京。"
《古今图书集成·方舆汇编职方典第二百十六卷兖州府部汇考八兖州府公署考下》所载与《康熙济宁州志》相同。
（清）胡德琳、蓝应桂修，周永年、盛百二纂，《乾隆济宁直隶州志》卷

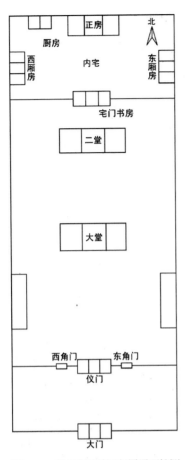

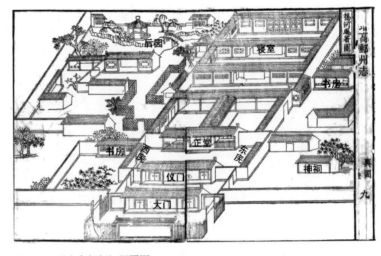

图5-48 兖州府河捕通判署平面推测示意图

图5-49 道光高邮扬河厅署图

（续上页）

7，《建置一·官署》："兖州府运河同知公署。正堂四楹，东为花厅，西为库吏房，后西居宅，西为三桧堂，老桧三株，千百年物。抚宁瞿凌云建，今废。后为委蛇阁，康熙九年（1670年）麻城王有容建，结茅为之，凿池叠山，具体而微，颇称幽雅。东西为书吏、皂隶房。仪门东为寅宾馆，西为土地祠。大门前牌坊抚宁瞿凌云题，曰三省葛谭，丝改曰司农重寄。东西牌坊，东曰符分望国，西曰饷转神京。（旧志）。王有容增修运河厅署兼树题名记碑记略："余佐郡此邦，甫下车辄，奉檄塞闸，香炉决口成，旋署厅事之奸靡所依，楼因捐修鸠工。建堂六楹，颜曰三省，以此地原祠宗圣也。后建楼四楹，颜曰禹荫轩，以余职在治水也。堂前启茅舍两层，或以训子，或以憩客，内外各设两庑，使仆吏各有所依。署前表以两棹，一曰裕国，一曰宣储，欲出入自警厥职也。康熙九年（1670年）仲秋谷旦立石。"（清）徐宗幹修，许瀚纂，《道光济宁直隶州志》卷4，《建置·公署》载："在州署西南，《全河备考》云明隆庆三年建，原系曾子书院，后为颐真宫，即正学书院。正堂四楹，东为客厅，西为库吏房，后西居宅，西为三桧堂，老桧三株，数千百年物也。抚宁瞿凌云建，今废。后为委蛇阁，□□王有容

大堂三间；二堂三间；宅门、书房三间；内宅，正房三间，东西厢房各三间，厨房二间"[202]（图5-48）。

（3）扬河通判署

位于高邮州，在州治中市桥西。旧为工部分司署，康熙十七年（1678年）奉裁为河营守备署，三十一年（1692年）改为扬河通判署[203]。道光三年（1823年），通判熊焕捐修花厅、书室、亭宇。道光十七年（1837年），通判王国佐捐修内宅西厅[204]。

前为大门三间，门内东偏神祠一间。次为仪门，内正堂三间，东西两庑各三间，堂东偏门一楹，内为书房，照庭三间；堂西书房三间。堂后为寝室共三十八间。由堂后小径折西纡行百步，有后园一所，亭台池沼、水波萦回、竹树交荫，颇幽胜焉。东至民房曲尺界深三十六丈，南至官街，阔七丈五尺，西至民房曲尺界深四十一丈，北至官街，阔十六丈二尺。街南官厅一所，久废，其地东至民房曲尺界深十一丈九尺，南至民房曲尺界，阔十二丈三尺七丈五尺[205]。

《道光续增高邮州志》中所绘"扬河厅署图"（图5-49）与该段

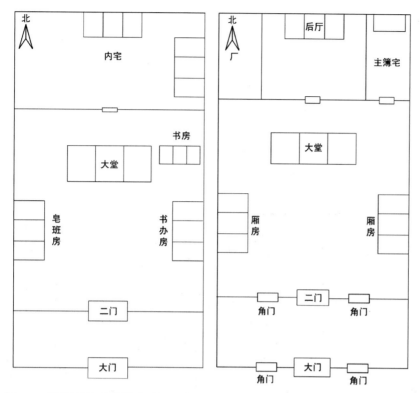

图5-50 阳谷县管河主簿署平面推测示意图　图5-51 夏津县理河厅署平面推测示意图

（续上页）

容建东西为书吏、皂隶房。仪门东为寅宾馆，西为土地祠。大门前牌坊瞿凌云题曰三省蜀谭，丝改曰司农重计。东西牌房，东曰符分望国，西曰俩转神京。康熙九年（1670年），运河同知王有容修署题名记略云：建台六楹，颜曰三省，以此地原祠宗圣也。后建楼四楹，颜曰禹荫轩，以余职在治水也。署前表坊一曰裕国，一曰宣储，欲出入自警厥职也。雍正三年（1725年），运河同知杨三桐以署之西偏为曾子故居，别建曾子祠，桐城方芭记。按，今大堂颜曰思省堂，王兴竞题。大门外坊曰两河领袖，五水权衡。大堂联云：纲维当汶泗之交要使沟洫河渠皆无尤，夫水溢旱乾方是克供厥职控制及齐滕之路，傥谓因原竟委必严辨于此疆彼界便非利济为心。同知黄庆安题。"

202 （清）觉罗普尔泰修，陈顾瀛纂，《乾隆兖州府志》卷4，《建置志》。

203 （清）杨宜仑修，夏之蓉、沈之本纂，《乾隆高邮州志》卷1，《建置志·公署》。

204 （清）左辉春纂，《道光续增高邮州志》卷2，《城池·公署》。

205 （清）杨宜仑修，夏之蓉、沈之本纂，《乾隆高邮州志》卷1，《建置志·公署》。

206 注：《乾隆高邮州志》与《道光续增高邮州志》所记下限分别为1783年、1843年。

207 （清）觉罗普尔泰修，陈顾瀛纂，《乾隆兖州府志》卷4，《建置志》。

208 注：笔者认为后厅及左右厢房与正厅相同，都为三间。

209 （明）易时中、王琳，《嘉靖夏津县志》上卷，《公署志》。

文字描述基本吻合，乾隆四十八年（1783年）至道光二十三年（1843年）[206] 之间扬河通判署基本无变化。该段文字对扬河厅署的规模有明确记载，折合现在尺寸，东西宽约1 283.2米，南北长约75.84米，面积约97 320平方米。

2. 州县管河判官、主簿署

（1）阳谷县管河主簿署

在张秋镇北水门内北街，明景泰年间建。

大门一座，二门一座，大堂三间，书房三间，书办房三间，皂班房三间，内宅房六间[207]（图5-50）。

（2）夏津县理河厅

在县治西四十里，主簿治河处，成化十七年（1481年），带管河道典史黄谲奉檄创建。正德元年（1506年）主簿惠凤、嘉靖六年（1527年）主簿李晋阳继修。中为正厅三间，北为后厅，南左右为厢房，各如之[208]，仪门一间，左右角门，大门亦如之。厅之左为主簿住宅，右为厂，椿草贮焉[209]（图5-51）。

1.3　大运河管理机构公署建筑平面布局

上文分析了多种大运河管理机构公署，其所承担的管理职能不同，建筑设置亦不尽相同，但作为体现国家威严与礼制的公署，其在平面布局上有着许多共同的特征。

1.3.1　坐北朝南与前堂后宅

除少数管理机构公署（如临清钞关，徐、吕管洪主事公署）因方便管理河道等原因外，大部分大运河管理机构公署在朝向上遵循坐北朝南的原则，这符合中国传统的建筑朝向原则。同时与皇家前朝后寝布局相呼应，采取前堂后宅的布局方式，即前面为大堂、二堂等办公空间，后面为官员的内宅，这与明清时期一般衙署的布置是相同的。

1.3.2　院落式布局

运河管理机构公署在空间组织上采取院落布局方式，因公署等级规模的不同，院落的数量不一，最简单的可能仅一个院落，多的有十几个。从上文对各类运河管理机构公署平面推测图可知，公署通常具备的院落有：一是大门与仪门之间组成的院落，是整个公署的最前端院落；二是大门内东西两侧院落，多用作寅宾馆与土地祠；三是以大堂、二堂为中心组成的院落，此为公署的空间核心和行政中心，公署内的重要管理活动多在此院落完成；四是内宅所组成的官员及其家属的生活院落；五是由亭、台、池、沼组成的花园部分。此外有的公署还因特殊的功能需求而有别的院落，如钞关公署以"库"为中心的院落等（图5-52）。

1.3.3　空间转换节点——门

院落由围墙围合而成，院落之间的空间联络则靠门来完成，这些门不仅是空间转换的节点，而且也是公署管理活动的关键节点，各个功能区的流畅运作有赖于此。有大门、仪门、宅门、墙门等，这些门界分了公署内的各种空间，门的闭合与开启保证了公署内部办公、生活空间的分离与连通。公署内设有一种夫役——门吏（门子），负责与门相关事务。如明代工部都水司郎中下设门子6名，兖州府运河同知下设门子4名，兖州府捕河通判设门子1名，东昌府河务通判设门子2名，济宁州管河判官设门子2名，鱼台县管河主簿设门子1名等[210]。明代《居官必要为政便览》中对宅门相关法度的记载则可从一个侧面反映"门"在公署管理活动中所起的作用。"宅门之内置一云牌，门外置木梆，门旁墙中置转桶，有事传进令

210　（明）谢肇淛撰，《北河纪》卷6，《河政纪》。

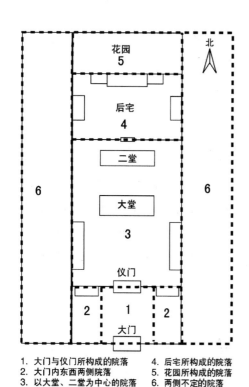

1. 大门与仪门所构成的院落	4. 后宅所构成的院落
2. 大门内东西两侧院落	5. 花园所构成的院落
3. 以大堂、二堂为中心的院落	6. 两侧不定的院落

图5-52　大运河管理机构公署院落布局示意图

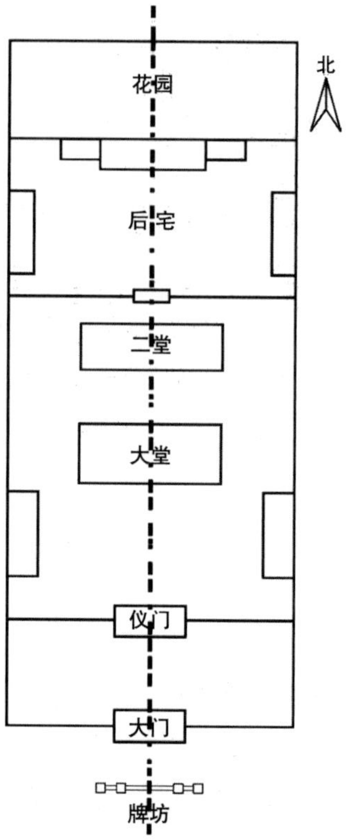

图5-53　大运河管理机构公署轴线示意图

击梆，有事传出令击云牌。退堂入衙，该吏承印至宅门外，门子接印盒送入宅内，即将印牌取出。如取印出堂，将印牌交进门子，即出，不许容令穿房入户行走"[211]。北新关権使堵胤锡上任时所制定的规定体现了"门"在维护公署内部正常管理运作秩序的重要作用，详见后文"钞关关署管理运作"论述。

1.3.4　有明显的中轴线

运河管理机构公署中都存在一条由牌坊（照壁）、大门、仪门、大堂、二堂、内宅正房构成的中轴线，中轴线两侧建筑对称分布（图5-53）。在规模较大的公署中，还有与中轴线平行的一条或两条轴线，如漕运总督公署、河道总督公署、淮安钞关署等。中轴线使得公署建筑群秩序井然，等级分明，增强了公署的威严。同时中轴线也具有组织公署建筑空间序列的功能，空间序列多沿轴线从前到后依次展开。

1.3.5　功能分区明确

《钦定大清会典》规定，"各省文武官皆设衙署，其制：治事之所为大堂、二堂，外为大门、仪门，大门之外为辕门；宴息之所为

211 （明）《居官必要为政便览》，《工类》，《官藏书集成》。

内室，为群室；吏攒办事之所为科房。官大者规制具备，官小者以此而减，佐二官复视正印为减。布政使司、盐运使司、粮道、盐道署侧皆设库"[212]。按此规制，公署一般分为三部分，即治事之所、宴息之所与吏攒办事之所，上文所分析的大运河管理机构公署大都具有这三部分。《通粮厅志》中对公署的分区也有明确记载："举一署之中，听治有堂，退食有所，燕息有室，庖湢有区，胥吏有舍。"[213] 笔者认为大运河管理机构公署的功能分区还应有祭祀之所。本书把大运河管理机构公署的功能分区分为四部分，即礼仪旌表之所、治事之所、宴息之所与祭祀之所。

（1）礼仪旌表之所：指大门、仪门以及大门之外的石狮、旗杆、鼓亭、辕门、牌坊等。这些建筑的礼仪性很强，建筑上多有匾额来表明整个公署的宗旨或宣教封建仪礼，宣明公署之威严。运河管理机构公署中以门外牌坊最具特色，少则正对大门有一座，多则三座，甚至五座或更多，如管泉主事济宁分司署前有七座牌坊：大门前为转漕要会坊，东西分别为节宣国脉坊、飞挽京储坊，又东为国赋通津坊，西北为司空行署坊。循河之涯，南为排泗，北为沧济坊。坊上的题字多表明漕运、治河等的重要性。

同时该部分中的鼓亭、大门亦有一部分的办公职能，可以看作是由礼仪旌表之所向治事之所的过渡。此外，许多大运河管理机构公署大门之外也设有官厅，如漕运总督署、河道总督署、济宁河道总督署等。

（2）治事之所：指官吏办公之处，包括两部分，一为首脑官员办公的大堂、二堂；二为吏攒等办公的科房，一般有书吏房、皂隶房等，钞关公署因其功能的不同还有书算房、船房、查数房等。大堂是衙署的最高行政长官发布政令、举行重大典礼和公开审理大案、要案的地方，是整个公署的核心，不仅处于建筑群的中心，更重要的是在公署管理运作中的核心地位。二堂是预审案件和大堂审案时退思、小憩之所。吏攒办公的科房，多对称分布于大堂或二堂之前的东西两侧。

（3）宴息之所：包括官员之内宅、游憩之花园以及寅宾馆。内宅为官员及其家属生活之所，常设正房、厢房、书房、厨房，有的亦建有楼房。公署之花园作为文人官员生活方式的载体，往往在面积不大之地营造亭、台、池、沼，环境幽雅，讲求意境之妙，官员公事之余多在此放松身心，吟诗会友，多自由布局，与公署治事之所建筑的规整形成对比。运河管理机构公署中几乎均有花园，其位置或位于内宅之后，或偏于一隅，规模亦各不相同。

（4）祭祀之所：运河管理机构公署中还有一种像土地祠、关帝

212 （清）昆冈等修，吴树梅等纂，《钦定大清会典》卷58，《工部》。
213 （明）周之翰纂修，《通粮厅志》卷6，《公署》。

庙、库神祠等的祠庙类建筑。它们虽然面积不大，但其意义重大，在崇尚礼仪的封建社会中，这类建筑有着特殊的作用。官员上任之始，要到这些祠庙里祭祀。

第二节　仓闸之制：具备管理职能的设施

本书重点讨论两种典型的此类型设施，一为贮存漕粮的仓廒，一为运河上的船闸。

2.1　仓廒

大运河沿线所设仓廒大致有京、通仓及地方上的水次仓等类型，本书重点关注明清仓廒的营造，包括仓廒的规模、建筑构成、做法、平面布局、用材、修缮等。明清两代仓廒基本相同，本书以最具代表性的明代京、通仓为例研究明代的仓廒，对元代及清代仓廒不作详细讨论。

2.1.1　元代仓廒

元代仓廒以镇江双井路出土的元代粮仓为例了解其大貌。

镇江地处运河与长江交汇之处，是重要的运河城市之一，分布着大量运河遗迹。2009 年 8 月至 2010 年底由南京博物院、镇江博物馆共同勘探发掘的双井路宋元粮仓遗址，先后发现了宋代至清代河道，元末明初石拱桥，清代码头，清代房基，宋、元建筑夯土，宋代房基遗迹，其中就有一座元代粮仓仓基。

此次考古仅发现了仓基夯土及南北两层包砖墙。仓基平面呈长方形，方向 202°，进深 17.5 米，面阔 50 米以上。其基础整体堆筑形成，土黄泛褐色，粉土质，纯净。南北向磉墩 6 排，磉墩平面呈方形或长方形，均口大底小，口宽 1~2 米，残留深度约 0.9 米，磉墩用一层土、一层砖瓦夯筑而成，土层厚 0.1~0.15 米，砖瓦层厚约 0.05 米[214]（图 5-54）。

2.1.2　明代京通仓

1. 基址规模

"明初，京卫有军储仓。洪武三年（1370 年）增置至二十所"[215]，盖为明代京仓之始。洪武二十八年（1395 年），"置皇城长

214　王书敏，霍强，王克飞，等 . 江苏镇江双井路宋元粮仓遗址考古发掘简报 [J]. 东南文化，2011（5）: 63.
215　（清）张廷玉等撰，《明史》卷 55，《食货志三·漕运》。

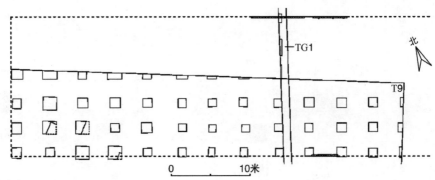

图5-54 镇江双井路元代粮仓平面

安、东安、西安、北安四门仓"[216]，后来仓廒不断增加。京仓有皇城四门仓、旧太仓、新太仓、大军仓、西新太仓、海运仓、南新仓、北新仓、济阳仓、禄米仓、太平仓、大兴仓；通仓有大运西仓、大运南仓、大运中仓。各仓下又设若干卫仓。文献中并无对京通仓基址面积的记载，只记其周长，多在1 200米以上，由北京、通州城市地图所示（图5-55，图5-56），仓多近似为长方形，因而可推算其基址最大占地面积应在10万平方米左右。

表5-2 京、通仓基址规模表

仓名	周长	仓名	周长
旧太仓	三百二十五丈五尺，约1 009.05米	济阳仓	—
新太仓	四百七十四丈四尺，约1 470.64米	禄米仓	二百六十三丈，约815.30米
大军仓	—	太平仓	四百二十丈，约1 302.00米
西新太仓	四百四十九丈，约1 391.90米	大兴仓	二百五十五丈，约790.50米
海运仓	四百八十五丈二尺五寸，约1 504.28米	大运西仓	八百七十二丈五尺，约2 704.75米
南新仓	五百三十七丈，约1 664.70米	大运南仓	四百五十七丈三尺，约1 417.63米
北新仓	五百一十八丈，约1 605.80米	大运中仓	四百一十二丈四尺，约1 278.44米

2. 明代京通仓的建筑构成

《天下郡国利病书》中记载了通州四仓的建筑构成情况[217]：

大运西仓，在旧城西门外新城之中，俗呼大仓，永乐间建。廒九十七连，三百九十三座，计二千一十八间，囤基八百四十四个，内有大督储官厅一座，监督厅一座，各卫仓小官厅六座，筹房各二间，井二口，各门挈斛厅各一座，西南北三门各三间。

大运中仓在旧城南门里以西，永乐间建。廒四十五连，一百四十五座计七百二十三间，囤基二百二十二个，内有大官厅一座，东门挈斛厅一座，南北二门内各有增福庙，前接一轩作挈斛厅，各卫仓小官厅五座，各筹房二间，井一口，东南北三门，各三间。

216（明）申时行等修，赵用贤等纂，《大明会典》卷21，《仓庚一》。
217（清）顾炎武著，《天下郡国利病书》，《北直隶备录》。

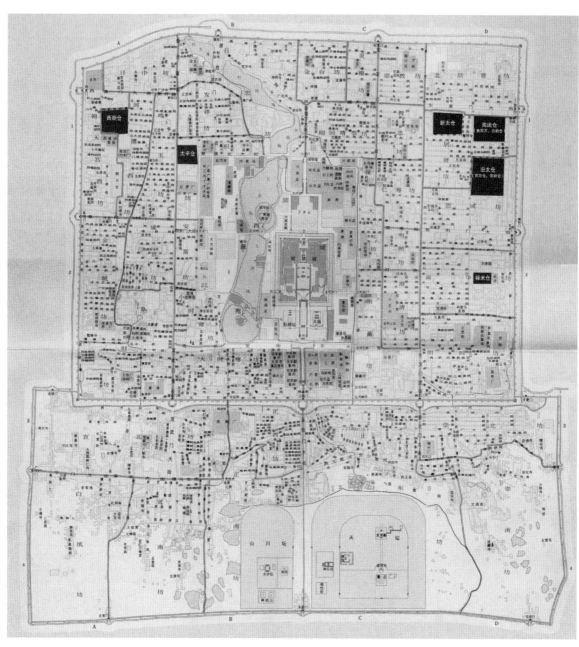

图5-55 京仓分布图

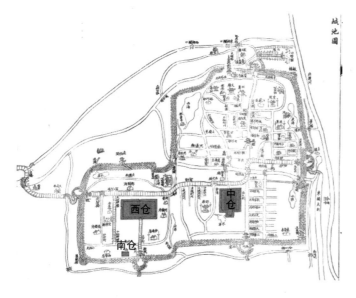

图5-56 通仓分布图

大运东仓，在旧城南门里以东，永乐间建。廒一十五连，四十一座，计二百五间，囤基一百八个，内有神武中卫仓小官厅一座，挈斛厅一座，神南右北三门各一间。

大运南仓在新城南门里以西，天顺间添置。廒二十八连一百二十三座，计六百一十五间，囤基二百九十二个，内有各卫仓小官厅四座，筹房各二间，各门挈斛厅各一座，东北二门，各三间。内板木厂一处，门一间，官厅一间，每年收贮各运松板楞禾，专备铺垫各廒用。

由以上记载可推知，通仓的基本设置模式为：仓—卫仓—廒—间。各仓建筑基本相同，有围墙、廒、露天的囤基、大官厅、监督厅、挈斛厅及水井，设三门或两门。每个卫仓各有小官厅一座、筹房两间。《太仓考》则记"凡仓各有挈斛厅、外风厅、更铺"[218]。为保证入仓粮米的干洁，京、通各仓内还设有用砖漫砌的晒场，"正德元年（1506 年）本部会议题，准□□查行内外官员会同工部上官一员将各仓晒场计量丈尺，用砖漫砌，以图永久"[219]。"万历二年（1574年），总督左侍郎毕锵题工部覆，准通州西南中三仓晒场皆照京仓砌砖"[220]。

3. 明代京、通仓样式及营造方法

明时京、通仓的营造已有固定的样式。洪武二十六年（1393年）定，盖仓廒须"相择地基、计料如式营造"[221]，后来还有"样廒"，"万历三年（1575 年）题准，修建仓廒规制，俱以样廒为准[222]"。关于样廒明人刘斯洁有记载："旧太仓、新太仓、海运、南新等仓样廒，每座五间，面阔一丈三尺，进身四丈五尺。禄米仓样廒，一座五间，面阔一丈三尺，进身五丈"[223]。可知一般每廒五间，面阔约 20.22 米[224]，进深为 14.00 米或 15.55 米，每座廒平面为长方形，面积约为 283 平方米，根据每廒有 26 个柱础，可推测其平面为面阔五间，进深三间，且当心间前有披檐（北京现存明代南新仓当心间有披檐）（图 5-57，图 5-58）。

明人吕坤从仓庾的择址、屋基做法、梁栋规格、室内铺地等方面勾勒出了仓庾营造的大致过程[225]，在营造中始终贯穿"防湿"这一标准，反映了功能对营造的约束。推测京、通仓廒的营造方法应与其基本一致。基于此并结合其他文献可大致还原京、通仓的营造过程。

（1）择址

仓庾防潮为第一要务，防湿要求更高。故应择"城之最高处所"，同时应做好院内的排水系统，以确保院内无积水。要求院中地

218 据（明）刘斯洁撰，《太仓考》卷二之二，《仓库》所记内容推测。
219 （明）刘斯洁撰，《太仓考》卷二之七，《修仓》。
220 （明）刘斯洁撰，《太仓考》卷二之七，《修仓》。
221 （明）申时行等修，赵用贤等纂，《大明会典》卷 187，《营造五·仓库》。
222 （明）申时行等修，赵用贤等纂，《大明会典》卷 187，《营造五·仓库》。
223 （明）刘斯洁撰，《太仓考》卷二之七，《修仓》。
224 注：刘氏文中的面阔一丈三尺应为单间面阔，因为《工部厂库须知》中记廒门桁门就长一丈七尺。

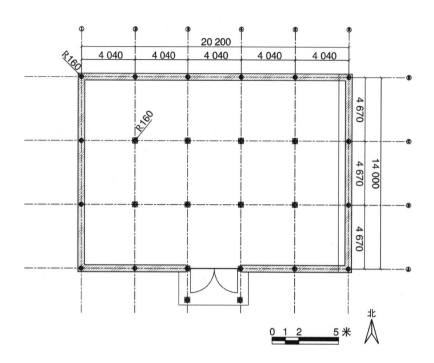

图5-57 明代样廒平面复原图

图5-58 南新仓现状

基"务须背"，即要中间高于四周，并多留水道，禁止在仓外"挑坑聚水"。

谷积在仓，第一怕地湿房漏，第二怕雀入鼠穿，此其防御不在人力乎？大凡建仓择于城之最高处所，院中地基务须背，院墙水道务须多留。凡邻仓庾居民不许挑坑聚水，违者罚修仓廒[225]。

（2）屋基

地基要"掘地实筑"，并对用材及尺寸均作了规定，首选石材，无石材者以熟透大砖，做法上务要"磨边对缝，务极严匝"，"丁横俱用交砖"，并要三尺厚，这样确保了地基的牢固。

仓屋根基须掘地实筑，有石者石为根脚，无石者用熟透大砖，磨边对缝，务极严匝。厚须三尺，丁横俱用交砖，做成一家，以防地震。房须宽，宽则积不蒸；须高，高则气得泄。仰覆瓦须用白矾水浸，虽连阴弥月，亦不渗漏。梁栋椽柱务极粗大，应费十金者，费十五、二十金，一时处固利于苟完数年即更实赔之倍费，故善事者一劳永逸，一费永省，究竟较多寡一费之所省为多也。以室家视仓廒者当细思之[225]。

（3）铺地

吕氏所讲仓庾铺地共四层，自下而上依次为煤灰五寸（约15.55厘米）[226]、麦糠五寸（约15.55厘米）、大砖一重，砖缝对合，用糯米和石灰粘接，再上为木板或席（图5-59）。

225 （明）吕坤撰，《吕公实政录》民务卷之二。
226 明代1尺约合31.10厘米，1寸约合3.11厘米。1分约合0.31厘米。

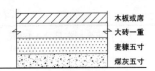

图5-59 铺地示意图

朝廷规定了铺地的标准样式，席有两种，"斜席长六尺四寸（约199.04厘米），阔三尺六寸（约111.96厘米）；方席长阔俱四尺八寸（约149.28厘米）"[227]，且"合式方许兑交"[228]。松板、楞木亦有定式，"合式松板每片长六尺五分（约188.16厘米），阔一尺三寸五分（约41.99厘米），厚五寸五分（约17.11厘米）。楞木每根长一丈四尺九寸（约463.39厘米），围二尺五分（约63.75厘米）"[229]。由此亦可推知当时仓廒铺地已有定式，京、通两仓铺地做法应该亦如此。"万历九年（1581年）题准，每年修仓廒底，板木近土，米易泡烂。议用城砖砌墁，方置板木铺垫。廒门、廒墙遍留下孔，以泄地气"[230]。

（4）用材

仰、覆瓦须用白矾水浸泡，以防漏雨。而柱、栋、梁、椽要粗大，则与仓屋须宽且高有关。窗户用竹篾，则既可防鸟又可通风。

风窗本为积热坏谷，而不知雀之为害也。既耗我谷而又遗之粪，食者甚不宜人。今拟风窗之内障以竹篾，编孔仅可容指，则雀不能入。仓墙成后，洞开门窗，过秋始得乾透，其地先铺煤灰五寸，加铺麦糠五寸，上墁大砖一重，糯米杂信浸和石灰稠粘，对合砖缝，如木有余再加木板一周，缺木处所钉席一周可也。市斗大于仓斛，凡发银籴谷，市斗作价，官斛报数，不知长余之谷安在也。有司以此蒙蔽上官久矣。今拟赎谷罚谷，以市斗折算，如有长余，报作正数[225]。

吕氏偏重对仓廒营造做法的描述，对具体尺寸及用材数量记载较少。这方面的不足可由明人何士晋所辑的《工部厂库须知》弥补，它详细记载了新建一座仓廒用材的数量及尺寸，借此我们可推知明代仓廒的构件及尺寸。

227 （明）王在晋撰，《通漕类编》卷3，《仓廒板席》。
228 （明）王在晋撰，《通漕类编》卷3，《仓廒板席》。
229 （明）王在晋撰，《通漕类编》卷3，《仓廒板席》。
230 （明）申时行等修，赵用贤等纂，《大明会典》卷187，《营造五·仓库》。

表 5-3　明代每廒用材、数量及尺寸表

序号	用材名称	数量	明代尺寸	折合现在尺寸（1明尺=311毫米）（毫米）
1	金柱柁木	12根	每根长二丈一尺，围四尺	6 531，1 244
2	双步梁柁木	12根	每根长一丈九尺，围三尺七寸	5 909，1 151
3	三架梁柁木	6根	每根长一丈九尺，围四尺	5 909，1 244
4	柁木	5根	每根长一丈七尺，围三尺五寸	5 287，1 089
5	檐柱并廒门柱散木	14根	每根长一丈四尺，围三尺	4 354，933
6	木随桁枋廒门板将军柱下槛散木	20根	每根长一丈四尺五寸，围三尺五寸	4 510，1 089
7	廒门桁条散木	1根	每根长一丈七尺，围二尺六寸	5 287，809
8	桁条并大瓜柱散木	13根	每根长一丈四尺，围二尺五寸	4 354，778
9	出稍桁条散木	14根	每根长一丈八尺，围二尺五寸	5 598，778
10	单步梁散木	14根	每根长一丈三尺，围二尺七寸	4 043，840

序号	用材名称	数量	明代尺寸	折合现在尺寸（1明尺 =311毫米）（毫米）
11	气楼过梁散木	2根	每根长一丈三尺，围二尺二寸	4 043，684
12	气楼松椽	34根	每根长一丈，围九寸	3 110，280
13	上挂松椽	320根	每根长一丈一尺，围一尺一寸	3 421，342
14	檐松椽	160根	每根长一丈三尺，围一尺四寸	4 043，435
15	黑城砖	16 600个	每个长一尺四寸五分，阔七寸，厚三寸五分	451，218，109
16	减角砖	200个	每个长八寸五分，阔四寸五分，厚一寸五分	264，140，47
17	同瓦	20个	长七寸，阔四寸	218，124
18	勾头	4个	—	—
19	大仓板瓦	30 000片	—	—
20	白灰	30 000斤	—	—
21	青灰	500斤	—	—
22	土坯	15 000个	—	—
23	柱顶石	26个	每个见方一尺一寸至二尺止，厚五六寸至八寸止	342×342～622×622，156、187～249
24	廒门土衬石	1块	长一丈一尺，阔一尺五寸至二尺止，厚五六寸至八寸止	3 421，467～622，156、187～249
25	苘麻	160斤	—	—
26	白麻	50斤	—	—
27	箔15扇	用芦苇5 500斤	—	—
28	泥兜布	半匹	—	—
29	四、五、六、七寸钉	1 300个	—	—

1 尺＝10 寸＝100 分；1 斤 =0.5 千克

4. 京、通仓的维修

朝廷对京、通仓的维修也制定了一系列措施。

永乐九年（1411 年）奏准，"仓廒损坏者，该卫修理。缺少者，本部盖造。"[231] 规定了仓廒维修的责任主体，仓廒的修缮主要由户部、工部负责，"每年小修属户部，大修属本部（工部）"[232]。京通仓大修前需由通粮厅郎中向工部修仓主事送报，万历三年（1575 年），"京、通坐粮厅郎中每年将应该大修廒座开报工部管仓主事先期查估，旧料不堪即行更换，场料不堪即行另买，务要木植壮大，筑基坚厚，照依塑廒规制，鼎新建造，不许因陋就简，以图速完"[233]。工部每年大修都有固定数量，"京仓三十六座，闰加三座。通仓十五座，不加闰"[234]。

朝廷还设置专官负责京通仓维修。《大明会典》记载了京通仓维修管理官员建置沿革：正统二年（1437 年），初差工部堂上官提督。

231 （明）申时行等修，赵用贤等纂，《大明会典》卷 187，《营造五·仓库》。
232 （明）何士晋纂辑，《工部厂库须知》卷 4，《修仓廒》。
233 （明）王在晋撰，《通漕类编》卷 3，仓廒板席。
234 （明）刘斯洁：《太仓考》卷二之七，《修仓》。

后复添设员外郎一员，职专修仓。仍以堂上官提督。后又差内臣及户部管仓堂上官提督。嘉靖十五年（1536 年）奏准，裁革京通二仓修仓内臣。令工部堂上官并原委太仓通州员外郎、主事，督率各卫所官修理。四十三年（1564 年），令京仓修仓员外郎主事，于就近公署居住督工。裁革通州修仓主事，行管通惠河郎中兼理[235]。

2.1.3 清代仓廒

《古今图书集成》中记载了清代仓廒的基本情况[236]：

凡仓廒规制，每座五间，亦有四间、六间者，每间七檩六搭椽，面阔一丈四尺，进深五丈三尺，山柱高二丈二尺五寸，檐柱高一丈五尺五寸，顶有气楼，廒底用砖砌墁，上铺木板，廒门、廒墙俱留下孔以泻地气。

凡看仓夫役定额，在京禄米仓、旧太仓、海运仓、南新仓、富新仓、太平仓，每仓各设四十名，北新仓四十一名，兴平仓三十九名，通州大运西仓九十七名，大运中仓一百二十五名，大运南仓一百二十五名。

凡修理仓廒三年一小修，五年一大修，工价属户部，办料属工部，自钱粮归并户部，所需料价银两并咨户部给发。

可知清代仓廒在做法、建筑形态、管理以及修缮等方面与明代基本一致。

2.2 船闸

2.2.1 元代船闸

《元史·河渠志》记载，会通镇 3 闸、李海务 1 闸、周家店 1 闸、七级 2 闸、阿城 2 闸及荆门 2 闸，除隘船闸孔宽 9 尺外，其余均长 100 尺，宽 80 尺，两直身各长 40 尺，两雁翅各斜长 30 尺，高二丈（20 尺），孔宽二丈（20 尺）[237]。

揭傒斯《重建济州会源闸碑》记载了至治元年（1321 年）张侯重建会源闸的详细形制："衡五十尺，纵一百六十尺。八分其纵，四为门。纵孙其南之三，北之一，以敌水之奔突震荡。五分其衡，二为门容，折其三以为两堘。四分其容，去其一以为门崇，廉其中而翼其外，以附于防。三分其门，纵间于北之一；以为门，中夹树石，凿以纳悬板。五分其门崇，去其一以为凿。崇翼之外，更为石防以

235 （明）李东阳等敕撰，申时行等重修，《大明会典》卷 187，《营造五·仓库》。
236 （清）陈梦雷、蒋廷锡等编，《古今图书集成·经济汇编考工典》卷 63，《仓廒部汇考四》。
237 （明）宋濂撰，《元史》卷 46，《河渠志一·会通河》。

御水之洄洑冲薄，纵皆二百三十尺。"[238] 据此可知闸座长 160 尺，宽 50 尺，闸身长 80 尺，闸孔宽 20 尺，闸孔高 15 尺。

宋褧《都水监改修庆丰石闸记》记至顺元年（1330 年）重修庆丰石闸时的形制："筑基纵长百有二十尺（120 尺），三分，长之二为衡（宽 80 尺），广高二丈（20 尺），间容二丈二尺（闸孔宽 22 尺）。"[239]

后至元五年（1339）五月至九月，又改修堽城东大闸。李惟明作《改作东大闸记》，闸在汶水南岸，闸基南北长 100 尺，东西宽 80 尺，深 22 尺，闸高于地平。两闸壁南北直长各 50 尺，南（下游）有两雁翅各长 45 尺，北（在河岸内）成直角接东西两旁之岸，亦各长 45 尺。闸下游距闸基 5 尺，有 25 尺长的石岸在南沿，其北沿在基上 12 尺 5 寸。闸孔在中间，宽 16 尺[240]。

由以上记载推断，元代船闸的形制已较完备，一般由闸基、闸身、闸板、闸孔、雁翅组成。闸的各部分尺寸也相对固定，似有定例。闸基长度多为 100 尺或 120 尺，闸身多长为 80 尺。闸高和闸孔宽度一般均为 20～22 尺，闸尺寸相对固定有利于对船只的管理。

2.2.2 明清船闸

明代治水能臣潘季驯所著《河防一览》中详述了石闸的建造程序、主要构件以及用材数量等。

建闸节水，必择坚地开基，先挖固工塘，有水即车干，方下地钉桩，将桩头锯平□缝，上用龙骨木、地平板铺底，用灰麻艌过，方砌底石。仍于迎水用立石一行，拦门桩二行；跌水用立石二行，拦门桩八行，如地平板铺完，工过半矣。自金门起两面垒砌完，方铺海漫雁翅，金门长二丈七尺，两边转角至雁翅各长五丈，共享石三千一百丈，闸底海漫、拦水、跌水共享石九百丈，二项共享石四千丈，并铁锭、铁销、铁锅、天桥环、地钉桩、龙骨木、地平板、万年枋、闸板、绞关、闸耳、绞轴、托桥木、石灰、香油、苘麻柴炭等项，及各匠工食约共该银三千两有奇，其官夫廪粮工食临期酌给[241]。

由以上可知明代船闸的建造已经有了一套成熟的做法，首先要选择地面较坚之处开挖地基，用水车将水抽干，然后开始下木桩做地基，木桩之上铺龙骨木及地平板，然后用灰麻艌过，再在上砌筑底石。迎水、跌水面均用立石和拦门桩，以缓水势。

朝鲜人崔溥的《漂海录》也记有船闸之制："两岸筑石堤，中

238 （元）揭傒斯，《重建济州会源闸碑》，《全元文》第 28 册，P481，注：纵为长，衡为宽，门容即闸孔，崇为高。
239 （元）宋褧撰，《都水监改修庆丰石闸记》，《全元文》第 39 册，332 页。
240 （元）李惟明撰，《改作东大闸记》，《全元文》第 55 册，104 页。
241 （明）潘季驯撰，《河防一览》卷 4，《修守事宜·建石闸》。

图5-60　筑闸情形

可容过一船，又以广板塞其流以贮水，板之多少随水浅深。以设木桥于堤上，以通人往来。又植二柱于木桥两旁，如坝之制，船之则撤其桥，以索系之柱，勾上广板通其流，然后扯舟以过，舟过复塞之。"[242] 该段文字则主要记载了船闸的外部形态，与潘氏记载相互结合可大体还原明代船闸。

清代船闸构造与做法与明代基本一致（图 5-60），总河靳辅详细介绍了清代石闸的做法及各部分尺寸、用材数量、所需费用等，并有附图（5-61）。

闸墙，高三丈，用一尺二寸宽、一尺二寸厚双料石二十五层；五层用里石七路，四层六路，四层五路，四层四路，四层三路，四层二路。

两墙共长（原文缺），用墙石九百丈，里石一千九百八十丈，俱用一尺二寸宽，一尺二寸厚。河砖七万九千二百块，一尺二寸长，五寸阔，二寸厚。

顶墙石、石马牙桩一千八百，改用尺五六木六百株，一木三截，每丈用桩三路，每路二十段，后又添一路，共四路。顶里石、梅花桩，三千九百六十段，尺四五，木九百九十株，一木四截，每丈用梅花桩十一路，每路十二段。

底石，六百十四丈六尺八寸，九寸厚，一尺二寸宽，料半，每丈用梅花桩十八段。

顶底石，梅花桩一万一千零六十四段，一尺三四，木

242　转引自：范金民. 朝鲜人眼中的中国大运河风情：以崔溥《漂海录》为中心 [J]. 文明，2017（7）。

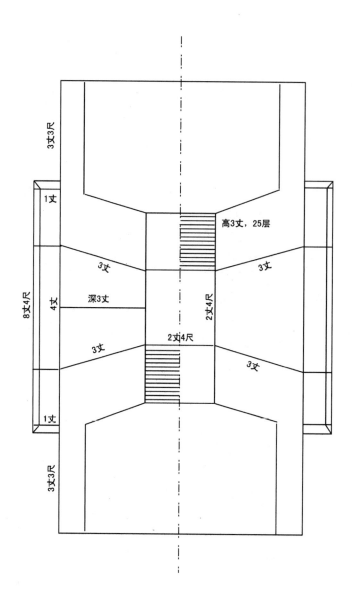

图5-61　清代船闸示意图

二千七百六十六株，一木四截。

　　火灰，三千四百九十四石六斗八升，每石一丈用灰一石。

　　糯米，二百零九石六斗八升，每灰一石用糯米六升。

　　熬汁柴，六千二百九十束，每束十斤。

　　前后锁口，共享三和土二十二方，三尺深，三尺宽。

　　铁锔，一千八百个，每个重一斤。

　　铁锭，一千八百四十四个，每个重四斤。

　　熟铁条，九根，共六千三百斤，每斤四分。

　　天然闸砂碛，一方四钱；碎石，一方九钱五分；单料，一丈五钱；双料，一丈一两；凿光五面见线石，每丈一钱五分[243]。（图5-62，图5-63）

　　此外，王璧文先生的《清官式石闸及石涵洞做法》对清代闸详细尺寸及做法进行了详细研究，可供参考[244]。

243　（清）傅泽洪撰，《行水金鉴》卷175，《闸坝涵洞汇考》，引"靳文襄公治河书"。

244　王璧文，《清官式石闸及石涵洞做法》，见《营造学社汇刊》第6卷第2期。

1. 山东汶上县寺前铺闸
2. 山东阳谷县阿城上闸
3. 山东阳谷县阿城下闸
4. 寺前铺闸闸槽
5. 山东临清戴湾闸

图5-62　船闸遗存

图5-63　《鸿雪因缘图记》所绘清江闸

第三节　权力空间：管理活动与公署空间

　　大运河的许多管理活动是在公署中进行的，公署的最高行政长官及其下设的属官、胥吏杂役等是这些管理活动的执行主体，而公署则是这些管理活动的主要空间载体，本节以钞关关署的管理运作为例，研究公署内管理活动与空间的关系。

　　钞关关署的管理活动可分为两大部分，一为征收商船税，一为官员及胥役的活动，两者时有交叉，共同运作。

3.1　征收商船税

　　《雍正北新关志》中记载了北新关收税的流程，据此我们可推知钞关关署具体的管理运作程序。

本关法制，凡商出入先具报单，尽书所携货物（上书某府、某县、某人、某货若干，由某处、过某处、出某处字样）。船只往来开报船名（长船、沙船之类）、梁头及船户姓名、装载某客某货（上书某府某县船户某人，梁头计若干，装某客、某货若干）。一日两次收税放关（早关定于巳刻，晚关定于未刻。凡商贾先投报单，令大单厂书照单誊写，发算房科算银数，送内衙硃签，即出堂收税，收毕即放关。恐书算人等有稽留等弊，必时加约束），给商凭票（商人赴柜纳银毕即给印票），船户凭筹（凡船装载税货，既投报单，即令大栅家人督同差役丈量，给以小票，先赴船厂房写单，赴船柜书纳船税，发船书排号，照依船梁头同船单给筹。如船五尺即给五尺木筹者，是放关之时，值日船书一名赴栅唱清尺寸，船户高唱船户某人、装载某货、梁头几尺几寸，以便本官查对开放）。凡商税书写税单设有厂书（旧志系关前各店户书单，今奉命归并巡抚，禁革关前店歇。凡一切书写税单，则设大单厂书经管，每单许取纸笔单钱八文，毋许多取）。科算税数，责在算书。收课发单，本关书吏掌之（书吏职司收银，一日两堂，亲督书吏照单收兑，每单令该吏加封袋一，具内开正税若干，加耗若干，共正耗若干，照数收兑，毋许重收。随堂入库更设红簿一本，上开某日、某号、某商、某货税银若干，每晚随同签套送署查核）[245]。

钞关关署收税主要有商税与船税两种，每日收税、放关各两次。两种课税征收程序略有不同（图 5-64，图 5-65，见文后彩图部分），为此服务的关署内部部门及人役亦不同。

245 （清）许梦闳纂修，《雍正北新关志》卷 5，《法制》。

表 5-4 北新关人役职责表

人役名称	职责
书吏	掌赋税之出入，任案牍之登答，经管征收存解，总承钱谷刑名，乃通关之首领，代榷使之会计
贴写	书吏之属，帮管书吏稿案册籍
船柜书	经收船料税银，每日随堂入库，每五日随同书吏拆封
总书	经管口奏报部、颁稽考簿、循环簿、各口商人亲填簿，并题口奏本章黄册、青册并本关各口一切副由
门子	经管每日书吏呈送签押卷箱，跟随本官出入大座，在旁添硃研墨
库子	经管各口匿税，贮库货物，每日早晚两堂标单并税银入库，每五日伺候开封用印
算书	经管算核税单银数，认看一切税货花色
大单厂书	经写大关商人报税红单。向例书写税单，系关前店户书送，自前院徐口禁革店户书写，随设大单厂书
船书	经填船料税银数目，挂号后给发各船户，照出木筹
船单厂书	经书船料税单
茶引书	凡商人告报茶税，俱该书挂号登簿、填写引封，其茶货领引出关，呈送当堂截角造册
查数书	经管大关并各口出关，裁缴中缝，每日挂号送署查封

人役名称	职责
季簿书	经管每年考核解科季簿
大栅单书	经管大关口栅上每日便民小票并猪羊税银
各役管事	各役之领袖经管每日早晚两次放关，唱点肩挑税并挨派每逢五、十五日出差各役名次
厅事官、厅事吏、健步甲首巡栏	每五日掣差巡查各口听候差遣，并催提钱粮、季钞、长单等税，凡遇五日出差
皂隶	凡本官座堂站立，伺候行杖，其出差各口并听差
军牢夜不收	伺候放差洛河，吆喝越次船只，并座堂站立
二门皂隶	看守二门，每早晚两堂，收税毕送柜入库
大门总小甲	把守大门，伺候放关
巡逻	每夜大堂内击拆守宿，又外巡周围库墙并押解关税，又各给号衣，求援附近居民失火
武艺	执事
守栅小甲	职司内外水旱栅启闭，在大栅上伺候吆喝过关未经验看船只
捞筹小甲	伺候大栅上放关，经捞过关船只水筹送核
唱筹小甲	大栅上放关，高声接唱船户姓名、梁头丈尺，以便查对。又经管每堂丈量船只
支更夫	大门外每夜轮流报更
厨子	内署听用
水火夫、茶夫	内署听用
防兵	防守后更楼并关库墙垣
吹手	大门外鼓厅伺候开门放关

根据征税流程图以及关署内各役的职责，在北新关公署图上画出关署征收商税、船税的管理运作图（图5-66，见文后彩图部分）。

征税流程的几大重要环节投影到公署空间中，相应形成几个重要管理活动空间，一是关署前大栅（有的钞关为放关楼），此处是收税的起点和终点，商税在此报单，入署纳税毕后，管理人员在此核对放行；二是大堂右侧的单房、船单房，在此填写税单；三是大堂前左侧的算房、引房、查数房，在此计算应交税额；四是发给船筹的船房。

3.2 关署内官员及胥役的活动

钞关关署有明确的功能分区：有大门外部分；以大堂为中心的收税部分，包括单房、算房、船房等；书吏办公区；库房以及内宅。各个功能区之间在空间上虽然可相互连通，但为了加强关署内部管理，明确限制了署内服务人员的活动范围。明代堵胤锡任北新关权使时规定："一应外役不许擅入堂库、书房；一应书役不许擅入后堂、私衙门；一应班役、库役、买办不许于转桶处与大小家丁通同聚话。违者责革不贷。特示。一粘堂上，一粘后堂，一粘转桶。"[246]
同时，对关署内官员及胥役办事程序也进行了规定。一般由一名小厮按时开内衙门，捧印放桌子上，即把内衙门锁上。然后班役才允许开外衙门，捧印盒出堂后即时封锁，门吏接印后封锁后堂门。转堂班役接印盒后，门吏即出后堂，封锁堂门。击梆开外衙门，把印放于桌上，封锁完后，由小厮开内衙门，即时封锁。可见在捧印的过程中，要做到实时封锁。内衙传话只用一名小厮，当面领锁匙，到点开内衙门，高声传话结束后，缴回锁匙，外衙传话程序与内衙相同[247]。关署一天的工作自内而外开始，各环节之间有着准确的衔接，"门"在关署中既起着通道、启闭的作用，同时也是关署工作程序的重要转接点。

榷使所进行的各种仪式能够反映关署各部分建筑所承担的功能，亦能从一个侧面反映出榷使作为钞关的行政首脑在关署所进行的管理活动。《续纂淮关统志》中记载的榷使上任、拜本、接征等仪式，反映了关署内管理活动运作与关署空间的关联性。

各主要仪式内容如下[248]：

上任仪注：渡黄时，穿便服，祭河神。至清江万柳园，督、河两院请圣安。至百子堂，委员官赍印到，穿朝服，跪接受印，用彩亭，将印敬谨安放，抬在舆前。至仪门，行一跪三叩首礼。至大堂，望阙谢恩，行三跪九叩首礼。礼毕，升座，茶房鸣点，报班齐击鼓，五鼓，报开仪门，升炮，役□。三鼓牌，门吏报文武官进，报吉时，跪禀："上任大吉"。请印，用印，拜印，行礼如谢恩。升座，各员弁吏役等叩贺，毕，退堂更衣，穿补服。祀宅神、灶神、库神、马神、二帝祠、关帝殿、福神祠。礼毕，肩舆上大关，祀关神。登楼，开关，放关大吉。

封、开印仪注：封、开印，发三鼓牌，升炮，穿朝服。吏请勅印前引，升大堂座，仪如上任。六级封印，拜印，升炮。礼毕，仍升座，仪如上任。茶房跪禀堂事毕，退堂，掩门。

拜本仪注：穿朝服，吏捧本导引前行，至大堂前，升炮，吹奏。拜本，行三跪九叩首礼。礼全，巡捕官捧本，升炮，鸣锣开道。起本，升炮，掩门题本。

接征仪注：穿补服，祀库神。升座，开门，文武官员吏书人役参贺，退堂。祀二帝祠、关帝殿、财神殿。礼毕，上大关，祀关神。登楼，开关，放关。

上任、封开印、拜本、接征等事均为关署管理活动的大事，这些仪式的许多环节在大堂内完成，表明了大堂在整个关署运作中的

246 （明）堵胤锡撰，《榷政纪略》卷1，《申禁令》，《外衙关防示》。
247 （明）详见堵胤锡撰，《榷政纪略》卷1，《申禁令》，《内衙关防示》。
248 （明）马麟修，（清）杜琳等重修，李如枚等续修，《续纂淮关统志》卷1，《纶音》，《增列仪注》。

核心地位，这种地位既表现在有形的建筑形制等方面，也表现在其无形的统摄地位。而大关虽位于关署之外，但其是征税的起点和终点，关署官员在此稽查放关，其在整个关署管理运作体系中亦占有重要地位（图5-67，见文后彩图部分）。

通过分析钞关关署的管理运作，可明显地反映出管理制度运作与空间对应的关系，重要管理活动所对应的空间往往也是公署内的重要空间。

本章小结

元明清大运河管理建筑从内容上可以分为漕运管理建筑与河道管理建筑，从建筑类型分为管理机构公署与执行具体管理职能的建筑，管理机构公署构成了运河管理建筑的主体。结合文献记载，对大量管理机构公署的平面进行了推测、比较，归纳总结出其平面布局有一定的规制：①坐北朝南、前堂后宅；②院落式布局；③建筑群有明显的中轴线；④有明确的功能分区；⑤门在公署的管理运作和空间组织中作用独特。公署建筑由前导性礼仪空间、办公空间、生活空间、游憩空间构成规则性空间序列，以办公空间中的大堂为整个空间序列的高潮。在平面布局中隐含着礼制对空间组合的控制力，重要的建筑如大堂、二堂、大门、仪门等纵向分布在中轴线上，并以此凸显大运河管理机构公署的威严，这与一般衙署是相同的。

本章对仓廒、船闸等大运河具体执行管理职能的建筑进行了研究，重点探讨了其平面及营造方法。

本章以钞关关署为例，探讨了管理制度的运作流程与公署空间的相互关系，研究了关署内部管理活动的主要空间，注意到"门"在管理制度运作过程中起到"转接点"的作用，它控制着制度运作中的空间转换。

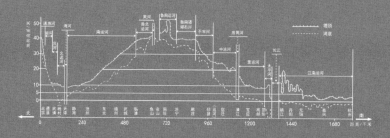

第六章 结语

第六章　结语

本书系统全面地研究了元明清时期大运河管理制度及其建筑，主要开创性工作和结论如下：

1. 大运河管理制度的动态演进与朝代更替的错位

分析了元明清时期大运河管理制度的演进轨迹，大运河管理制度的变化与沿袭虽与朝代更替有着密切关系，但其发展阶段并非与朝代周期相吻合，而是表现出与朝代更替错位的特征，大运河管理制度的演进表现出一种应对社会发展需求而超越朝代周期的动态性，这是中国大运河管理制度的一个重要特征。元代以海运为主，运河管理制度在河道变迁过程中不断建立起来，明初仍实行海运，这段时间运河管理制度尚未建立。明永乐十三年至成化年间（1415—1487 年）为运河管理制度的确立期，明弘治至清乾隆（1488—1795 年）时期为运河管理制度的完善和成熟期，嘉庆朝至清末（1796—1905 年）为大运河管理制度的衰败期。

2. 大运河管理制度的二元结构是大运河的重要成就

大运河管理制度从内容上分为漕运管理与河道管理两套体系，从管理层级上分为中央级管理与地方管理两个层面，任职官员分为文职与武职两个系统，这些均表明大运河管理制度是一种二元结构，这是中国大运河管理制度的重要特色，也标志着元明清时期的大运河在管理方面已经达到很高的水平。

河道管理与漕运管理作为运河管理最主要的两个方面，前者保证运河河道的畅通，后者则负责漕粮的正常运输，两者最初由一人掌管，明万历年间形成两套管理体系，自此以后两者长期处于一种在组织上相互独立、具体操作上相互协作的关系，形成了一种"梯

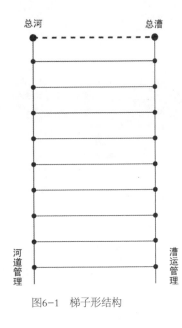

图6-1 梯子形结构

子形"组织结构（图6-1）。河道管理与漕运管理均有中央与地方两个层级的管理，地方层级的管理多与地方行政体系相合作，使得大运河管理体系与地方行政体系之间有着千丝万缕的关联，因而大运河管理对地方经济社会也产生了重要影响。

3. 大运河分段管理和程限管理所体现的制度运作与管理建筑空间分布的对应关系

大运河虽然设有总摄全局的河道总督、漕运总督，具有了流域管理的性质，但在具体的管理运作过程中，则是体现出一种分段管理的特征。漕运的关键是使漕粮能按期到达京、通仓，以保证京师供应，因而实行了程限管理。而运河南北地形复杂，河道情况各异，同时为了配合程限管理的实行，必然对河道和漕运都进行分段管理。大运河管理机构和官员的设置也呈现出分段管理的特征，其中地方管河官起了重要作用，他们既负责河道的管理也负责境内漕船的催趱。而在河道的关键之处，则多设有专官管理。分段管理和程限管理是相互作用、相互保障的，这构成了大运河管理的另一重要特征。

在大运河分段管理和程限管理的作用下，大运河管理制度与大运河管理建筑呈现出很强的关联性，管理建筑的空间分布与管理制度的运作相互对应。大运河管理建筑的分布多集中在长江以北运河沿线，并出现了密集分布的区段和城市，分别是山东段运河和淮安、济宁、通州三个城市，区段和节点城市正是运河管理制度运作的关键之处。同时在管理机构公署的内部，管理活动和公署的空间也有一种对应关系，管理活动密集之处往往也是整个公署的核心空间。

4. 大运河管理建筑对城市的强势介入

重点分析了管理建筑集中分布的淮安和济宁两个城市，大运河管理建筑特别是中央级管理机构公署作为朝廷在地方的代表，对所在城市是一种自上而下的强势介入，对所在城市的城市功能分区、街衢等产生重要影响。同时一些地方性的运河管理机构公署也因运河管理的重要性而形成一种不自觉的政治优越感，对城市的影响也往往大于一般的公署。这些管理机构的首脑因官秩较高，且能通达中央，多数情况下其势力和影响是超过所在城市的最高地方行政长官的，他们在地方事务中扮演着重要角色，对当地的政治、经济和文化以及城市形态等方面都产生了重要影响。

5. 大运河管理建筑的平面规制

对大运河管理建筑的类型进行分类，重点研究了大运河管理建筑的平面规制，填补了中国建筑史关于该类型建筑的研究空白，进一步丰富了中国古代公署建筑的研究内容。归纳总结出其平面布局有一定规制：①坐北朝南、前堂后宅；②院落式布局；③建筑群有明显的中轴线；④有明确的功能分区；⑤门在公署的管理运作和空间组织中作用独特。平面规制中体现了等级对建筑序列分布的影响，并初步研究了大运河管理活动与公署空间的对应关系。

6. 古人对待自然环境的智慧——以完善的管理制度克服地理局限，保障技术应用

中国的自然河流多是自西向东流，而大运河是人工开凿的南北向内河，且存在着较大的水位落差，尤其是在北方，再加上该地区水量较少，使得保障河道的畅通成为一件非常具有技术性的工作，它所面临的最大挑战是地理条件的限制，而要想使其正常运转发挥南北大动脉的作用，必然藉由人力实现，设置大量水工设施，并以完善的管理制度确保运河的正常运转，正如《漕乘》中所言："始漕至今，率胜之以人力"[1]。大运河管理制度的完善正是古人对自然地理条件限制的一种回应，体现了古人对待自然环境的智慧。

元明清大运河的管理制度及其建筑内容庞杂，涉猎范围极广，时间上跨越元明清三代近 650 年时间，地域上从南到北绵延近 2 000 公里，常感非笔者能力之所及，行文至此，尚感有许多不足之处。

（1）对盐务管理的相关内容缺乏分析

盐务为明清要政，盐的运输有的也借由大运河进行，因而从广泛意义上来讲，盐务管理也是大运河管理体系的一部分。然而盐务管理、盐运输等的复杂程度不亚于漕运，囿于笔者能力和篇幅，难以对该部分内容加以讨论，希望将来能对该部分内容做专题研究。

（2）对明清海运与漕运的关系没有深入分析

明清两代虽然以漕运为主导，但海运倡议并没有因此废止，且在漕运出现问题时，海运总是重新进入人们视野，并且在明末及清末都有实践。在写作过程中，对两者之间转变的临界状态、产生的深层次原因以及由此对大运河管理体系所产生的影响分析不够深入

1 （明）黄承玄撰，《河漕通考》卷下，《河运》。

细致，需要进一步查阅相关资料，加强该部分内容的研究。

（3）大运河管理建筑复原研究不足

在分析管理建筑时只是就其平面布局、功能分区、空间序列等方面进行了研究，且该部分研究也大都没有深入至建筑尺度的层面。对大部分管理建筑都没有进行相关的复原研究，这主要是囿于文献资料和考古资料的匮乏，文献资料对建筑的记载多是简单的文字性描述，最多交待其建筑之间的相对位置关系，鲜有建筑尺寸的交待。而相关的考古工作目前进行的较少，这都给复原研究带来了困难。希望随着相关考古工作的深入展开，可以找到更多的复原依据，以期对该内容进行补充研究。

附录

大运河管理职官表

序号	职官名称	始设时间及沿革	职责	文献出处
1	太仓令	东汉太初元年（前104年）以后隶大司农	主受郡国传漕谷	《后汉书》卷26，《百官三》
2	护漕都尉	西汉时设，东汉光武帝时裁	负责防护漕运	《钦定历代职官表》60，《漕运各官表》；《后汉书》卷1下，《光武帝纪第一下》
3	都水使者	西汉时设，晋、宋齐梁陈、北魏、北齐均设都水使者	有河防重事则出而治之，掌河渠，晋时曾兼管漕运	《钦定历代职官表》卷59，《河道各官表》
4	河堤谒者	东汉时将都水使者改为河堤谒者，魏代亦设有	—	
5	监运太中大夫	晋朝设	监运	《钦定历代职官表》卷59，《河道各官表》；《中国历代官职大辞典》307页
6	督运御史	晋朝梁武帝时设	督运	
7	司水中大夫	后周时设	掌河渠疏浚、灌溉及舟船运输事务	
8	都水台	西晋时置，北魏、北齐、隋初均设，隋开皇三年（583年）废都水台入司农，十三年（593年）复设掌舟船水运、河渠灌溉事务	掌舟船水运、河渠灌溉事务	《通典》卷27，《职官志九》；《中国历代官职大辞典》663页
9	都水监、都水少监	仁寿元年（601年）改都水台为都水监，炀帝改为都水使者，寻又改为都水监，加署少监；唐、宋、元均设有都水监	下设舟楫署、河渠署，主水运	《钦定历代职官表》卷59，《河道各官表》；《通典》卷27，《职官志九》；《中国历代官职大辞典》667页
10	水陆发运使（后称水陆运使或水陆转运使）	唐先天中设，北宋时转运司下设转运使	管漕运	
11	都转运使	唐开元中设，北宋亦设	掌一路财赋，兼管水陆挽运事宜	
12	粮料案	北宋设	掌三军粮料、诸州刍粟给受、诸军校口食、御河漕运、商人飞钱	《宋史》卷162，《职官志二》
13	发运案	北宋设	掌汴河广济蔡河漕运、桥梁、折斛，三税	
14	斛斗案	北宋设	掌两京仓廪蓄积，计度东京粮料，百官禄，粟厨料	
15	江淮水陆发运司，下设发运使、副使、判官	北宋太平兴国二年（977年）设	掌江淮漕运事宜	《宋史》卷167，《职官志七》
16	转运司，下设转运使、副使、判官	北宋设	掌经度一路财赋	
17	催纲司	北宋设	负责东南诸路水运催纲	《宋史》卷167，《职官志七》
18	拨发司	北宋设	负责押纲	
19	下卸司	北宋设	负责下卸进仓	
20	排岸司	北宋设		
21	仓场监官	北宋设	负责入仓之后的管理	

序号	职官名称	始设时间及沿革	职责	文献出处
22	京畿都漕运使司	元世祖中统二年（1261年），初立军储所，寻改漕运所。至元五年（1268年），改漕运司，秩五品。十二年（1275年），改都漕运司，秩四品。十九年（1282年）改京畿都漕运使司，二十四年（1287年）分内外两司	领在京诸仓出纳粮斛及新运粮提举司站车攒运事宜。负责从中滦至大都的粮食运输。至元二十四年（1287），内外分立两运司，而京畿都漕运司之额如旧。止领在京诸仓出纳粮斛，及新运粮提举司站车攒运公事。至元二十五年（1288年）济州漕运司改为都漕运司后，京畿都漕运司惟治京畿	《元史·百官一》《元史·食货一·海运》《钦定历代职官表·漕运》
23	新运粮提举司	至元十六年（1279年）置，隶兵部，开设运粮壩河，改隶户部	管理战车二百五十辆	《元史·百官志一》
24	通惠河运粮千户所	至元三十一年（1294年）置	掌漕运之事	《元史·百官志一》
25	江淮都漕运使司	至元十九年（1282年）立，至元二十八年（1291年）正月"罢江淮漕运司，并于海船万户府，由海道漕运"	负责把江南粮食运至中滦	《元史》卷16，《世祖纪十三》（《元史·食货志一》）
26	都漕运使司	至元二十四年（1287年），自京畿运司分立都漕运司	自济州东阿为头，并御河上下、直至直沽、河西务、李二寺、通州、壩河等处，水陆趱运，接ése海道粮斛及各仓收支一切公事	《元史·百官志一》《钦定历代职官表·漕运》《大元海运记》
27	济州都漕运司	至元二十五年（1288年）二月丁巳，改济州漕运司为都漕运司	并领济之南北漕	《元史》卷15，《世祖纪十二》
28	山东都水分监	成立于元至元二十九年（1292年）	掌充河渠坝闸之政令以通朝贡，漕天下实京师	《建都水分监记》
29	河南都水分监	设于元大德九年（1305年）	专管黄河水利	—
30	江南行都水监	设于元至正八年（1348年）	管江南水利	《元江南行都水监建置考》
31	河南都水分监	元泰定二年（1325年）设	治理黄河水患	《元史》卷29，《泰定帝纪一》
32	山东行都水监	至正八年（1348年）	治理黄河水患	《元史》卷41
33	河道提举司	元设	隶属都水监	
34	漕运总兵	明永乐二年（1404年）设，天启元年（1621年）被裁	起初总揽运河漕运、河道事务，后来权力逐渐减少	《明史》卷76，《职官志五》；《明熹宗实录》卷6
35	漕运总督（又称总督漕运都御史、总漕、漕帅、漕台）	景泰元年（1450年）设，明清两代均设	初设时与漕运总兵同理漕务，后来与河分合不定，或总管漕运、河道事务，或仅管其中一项，总漕与总河正式分设后，总漕总管运河漕运事务	—
36	总理河道（明代名称，又称总河），清代称河道总督	成化七年（1471年）初设，其后废置不定，正德四年（1509年）成为常设，明清两代均设，清代曾分为济宁河道总督、江南河道总督、直隶河道总督	明代总河职责：督率原设管河、管洪、管泉、管闸郎中、主事及各该三司、军卫、有司、掌印、管河、兵备、守巡等官。务将各该地方新旧漕河，并淮、扬、苏、松、常、镇、浙江等处河道及河南、山东等处上源，着实用心往来经理清代河道总督职责：各省总河严督沿河文武各官催重攒空，勿使停滞，专责河官修理闸坝以资启闭，预期挑浚淤浅、修筑堤坝以保运道。凡关河道事务，皆其专政，一应河官咸归管辖，梗阻运道，侵冒钱粮及沿河文武官员催趱不力者，悉听参治	《明宪宗实录》卷97，成化七年十月乙亥条；《河防一览》卷1；《漕运则例纂》卷5，《漕运职掌》

序号	职官名称	始设时间及沿革	职责	文献出处
37	巡漕御史，清代亦称巡漕察院	明清均设，清代初设南、北巡漕御史，乾隆二年（1737年）改为四员巡漕御史	分段巡察漕运，催督漕运，稽查漕运过程中的弊端	《钦定户部漕运全书》卷21，《督运职掌·监临官制》
38	巡仓御史	明宣德九年（1434年）设，清代亦设	查核钱粮、催征补欠、清理河道、修缮仓廒、禁革积弊	《大明会典》卷210，《巡仓》；《明代的巡仓御史》
39	攒运御史	永乐十六年（1418年），令沿河坝闸，每三处并御史一员攒运；十七年（1419年），令侍郎都御史，并武职大臣各一员，催督粮运。各部郎中、员外分投整理；宣德二年（1427年），差侍郎五员，都御史一员催督浙直等府军民粮运；四年（1429年）题准，差侍郎、都御史、少卿、郎中等官攒运	沿途催趱漕运	《大明会典》卷27，《会计三·漕运》
40	督运参将	天顺元年（1457年），添设参将一员	协同督运	《大明会典》卷27，《会计三·漕运》
41	漕运理刑主事	天顺二年（1458年）题准，设漕运理刑主事	审理与漕运相关案件	《大明会典》卷27，《会计三·漕运》
42	监兑主事	正统十一年（1446年）题，差主事一员，往各司府等处提督交兑；成化二十一年（1485年）令，每年户部差官一员，于山东、河南，南京户部差官四员，于浙江、江西、湖广、南直隶地方。督同各司府州县正官并管粮官征兑	督同各地官府州县正官及管粮官征兑，并对起运、征收中的诸弊负有监督之责，上报漕督或总兵官	《大明会典》卷27，《会计三·漕运》
43	监仓户部主事	天顺二年（1458年），设监仓户部主事四员，分驻淮安、临清、徐州、德州	—	《续文献通考》卷37，《国用考·漕运上》
44	管河郎中	天顺二年（1458年），始设管河工部郎中二员，分驻安平、高邮。明及清前期均设，设有通惠河郎中、北河郎中、夏镇郎中、中河郎中、南河郎中	统领各管河官员修浚河道、泉源、堤岸，保证河道畅通；负责筹办、出纳椿草等项钱粮；督查地方管河官员，以防产生弊端，对违例者有一定的处置权；每年考核管河官员政绩，并上报吏部、兵部	《续文献通考》卷37，《国用考·漕运上》；《北河纪》卷5，《河臣纪》
45	管河道	清后期管河郎中改为管河道	—	
46	管洪工部主事（管洪主事）	天顺二年（1458年），始设管洪工部主事二员，分驻徐州洪、吕梁洪。万历五年（1577年）裁吕梁洪主事，次年（1578年）裁徐州洪主事	督率洪夫拉挽船只过洪	《续文献通考》卷37，《国用考·漕运上》；《明代漕河之整治与管理》P356
47	管闸主事	成化二十年（1484年），始设管闸主事二员，分驻沽头闸、济宁。明清均设	多驻闸务紧要之处，统领闸务	《续文献通考》卷37，《国用考·漕运上》
48	管泉主事	成化二十年（1484年），始设管泉主事一员，驻宁阳	主要职责为每年春初提督泉夫挑浚山东诸泉源以裕运河水	《续文献通考》卷37，《国用考·漕运上》；《明代漕河之整治与管理》363页
49	巡河御史	应设于景泰以前，《明会典》载：景泰三年（1452年），令巡河御史兼理两淮盐法裁省巡盐御史	巡视河道、检查过往船只	《明会典》卷36，《户部二十一·盐法二》

序号	职官名称	始设时间及沿革	职责	文献出处
50	各省督粮道	明代各省设一员督粮道,清沿用明制	总掌一省漕务,清代督粮道职责:总理通省粮储,统辖有司军卫,遴委领运随帮各官。责令各府清军官会同运弁,金选殷实旗丁,成造新船,修葺旧艘,预给工料,严督丁匠,及时修造完工备运。督催州县开征漕白二粮并随漕轻赍、席木、行月、赓工、耗赠经费等项钱粮,按期征收解给,革除火耗,毋许额外私加。察验米色,严禁仓棍把持,蠹役包揽,掺和糠粃等弊。并钤束官丁在次,不得折干及需索私贴,苛勒耗赠。兑竣之日,依限开行,并督追漕欠诸务,俱其专责。一切漕运钱粮,尽归粮道专管。各司道府不得分管混淆,粮道专司漕务。该督抚不行别行委用,致惧职守	《明史》卷75,《职官志四》;《户部漕运全书》卷22,《分省漕司》
51	漕储道	明及清初设,清顺治十年(1653年)裁,十五年(1658年)复设,康熙四年(1665年)裁去	统一管理各省督粮道	《户部漕运全书》卷22,《分省漕司》
52	总督仓场	宣德五年(1430年),始命李昶为户部尚书,专督其事,遂为定制。清代亦设	明代初设时其职责为掌督在京及通州等处仓场粮储。清代职责:一切漕仓事务专责料理,其漕运总督各该督抚沿河文武衙门,凡有关系漕运,应报文册,俱照报式样,分报仓场,应举劾者,照例举劾,各项应行事宜,仓场衙门径行造册报部查核。每年春间出巡查看五闸河道,点验石土两坝经纪车户剥船,督令坐粮厅催置布袋以备新运,粮到坝起运。漕白粮船抵津,督率沿河文武官弁往来催趱,并查验北河浅阻,令坐粮厅督夫挑挖深通,毋致粮艘阻滞	《明史》卷72,《职官志一》;《漕运则例纂》卷19,《京通粮储·仓场职掌》
53	坐粮厅(包括京、通二坐粮厅)	成化十一年(1475年),令京、通二仓各委部员外郎一员,定廒坐拨粮米	掌理验收漕粮及由通州至京城水陆转运事务,并管北运河河工及通济库之出纳及征纳通州榷税	《太仓考》卷一之四;《中国历代官制大辞典》441页
54	巡仓御史	宣德九年(1434年),差御史一员,巡视京仓。一员,巡视通州仓	巡视通州、北京仓,查核钱粮、催征逋欠、清理河道、修缮仓廒、禁革积弊	《大明会典》卷210,《巡仓》;《明代的巡漕御史》107-142页
55	榷使	明初榷关(钞关)初设时无定置,后由户部派主事	管理榷关征税事务	《大明会典》卷35,《课程四》
56	十二把总	成化中,定十二把总。这十二把总分别是:南京把总二,各领卫十三;江南直隶把总二,领卫所十九;江北直隶把总二,领卫所十五;中都把总一,领卫所十一;浙江把总二,领卫所十三;山东把总一,领卫所十九;湖广把总一,领卫所十;江西把总一,领卫所十一	负责漕粮运输	《名山藏》,《漕运记》;《大明会典》卷27,《会计三·漕运》

序号	职官名称	始设时间及沿革	职责	文献出处
57	押运同知、押运通判	清朝设，康熙三十五年（1696年）令各省通判押运，光绪三十一年（1905年）裁	执掌督运粮船，管束运军，查禁沿途迟延、侵盗、掺和等弊，抵通后，监押回空	《漕运则例纂》卷5，《督运职掌·押运丞倅》；《中国历代官职大辞典》476页
58	管粮同知（又名监兑同知）	清朝设，设于各府，光绪三十一年（1905年）裁	掌稽查米色之美恶，兑运之迟速，并查禁包揽、掺和、需索、滋事等弊	《中国历代官职大辞典》838页
59	管粮通判（亦名监兑通判）	清朝设，设于各府，光绪三十一年（1905年）裁	掌稽查米色之美恶，兑运之迟速，并查禁包揽、掺和、需索、滋事等弊	《中国历代官职大辞典》838页
60	管河同知	明清设于江北运河沿线各府	为府之副职，分掌本府管河事宜，并兼办杂事	《明代漕河之整治与管理》374页；《中国历代官制大辞典》361页，714页
61	管河通判	明清设于江北运河沿线各府	为府之副职，位于同知之下，分掌本府管河事宜	
62	管河判官（又名管河州判）	明清设于江北运河沿线各州、县，一般州设管河判官，县设管河主簿、典史、县丞	管理本州县运河河道事务，并负责催趱漕船过境	《钦定历代职官表》卷59，《河道各官表》；《明代漕河之整治与治理》376-380页
63	管河主簿			
64	管河典史			
65	管河县丞			
66	闸官	明清均设	管理闸务，督率闸夫启闭船闸	《明代漕河之整治与管理》382页

图
表
说
明

第三章　以智治水，以人胜天：明清山东运河管理运作

参考文献

一、古籍

[1]（西汉）司马迁撰．史记．北京：中华书局，1982

[2]（东汉）班固撰，颜师古注．汉书．北京：中华书局，1962

[3]（南朝）范晔撰，（唐）李贤等注．后汉书．北京：中华书局，1965

[4]（唐）杜佑撰．通典．北京：中华书局，1984

[5]（唐）魏征等撰．隋书．北京：中华书局，1973

[6]（宋）欧阳修，宋祁撰．新唐书．北京：中华书局，1975

[7]（宋）司马光撰，（元）胡三省注．资治通鉴．北京：中华书局，1956

[8]（元）马端临撰．文献通考．北京：中华书局，1986

[9]（元）脱脱等撰．宋史．北京：中华书局，1977

[10]（元）苏天爵辑撰，姚景安点校．元朝名臣事略．北京：中华书局，1996

[11]（元）赵世延，揭傒斯等修纂．大元海运记．续修四库全书．史部（第835册）

[12]李修生主编．全元文（全60册）．南京：江苏古籍出版社，1999

（元）柳贯撰．元故海道都漕运副万户咬童公遗爱颂（第25册）

（元）揭傒斯撰．建都水分监记（第28册）

《河道船只诏》（第33册）

（元）程端学撰．海运千户所厅记（第32册）

（元）宋本撰．都水监纪事（第33册）

（元）郑元祐撰．重建路漕天妃宫碑（第38册）

（元）宋褧撰．都水监改修庆丰石闸记（第39册）

（元）杨维桢撰．重建海道都漕运万户府碑（第42册）

（元）李惟明撰．改作东大闸记（第55册）

（元）杨维桢撰．东维子集．文渊阁四库全书（电子版）．集部·别集类·金至元

[13]《明太祖实录》《明英宗实录》《明宪宗实录》《明孝宗实录》《明武宗实录》《明神宗实录》《明熹宗实录》

[14]（明）居官必要为政便览．工类．官箴书集成，黄山书社，1997

[15]（明）陈邦瞻撰．元史纪事本末．文渊阁四库全书（电子版）．史部·纪事本末类

[16]（明）陈仁锡撰．皇明世法录．影印明崇祯刻本，四库禁毁书丛刊·史部（第15册）

[17]（明）陈子龙等辑．皇明经世文编．影印明崇祯云间平露堂刻本．四库禁毁书丛刊．集部（第29册）

[18]（明）堵胤锡撰．榷政纪略．续修四库全书·史部（第834册）

[19]（明）冯世雍撰．吕梁洪志．四库全书存目丛书·史部（第257册）

[20]（明）郭尚友撰．漕抚奏疏．清刻本．南京图书馆古籍部藏

[21]（明）何乔远撰．名山藏．续修四库全书·史部（第425册）

[22]（明）何士晋纂辑．工部厂库须知．续修四库全书·史部（第878册）

[23]（明）胡瓒撰．泉河史．四库全书存目丛书·史部（第222册）

[24]（明）黄承玄撰．河漕通考．四库全书存目丛书·史部（第222册）

[25]（明）黄训编．名臣经济录．文渊阁四库全书（电子版）．史部·诏令奏议类·奏议之属

[26]（明）焦竑撰．国朝献征录．续修四库全书·史部（第524册）

[27]（明）廖道南撰．殿阁词林记．文渊阁四库全书（电子版）．史部·传记类·总录之属

[28]（明）李流芳撰．檀园集．文渊阁四库全书（电子版）．集部·别集类·明洪武至崇祯

[29]（明）刘斯洁撰．太仓考．北京：北京图书馆出版社，1999

[30]（明）刘天和撰．问水集．北京图书馆藏明刻本．四库全书存目丛书·史部（第221册）

[31]（明）吕坤撰．吕公实政录．四库全书存目丛书·子部（第164册）

[32]（明）潘季驯撰．河防一览．文渊阁四库全书（电子版）．史部·地理类·河渠之属

[33]（明）丘浚撰．大学衍义补．文渊阁四库全书（电子版）．子部·儒家类

[34]（明）钱谷撰．吴都文粹续集．文渊阁四库全书（电子版）．集部·总集类

[35]（明）宋濂等撰．元史，北京：中华书局，1976

[36]（明）邵宝撰．容春堂集续集．文渊阁四库全书（电子版）．集部·别集类·明洪武至崇祯

[37]（明）申时行等修，赵用贤等纂．大明会典．续修四库全书·史部（第789~792册）

[38]（明）谭希思撰．明大正纂要．清光绪间刻本．四库全书存目丛书·史部（第14~15册）

[39]（明）万恭原著，朱更翎整编．治水筌蹄．北京：水利电力出版社，1985

[40]（明）王圻撰．续文献通考．续修四库全书·史部（第761~767册）

[41]（明）王琼撰．漕河图志．续修四库全书·史部（第835册）

[42]（明）王在晋撰．通漕类编．四库全书存目丛书·史部（第275册）

[43]（明）吴仲撰．通惠河志．四库全书存目丛书·史部（第221册）

[44]（明）席书撰．漕船志．1986年江苏广陵古籍刻印社影印．1940年版

[45]（明）夏良胜撰．东洲初稿．文渊阁四库全书（电子版）．集部·别集类·明洪武至崇祯

[46]（明）谢肇淛撰．北河纪．文渊阁四库全书（电子版）．史部·地理类·河渠之属

[47]（明）谢肇淛撰．北河纪余．文渊阁四库全书（电子版）．史部·地理类·河渠之属

[48]（明）杨宏，谢纯撰．漕运通志．续修四库全书·史部（第836册）

[49]（明）杨士奇等撰．历代名臣奏议．文渊阁四库全书（电子版）．史部·诏令奏议类·奏议之属

[50]（明）张萱撰．西园闻见录．续修四库全书·子部（第168~170册）

[51]（明）张桥撰．泉河志．嘉靖年间刻本．南京图书馆古籍部藏

（明）张学颜等撰．万历会计录．续修四库全书·史部（第831~833册）

[52]（明）周之翰撰．通粮厅志．明万历卅三年原刊本影印．台北：台湾学生书局，1970

[53]（明）朱国盛纂，徐标续纂．南河志．续修四库全书·史部（第728册）

[54]（明）朱健撰．古今治平略．续修四库全书·史部（第756~757册）

[55]（民国）赵尔巽等撰．清史稿．北京：中华书局，1976

[56]（清）钦定大清会典则例．文渊阁四库全书（电子版）．史部·政书·通制之属

[57]（清）包世臣撰．中衢一勺．影印本．扬州：广陵书社，2006

[58]（清）陈梦雷，蒋廷锡等编．古今图书集成．影印本．上海：中华书局，1934

[59]（清）丁晏撰．石亭记事．清道光二十八年（1848年）刻本．南京图书馆古籍部藏

[60]（清）董醇辑．议漕折钞

[61]（清）傅泽洪撰．行水金鉴．文渊阁四库全书（电子版）．史部·地理类·河渠之属

[62]（清）顾炎武，昆山顾炎武研究会编．天下郡国利病书．上海：上海科学技术文献出版社，2002

[63]（清）顾祖禹撰．读史方舆纪要．续修四库全书·史部（第595~597册）

[64]（清）贺长龄辑．皇朝经世文编

[65]（清）靳辅撰．治河方略．故宫珍本丛刊史部·地理·河渠（第233

册）.海口：海南出版社

[66]（清）靳辅撰.文襄奏疏.文渊阁四库全书（电子版）.史部·诏令奏议类·奏议之属

[67]（清）靳辅撰.治河奏绩书.文渊阁四库全书（电子版）.史部·地理类·河渠之属

[68]（清）嵇璜，刘墉撰.钦定续通志.文渊阁四库全书（电子版）.史部·别史类

[69]（清）昆冈等修，刘启端等纂.钦定大清会典事例.续修四库全书·史部（第798～814册）

[70]（清）昆冈等修，吴树梅等纂.钦定大清会典.文渊阁四库全书（电子版）.史部·政书类·通制之属

[71]（清）黎世序，潘锡恩撰.续行水金鉴.四库未收书辑刊（第七辑第6册）

[72]（清）李钧撰.转漕日记//李德龙，俞冰主编.历代日记丛抄（第45册）影印本.北京：学苑出版社，2006

[73]（清）麟庆撰.鸿雪因缘图记.道光二十七年（1847年）刊本

[74]（清）刘锦藻撰.皇朝续文献通考.续修四库全书·史部（第815～821册）

[75]（清）龙文彬撰.明会要.据浙江图书馆藏光绪十三年永怀堂刻本印影.续修四库全书·史部（第793册）

[76]（清）陆耀等纂.山东运河备览.故宫珍本丛刊.海口：海南出版社，2001

[77]（清）钱泳辑.履园丛话.北京：中国书店出版社，1991

[78]（清）盛康辑.皇朝经世文续编

[79]（清）谈迁撰.北游录.续修四库全书·史部（第737册）

[80]（清）孙承泽著，王剑英点校.春明梦余录.北京：北京古籍出版社，1992

[81]（清）孙承泽撰.河纪.四库全书存目丛书·史部（第223册）.济南：齐鲁书社，1996

[82]（清）孙承泽撰.天府广记.续修四库全书·史部（第729～730册）

[83]（清）王先谦撰.东华续录（咸丰朝）.续修四库全书·史部（第369册）

[84]（清）王先谦撰.东华续录.续修四库全书·史部（第368册）

[85]（清）魏源撰.魏源集.北京：中华书局，1975

[86]（清）夏燮撰，王日根、李一平、李珽、李秉乾等校点.明通鉴.岳麓书社，1999

[87]（清）萧文业撰.永慕庐文集//（清）冒广生辑.楚州丛书.民国二十六年（1937年）铅印本，第八册

[88]（清）许兆椿撰.秋水阁杂著.续修四库全书·集部（第1472册）

[89]（清）薛凤祚撰.两河清汇.文渊阁四库全书（电子版）.史部·地理类·河渠之属

[90]（清）薛福成撰.庸盦笔记//王云五主编.万有文库（第二集七百种）.商务印书馆，1937

[91]（清）杨锡绂撰.漕运则例纂.四库未收书辑刊（第1辑第23册）

[92]（清）杨锡绂撰.四知堂文集》.四库未收书辑刊（第9辑第24册）

[93]（清）叶方恒撰.山东全河备考.四库全书存目丛书·史部（第224册）

[94]（清）永瑢，纪昀等撰.钦定历代职官表.文渊阁四库全书（电子版）.史部·职官类·官制之属

[95]（清）载龄等修，福趾等纂.钦定户部漕运全书.故宫珍本丛刊.海口：海南出版社，2000

[96]（清）张伯行撰.居济一得.文渊阁四库全书（电子版）.史部·地理类·河渠之属

[97]（清）张廷玉等撰.御定资治通鉴纲目三编.文渊阁四库全书（电子版）.史部·编年类

[98]（清）张廷玉撰.明史.北京：中华书局，1974

[99]（清）张英，王士祯，王掞等撰.御定渊鉴类函.文渊阁四库全书（电子版）.子部·类书类

[100]（清）皇朝通典.文渊阁四库全书（电子版）.史部·政书类·通制之属

[101]（清）皇朝通志.文渊阁四库全书（电子版）.史部·政书类·通制之属

[102]（清）皇朝文献通考.文渊阁四库全书（电子版）.史部·政书类·通制之属

[103]《清宣宗实录》《清圣祖实录》

[104]（清）世宗宪皇帝圣训.文渊阁四库全书（电子版）.史部·诏令奏议类·诏令之属

[105]（清）世宗宪皇帝朱批谕旨.文渊阁四库全书（电子版）.史部·诏令奏议类·诏令之属

[106]中国第一历史档案馆编.光绪宣统两朝上谕档.桂林：广西师范大学出版社，1998

[107]全国政协文史和学习委员会编，刘枫主编.九省运河泉源水利情形图.杭州：浙江古籍出版社，2006

[108]李培主编.清代京杭运河全图（珍藏版）.北京：中国地图出版社，2004

二、地方志

[1]（明）包大爟纂修.万历兖州府志.天一阁明代方志选刊续编（第53～56册）.据万历刻本影印.上海：上海书店，1990

[2]（明）郭大纶修，陈文烛纂.万历淮安府志.天一阁明代方志选刊续编（第8册）.据明万历刻本影印.上海：上海书店，1990

[3]（明）李端，桑悦纂.弘治太仓州志.日本藏中国罕见地方志丛刊续编（第3册）.北京：北京图书馆出版社，2003

[4]（明）马麟撰，（清）杜琳等重修.淮安三关统志.清康熙二十五年（1686年）刻本.南京图书馆古籍部藏

[5]（明）马麟撰，（清）杜琳等重修，李如枚等续修.续纂淮关统志.清乾隆刻嘉庆道光绪间递修本.光绪刻本.南京图书馆古籍部藏

[6]（明）马麟撰，（清）杜琳等重修，李如枚等续修.续纂淮关统志.清乾隆刻嘉庆道光绪间递修本.四库全书存目丛书·史部册（第273～274册）

[7]（明）牛若麟，王焕如修.崇祯吴县志.天一阁明代方志选刊续编（第15～19册）.据明崇祯刻本影印.上海：上海书店，1990

[8]（明）王鏊纂修.姑苏志.文渊阁四库全书（电子版）.史部·地理类·都会郡县之属

[9]（明）潘庭楠修.嘉靖邓州志.据明嘉靖四十三年（1564年）刻本影印.上海：上海古籍书店，1963

[10]（明）宋祖舜.天启淮安府志.天启六年（1626年）.南京图书馆古籍部藏胶片

[11]（明）王宫臻纂修.崇祯北新关志.崇祯九年（1636年）刻本.南京图书馆古籍部藏

[12]（明）薛鋆，陈艮山.正德淮安府志.明正德十四年（1519年）.南京图书馆古籍部藏胶片

[13]（明）易时中，王琳纂.嘉靖夏津县志.天一阁藏明代方志选刊（第43册）.上海：上海古籍书店

[14]（民国）梁钟亭、路大遵修，张树梅纂.民国清平县志.中国地方志集成·山东府县志辑（第89册）.凤凰出版社，上海书店，巴蜀书社

[15]（民国）潘守廉修，袁绍昂纂.民国济宁县志.中国地方志集成·山东府县志辑（第78册）.凤凰出版社，上海书店，巴蜀书社

[16]（民国）邱沅、王元章修，段朝端等纂.民国续纂山阳县志.中国地方志集成·江苏府县志辑（第55册）.南京：江苏古籍出版社，1991

[17]（清）郝玉麟等修，谢道承等纂.福建通志.文渊阁四库全书（电子版）.史部·地理类·都会郡县之属

[18]（清）岳濬，法敏等修，杜诏等纂.山东通志.文渊阁四库全书（电子版）.史部·地理类·都会郡县之属

[19]（清）嵇曾筠等修，沈翼机等纂.浙江通志.文渊阁四库全书

（电子版）. 史部·地理类·都会郡县之属

［20］（清）高其倬，尹继善等纂修 . 江西通志 . 文渊阁四库全书（电子版）. 史部·地理类·都会郡县之属

［21］（清）陈常夏修，孙珮纂，孙鼐增修 . 康熙济墅关志 . 扬州：广陵古籍刻印社，1986

［22］（清）高美成，胡从中等纂 . 康熙淮安府志 . 康熙二十四年（1685 年）刻本 . 南京图书馆古籍部藏

［23］（清）高士鸃、杨振藻纂，钱陆燦等纂 . 康熙常熟县志 . 中国地方志集成·江苏府县志辑（第 21 册）. 南京：江苏古籍出版社，1991

［24］（清）胡德琳，蓝应桂纂，周永年、盛百二纂 . 乾隆济宁直隶州志 . 清乾隆五十年（1785 年）刻本，南京图书馆古籍部藏

［25］（清）胡裕燕修，吴昆田、鲁蕡纂 . 光绪丙子清河县志 . 中国地方志集成 . 江苏府县志辑（第 55 册）. 南京：江苏古籍出版社，1991

［26］（清）黄怀祖，黄兆熊 . 乾隆平原县志 . 乾隆十四年（1749 年）刻本 . 南京图书馆古籍部藏

［27］（清）金秉祚，丁一焘纂修 . 乾隆山阳县志 . 乾隆十四年（1749 年）刻本 . 南京图书馆古籍部藏

［28］（清）觉罗普尔泰修，陈顾灦纂 . 乾隆兖州府志 . 中国地方志集成·山东府县志辑（第 71 册），凤凰出版社，上海书店，巴蜀书社

［29］（清）李梅宾，吴廷华，汪沆 . 乾隆天津府志 . 中国国家图书馆数字方志

［30］（清）李铭皖、谭钧培修，冯桂芬纂 . 同治苏州府志 . 中国地方志集成·江苏府县志辑（第 7～10 册）. 南京：江苏古籍出版社，1991

［31］（清）廖有恒，杨通睿修 . 康熙济宁州志 . 康熙十二年（1673 年）刻本 . 南京图书馆古籍部藏

［32］（清）林芃修，马之骦纂 . 张秋志 . 中国地方志集成·乡镇志专辑（第 29 册）. 江苏古籍出版社，上海书店，巴蜀书社，1992

［33］（清）凌寿祺纂修 . 道光济墅关志 . 扬州：广陵古籍刻印社 .1986

［34］（清）卢朝安纂修 . 咸丰济宁直隶州志 . 中国地方志集成·山东府县志辑（第 77 册），凤凰出版社，上海书店，巴蜀书社

［35］（清）卢承琰修，刘淇纂 . 康熙堂邑县志 . 中国地方志集成·山东府县志辑（第 89 册）. 凤凰出版社，上海书店，巴蜀书社

［36］（清）沈维基，胡彦昇 . 乾隆东平州志 . 乾隆三十六年（1771 年）刻本 . 中国国家图书馆数字方志

［36］（清）石杰，王峻纂修 . 乾隆徐州府志 . 乾隆七年（1742 年）刻本 . 中国国家图书馆数字方志

［37］（清）孙云锦修，吴昆田、高延第纂 . 光绪淮安府志 . 中国地方志集成·江苏府县志辑（第 54 册）. 南京：江苏古籍出版社，1991

［38］（清）卫哲治等修，叶长扬等纂 . 乾隆淮安府志 . 咸丰二年（1852 年）刻本 . 南京图书馆古籍部藏

［39］（清）吴棠监修，鲁一同纂修 . 咸丰清河县志 . 咸丰四年（1854 年）刻本 . 南京图书馆古籍部藏

［40］（清）徐宗幹修，许瀚纂 . 道光济宁直隶州志 . 中国地方志集成·山东府县志辑（第 76～77 册）. 凤凰出版社，上海书店，巴蜀书社

［41］（清）许梦闳纂修 . 雍正北新关志 . 雍正八年（1730 年）刻本 . 南京图书馆古籍部藏

［42］（清）薛柱斗，高必大纂修 . 康熙天津卫志 . 抄本 . 中国国家图书馆数字方志

［43］（清）高建勋，王维珍，陈镜清纂修 . 光绪通州志 . 光绪五年（1879 年）递修刻本 . 南京图书馆古籍部藏

［44］（清）杨宜仑修，夏之蓉、沈之本纂 . 乾隆高邮州志 . 乾隆四十八年（1783 年）刻本 . 中国国家书馆数字方志

［45］（清）于成龙，郭棻撰，康熙《畿辅通志》. 文渊阁四库全书（电子版）. 史部·地理类·都会郡县之属

［46］（清）张度，邓希曾等纂 . 乾隆临清直隶州志 . 乾隆五十年（1785 年）刻本 . 南京图书馆古籍部藏

［47］（清）张兆栋，孙云修，何绍基，等纂 . 同治重修山阳县志 . 中国地方志集成·江苏府县志辑（第 55 册）. 南京：江苏古籍出版社，1991

［48］（清）赵英祚纂 . 光绪鱼台县志 . 光绪十五年（1889 年）刻

本 . 南京图书馆古籍部藏

［49］（清）忠琏纂 . 乾隆峄县志 . 乾隆二十六年（1761 年）刻本 . 南京图书馆古籍部藏

［50］（清）左辉春纂 . 道光续增高邮州志 . 中国地方志集成·江苏府县志辑（第 46 册）. 南京：江苏古籍出版社，1991

［51］（清）方学成，梁大鲲纂修 . 乾隆夏津县志 . 中国国家图书馆数字方志

［52］（清）赵知希，张兴宗修 . 乾隆馆陶县志 . 中国国家图书馆数字方志

［53］大清一统志 . 文渊阁四库全书（电子版）. 史部·地理类·总志之属

三、今著

［1］史念海 . 中国的运河［M］. 重庆：史学书局，1944

［2］岑仲勉 . 黄河变迁史［M］. 北京：人民出版社，1957

［3］绍华 . 大运河的变迁［M］. 南京：江苏人民出版社，1961

［4］朱偰 . 中国运河史料选辑［M］. 北京：中华书局，1962

［5］汤志钧 . 康有为政论集（上、下）［M］. 北京：中华书局，1981

［6］吴承洛 . 中国度量衡史［M］. 上海：上海书店，1984

［7］傅崇兰 . 中国运河城市发展史［M］. 成都：四川人民出版社，1985

［8］（美）费正清 . 剑桥中国晚清史 1800—1911 年［M］. 北京：中国社会科学院历史研究所编译室，译 . 北京：中国社会科学出版社，1985

［9］潘镛 . 隋唐时期的运河和漕运［M］. 西安：三秦出版社，1987

［10］姚汉源 . 中国水利史纲要［M］. 北京：水利电力出版社，1987

［11］王育民 . 中国历史地理概论［M］. 北京：人民教育出版社，1987

［12］史念海 . 中国的运河［M］. 西安：陕西人民出版社，1988

［13］岳国芳 . 中国大运河［M］. 济南：山东友谊书社，1989

［14］蔡泰彬 . 明代漕河之整治与管理［M］. 台北：台湾商务印书馆股份有限公司，1992

［15］吕宗力 . 中国历代官职大辞典［M］. 北京：北京出版社，1994

［16］彭云鹤 . 明清漕运史［M］. 北京：首都师范大学出版社，1995

［17］卢现祥 . 西方新制度经济学［M］. 北京：中国发展出版社，1996

［18］鲍彦邦 . 明代漕运研究［M］. 广州：暨南大学出版社，1996

［19］姚汉源 . 京杭运河史［M］. 北京：中国水利水电出版社，1997

［20］吴缉华 . 明代海运及运河的研究（"中央"研究院历史语言研究所专刊之四十三）［M］. 台北："中央"研究院历史语言研究所，1997

［21］竞放，杜家驹 . 中国运河［M］. 南京：金陵书社，1997

［22］李治亭 . 中国漕运史［M］. 台北：文津出版社，1997

［23］张晋藩 . 清朝法制史［M］. 北京：中华书局，1998

［24］吴琦 . 漕运与中国社会［M］. 武汉：华中师范大学出版社，1999

［25］山东省济宁市政协文史资料委员会 . 济宁运河文化［M］. 北京：中国文史出版社，2000

［26］傅嘉年 . 中国古代城市规划、建筑群布局及建筑设计方法研究［M］. 北京：中国建筑工业出版社，2001

［27］陈璧显 . 中国大运河史［M］. 北京：中华书局，2001

［28］安作璋 . 中国运河文化史（上、中、下）［M］. 济南：山东教育出版社，2001

［29］刘玉平，贾传宇，高建军 . 中国运河之都［M］. 北京：中国文史出版社，2003

［30］于德源 . 北京漕运和仓场［M］. 北京：同心出版社，2004

［31］方福前 . 当代西方经济学主要流派［M］. 北京：中国人民大学出版社，2004

［32］傅崇兰 . 中国运河传［M］. 太原：山西人民出版社，2005

［33］（英）斯当东 . 英使谒见乾隆纪实［M］. 叶笃义，译 . 上海：上海书店出版社，2005

［34］（美）黄仁宇 . 明代的漕运［M］. 张皓，张升，译 . 北京：新星出版社，2005

［35］倪玉平 . 清代漕粮海运与社会变迁［M］. 上海：上海书店出版

社，2005

［36］邹逸麟．椿庐史地论稿 [M]．天津：天津古籍出版社，2005

［37］白寿彝．中国交通史 [M]．北京：团结出版社，2006

［38］中国营造学社．中国营造学社汇刊 [M]．北京：知识产权出版社，2006

［39］刘潞．帝国掠影：英国使团画家笔下的中国 [M]（英）吴芳思，编译．北京：中国人民大学出版社，2006

［40］董文虎．京杭大运河的历史与未来 [M]．北京：社会科学文献出版社，2008

［41］周焰，等．清代中央档案中的淮安 [M]．北京：中国书籍出版社，2008

［42］陈桥驿．中国运河开发史 [M]．北京：中华书局，2008

［43］李文治，江太新．清代漕运（修订版）[M]．北京：社会科学文献出版社，2008

［44］吴琦．明清社会群体研究 [M]．北京：中国社会科学出版社，2009

［45］樊铧．政治决策与明代海运 [M]．北京：社会科学文献出版社，2009

［46］成一农．古代城市形态研究方法新探 [M]．北京：社会科学文献出版社，2009

［47］姚建根．宋朝制置使制度研究 [M]．上海：上海书店出版社，2010

［48］利玛窦，金尼阁．利玛窦中国札记 [M]．何高济，王遵仲，李申，译．北京：中华书局，2010

［49］（日）松浦章．清代内河水运史研究 [M]．董科，译．南京：江苏人民出版社，2010

［50］Hinton，H C. The Grain Tribute System of China（1845-1911）[M]. Cambridge Mass，1956

［51］Harrington，L. The Grand Canal of China[M]. Bailey Brothers and Swinfen Ltd，1974

［52］Leonard J K. Controlling from Afar：The Daoguang Emperor's Management of the Grand Canal Crisis，1824-1826[M]. Michigan：Center for Chinese Studies Publications，1996.

四、期刊论文

［1］朱玲玲．明代对大运河的治理 [J]．中国史研究，1980（02）

［2］王绍良．北宋时期初创的几项运河工程技术 [J]．武汉水利电力学院学报，1984（4）

［3］吴建雍．清前期榷关及其管理制度 [J]．中国史研究，1984（1）：85-96

［4］魏林．明钞关的设置与管理制度 [J]．郑州大学学报（哲学社会科学版），1986（1）：94-102

［5］冯超，张义丰．论元明清河漕与海运之变迁 [J]．安徽大学学报，1987（3）：89-94

［6］潘京京．隋唐运河沿岸城市的发展 [J]．云南师范大学学报，1988（2）：22-29

［7］戴鞍钢．清代漕运兴废与山东运河沿线社会经济的变化 [J]．齐鲁学刊，1988（4）：89-93

［8］林葳．明代钞关税收的变化与商品流通 [J]．中国社会科学院研究生院学报，1990（3）：67-73

［9］罗仑．明清时代江南运河沿岸市镇初探 [J]．南京大学学报，1990（4）：35-38

［10］梁白泉．初论运河文化 [J]．东南文化，1990（5）：125-131

［11］卞师军，郭孟良．试析明清运河之水柜湖田的成因 [J]．齐鲁学刊，1990（6）：48-53

［12］许檀．明清时期山东运河沿线的商业城市 [J]．历史档案，1992（02）

［13］封越健．明代京杭运河的工程管理 [J]．中国史研究，1993（01）

［14］李孝聪．唐宋运河城市城址选择与城市形态研究 [C]// 环境变迁研究（第4辑）．北京：北京古籍出版社，1993

［15］成刚．明代漕运管理初探 [J]．财经研究，1993（7）：53-54

［16］邢淑芳．古运河与临清经济 [J]．聊城师范学院学报（哲学社会科学版），1994（02）

［17］林仰石．明清漕河总督署西花园——清晏园 [J]．中国园林，1994，10（1）：15-18

［18］鲍彦邦．明代漕粮折征的数额、用途及影响 [J]．暨南学报（哲学社会科学），1994，16（1）：75-83

［19］蔡勇．济宁运河文化的形成及特点 [J]．济宁师专学报，1995（4）：82-85

［20］刘鹏九，苗丙雪．明清县衙建筑考略 [J]．古建园林技术，1995（4）：47-53

［21］刘广新．清代济宁河道总督衙门 [J]．安徽史学，1996（04）

［22］鲍彦邦．明代漕粮运费的派征及其重负 [J]．暨南学报（哲学社会科学），1995，17（2）：61-71

［23］于德源．清代的京、通二仓 [J]．中国农史，1996，15（1）：29-37，66.

［24］吴琦．中国历代漕运改革述论 [J]．中国农史，1996，15（1）：48-55

［25］吴琦．"漕运"辨义 [J]．中国农史，1996，15（4）：65-66

［26］运河文化课题组．运河文化论纲 [J]．山东大学学报（哲学社会科学版），1997（1）：69-72.

［27］廖彦丰．近年来明清时期的榷关研究 [J]．中国史研究动态，1997（11）：25-27

［28］王艳．北宋漕运管理机构考述 [J]．洛阳师专学报，1998，17（4）：85-88

［29］陆家行，刘振龙．运河南旺枢纽文化考 [J]．济宁师专学报，1998，19（5）：86-91

［30］陈峰．略论清代的漕弊 [J]．西北大学学报（哲学社会科学版），1998，28（4）：89-92

［31］陈薇．元明清时期京杭大运河沿线集散中心城市 [J]．建筑师，1998（12）：68-72

［32］赵践．清初漕赋 [J]．历史档案，1999（3）：86-92

［33］姚景洲，盛储彬．邳州市发现京杭大运河古船闸遗址 [J]．东南文化，1999（4）：39-41

［34］周建明．北宋漕运法规述略 [J]．学术论坛，2000（1）：125-128

［35］周建明．北宋漕运发展原因初探 [J]．华南理工大学学报（社会科学版），2001，3（2）：50-55

［36］周建明，李启明．北宋漕运与治河 [J]．广西教育学院学报，2001（3）：107-111

［37］刘捷．由唐至明运河与扬州城的变迁 [J]．华中建筑，2001（5）：23-26

［38］周建明．北宋漕运与水利 [J]．阜阳师范学院学报（社会科学版），2001（5）：111-113

［39］安作璋．中国的运河与运河文化 [J]．人文与自然，2001（08）

［40］高建军．运河民俗的文化蕴义及其对当代的影响 [J]．济宁师专学报，2001，22（2）：7-12

［41］杨正泰．明清临清的盛衰与地理条件的变化 [J]．南京大学学报专辑：临清文史，第三辑

［42］高荣盛．元初山东运河琐议 [J]．南京大学学报专辑：元史及北方民族史研究集刊，1984（8）

［43］张盛忠．运河文化的特质及其对当前经济社会发展的启示 [J]．聊城大学学报（哲学社会科学版），2002（1）：40-43

［44］张培安．济宁与大运河 [J]．中国地名，2002（3）：29-30

［45］钱克金，刘莉．明代大运河的治理及其有关重要历史作用 [J]．社会纵横，2002，17（4）：66-68

［46］朱承山，武健．京杭运河防务考略 [J]．济宁师专学报，2002，23（2）：9-12

［47］李诚，王锡民，杨建东，等．淮安发现明清总督漕运部院建筑群遗址 [N]．中国文物报，2003-03-26（1）

［48］王瑞成．运河和中国古代城市的发展 [J]．西南交通大学学报（社会科学版），2003，4（1）：14-20

［49］王云．近十年来京杭运河史研究综述［J］．中国史研究动态，2003（6）：12-21

［50］陈薇，刘博敏，刘捷．回归自然 发展城市 弘扬文化 创造生活——扬州古运河东岸风光带规划设计［J］．建筑创作，2003（7）：98-103

［51］连启元．明代的巡仓御史［J］．明史研究专刊（第十四期），2003（8）：107-142

［52］丁明范．明代的巡漕御史［J］．明史研究专刊（第十四期），2003（8）：249-272

［53］赵冕．略论唐宋时期的运河管理［J］．华北水利水电学院学报（社科版），2003，19（4）：9-11

［54］汪孔田．济宁是京杭大运河的河都——从元明清三代派驻济宁司运机构看济宁的历史地位［J］．济宁师范专科学校学报，2003，24（2）：5-10，29

［55］李伟，俞孔坚，李迪华．遗产廊道与大运河整体保护的理论框架［J］．城市问题，2004（1）：28-31，54

［56］姚柯南．论中国古代衙署建筑的文化意蕴［J］．古建园林技术，2004（2）：40-41，45

［57］黑广菊．明清时期的榷（钞）关研究概述［J］．历史教学，2004（4）：75-78

［58］金利权．杭州与运河文化［J］．今日浙江，2004（11）：44-45.

［59］吴国柱．京杭大运河的开通促进了济宁城市的崛起．济宁师范专科学校学报，2004，25（2）：5-8

［60］王云．明清时期山东运河区域的金龙四大王崇拜［J］．民俗研究，2005（2）：126-141

［61］范金民．朝鲜人眼中的中国大运河风情——以崔溥《漂海录》为中心［J］．文明，2017（7）：66-81

［62］陈桥驿．南北大运河——兼论运河文化的研究和保护［J］．杭州师范学院学报（社会科学版），2005（3）：1-5

［63］刘捷．明清江浦的变迁与大运河［J］．华中建筑，2005，23（3）：152-154

［64］王玏．元明清时期运河经济下的城市——济宁［J］．荷泽学院学报，2005，27（4）：70-73，100

［65］陈薇．边缘纪实——大运河沿线建筑与城市［J］．中国文化遗产，2006（1）：32-45

［66］黑广菊．明清时期临清钞关及其功能［J］．清史研究，2006（3）：52-58

［67］束有春．江苏省运河文化遗产保护与展望［J］．东南文化，2006（6）：58-62

［68］孙炜．京杭大运河的保护和"申遗"［J］．纵横，2006（7）：21-24

［69］舒乙．"重新了解大运河"是保护和"申遗"的关键［J］．江南论坛，2006（7）：27-28

［70］沈旸，王卫清．大运河兴衰与清代淮安的会馆建设［J］．南方建筑，2006（9）：71-74

［71］陈志友．运河文化保护利用与空间景观塑造——以扬州古运河城区段环境综合整治为例［J］．江苏城市规划，2006（9）：20-22

［72］金建明．关于加强大运河利用和保护的思考［J］．江苏水利，2006（10）：27-28

［73］王英华，谭徐明．清代江南河道总督与相关官员间的关系演变［J］．淮阴工学院学报，2006，15（6）：10-13，26

［74］宫衍兴．中国运河之都——济宁（元、明、清三朝中央派驻济宁司运衙门考略）［C］//孙宝明，程相林．中国运河之都高层文化论坛文集．济南：山东人民出版社，2007：181-192

［75］建筑文化考察组．大运河建筑历史遗存考察纪略［J］．建筑创作，2007（2）：140-154

［76］王伟．明代漕军制的形成及演变［J］．聊城大学学报（社会科学版），2007（2）：68-70

［77］刘枫．运河是流动的文化——纵论京杭大运河的保护和申遗［J］．文化交流，2007（3）：21-22

［78］李宗新．辉煌的京杭大运河文化［J］．水利发展研究，2007（5）：55-60

［79］卓凯，胡慧春．论运河文化的历史功绩［J］．中国水运，2007，7（5）：19-20

［80］李春波，朱强．基于遗产分布的运河遗产廊道宽度研究——以天津段运河为例［J］．城市问题，2007（9）：12-15

［81］刘小花．中国运河史研究综述［J］．吉林水利，2007（9）：42-45

［82］尹钧科．从漕运与北京的关系看淮安城的历史地位［J］．淮阴工学院学报，2007，16（2）：6-8

［83］阮仪三，朱晓明，王建波．运河踏察——大运河江苏、山东段历史城镇遗产调研初探［J］．同济大学学报（社会科学版），2007，18（1）：38-42，54

［84］王淑琴．明清时期的运河与济宁［J］．辽宁教育行政学院学报，2007，24（11）：33-35

［85］李琛．京杭大运河沿岸聚落分布规律分析［J］．华中建筑，2007，25（6）：163-166

［86］汪芳，廉华．线型旅游空间研究——以京杭大运河为例［J］．华中建筑，2007，25（8）：108-112

［87］俞孔坚，朱强，李迪华．中国大运河工业遗产廊道构建：设想及原理（上篇）［J］．建设科技，2007（11）：28-31

［88］俞孔坚，朱强，李迪华．中国大运河工业遗产廊道构建：设想及原理（下篇）［J］．建设科技，2007（13）：39-41

［89］刘捷．明清大运河与济宁城市建设研究［J］．华中建筑，2008，26（4）：153-156

［90］王晓静．运河与苏州城市的发展［J］．淮阴师范学院学报（哲学社会科学版），2008，30（1）：48-50

［91］李德华．明代山东地区城市中衙署建筑的平面与规制探析［C］//王贵祥．中国建筑史论汇刊．北京：清华大学出版社，2009：230-249

［92］王书敏，霍强，王克飞，等．江苏镇江双井路宋元粮仓遗址考古发掘简报［J］．东南文化，2011（5）：57-71

［93］Hanyan C R. China and Erie Canal［J］. The Business History Review, 1961.35（4）：558-566

五、硕博学位论文

［1］王玏．明清时期南北大运河山东段沿岸的城市［D］．北京：中国社会科学院研究生院，2003

［2］钱克金．明代京杭大运河研究［D］．长沙：湖南师范大学，2004

［3］沈旸．明清大运河城市与会馆研究［D］．南京：东南大学，2004

［4］韩晓．论明代山东运河城镇的发展与功能变迁［D］．南京：南京师范大学，2004

［5］曹宁毅．运河的变迁——论扬州古运河的功能变迁与综合开发［D］．上海：同济大学，2006

［6］杨倩．京杭运河文化线路徐州城区段沿线文化遗产保护之城市设计基础研究［D］．西安：西安建筑科技大学，2006

［7］王晓慧．山东运河沿岸卫所研究［D］．北京：中央民族大学 2007

［8］徐岩．历史时期运河对杭州城市发展的作用［D］．杭州：浙江大学，2007

［9］郭峰．隋唐五代开封运河演变与城市发展互动关系研究［D］．西安：陕西师范大学，2007

［10］李志荣．元明清华北华中地方衙署建筑的个案研究［D］．北京：北京大学，2004

［11］刘捷．元明清京杭大运河沿线若干建筑类型研究［D］．南京：东南大学，2005

［12］黑广菊．明清运河榷关管理研究［D］．天津：南开大学，2005

［13］余良清．明代钞关制度研究（1429—1644）——以浒墅关和北新关为中心［D］．厦门：厦门大学，2008

［14］李顺民．清代漕运"制度变迁"研究［D］．台北："国立"台湾师范大学，2001

后

记

2008年在南京成贤大厦工作室与导师陈薇先生讨论博士论文选题时，陈老师说："你硕士学术背景是管理方面，现在跨专业到建筑遗产保护，你可以研究一下中国大运河的管理制度以及管理建筑，你是山东人，山东段运河的管理是非常有意思的，你可以先从山东开始。"我与运河结缘始于此。当然后来才知道，这其实是导师根据她的研究领域及我的学术背景深思熟虑后为我"量身定制"的。

之前，我对中国大运河的印象仅限于中学历史课本的知识，可谓知之甚少。确立研究方向后便开始翻阅运河书籍，从对大运河的知之甚少到不断深入，从广泛阅读繁体古籍到大量调研运河遗产，从运河管理制度到城市再到管理建筑，从北京到杭州，从大运河畔到伊利运河，随着对大运河了解的深入，愈发觉得大运河管理的复杂，敦促自己不断探索，一幅大运河管理图景也慢慢从模糊到清晰，这幅图景有制度、有城市、有建筑，也有管理活动，更有相互之间的复杂关系。运河研究伴随着我的博士生涯，随着论文答辩的顺利结束，泛黄的线装古籍、艰辛的野外调研、各式的彩色便签、独坐的无眠之夜，都成了美好回忆。

毕业工作后有幸获得国家自然科学基金青年项目和教育部青年基金项目的资助，使我得以沿着运河研究的方向继续前行，研究范围进一步拓展，在项目的资助下进一步对大运河特别是山东段运河进行了更为全面细致的考察和研究。2013年我因参加国际运河大会的机缘得以考察著名的世界遗产——法国米迪运河（Canal du Midi），半个月的时间内对米迪运河的管理以及沿线城镇、水工建筑、运河旅游等方面进行了深入了解。

10年来，从浩瀚书籍到千年运河，从国内到国外，我一直沿着运河持续探索、时有收获、不断前行，也是一种难得的乐趣。

中国大运河在各方的共同努力下，前后历时8年，于2014年成功列入《世界遗产名录》，世界瞩目。在世界遗产体系话语下，如何保护、利用大运河，使其充分保持活力，融入当代百姓生活，发挥活态遗产在新时代的价值成了重要的课题。为深入贯彻实施习近平总书记"要统筹保护好、传承好、利用好"大运河文化的重要指示，目前运河沿线积极推动运河文化带建设，这必将引发学术界对中国大运河的进一步关注，大运河文化带的建设必然涉及管理制度方面问题，而在大运河文化带建设中如何学习古人运河管理智慧是一个值得探讨的话题。

在本书即将付梓之际，感谢所有帮助过我的人。

首先衷心感谢我的导师陈薇先生，从博士论文的选题、写作成稿到后期对运河的持续研究，直至出书，都离不开先生的谆谆教诲、悉心指导和热心帮助，先生总是能高屋建瓴地给予指导，及时指出问题所在，点拨迷津。陈老师渊博的专业知识、敏锐的学术洞察力、严谨的治学态度，都使我受益匪浅。陈老师对学术的追求和对学生的关爱更是让人动容，陈老师在医院一边挂水一边给我讲论文的情景至今历历在目。毕业后，先生也始终关注我的个人发展，不断给予指引、提携和帮助。

感谢我的硕士导师、东南大学旅游研究所喻学才教授在古文献资料利用方面的指导，使我得以从浩如烟海的文献中寻找到有用的资料，感谢喻教授为本书写序。感谢东南大学的朱光亚教授、张十庆教授、董卫教授、周琦教授在博士论文开题时提出的宝贵建议。感谢台湾的李常生博士从台湾图书馆帮我复印资料，帮我购买台湾出版的运河方面的书籍。

感谢师兄沈旸副教授，你的指点总是让我茅塞顿开，豁然开朗；感谢诸葛净副教授在写作过程中的指点和帮助；感谢师姐李国华博士，与你的讨论使我受益颇多；感谢师姐贾亭立博士在制图方面的指导并为本书设计封面；感谢张剑葳博士启发自己的思路和写作方法；感谢刘翠林博士、杨俊博士、薛墕博士、是霏、祁昭、秋飞、王芝茹、戴薇薇、冯耀祖、吴静明等诸位师弟师妹的帮助。感谢李新建副教授、白颖博士、陈建刚老师、曹春霞老师提供的帮助。

感谢在调研过程中给予帮助的所有单位、老师和朋友，在此不一一列出。

感谢东南大学出版社戴丽副社长对本书的大力支持和帮助，感谢编辑贺玮玮女士为本书的校对和排版所做的大量工作。

最后要感谢我的家人，特别是我的妻子，十多年来一直默默地支持着我，你的理解和鼓励是我的精神支柱，与你相知、相伴、相守是我最大的幸福。感谢可爱的女儿带给我的欢乐和前行动力。

是以为记。

钟行明
2018年10月25日　于金湖小筑

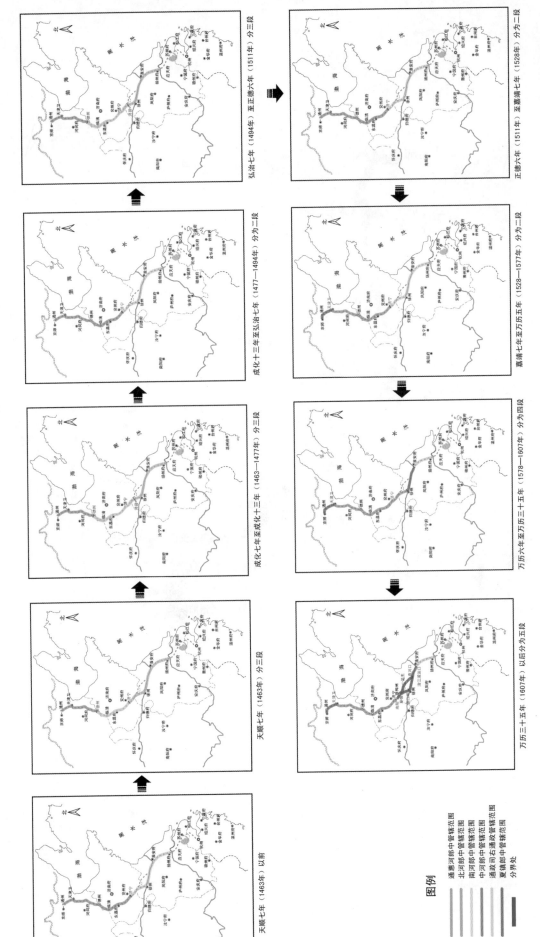

图2-16 明代管河郎中管辖范围演变图

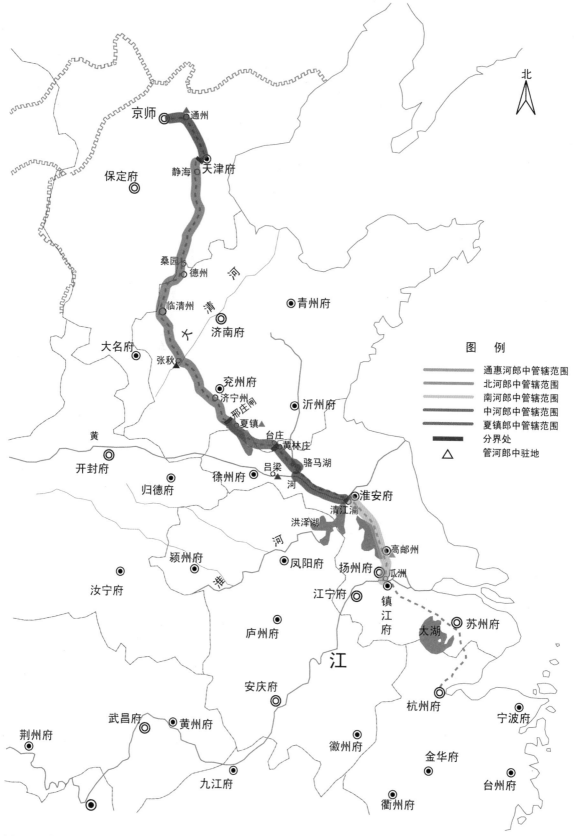

北

图 例

通惠河郎中管辖范围
北河郎中管辖范围
南河郎中管辖范围
中河郎中管辖范围
夏镇郎中管辖范围
分界处
管河郎中驻地

京师　　通州

保定府　　静海　　天津府

桑园
德州
临清州　　青州府
大名府　　济南府
张秋
兖州府
济宁州
邢庄闸
黄　　　夏镇
开封府　　　台庄
归德府　　吕梁　　黄林庄
徐州府　　　骆马湖
河
淮安府
清江浦
洪泽湖
颍州府　　凤阳府　　扬州府　　高邮州
汝宁府　　　　　　　江宁府　　瓜洲
淮
庐州府　　　　镇江府
太湖　　苏州府
安庆府
杭州府　　宁波府
武昌府　　黄州府
荆州府　　　　　　徽州府
金华府
九江府　　　　　　衢州府　　台州府

江

图2-17　清代管河郎中管辖范围

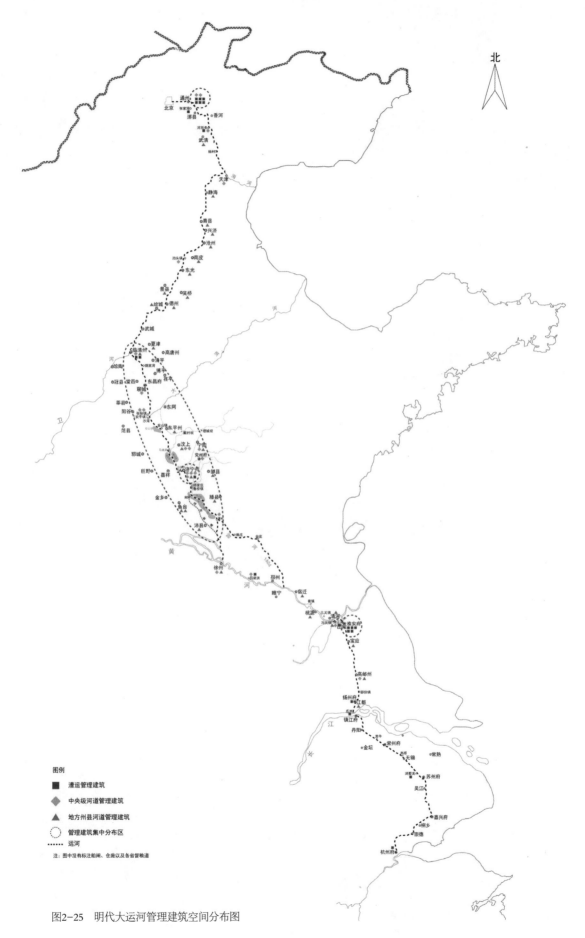

北

图例

■ 漕运管理建筑

◆ 中央级河道管理建筑

▲ 地方州县河道管理建筑

◌ 管理建筑集中分布区

⋯ 运河

注：图中没有标注和闸、仓库以及各省督粮道

图2-25　明代大运河管理建筑空间分布图

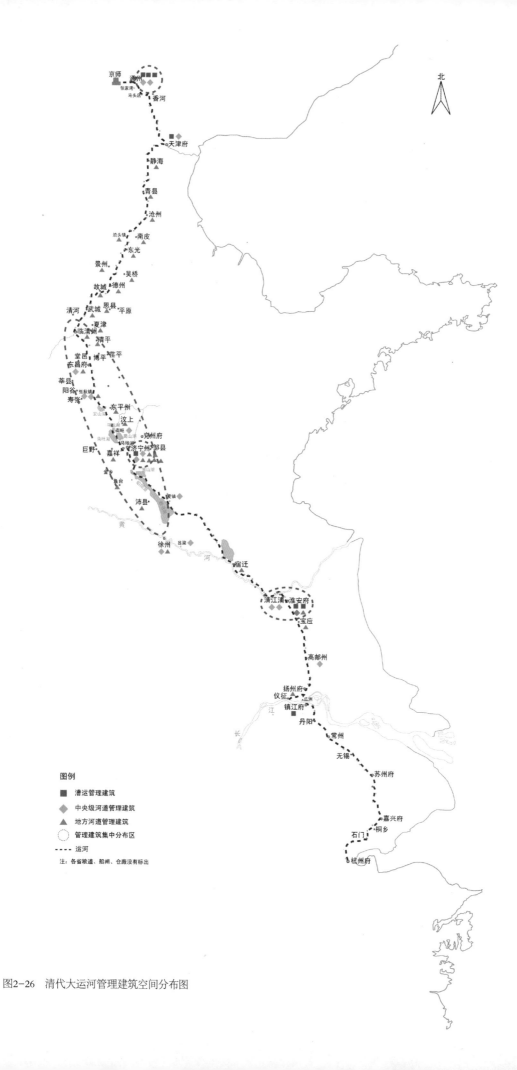

图例

■ 漕运管理建筑

◆ 中央级河道管理建筑

▲ 地方河道管理建筑

○ 管理建筑集中分布区

---- 运河

注：各省粮道、船闸、仓廒没有标出

图2-26　清代大运河管理建筑空间分布图

经理运河　大运河管理制度及其建筑

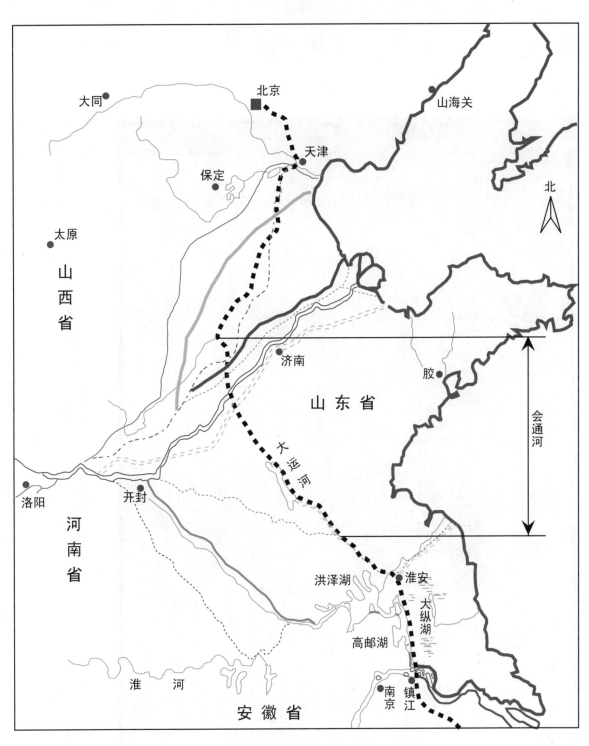

图3-2 黄泛区与会通河

图 例

—— 2278B. C-602B. C	------ 1194-1289	—— 其它河流
------ 602B. C-11	—— 1289-1324	▪▪▪▪ 大运河
—— 11-893	------ 1324-1583	⬭ 湖泊
------ 893-1048	—— 1583-1939	● 城市
—— 1048-1194	------ 1939-1947	

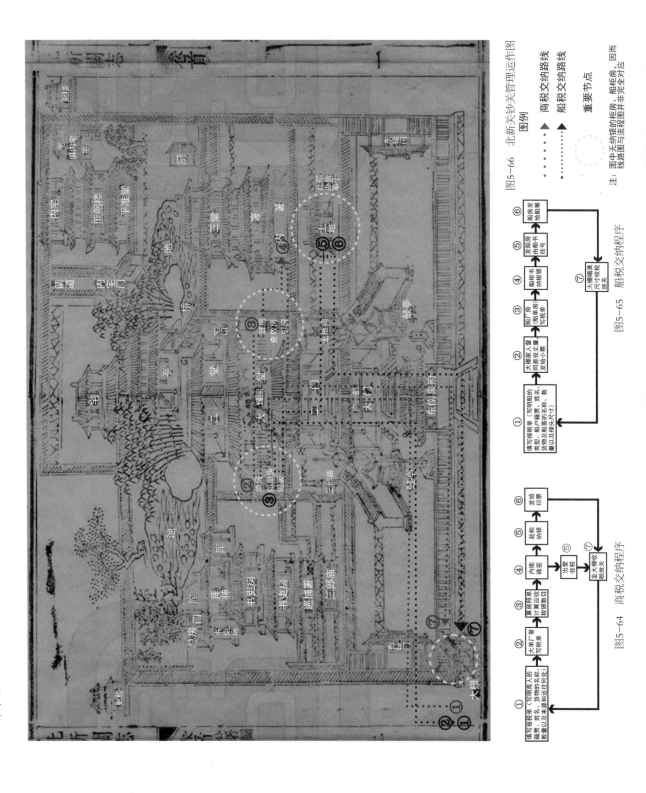

图5-66 北新关钞关管理运作图

图例

▶▶▶▶ 商税交纳路线

▶▶▶▶ 船税交纳路线

◯ 重要节点

注: 图中未纳银的柜房、船柜房, 因而线路图与流程图并非完全对应

① 填写报税单（写明客户的类型、姓名、船户籍贯, 货物及船只客的名称、数量以及桅头尺寸）→ ② 大栅家役大堂（同美役文墨, 发给小票）→ ③ 船厂房（船单房）（写税单）→ ④ 船柜书（船柜银）纳船税→ ⑤ 发船房（由船书号挂号）→ ⑥ 船房发绘船筹

⑦ 大栅唱清尺寸收银放税

图5-65 船税交纳程序

① 填写报税单（写明客户人的类型、姓名、货物的名称、籍贯, 数量以及来源和运往何处）→ ② 大栅厂署（算税单）→ ③ 算条照壁（计算查核, 税银数目）→ ④ 内审税盏→ ⑤ 赴柜纳银→ ⑥ 发给印票

出堂⑤收税

至大栅收税放支⑦

图5-64 商税交纳程序

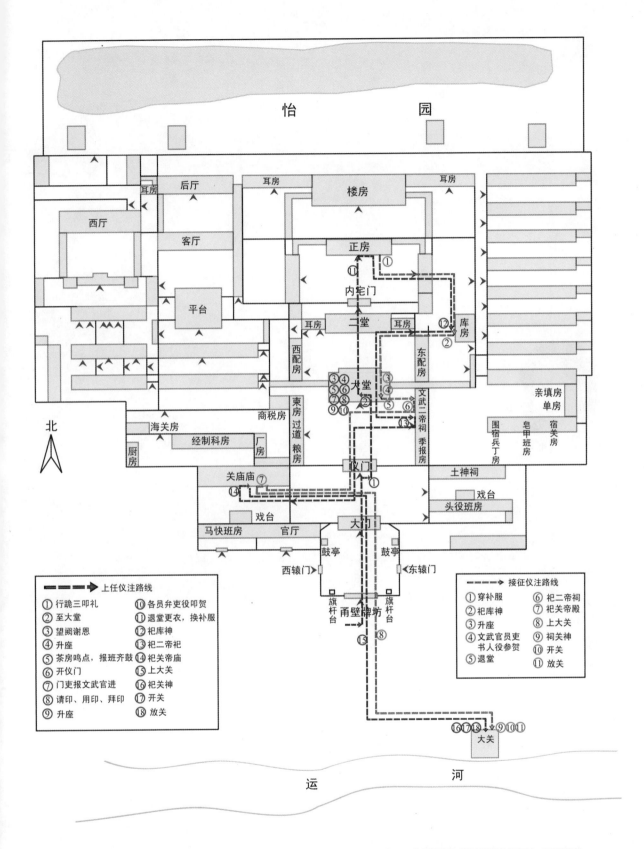

图5-67　淮安钞关各种仪式流程图

陈薇 教授、博士生导师

1986年从教于南京工学院建筑系（现东南大学建筑学院），1990年任副教授，1992年获中华人民共和国国务院政府特殊津贴，1997年任教授，1999年任博士生导师，现为东南大学建筑历史与理论研究所所长和学术带头人。兼任中华人民共和国国务院学位委员会第七届学科评议组成员、中国建筑学会建筑史学分会副会长、中国科学技术学会建筑史专业委员会副主任委员、国家文物局专家组成员等职。在教学、科研、实践中，强调传承和创新并重；在学术研究和人才培养上，不囿定式，不拘一格。

钟行明 博士、助理教授、硕士生导师

2003年毕业于山东师范大学旅游管理专业，获管理学学士学位，2006年毕业于东南大学旅游管理专业，获管理学硕士学位，2007年考入东南大学建筑学院建筑遗产保护与管理专业，师从陈薇教授。2012年获工学博士学位，进入青岛大学旅游学院工作。2017年1月至7月，美国北亚利桑那大学地理、规划与游憩系访问学者。主要从事文化遗产保护、遗产旅游等方面的研究，致力于运用跨学科的方法，研究文化遗产的保护与活化利用。

内容摘要

元明清时期大运河曾扮演十分重要的角色，南粮北运以保证京师供给和社稷稳定，并带来南北经济、政治、文化的沟通和融合。大运河之所以能长期正常使用与运转，与其成熟的管理制度是密切相关的，而管理建筑则是管理制度运作的空间载体。本书以大运河管理制度及其建筑为研究对象，全面系统地梳理了元明清三代大运河管理制度的演进，总结了大运河管理制度的二元结构、分段管理、程限管理等重要特征，进而研究了大运河管理制度运作与沿线管理建筑设置的关联性，重点研究了山东段运河管理制度运作与管理建筑，分析了运河管理制度运作及管理建筑对淮安、济宁的城市布局、文化景观、地方建设等方面的影响，探讨了管理建筑平面布局以及内部空间与运河管理制度运作之间的关系。

本书适合建筑、历史、历史地理、文化遗产保护、遗产旅游等相关领域的研究者与爱好者阅读。

图书在版编目（CIP）数据

经理运河：大运河管理制度及其建筑 / 钟行明著 .
南京：东南大学出版社，2019.8
（建筑新史学丛书 / 陈薇主编）
ISBN 978-7-5641-8230-4

Ⅰ . ①经… Ⅱ . ①钟… Ⅲ . ①大运河—水资源管理—规章制度—中国—古代②建筑史—研究—中国—古代
Ⅳ . ① TV213.4 ② TU-092.2

中国版本图书馆 CIP 数据核字（2018）第 301416 号

经理运河：大运河管理制度及其建筑
Jingli Yunhe: Da Yunhe Guanli Zhidu Ji Qi Jianzhu

著　　者：钟行明
责任编辑：戴　丽　贺玮玮
封面设计：贾亭立
责任印制：周荣虎

出版发行：东南大学出版社
社　　址：南京市四牌楼 2 号　邮编：210096
网　　址：http://www.seupress.com
出 版 人：江建中

印　　刷：深圳市精彩印联合印务有限公司
排　　版：南京布克文化发展有限公司
开　　本：787 mm×1092 mm　1/16　印　张：19.75　字　数：480 千字
版 印 次：2019 年 8 月第 1 版　2019 年 8 月第 1 次印刷
书　　号：ISBN 978-7-5641-8230-4
定　　价：178.00 元

经　　销：全国各地新华书店
发行热线：025-83790519　83791830

＊版权所有，侵权必究
＊本社图书若有印装质量问题，请直接与营销部联系。电话：025-83791830